U0610615

本书由
国家社科基金重大项目“人工认知对自然认知挑战的哲学研究”（21&ZD061）
山西省“1331工程”重点学科建设计划
资助出版

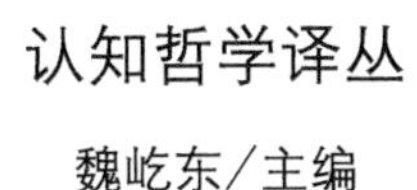

认知哲学译丛

魏屹东／主编

心智起源

Origins of Mind

〔美〕利兹·斯旺（Liz Swan）／主编

魏刘伟　周玉琦／译

魏屹东／审校

科学出版社

北　京

图字：01-2016-1754 号

内 容 简 介

心智是什么？它如何进化？又该如何科学阐释？本书聚焦这些关键问题，从生物符号学、心理表征、意识、心灵哲学和合成智能五个角度，深入探究了自然心智的奥秘。本书开创性地引入生物符号学来讨论自然界中有机体的心智起源问题，不仅为揭示意识的发生机制提供了全新的认识论与方法论视角，更为新一代人工智能的发展贡献了生物符号学方法，极具理论与实践价值。

本书适合认知科学、计算机科学、人工智能、心理学、科学哲学和心灵哲学领域的本科生、研究生和研究人员阅读。

Translation from English language edition: *Origins of Mind*
edited by Liz Swan

图书在版编目（CIP）数据

心智起源 / (美)利兹・斯旺(Liz Swan)主编；魏刘伟，周玉琦译. -- 北京 : 科学出版社, 2025. 3. --(认知哲学译丛 / 魏屹东主编). -- ISBN 978-7-03-081400-5

Ⅰ. B842.1

中国国家版本馆 CIP 数据核字第 2025WX6798 号

责任编辑：任俊红　刘巧巧 / 责任校对：贾伟娟
责任印制：师艳茹 / 封面设计：有道文化

科 学 出 版 社 出版
北京东黄城根北街 16 号
邮政编码：100717
http://www.sciencep.com
北京中石油彩色印刷有限责任公司印刷
科学出版社发行　各地新华书店经销
*
2025 年 3 月第　一　版　开本：720×1000　1/16
2025 年 3 月第一次印刷　印张：27 1/4
字数：519 000

定价：198.00 元

（如有印装质量问题，我社负责调换）

译 者 简 介

魏刘伟，男，1986 年生，上海交通大学科学技术史博士，现任教于上海外国语大学，主要研究方向为天文学史、科学哲学和语言文化。曾在《科学技术哲学研究》《科学与社会》《世界科学》等期刊发表论文数篇，并由人大复印报刊资料转载，出版《制造自然知识：建构论与科学史》《模型与认知：日常生活和科学中的预测及解释》《享受机器：新技术与现代形式的愉悦》等译著，被《新京报》等多家媒体摘编评论。

周玉琦，男，1976 年生，河南省三门峡职业技术学院副教授，山西大学哲学社会学学院（现山西大学哲学学院）博士研究生，主要从事语言哲学和认知语言学的研究。

丛 书 序

与传统哲学相比，认知哲学（philosophy of cognition）是一个全新的哲学研究领域，它的兴起与认知科学的迅速发展密切相关。认知科学是20世纪70年代中期兴起的一门前沿性、交叉性和综合性学科。它是在心理科学、计算机科学、神经科学、语言学、文化人类学、哲学以及社会科学的交界面上涌现出来的，旨在研究人类认知和智力本质及规律，具体包括知觉、注意、记忆、动作、语言、推理、思维、意识乃至情感动机在内的各个层次的认知和智力活动。十几年以来，这一领域的研究异常活跃，成果异常丰富，自产生之日起就向世人展示了强大的生命力，也为认知哲学的兴起提供了新的研究领域和契机。

认知科学的迅速发展使得科学哲学发生了“认知转向”，它试图从认知心理学和人工智能角度出发研究科学的发展，使得心灵哲学从形而上学的思辨演变为具体科学或认识论的研究，使得分析哲学从纯粹的语言和逻辑分析转向认知语言和认知逻辑的结构分析、符号操作及模型推理，极大促进了心理学哲学中实证主义和物理主义的流行。各种实证主义和物理主义理论的背后都能找到认知科学的支持。例如，认知心理学支持行为主义，人工智能支持功能主义，神经科学支持心脑同一论和取消论。心灵哲学的重大问题，如心身问题、感受性、附随性、意识现象、思想语言和心理表征、意向性与心理内容的研究，无一例外都受到来自认知科学的巨大影响与挑战。这些研究取向已经蕴含认知哲学的端倪，因为众多认知科学家、哲学家、心理学家、语言学家和人工智能专家的论著论及认知的哲学内容。

尽管迄今国内外的相关文献极少单独出现认知哲学这个概念，精确的界定和深入系统的研究也极少，但研究趋向已经非常明显。鉴于此，这里有必要对认知哲学的几个问题做出澄清。这些问题是：什么是认知？什么是认知哲学？认知哲学与相关学科是什么关系？认知哲学研究哪些问题？

第一个问题需要从词源学谈起。认知这个词最初来自拉丁文“*cognoscere*”，意思是“与……相识”“对……了解”。它由 *co+gnoscere* 构成，意思是“开始知道”。从信息论的观点看，“认知”本质上是通过提供缺失的信息获得新信息和新知识的过程，那些缺失的信息对于减少不确定性是必需的。

然而，认知在不同学科中意义相近，但不尽相同。

在心理学中，认知是指个体的心理功能的信息加工观点，即它被用于指个体的心理过程，与“心智有内在心理状态”观点相关。有的心理学家认为，认知是思维的显现或结果，它是以问题解决为导向的思维过程，直接与思维、问题解决相关。在认知心理学中，认知被看做心灵的表征和过程，它不仅包括思维，而且包括语言运用、符号操作和行为控制。

在认知科学中，认知是在更一般意义上使用的，目的是确定独立于执行认知任务的主体（人、动物或机器）的认知过程的主要特征。或者说，认知是指信息的规范提取、知识的获得与改进、环境的建构与模型的改进。从熵的观点看来，认知就是减少不确定性的能力，它通过改进环境的模型，通过提取新信息、产生新信息和改进知识并反映自身的活动和能力，来支持主体对环境的适应性。逻辑、心理学、哲学、语言学、人工智能、脑科学是研究认知的重要手段。《MIT 认知科学百科全书》将认知与老化（aging）并列，旨在说明认知是老化过程中的现象。在这个意义上，认知被分为两类：动态认知和具化认知。前者指包括各种推理（归纳、演绎、因果等）、记忆、空间表现的测度能力，在评估时被用于反映处理的效果；后者指对词的意义、信息和知识的测度的评价能力，它倾向于反映过去执行过程中积累的结果。这两种认知能力在老化过程中表现不同。这是认知发展意义上的定义。

在哲学中，认知与认识论密切相关。认识论把认知看作产生新信息和改进知识的能力来研究。其核心论题是：在环境中信息发现如何影响知识的发展。在科学哲学中就是科学发现问题。科学发现过程就是一个复杂的认知过程，它旨在阐明未知事物，具体表现在三方面：①揭示以前存在但未被发现的客体或事件；②发现已知事物的新性质；③发现与创造理想客体。尼古拉斯·布宁和余纪元编著的《西方哲学英汉对照辞典》（2001 年）对认知的解释是：认知源于拉丁文“*cognition*”，意指知道或形成某物的观念，通常译作“知识”，也作“*scientia*”（知识）。笛卡儿将认知与知识区分开来，认为认知是过程，知识是认知的结果。斯宾诺莎将认知分为三个等级：第一等的认知是由第二手的意见、想象和从变幻不定的经验中得来的认知构成，这种认知承认虚假；第二等的认知是理性，它寻找现象的根本理由或原因，发现必然真理；第三等即最高等的认知，是直觉认识，它是从有关属性本质的恰当观念发展而来的，达到对事物本质的恰当认识。按照一般的哲学用法，认知包括通往知识的那些状态和过程，与感觉、感情、意志相区别。

在人工智能研究中，认知与发展智能系统相关。具有认知能力的智能系统就是认知系统。它理解认知的方式主要有认知主义、涌现和混合三种。认知主义试图创造一个包括学习、问题解决和决策等认知问题的统一理论，涉及心理学、认知科学、脑科学、语言学等学科。涌现方式是一个非常不同的认知观，主张认知是一个自组织过程。其中，认知系统在真实时间中不断地重新建构自己，通过多系统-环境相互作用的自我控制保持其操作的同一性。这是系统科学的研究进路。混合方式是将认知主义和涌现相结合。这些方式提出了认知过程模拟的不同观点，研究认知过程的工具主要是计算建模，计算模型提供了详细的、基于加工的表征、机制和过程的理解，并通过计算机算法和程序表征认知，从而揭示认知的本质和功能。

概言之，这些对认知的不同理解体现在三方面：①提取新信息及其关系；②对所提取信息的可能来源实验、系统观察和对实验、观察结果的理论化；③通过对初始数据的分析、假设提出、假设检验，以及对假设的接受或拒绝来实现认知。从哲学角度对这三方面进行反思，将是认知哲学的重大任务。

针对认知的研究，根据我的梳理主要有 11 个方面：

（1）认知的科学研究，包括认知科学、认知神经科学、动物认知、感知控制论、认知协同学等，文献相当丰富。其中，与哲学最密切的是认知科学。

（2）认知的技术研究，包括计算机科学、人工智能、认知工程学（运用涉及技术、组织和学习环境研究工作场所中的认知）、机器人技术，文献相当丰富。其中，模拟人类大脑功能的人工智能与哲学最密切。

（3）认知的心理学研究，包括认知心理学、认知理论、认知发展、行为科学、认知性格学（研究动物在其自然环境中的心理体验）等，文献异常丰富，与哲学密切的是认知心理学和认知理论。

（4）认知的语言学研究，包括认知语言学、认知语用学、认知语义学、认知词典学、认知隐喻学等，这些研究领域与语言哲学密切相关。

（5）认知的逻辑学研究，主要是认知逻辑、认知推理和认知模型。

（6）认知的人类学研究，包括文化人类学、认知人类学和认知考古学（研究过去社会中人们的思想和符号行为）。

（7）认知的宗教学研究，典型的是宗教认知科学（cognitive science of religion），它寻求解释人们心灵如何借助日常认知能力的途径习得、产生和传播宗教文化基因。

（8）认知的历史研究，包括认知历史思想、认知科学的历史。一般的认知科学导论性著作都涉及历史，但不系统。

（9）认知的生态学研究，主要是认知生态学和认知进化的研究。

（10）认知的社会学研究，主要是社会表征、社会认知和社会认识论的研究。

（11）认知的哲学研究，包括认知科学哲学、人工智能哲学、心灵哲学、心理学哲学、现象学、存在主义、语境论、科学哲学等。

以上各个方面虽然蕴含认知哲学的内容，但还不是认知哲学本身。这就涉及第二个问题。

第二个问题需要从哲学立场谈起。

在我看来，认知哲学是一门旨在对认知这种极其复杂的现象进行多学科、多视角、多维度整合研究的新兴哲学研究领域，其研究对象包括认知科学（认知心理学、计算机科学、脑科学）、人工智能、心灵哲学、认知逻辑、认知语言学、认知现象学、认知神经心理学、进化心理学、认知动力学、认知生态学等涉及认知现象的各个学科中的哲学问题，它涵盖和融合了自然科学和人文科学的不同分支学科。说它具有整合性，名副其实。对认知现象进行哲学探讨，将是当代哲学研究者的重任。科学哲学、科学社会学与科学知识社会学的"认知转向"充分说明了这一点。

尽管认知哲学具有交叉性、融合性、整合性、综合性，但它既不是认知科学，也不是认知科学哲学、心理学哲学、心灵哲学和人工智能哲学的简单叠加，它是在梳理、分析和整合各种以认知为研究对象的学科的基础上，立足于哲学反思、审视和探究认知的各种哲学问题的研究领域。它不是直接与认知现象发生联系，而是通过研究认知现象的各个学科与之发生联系，也即它以认知本身为研究对象，如同科学哲学是以科学为对象而不是以自然为对象，因此它是一种"元研究"。在这种意义上，认知哲学既要吸收各个相关学科的优点，又要克服它们的缺点，既要分析与整合，也要解构与建构。一句话，认知哲学是一个具有自己的研究对象和方法、基于综合创新的原始性创新研究领域。

认知哲学的核心主张是：本体论上，主张认知是物理现象和精神现象的统一体，二者通过中介如语言、文化等相互作用产生客观知识；认识论上，主张认知是积极、持续、变化的客观实在，语境是事件或行动整合的基底，理解是人际认知互动；方法论上，主张对研究对象进行层次分析、语境分析、行为分析、任务分析、逻辑分析、概念分析和文化网络分析，通过纲领计划、启示法和洞见提高研究的创造性；价值论上，主张认知是负载意义和判断的，负载文化和价值的。

认知哲学研究的目的：一是在哲学层次建立一个整合性范式，揭示认知现象的本质及运作机制；二是把哲学探究与认知科学研究相结合，使得认知研究将抽象概括与具体操作衔接，一方面避免陷入纯粹思辨的窠臼，另一方面避免陷入琐碎细节的陷阱；三是澄清先前理论中的错误，为以后的研究提供经验、教训；四是提炼认知研究的思想和方法，为认知科学提供科学的、可行的认识论和方法论。

认知哲学的研究意义在于：①提出认知哲学的概念并给出定义及研究的范围，在认知哲学框架下，整合不同学科、不同认知科学家的观点，试图建立统一的研究范式。②运用认知历史分析、语境分析等方法挖掘著名认知科学家的认知思想及哲学意蕴，并进行客观、合理的评析，澄清存在的问题。③从认知科学及其哲学的核心主题——认知发展、认知模型和认知表征三个相互关联和渗透的方面，深入研究信念形成、概念获得、知识产生、心理表征、模型表征、心身问题、智能机的意识化等重要问题，得出合理可靠的结论。④选取的认知科学家具有典型性和代表性，对这些人物的思想和方法的研究将会对认知科学、人工智能、心灵哲学、科学哲学等学科的研究者具有重要的启示与借鉴作用。⑤认知哲学研究是对迄今为止认知研究领域内的主要研究成果的梳理与概括，在一定程度上总结并整合了其中的主要思想与方法。

第三个问题是，认知哲学与相关学科或领域究竟是什么关系？

我通过“超循环结构”来给予说明。所谓“超循环结构”，就是小循环环环相套，构成一个大循环。认知科学哲学、心理学哲学、心灵哲学、人工智能哲学、认知语言学是小循环，它们环环相套，构成认知哲学这个大循环。也就是说，这些相关学科相互交叉、重叠，形成了整合性的认知哲学。同时，认知哲学这个大循环有自己独特的研究域，它不包括其他小循环的内容，如认知的本原、认知的预设、认知的分类、认知的形而上学问题等。

第四个问题是，认知哲学研究哪些问题？如果说认知就是研究人们如何思维，那么认知哲学就是研究人们思维过程中产生的各种哲学问题，具体要研究 10 个基本问题：

（1）什么是认知，其预设是什么？认知的本原是什么？认知的分类有哪些？认知的认识论和方法论是什么？认知的统一基底是什么？是否有无生命的认知？

（2）认知科学产生之前，哲学家是如何看待认知现象和思维的？他们的看法是合理的吗？认知科学的基本理论与当代心灵哲学范式是冲突，还是融合？能否建立一个囊括不同学科的统一的认知理论？

（3）认知是纯粹心理表征，还是心智与外部世界相互作用的结果？无身的认知能否实现？或者说，离身的认知是否可能？

（4）认知表征是如何形成的？其本质是什么？是否有无表征的认知？

（5）意识是如何产生的？其本质和形成机制是什么？它是实在的还是非实在的？是否有无意识的表征？

（6）人工智能机器是否能够像人一样思维？判断的标准是什么？如何在计算理论层次、脑的知识表征层次和计算机层次上联合实现？

（7）认知概念如思维、注意、记忆、意象的形成的机制和本质是什么？其哲学预设是什么？它们之间是否存在相互作用？心身之间、心脑之间、心物之间、心语之间、心世之间是否存在相互作用？它们相互作用的机制是什么？

（8）语言的形成与认知能力的发展是什么关系？是否有无语言的认知？

（9）知识获得与智能发展是什么关系？知识是否能够促进智能的发展？

（10）人机交互的界面是什么？脑机交互实现的机制是什么？仿生脑能否实现？

以上问题形成了认知哲学的问题域，也就是它的研究对象和研究范围。

“认知哲学译丛”所选的著作，内容基本涵盖了认知哲学的以上 10 个基本问题。这是一个庞大的翻译工程，希望“认知哲学译丛”的出版能够为认知哲学的发展提供一个坚实的学科基础，希望它的逐步面世能够为我国认知哲学的研究提供知识源和思想库。

“认知哲学译丛”从 2008 年开始策划至今，我们为之付出了不懈的努力和艰辛。在它即将付梓之际，作为“认知哲学译丛”的组织者和实施者，我有许多肺腑之言。一要感谢每本书的原作者，在翻译过程中，他们中的不少人提供了许多帮助；二要感谢每位译者，在翻译过程中，他们对遇到的核心概念和一些难以理解的句子都要反复讨论和斟酌，他们的认真负责和严谨的态度令我感动；三要感谢科学出版社编辑郭勇斌，他作为总策划者，为“认知哲学译丛”的编辑和出版付出了大量心血；四要感谢每本译著的责任编辑，正是他们的无私工作，才使得每本书最大限度地减少了翻译中的错误；五要特别感谢山西大学科学技术哲学研究中心、哲学社会学学院的大力支持，没有它们作后盾，实施和完成“认知哲学译丛”是不可想象的。

魏屹东

2013 年 5 月 30 日

献给我的丈夫埃里克，

他告诉我要继续做我正在做的事。

中文版序言

心智起源：中西汇通

我作为《心智起源》的主编，与本书的所有作者一起由衷地感谢中国学者所做的繁重的翻译任务。正是由于他们辛勤的付出，《心智起源》中文版才能够与中国读者见面。我非常乐于支持这种关于生物符号、心理表征、意识以及具有非常复杂的神经系统的生物——人类所独具的特征研究的国际合作。我真诚地希望本书能够在生物进化领域，特别是心智起源方面，促进全球合作研究的进一步加强，这将是一件鼓舞人心的事情。

相比现代心智分析哲学，心智起源的研究提供了一种更有希望理解生物思想的方法。现代心智分析哲学中真正理解人的思想方面的研究并未取得任何实质性进展，因为这种哲学受到错误的二元论和将自然世界与（有时被称为）一切现实区分开来的纯理论的不值得考虑的观点的影响。美国哲学家约翰·塞尔（John Searle）在他漫长的哲学生涯中始终认为，意识是一种生物现象。只有用不证自明的观点作为起点，我们关于人类独特的心智研究相对自然世界的衔接的相关科学和哲学问题才能取得进步。

传统上，东西方关于心智与意识如何概念化存在相当大的分歧，这使得《心智起源》中文版的翻译更为重要。本书关于心智视角的研究有可能开始消解东西方的传统分歧，从而走向对东西方心智描述的生物心智研究的真正理解。这比从单一方面理解心智显得更为重要，也能更好地理解心智。

利兹·斯旺博士

美国科罗拉多州朗蒙特市

2016年3月23日

致　谢

本书不仅是关于心智起源的 21 篇论文的合集，而且是相关科研人员深思熟虑并受到鼓励的结果。卢·高柏（Lou Goldberg）引领我走上一条以更科学和更现实的方式研究心智问题的道路。约瑟夫·塞克巴赫（Joseph Seckbach）诚恳地邀请我在施普林格出版社出版一本关于心智起源的书。马塞洛·巴比里（Marcello Barbieri）和杰斯珀·霍夫梅耶（Jesper Hoffmeyer）慷慨地将《心智起源》纳入他们关于生物符号学的系列丛书。我很感谢施普林格出版社出色的团队，在他们的帮助下，本书得以出版。

我要感谢本书所有撰稿者对心智如此有见地的研究，也要感谢审稿专家们提出的建议，他们的建议使得本书的内容更加清晰和充实。他们分别是：伯纳德·巴尔斯（Bernard Baars）、汤姆·巴博莱特（Tom Barbalet）、马塞洛·巴比里、梅根·伯克（Megan Burke）、格伦·卡拉瑟斯（Glenn Carruthers）、保罗·科布雷（Paul Cobley）、卢·高柏、贾斯汀·金斯伯里（Justine Kingsbury）、柯蒂斯·梅特卡夫（Curtis Metcalfe）、西尔维亚·瓦基宁（Silvia Ouakinin）和戴维·斯克比纳（David Skrbina）。

最后，在约翰·塞尔教授八十大寿之际（2012 年 7 月），我由衷地感谢他在漫长的哲学生涯中始终坚持认为人的意识是一种生物现象。由一斑而窥全豹（Ab uno disce omnes）。

目　　录

第四部分　心 灵 哲 学

第五部分　合 成 智 能

导论：探索自然心智的起源 1

利兹·斯旺[①]

一、自然心智

心智是什么？这个问题是心灵哲学和认知科学所有努力背后的唯一统一力量。如果将它放入生物符号学和更广泛的生命科学的背景下，那么这个问题就变成了：在自然世界中生物心智的本质是什么？它是如何进化的？为什么是这样进化的？心智是人类所特有的还是与其他动物甚至更简单的生命形式所共有的？它是地球生命独有的，还是宇宙基本结构的一部分？

本书的一个核心前提是：如果我们把心思（mindedness）现象概念化为一个自然过程而不是一个客体的话，我们将在理解心思现象方面取得更大的进步。心灵哲学和认知科学将心智概念化为一个客体的悠久传统迫使我们去寻找符合其理论描述的东西，即使这意味着仅仅因为我们处于更好的位置去理解某个客体，我们就不得不在心智和某个客体之间进行拙劣的类比，结果却发现，有了这些新知识，我们离真正理解生物心思并没有更近一步。

相反，通过询问心思现象需要什么，我们已经将其视为一个过程，而不是一个客体。美国实用主义者清楚这一点，并完全从这一视角进行写作。马丁·海德格尔（Martin Heidegger）在《存在与时间》（*Being and Time*）中也试图通过关注存在——我们自己所处的经验或正在进行的过程——来回避心智问题。心思是一些有机体参与其中的一个过程，心思的每一个实例在不同物种之间，甚至在同一物种的不同个体之间都会有所不同（比如，我们所熟知的人类）。

根据伊曼努尔·康德（Immanuel Kant）的先验唯心主义，我们可以推断 2
出一个本体（物质）世界，尽管人类心智的结构限制了我们只能体验到一个现象（表象）世界。这是心灵哲学史上最有力的尝试之一，它将人类的心思概念化，将其编织到自然世界的结构中。虽然康德并没有成熟的进化论可以借鉴[查

---

① 利兹·斯旺（Liz Swan），美国科罗拉多州朗蒙特市，电子邮件：lizstillwaggonswan@gmail.com。

尔斯·达尔文（Charles Darwin）的《物种起源》在3/4个世纪后才出版]，但他认为，在某种意义上说，人类的心智可以通过其内在结构和功能以特定的方式去体验世界，这一观点在大约200年前就预示了进化论在心智科学研究中的应用①。

康德的独特之处在于，他综合了理性主义和经验主义，因为他提出了关于人类心智结构如何从根本上塑造我们，如何构建自己对世界的经验从而认识世界的进步观点。从本质上讲，康德对心灵哲学的伟大贡献在于，他提出知识既不是源自内在，也不是源自外在。相反，我们对世界的知识是从人类关于世界的具体经验中涌现出来的。这个洞见有着巨大的进步意义，在当代认知科学中可以看到其影响②。

遵循康德传统的心灵哲学，尊重经验主义和理性主义之间的合理平衡，开放性地把生命科学的见解纳入其心智理论，把抽象的概念建立在坚实的事实基础上。然而实际情况是，20世纪大多数的心灵哲学在分析哲学传统的主导下，完全脱离生命科学中的发现和见解但依然蓬勃发展。当然，它确实涉及计算机科学，因为功能主义——当时最流行的心灵哲学——是建立在机器功能和人类意识之间的比较之上。然而，重要的一点是，生物科学的发现在很大程度上并没有被纳入主流心智分析哲学的心智理论中。

关注当代心灵哲学的问题是一种容易让人屈服的诱惑。本书抵制了这种诱惑，并采取了不同的策略：从一个自然主义的、科学的角度论述了什么是心思。因此，本书旨在对我们如何在自然世界中产生有机意识的科学和哲学理解做出进一步的贡献。

令人耳目一新的是，关于心思的生物符号学文献与现代心灵哲学文献有一
3 些交叉。特别是，我很高兴地发现了生物符号学文献中对哲学家约翰·塞尔关于心智和意识的研究的应用（见Brier，2012；Barbieri，2011；Kravchenko，2005；Hoffmeyer，1997）。塞尔关于意识是一种生物现象的观点——他称之为生物自然主义（Searle，1992）——在我看来，应当成为当前和未来心智科学研究的基石；采用这种见解作为一种规范的方法论原则，将严重限制对极其抽象的心智模型的构建和讨论，这些模型不仅与大脑的复杂细节脱节，有时甚至与现实脱节。

心思是一种生物现象，完全依赖于复杂生物体，如人类和其他灵长类动物

---

① 正如亨利·普诺特金（Plotkin，2004）所解释的那样，尽管人们可以将1897年威廉·冯特（Wilhelm Wundt）在莱比锡的实验室的建立和达尔文1859年出版的《物种起源》作为自然进化理论的第一个正式和普及的阐述，来确定心理学作为一门科学的正式开端，但直到20世纪后期动物行为学和社会生物学以及更晚的进化心理学出现时，这两个科学分支才真正综合起来。

② 全文见Brook（2004）。

的中枢神经系统（central nervous system，CNS），以及较不复杂生物体中更分散的神经系统。这一简单的观察表明，心思以不同的水平存在于生物世界中，这就意味着心思不是人类所独有的，而且我们特有的这种心思只是自然界中最新的设计——早在人类进化之前，心思就以各种形式存在了。

心智科学中的模型

虽然这些简单的见解得到了我们对自然世界的了解的充分支持，但在认知科学的大部分历史中，研究无生命的、无意识的物体（尤其是计算机），并从这些物体中得出关于心智的推论，一直都是传统。物理哲学家和逻辑学家休斯（R. I. G. Hughes）就科学模型如何运作——特别是模型的结果如何转换回所讨论的现象——开发了一个元模型（Hughes，1997）。图 0-1 抓住了休斯理论的精髓。

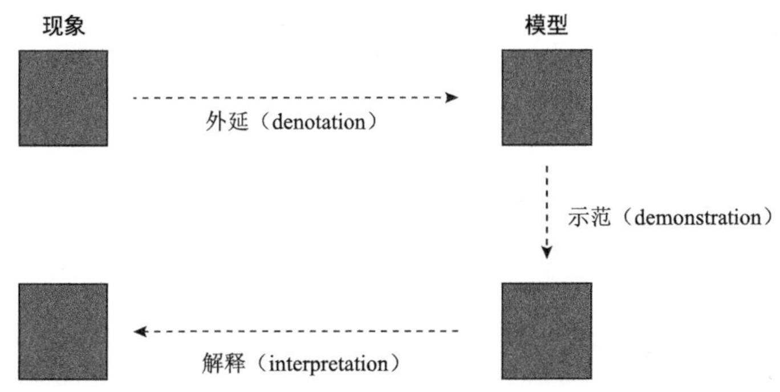

图 0-1 休斯关于模型在科学中如何运作的 DDI 元模型

自然现象的某些要素通过模型的某些要素来*指示*，然后模型被用来*证明*某些理论的结论。最后，对这些结论进行解释，以便对自然现象做出预测。因此，就像物理学家使用特定大小和体积的波纹水槽来模拟某一段海岸线，并用这个水槽来演示与海岸线相关的一些波动力学的细节。事实上，波纹水槽与开放水体没有任何物理相似性，但这并没有关系，因为这样做的目的是了解水的运行 4
方式，关键在于模型中所使用的是水。由于现象和模型之间的物质组成的这种关键一致性，当实验结果在波纹水槽中得到证明时，实验者有理由使用它们来预测自然水体运行的各个方面。

进一步的思考会使这项实验的重点更加清晰：如果物理学家由于波纹水槽中的水的行为与开阔水域非常相似，就因此推断波纹水槽就是海洋或海洋就是波纹水槽，这将是错误的。物理学家不会这样推理，因为这样做会混淆模型和现象。但这似乎正是在认知科学中所发生的事情。在 DDI 元模型应用于心智科学的背景下，预期的方法是让生物系统启发非生物系统中的模型，并通过这些模型的结果来理解生物系统（图 0-2）。

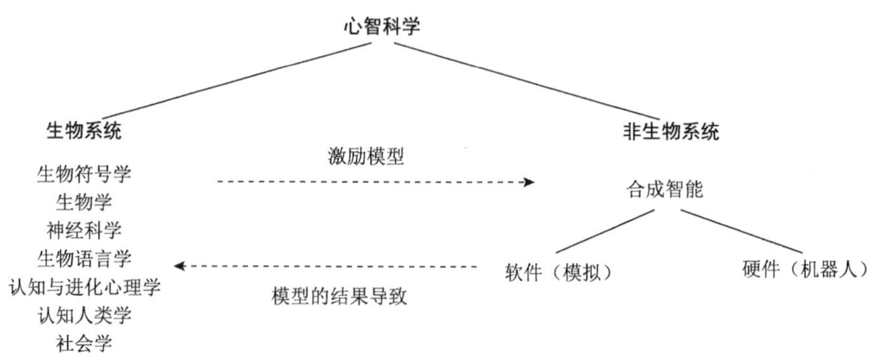

图 0-2　DDI 元模型在心智科学背景下的应用

注：这是一幅规范性的而非描述性的、用于说明模型应该如何在认知科学中起作用的图

认知科学的主流观点一直是并且仍然是功能主义。功能主义作为一种心灵哲学，只关注认知系统的行为而非其物质实例。出于这个原因，认知科学家系统地模糊了生物系统和非生物系统之间的界限。人们发现，关于大脑的诸多发现可以在硬件和软件中实现；同样，在硬件和软件方面的发现也被假定可以转化到人脑中。然而，与物理学中的例子不同：在物理学中，物质（水）对于现象和模型来说是共同的；而在认知科学中，硅基创造物被用来模拟有机大脑。把模型与现象当作相同的事物来谈论，或者反之亦然，这在哲学上是不负责任的，因为模型中的基本材料与现象中的物质是不同的。

5 人工智能（artificial intelligence，AI）作为一个研究领域，在生物心智方面已经有了相当多深刻的认识，这并不是因为我们能够在计算机模型中准确复制生物大脑中发生的事情，而恰恰是因为我们还做不到这一点。生物心智的计算模型所能做的是复制大脑自然功能的某些元素，比如计算，而且计算机执行这一功能的速度比人脑快得多。但是，从这个成功的建模推断出计算机就是大脑（或像大脑一样有意识）则是错误的，同样，把人的大脑说成是计算机也是错误的。计算主义，当被应用于除计算机以外的任何事物时都是毫无用处的，除非我们能够很好地解释有机大脑的“计算”意味着什么，如果它计算的是符号，那么这些符号在大脑潮湿的灰质中究竟是什么样子的。

哲学家彼得•戈弗雷-史密斯（Peter Godfrey-Smith）在一篇论文中阐明了实用主义者如何为心智的自然主义理解开辟道路。他概述了*方法论连续性*原则，根据该原则：要理解心智就需要理解它在整个生命系统中所扮演的角色。认知应当在“整个生物体”的语境中进行研究（Godfrey-Smith，1994）。这个合理的原则之所以没有被普遍遵循，是因为研究心智的和研究生物体的通常不是同一批人，反之亦然；换句话说，哲学家使用抽象模型，认知科学家使用软件和硬件模型来研究心智，而研究生物体的生命科学家通常并不研究心智问题——实验心理学中研究动物认知各个方面的离散项目显然是一个例外。

心思如何进化以及为什么进化的大问题，需要多学科的合作研究。生物符号学提供了一个新的概念空间，吸引了生物学、认知科学和人文学科领域的众多学者，他们认识到生物圈中从最简单到最复杂生物体的连续性，他们被联合到这个项目中，试图在这幅全面的生命图景中解释语言和意识。到目前为止，生物符号学作为新兴的交叉学科主要关注微观世界中的编码、指号和指号过程——这一事实反映出该领域在微生物学和胚胎学中的强表征性。心灵哲学家和认知科学家能够对日益增长的交叉学科研究所做的贡献是洞察生物符号学的世界观如何应用于像人类这样的复杂生物体，其中指号和指号过程构成了人类社会和文化。

二、心智的生物符号学理论

在这一部分，我将概述心智的生物符号学理论（biosemiotic theory of mind，BTM）的起源。在这里，我简要地介绍一下我对心思的看法：可以说不存在“一个心智”（a mind）这样的东西；更确切地说，“心智”这个术语是一个概念性的占位符，它代表了我们和其他一些动物通过大脑和身体的协同工作所能达
到的一系列能力，比如交流、表达感情、想象、满足我们的需求、学习、记忆、 6
持有信念和计划。所有生物都具有一系列独特的能力来适应特定的环境，比如在某些情况下人类倾向于将其概念化为“有心”（having a mind）。下面我将解释 BTM 与心智分析哲学和神经哲学中其他当代理论所提供的心智图景有何不同。

（一）BTM 不同于心智分析哲学

首先，BTM 不同于心智分析哲学，因为它并不关注心智的抽象理论——这些理论只在哲学中发展和使用——而是把心思理解为一种自然现象，其描述与我们在生物学和认知科学中了解的自然世界（包括大脑和生物体）的所有内容

相吻合[①]。

一个关于哲学家所说的感受性（qualia，即经验的定性方面）的例子，将有助于阐明心智分析哲学与 BTM 之间的区别。当代心智分析哲学中有人认为，如果物理主义是正确的，那么作为物理存在，我们应该能够感知任何颜色、声音或味道，并对其做出适当的反应，而无须伴随任何定性的感觉（Chalmers，1995）。需要注意的是，“人类是物理存在”这个潜在的假设，既然物理存在不会*体验到*任何东西，我们也不应该会。因此，这个论点是，要么我们需要某种超越物理主义的东西来解释定性经验[这是哲学家戴维·查尔默斯（David Chalmers）的立场]，要么我们没有用正确的方式思考物理主义。

我相信，提出我们为什么会有现象性经验这个问题表明，我们没有以正确的方式思考物理主义——例如，把有生命的和无生命的物理实体混为一谈，并期望它们有相同的行为，这就是功能主义。因为自行车和人类都是物质实体，所以自行车没有感觉，我们也就不应该有感觉，这显然是糟糕的推理，因为它证明了一个错误，即相信自己对世界的看法在某种程度上胜过世界的真实情况。

世界上任何对我们有意义的东西——一首喜欢的歌曲、一张熟悉的脸庞、一次令人烦恼的头疼、一盏绿色的交通灯、朋友的拥抱和咖啡的味道——都是质性经验。生物符号学大胆地承担起理解意义如何在生物系统中产生的任务。
7 因为我们知道，我们通过气味、声音、景观和感受，质性地体验世界，而且我们知道在生物系统中我们并不是唯一能这样做的，解释意义如何从物质中涌现才是一个挑战，在这里，生物符号学比那种否认这种可能性存在的哲学观点更有用。

质性经验的问题在 BTM 语境下并不神秘。假设质性经验在某种程度上对生物体机制是多余的，这就会引出一个问题，为什么以及如何激发生物体去做任何事情。比如，它假设我们会在不感到渴的情况下知道喝水，或者在没有真正热情的情况下探究一个特别的学术问题，或者在没有性和浪漫刺激的情况下本能地去生育后代。通过我们的感官与世界保持协调，可以带来明显的生存益处，我们会避免去喝看起来浑浊的水、吃闻起来腐烂的食物，或避免与那些让我们感到不安全的人待在一起，或避免去让我们感觉不安全的场所。我们质性地体验这个世界，这一事实使我们不同于机器人，而且使我们像所有在环境中

---

① BTM 与约翰·塞尔的*生物自然主义*相似，根据这种理论，人的意识就像光合作用或消化一样（他的例子），是一种生物现象。然而，对于心与脑之间关系的本性，我的观点不同于塞尔的观点；具体来说，他认为是*因果的*，而我认为是*同构的*。我们不会说植物导致了光合作用或消化道导致了消化。我们也不应说大脑导致了心智；相反，“心智”可以被认为是行为体经历后的大脑。这个心-脑概念化与菲戈尔库茨等（Fingelkurts et al.，2010）表达的观点相似。

以有利于生存的方式行动的生物一样。

尽管心灵哲学的传统已经将心智看作是超时空的和非具身的现象，但是，逐渐将动态系统理论[①]、脑物理学[②]和神经科学[③]融合到心灵哲学中的洞见，迫使我们去思考大脑在活的有机体中实际是如何运作的，这意味着承认心智必然是一种具身的（embodied）时空现象。

（二）BTM 不同于神经哲学

神经哲学的许多研究都致力于利用神经科学的发现来探究心灵哲学[④]问题。因此，这一研究隐含着对心智的深层理解，我们必须掌握大脑的功能。接下来，我会围绕神经哲学勾勒出三个问题，这些问题从整体上看都必然需要更为全面的 BTM。

1. 神经哲学与取消式唯物主义的错误关系 8

不幸的是，神经哲学通常被概念化为一种不切实际的手段，即所谓的大众心理学的终结[⑤]。其观念是，一旦我们准确地理解了我们思考和感觉的一切都只是特定神经元活动的结果，那么我们就不再需要诸如思想、信念和感觉之类的概念。这对我来说是极其错误的，原因至少有两个：①大众心理学是熟悉的、有用的，并且整合在我们的语言中，因此将其排除掉是很难的。②过分强调客观的第三人称描述层面而忽视第一人称层面，这种彻底的简化主义思维方式是不令人满意的，因为它没有考虑意义、自我或主观现象的体验。正如巴比里所强调的，生物学在传统上回避了意义的问题，但是生物符号学在生物学中提供了一个描述意义的平台。

2. 神经哲学对大脑进化历史的隐性忽视

由于神经哲学学科如今普遍关注人的大脑，这使其超越了那些关于心智的狭隘观点，除此之外还将一些最重要、最有趣的问题集中于心思的本质上。比如，人的心思与其他（形式）动物心智的异同表现在哪些方面？人的心思的出

---

① 这是认知科学中动态系统理论应用的很好总结，见 van Gelder 和 Port（1995）。

② 菲戈尔库茨等（Fingelkurts et al.，2010）详细地描述了物理世界的实际时空结构是如何被个体作为现象的时空通过大脑的生理活动——其在本质上也是时空的——而呈现和经历的。他们的研究为康德理论注入了新的活力，即人类心智的特殊结构决定了我们如何感知世界。

③ 应用神经科学洞察心理表征的问题的例子，参见 Swan 和 Goldberg（2010）。

④ 参见 Bechtel 等（2001）、Clark（2000）、Churchland（1989，2002）。

⑤ 这一活动被称为*取消式唯物主义*，与帕特丽夏（Patricia）和丘奇兰德（P. Churchland）的联系最为紧密，参见 Churchland（1999）。

现和简单神经系统的有机体的早期认知能力的出现是连续的吗？人的心思在自然世界中是独一无二的吗？鉴于我们对人类进化的了解，为什么心思进化成现在的样子？是什么让生物心智如此难以通过合成方式复制呢？

3. 神经哲学在科学上存在问题，对大脑的关注过于狭隘

不可否认，神经哲学的正确之处在于，它使得心灵哲学家开始思考大脑，并激励他们将关于大脑的知识纳入他们的心智理论。如果心灵哲学完全撇开对大脑的理解，那么它还有多大的用处或洞察力？然而，人脑并不是在一个孤立的宿主生物体中运作，这个生物体与其环境相互作用，因此将人类心思完全
9 归结于大脑，与其要取代的思想实验（如“缸中之脑”）一样在科学上是不准确的。

总之，关于 BTM，虽然它需要对生物大脑有透彻的了解，但它与神经哲学有不同之处：①它为理解信念、观念和我们“心理生命”的其他特征的意义开拓了概念空间；②它将心思的生物学起源和进化发展视为理解人类心思的必要基础；③它不仅关注大脑，还关注处于环境中的整个活的有机体。

最后，为了表明 BTM 与本章讨论的其他心智方法的不同之处，我们可以用一个拼图游戏作类比。当你拥有所有的碎片时——术语、理论、概念和关系——心智分析哲学就是一个有趣的拼图游戏，但越来越多的情况是，玩家似乎已经丢失了拼图盒的封面，只是在不断地重新排列拼图碎片，而心里却没有任何最终的画面。另外，神经哲学只有一些拼图碎片和部分盒封面的设计可供借鉴。BTM 超越其他理论之处在于，它拥有正确的拼图盒封面，并且拥有所有的碎片（通过跨学科合作）。这个拼图的不断重新排列和最终解决隐喻地表征了科学如何运作的理想（如果不是现实），以及研究心思的科学方法应该如何运作（表 0-1）。

表 0-1　关于在认知科学、神经科学和生物符号学中，意义、表征、还原论、机械论和计算主义相关的问题通常是如何确切阐述的比较表

关键术语	认知科学	神经科学	生物符号学
意义	我们能指望未来的机器人和机器在它们的计算和行为中找到意义吗？	人与其他足够复杂的生物在它们的世界中发现某些东西是有意义的。这是如何发生的？	在生物系统中，意义最基本的构成是什么？人类的意义——比如在语言方面——与其他生物相比，是本质上的不同，还是只是程度上的不同？
表征	机器人不利用存储的表征能表现出智能行为吗？如果能的话，它们是有用的有机模型——使用存储的表征——吗？	足够复杂的大脑表征了世界的特点，并在心理上控制它们的表征，比如当计划一个行动时，它们是如何做的？	脑-客体是建立心理表征描述的一个充分基础，还是某种更被需要的东西（如大脑的加工产物）？

续表

关键术语	认知科学	神经科学	生物符号学
还原论	把表现在模拟中（如人造生命）的复杂行为还原到其微观层面，能解释复杂性是如何出现的吗？	如果我们把人的认知与行为还原为它的神经相关物，那么我们会失去洞见还是会获得洞见？	只要不是为了取代更全面的解释，比如有机思维，还原解释是可行的甚至是有用的吗？
机械论	我们需要编写哪类程序才能让机器人执行 X、Y 或 Z？	拟人机器人以什么方式、什么程度展示了人的心思与行为？	笛卡儿式的机械论能用生物符号学的概念被有效地更新吗？自然选择是唯一的进化机制，还是存在更多的机制？
计算主义	计算机在计算能力达到关键的阈值后，能够变得有意识并真正地通过图灵测试吗？	对生物大脑来说，计算意味着什么？它们计算的是什么？潮湿的大脑灰质中的符号是什么？	计算主义能应用于简单的生物体或单细胞生物吗？还是这一概念只适用于计算模型？

三、本书内容

本书的目的是收集当代思维的样本，从生物学、认知科学和医学领域的研究人员那里了解心思在自然世界中进化的时间、原因和方式。心智起源的问题不再是哲学家的专属领域；近几十年来已成为值得科学家们研究的问题。

本书的内容是多元的。我遵循由巴比里建立的传统，欢迎表中关于心智的不同观点（表 0-1）——其中一些观点与目前的生物符号学研究完全相关，另一些与生物符号学并没有直接的联系，一些与我关于心思的观点相一致，而另一些则不完全一致。本书中的大部分章节都坚持一个原则，那就是哲学家约翰•塞尔所赞同并反映在我自己的哲学论著中的原则，即心思现象包括人类心思的特殊性是一种生物现象。我在本书中积极寻找的是一些思想、观点和理论，它们都有助于我们对心思的自然主义理解——强调其生物起源和进化发展。 10

本书分为五部分，分别探讨生物符号学、心理表征、意识、心灵哲学和合成智能等子主题。这些章节有一个时间顺序和层次顺序，对于读者来说最初可能没那么明显。第一是生物符号学，它侧重生物世界最基本的单元：编码、指号和指号过程。第二是心理表征，它在足够复杂的生物中是普遍存在的，能以一种提高生存能力的方式与它们的环境相互动。第三是意识，一种我们认为只
有一些复杂生物才具有的特征。第四是心灵哲学，在本书中是作为人类独有的 11
智能活动来理解的。第五是合成智能，它是作为人与机器之间的一种复杂的互动而出现的，可以被用来研究下面的所有层次。

（一）生物符号学

本书的第一部分题为*生物符号学*，包含四个章节，主要是这一领域内关于心思这一主题流行的研究。这一部分的开篇是马塞洛·巴比里的“生物编码与心智的自然史”，他描述了神经编码对心智起源的贡献，就像基因编码对生命起源的贡献一样。更准确地讲，他认为心理对象是根据编码规则由大脑成分组装而成的，这就意味着它们不再是*大脑的客体*，而是一种*大脑的加工产物*。这也表明了大脑和心智的平行进化伴随着两种新的指号过程的发展，把最初的起源归于*解释性指号过程*，主要是在脊椎动物中，然后是文化的指号过程，主要是在我们人类这个物种中。

接下来是安吉洛·N. M. 雷奇亚-卢西亚尼（Angelo N. M. Recchia-Luciani）的“人类的起源：人类意识、文化和历史的生物学根源”，它主要研究了物种特异性建模（species-specific modeling）的概念，使我们能够构建心理模型的分类。分类内容基于模型适应神经网络所控制的行为模式的不同能力。人类远超出其他灵长类动物的是，在胚胎发育过程中发展出了新的认知工具，从而能够进行抽象思维。雷奇亚-卢西亚尼解释了胎育和教育如何成为人类积累可感知和集体知识能力的两大支柱，这是其他动物所不具备的，而这一进化性量子跃迁的关键是一种新的复制因子——模因（memes）的出现，它被定义为具有隐喻性和关系型组织的信息模式。

接下来的一章是克丽丝特尔·勒霍特（Crystal L’Hote）的“从无心到心智：生物语义学与中间物”，本章评价了生物语义学的前景，将其理解为一种哲学尝试，通过诉诸无心智有机体和心智有机体的共性——表征能力——来解释心智的起源。她通过同古代的研究进行类比来描述心智起源的变化，澄清了生物语义学纲领的目的和方法，还区分了两种不同形式的异议——*先验*（*a priori*）与*后验*（*a posteriori*）。勒霍特通过类比化学组成和其他日常现象后认为，心智生物及其表征能力很可能起源于无心智生物。勒霍特最后得出结论：用进化来解释心智是合理的。

最后一章“网络符号学：意识、认知、意义与交流的跨学科理论的新基础”是由索伦·布赖尔（Søren Brier）撰写的。在其中，他解释了为什么网络符号学展示出利用我们来源于自然科学和建立在技术基础上的信息科学、系统论和
12 控制论的知识来得到真正的跨学科理论是有必要的。他解释了现代的进化范式与现象学的结合如何迫使我们认为人的意识是进化的产物，并接受人是“宇宙内部”的观察者的。索伦解释了意识研究如何因此迫使我们在理论上将自然科学和社会科学以及人文学科包含在同一个框架中——在一个完全自然主义的框

架中来看待有着自己意向的意识生命世界，以及文化作为自然的一部分的主体间性（intersubjectivity）。

（二）心理表征

本书第二部分专门讨论了一个我很感兴趣的主题：心理表征。这一主题在心灵哲学领域名声不佳，是因为来自勒内·笛卡儿（René Descartes）的沉重包袱——笛卡儿（可以理解的）关于表征如何在人类心智中运作的在科学上较为天真的图景。我对生物符号学寄予厚望，希望它能为理解具有足够复杂神经系统的有机体如何在内部表征其所处环境的重要特征，提供一个全新的且具有前瞻性的讨论空间。

这一部分的开篇章节是约翰·萨内基（John Sarnecki）的"跨物种读心语境中移情的涌现"，他探讨了读心和移情起源的进化解释如何强调了人类社会中的选择压力，这种压力促成了我们在他人的时空和认知位置上想象自己的能力。萨内基认为，这些关于移情的社会解释忽视了读心在人类和其他物种之间可能产生的影响。例如，史前狩猎赋予人们在追踪猎物时以潜在猎物的视角进行观察的能力。这种观点的一个结果是，我们解读他人心智的方式可能受到了解读其他动物心智的选择性压力的制约。因此，在我们试图理解其他人的过程中，我们可能会产生对动物认知生活的共鸣。

接下来的一章是罗伯特·阿尔普（Robert Arp）的"情景可视化与早期人类心智的进化"，他认为*情景可视化*（scenario visualization），即一种心理活动，通过选择和整合视觉图像，然后将其转换并投射到视觉场景中，以解决人们所处环境中的问题，这些问题出现在古人类时期，并且解释了某些与视觉相关的创造力。我们人类祖先面临的很可能是与基本生存相关的空间关系和深度关系类型的问题，比如，判断一个物体与自身之间的距离，判断一个接近物体的大小等，因此情景可视化能力对他们的生存是有用的。阿尔普的结论是，情景可视化已经并将继续与创造性问题解决的*视觉-关联*形式相关。

迈克尔·奈尔-柯林斯（Michael Nair-Collins）在"生物系统中的表征：目 13
的功能、病因学与结构保存"一章中，提出了一个关于生物系统中表征本质的新论点。他认为，构成表征的因素与决定表征内容的因素是不同的，因此用生物学的基本概念，特别是目的功能来概念化表征是很有用的。相比之下，他解释道：表征*内容*最好理解为包含两个部分的结构关系，而对于生物系统状态如何具有内容的解释，涉及对内部结构关系和因果历史的保存。他解释了其理论如何提供了一个统一的理论框架，在此框架内，各种涉及感官辨别任务的神经生理机制都可以被解释和诠释为表征。

这一部分的结束章是伊莎贝尔·巴拉霍纳·达·丰塞卡（Isabel Barahona da Fonseca）等的“超越具身性：从行为的内部表征到符号过程”，他们将符号形成与有运动能力的有机体中发生的输出过程联系起来。行动计划和命令涉及一种预期的立场，其中在将感知过去、现在和未来的理想状态联系起来的内部模型中创造并引用符号意义。他们认为，当超出即时实例化的投射时，符号是抽象的，因此超越了具身性（embodiment）。

（三）意识

这一部分从艾伦·弗里德兰（Ellen Fridland）的“模仿、技能学习和概念思维：一种具身的、发展的方法”开始，提供了一个从模仿到概念思维的策略。她认为，模仿在解释人类习得能力的过程中起着至关重要的作用，但成功的任务表现并不等同于智能行为。为了超越一阶层面的行为成功，她提出，人类对有意行为手段的取向也驱使我们完善自己的技能，从而为丰富的思想提供肥沃的土壤。

下一章是詹姆斯·H. 费策尔（James H. Fetzer）的“进化的意识：正是这个理念！”他解释说，为意识的进化找到一个充分的解释是一个突出的难题。他进一步解释说，无意识和前意识等概念的引入加剧了这种困难，而且对无意识因素对人类行为产生因果影响的前景的评估取决于对进化本质和意识本质的理解。从根本上讲，本章提出了一个概念框架来理解意识在遗传和文化语境中的进化功能。越来越明显的是，如果有一个合适的理论和符号学视角，对意识进化的充分解释是可能的。

14 蒂德·罗克韦尔（Teed Rockwell）题为“心智还是机制：孰先孰后？”的一章是本书中非同寻常的一章，因为他没有假设人类心思是一种具有生物起源的进化现象。他在这一章中质疑了还原论者的假设，即无生命的物质一定会组合成复杂的模式，最终成为有生命的意识生物。他认为，没有理由质疑查尔斯·桑德斯·皮尔斯（Charles Sanders Peirce）的观点，即心智首先出现，而且当一个有基本意识的宇宙区域陷入决定论习惯时，机械因果关系就会出现。罗克韦尔推断，如果我们定义意识的方式忽略了明显的偶然属性，比如像我们一样的外表和行为，那么某种形式的泛灵论不仅是可能的，而且是可信的，并得出结论，忽视这种可能性会导致我们下意识地排除合理的研究途径。

这一部分的最后一章是乔纳森·Y. 邹（Jonathan Y. Tsou）的“意识的感受性起源：对查尔默斯难题的进化解答”。在这一章中，他分析了哲学家戴维·查尔默斯从各种“为什么问题”的角度对意识难题的表述：为什么大脑的物理过程可以产生丰富的内心生活？为什么大脑功能的表现总是伴随着经验？邹解释说，查尔默斯认为这些问题是神秘的，唯物主义对心理的解释未能充分解决这些问题。邹认为，要么查尔默斯的“为什么问题”不属于科学的适当研究范畴，要么这些问题有进化方面的解答。关于后者，他讨论了各种意识状态的质性方面的进化解释，包括疼痛、色觉和性高潮。

（四）心灵哲学

这一部分从蒂伯·索利莫西（Tibor Solymosi）题为“意识心智起源的神经实用主义”的一章开始，他认为实用主义哲学在思考经验的起源及其本质方面为心智和生命科学家们提供了很多东西。他介绍了神经哲学实用主义，回顾了像约翰·杜威（John Dewey）这样的古典实用主义者是如何根据达尔文主义来重构经验、心智和意识等概念的。他探讨了最近认知科学和神经哲学中关于如何思考意识心理活动的争论，并在此过程中借鉴并修正了本章第一部分概述的实用主义框架。

下一章是安德鲁·M. 温特斯（Andrew M. Winters）和亚历克斯·莱文（Alex Levine）的“没那么特殊：远离乔姆斯基式突变论，走向一种自然渐进的正念解释”，他们认为，对心智起源进行自然主义解释的主要障碍是人类特殊论的立场，17 世纪的笛卡儿和 20 世纪的诺姆·乔姆斯基（Noam Chomsky）就是例证。作为人类特殊论的解药，作者们转向了达尔文在《人类的起源》中关于审美判断的描述，根据达尔文的观点，人类与低等动物的心理能力只是在程度上不同，而不是在种类上不同。他们解释了为什么对这些能力的自然主义解释是
可以实现的，方法是从寻求*心智*解释的物质-形而上学含义转向对*正念* 15
（mindfulnes）起源的解释。

托马斯·S. 雷（Thomas S. Ray）在“心理器官和心智的起源”一章中，通过“心理器官”的涌现引入了一种新的复杂心思起源的假设，而“心理器官”被定义为表面带有特定 G 蛋白耦联受体（G protein-coupled receptor，GPCR）的神经元群。他解释了心理器官如何在心理属性（同情、舒适、敬畏、喜悦、理性、意识）与 GPCR 相关的基因和调节元素之间提供一种直接的联系，以及与心理器官相关的心理属性具有可遗传的遗传变异，因而具有可进化性。他的这一章全面介绍了控制人类大脑中表达的 300 多种不同的 GPCR 的遗传和调控系统，如何使进化能够丰富地塑造心智。

弗兰克·斯卡兰姆布利诺（Frank Scalambrino）的“记忆-心理描述：心智的起源与生物记忆储存问题”是这一部分的终章，他在这一章中认为，生命的

符号学观点的内部逻辑似乎指向“脑-客体”论题或“记忆-心理描述”论题作为心智起源问题的解决方案。斯卡兰姆布利诺通过对当代记忆研究成果特别是埃里克·坎德尔（Eric Kandel）、丹尼尔·沙克特（Daniel Schacter）和米格尔·尼科莱利斯（Miguel Nicolelis）等人的研究成果的生物符号解读，认为“记忆-心理符号”理论优于“脑-客体”理论，他认为后者是心智同一性理论的一种变体。他提倡生物符号学的观点，认为心智在记忆中书写自己，也就是“记忆-心理描述”（mnemo-psychography）。

（五）合成智能

这一部分以阿列克谢·A. 沙罗夫（Alexei A.Sharov）的“最小之心”一章开始，他探讨了这种理论中最小之心的特征，它被定义为一种对客体进行分类和建模的工具。最小之心的出现标志着从使用符号直接控制其行为的原符号学（protosemiotic）行为体到可以将符号与理想（心理）客体相联系的真符号学（eusemiotic）行为体的进化过渡。沙罗夫认为，心智的标志是对物体的整体感知，它不能简化为个体特征或信号，而且表观遗传机制很可能在心智的起源和功能上发挥着关键作用，因为染色质状态是可重写的记忆符号。他认为，原始的心智形式可能存在于细胞层面，其中细胞核扮演着大脑的角色，因此，动物的多细胞大脑是由单个神经元组成的细胞心智群落。

利亚妮·加波拉（Liane Gabora）和柯丝蒂·基托（Kirsty Kitto）在“概念组合与复杂认知的起源”一章中，提出了理论和计算的论据来解决人类高级认知能力如何产生的问题。他们提出认知机制可能是早期文化成熟迹象的基础，
16 比如直立人出现前后的工具使用，以及旧石器时代中晚期现代人的出现导致的文化爆炸。他们提出，第一次转变涉及根据前一个想法递归地重新处理一个新想法的能力；第二次转变涉及在分析（收敛）思维和联想（发散）思维模式之间转换的能力。

汤姆·巴博莱特的“三种模拟中的高等猿心智”一章，通过计算机模拟提供了应用心智的描述。他展示了三种重要的模拟方法，三种方法一起应用就会形成一个连贯的认知，即人类心智是一种原始的生存机制，通过强大的编程语言潜流调节社会等级互动。模拟显示了人类从原始生存到原始社会群体，最终到完全对话（与其他人和自己）实体的三个潜在的心智起源。在努力理解心智的过程中使用计算机模拟也隐含了对非应用心灵哲学的批判。

马西莫·内格罗蒂（Massimo Negrotti）的“从自然大脑到人造心智”一章是这一部分也是本书的终章，他指出，我们在讨论心智时面临着一种明显的不

对称：大脑可以被科学地观察，而心智却不能。他指出，为了复制某些东西，我们需要观察它，但他认为，人工复制心理活动对理解心智没有帮助。事实上，所有人工智能学派试图复制的都不是心智，而是来自特定心理学范式的心智模型。因此，从大脑的进化和活动中“消除”心智，为不可避免的偏见和变形增加了进一步的任意性，这些偏见和变形是每一次复制自然客体的尝试——设计*自然智能物*——的特征。本章将讨论所有自然智能物设计师都必须遵循的方法或步骤，即选择*观察层面*、自然*例示*的边界及其*基本表现*。

本书标志着心智科学的一个新的开始——生物符号学正式入场来讨论自然界中有机体的心智起源问题。当然，生物符号学家已经为我们对心智的理解做出了贡献；然而，本书发起了一个更具针对性的讨论，来自多学科的研究人员被生物符号学领域所吸引而致力于解释有机心智。欢迎读者参与这一讨论，并且我希望在阅读了本书的章节后，读者们也能受到启发。

参 考 文 献

Barbieri. M. (2011). Origin and evolution of the brain. Biosemiotics, 4(3), 369-399.

Bechtel, W., Mandik, P., & Mundale, J. (2001). Philosophy meets the neurosciences. In W. Bechtel, P. Mandik, J. Mundale, & R. S. Stufflebeam (Eds.), Philosophy and the neurosciences. Malden: Blackwell Publishers, Inc.

Brier, S. (2012). Cybersemiotics: A new foundation for a transdisciplinary theory of consciousness, cognition, meaning and communication. In L. Swan (Ed.), Origins of mind. Dordrecht: Springer.

Brook, A. (2004). Kant, cognitive science, and contemporary neo-Kantianism. Journal of Consciousness 17
Studies, 11, 1-25.

Chalmers, D. J. (1995). Facing up to the problem of consciousness. Journal of Consciousness Studies, 2(3), 200-219.

Churchland, P. M. (1999). Eliminative materialism and the propositional attitudes. In W. G. Lycan (Ed.), Mind and cognition: An anthology (2nd ed). Malden: Blackwell Publishers, Inc.

Churchland, P. S. (1989). Neurophilosophy: Toward a unified science of the mind-brain. Cambridge, MA: The MIT Press.

Churchland, P. S. (2002). Brain-wise: Studies in neurophilosophy. Cambridge, MA: The MIT Press.

Clark, A. (2000). Mindware: An introduction to the philosophy of cognitive science. New York: Oxford University Press.

Fingelkurts, A., Fingelkurts, A., & Neves, C. (2010). Natural world physical, brain operational, and mind phenomenal space-time. Physics of Life Reviews, 7(2), 195-249.

Godfrey-Smith, P. (1994). Spencer and Dewey on life and mind. In R. A. Brooks & P. Maes (Eds.), Artificial life IV (pp. 80-89). Cambridge, MA: The MIT Press (A Bradford Book).

Hoffmeyer, J. (1997). Biosemiotics: Towards a new synthesis in biology. European Journal for

Semiotic Studies, 9(2), 355-376.

Hughes, R. I. G. (1997, December) . Models and representations. Philosophy of Science, 64 (Supplement). Proceedings of the 1996 biennial meetings of the Philosophy of Science Association. Part II: Symposia papers (pp. S325-S336).

Kravchenko, A. (2005). Cognitive linguistics, biology of cognition and biosemiotics: Bridging the gaps. Language Sciences, 28(1), 51-75.

Plotkin, H. (2004). Evolutionary thought in psychology: A brief history. Malden: Blackwell Publishers, Inc.

Searle, J. R. (1992). The rediscovery of the mind. Cambridge, MA: The MIT Press.

Swan, L. S., & Goldberg, L. J. (2010). How is meaning grounded in the organism? Biosemiotics, 3(2), 131-146.

van Gelder, T., & Port, R. (1995). It's about time: An overview of the dynamical approach to cognition. In Mind as motion: Explorations in the dynamics of cognition. Cambridge, MA: The MIT Press.

第一部分

生物符号学

第一章　生物编码与心智的自然史 21

马塞洛·巴比里[①]

摘要：本章的目的是表明有机编码在心智的起源和进化中发挥了重要作用，就像它们在所有其他宏观进化的重大事件中所起的作用一样。分子适配器的出现表明，基因编码只是生命史上一系列编码中的第一个，因此，心智的起源可能与新有机编码的出现有关。这将给心智研究带来新的启发，并为我们的研究提供一个新的理论框架。目前提出的关于心智本质的科学模型可分为三大类，分别是*计算理论*、*联结主义理论*和*涌现理论*。这种新的理论框架基于这样一种观点，即神经编码在某种程度上促成了心智的起源，就像基因编码促成了生命的起源一样。这就是*心智的编码模型*，认为心理对象是由大脑组件按照编码规则组装而成的，这意味着它们不再是*大脑的客体*，而是大脑的*加工产物*。该模型表明，感觉和感知并不是神经网络的副作用（如联结主义），它们并非通过涌现而自发产生的，它们不是计算的结果，而是真实的制造过程后的结果。简言之，在编码模型的框架中，感觉和感知是*制造的产物*，而根据其他理论，它们是大脑过程的*自发产物*。这与心-身问题相关，因为如果心智是由自发的产物构成的，那么它就不可能有*自己的规则*。另外，加工产物能拥有这种自主性基于以下两个原因：一是编码的规则是惯例，这些并非由物理必然性所支配；二是人工世界可以具有*表观遗传*特性，这为编码规则添加了意想不到的特征。简而言之，心智的自主性是自发的大脑产物所不能实现的，而大脑的加工产物则可以。

关键词：有机编码，宏观进化，大脑的起源，心智的起源，指号过程，建 22
模系统，第一人称经验

一、引言

心智是由其行为来定义的。当一个生物体有感觉、感知和本能时——更普

① 马塞洛·巴比里（Marcello Barbieri），意大利费拉拉大学形态与胚胎学系，电子邮件：brr@unife.it。

遍地讲，当它有*第一人称经验*时——它就有了心智。心智的起源是主观经验的起源，是将某些生命系统转变为生命*主体*的事件。如今有一个很大的共识，即心智是一种自然现象，而且心理活动是由大脑事件产生的。更准确地讲，人们普遍认为心智是由高层次的大脑过程——如感觉和本能——构成的，而这些过程是由较低层次的大脑过程——如神经元放电或突触相互作用——产生的（Searle，2002）。因此，我们需要了解大脑*如何产生*心智以及它们之间的*区别*。

关于这些问题，本章描述了一个新的观点，即在心智起源处存在一个（几乎）通用的神经编码，正如在生命的起源处有一个（几乎）通用的基因编码一样。反之，神经编码与基因编码之间的相似性是一个更大框架的一部分，根据这个框架，基因编码只是生命史上一长串有机编码中的第一个。这个框架——指的是*生命的编码观*——基于这样一个事实：我们实际上可以用证明基因编码存在的相同程序来*证明*自然界中许多有机编码的存在（Barbieri，2003，2008）。

任何编码都是两个独立世界之间对应的一组规则，并且必须通过两个独立识别过程的结构（称为适配器）来实现（需要适配器是因为两个世界之间没有必然连接，需要一组规则来保证对应的特殊性）。例如，基因编码是一系列连接核苷酸世界和氨基酸世界的规则，它的适配器就是转移核糖核酸（ribonucleic acid，RNA）。在信号转导过程中，细胞膜的受体在第一信使和第二信使之间建立对应关系，并且具有真正适配器的所有定义特征，因为任何第一信使都能耦合任何第二信使。这意味着信号的转导是根据一种被称为信号-转导编码的编码规则进行的（Barbieri，1998，2003）。

在许多其他生物过程中也发现了分子适配器，从而揭示了*剪接编码*、*细胞间隔编码*和*细胞骨架编码*的存在（Barbieri，2003，2008）。其他有机编码已通过不同的标准被发现。它们包括*代谢编码*（Tomkins，1975）、*序列编码*（Trifonov，1987，1989，1996，1999）、*黏附编码*（Readies & Takeichi，1996；Shapiro & Colman，1999）、*糖编码*（Gabius，2000；Gabius et al.，2002）、*组蛋白编码*（Strahl & Allis，2000；Turner，2000，2002；Gamble & Freedman，2002）、*转录编码*（Jessell，2000；Marquardt & Pfaff，2001；Perissi & Rosenfeld，2005；Flames
23 et al.，2007）、*染色体折叠编码*（Boutanaev et al.，2005；Segal et al.，2006）、*乙酰化编码*（Knights et al.，2006）、*微管蛋白编码*（Verhey & Gaertig，2007）、*剪接编码*（Pertea et al.，2007；Barash et al.，2010；Dhir et al.，2010）。

简而言之，生命世界实际上充满了有机编码，没有它们，我们根本无法理解生命的历史。本章试图通过考虑有机编码来重构心智的自然史，为此，它被分为两部分：第一部分是关于心智的起源；第二部分则致力于探讨其进化。

二、第一部分：心智的起源

（一）有机编码和宏观进化

自然界中许多有机编码的存在是一个实验事实——让我们永远不要忘记这一点——而且不止于此。这是有着非凡理论意义的事实之一。它表明宏观进化的重大事件与新的有机编码有关，而这种观点——*生命编码观*——使我们对历史有了全新的理解。这是古生物学家以前从未考虑过的观点，然而我们眼前至少有一个突出的例子。我们知道，宏观进化的第一个事件——生命本身的起源——与基因编码有关，因为正是有机编码使生物特异性得以存在。但是，让我们来看看其他几个关于有机编码与宏观进化之间存在深刻联系的例子。

1. 生命的三个领域

来自分子生物学的数据显示，所有已知的细胞都属于三个不同的主要生物界，即古菌、细菌和真核生物（Woese，1987，2000）。事实上，几乎所有的细胞都有着相同的基因编码，这意味着这种编码出现在还未发展成为现代细胞设计的前细胞系统中。根据乌斯（Woese）的说法，这些系统还不是真正的细胞，因为它们还未跨越他所谓的“达尔文阈值”，一个未指定的临界点，在这个临界点之后，一个完整的细胞组织才可能形成（Woese，2002）。根据编码观点，产生基因编码的原始生命系统不是现代细胞，因为它们没有信号-转导编码。而正是这种编码赋予细胞语境-依赖的行为，因为它允许细胞根据来自环境的信号来调节蛋白质合成。因此，信号-转导编码对原始生命系统至关重要，这就解释了为什么有各种独立的尝试来发展它。无论如何，古菌、细菌和真核生物有三种不同的信号系统，这是一个实验事实，这确实表明，每个领域都是由通用基因编码和三种不同的信号-转导编码组合而产生的。

2. 原核生物与真核生物的区别 24

根据编码观，三个主要生物界的原始细胞采取了将它们引导到两个截然不同的进化方向的策略。古菌和细菌选择了一种*流线型化*（*streamlining*）策略，这阻止了新的有机编码的获得，因此，它们从那时起就基本上保持不变。相反，真核生物在整个30亿年的细胞进化过程中不断探索了“编码空间”，并进化出了新的有机编码（剪接编码、间隔编码、组蛋白编码等）。在这个理论框架中，真核生物起源的关键事件是剪接编码的出现，因为剪接需要在转录和翻译之间有*时间*上的分离，这是它们在*空间上*分离的前提条件，这种分离最终是通过核膜在物理上实现的。

3. 多细胞生命的起源

任何新的有机编码都会带来一种绝对的新奇性（novelty），某种此前从未存在过的东西，因为编码的适配器创造了一种不受物理必然性支配的联系。因此，任何新的有机编码都是真正的宏观进化，真正的复杂性增加，以至于衡量一个生命系统复杂性的最佳方法就是其有机编码的数量。这也说明真核生物的进化在很大程度上是由于添加了新的有机编码，这一过程使真核生物变成了越来越复杂的系统。然而，最终细胞的复杂性达到了极限，新的有机编码打破了这一屏障，并产生了三种全新的生命形式——植物、真菌和动物这三大生物界（Barbieri，1985，2003）。

（二）身体构造的编码

动物的起源是一次真正的宏观进化，它给了我们在所有重大转变中面临的相同问题：真正的新奇事物是如何产生的？以最早的动物为例，它们的起点是一群细胞，这些细胞可以在空间中以无数种不同的方式组织自己，那么它们是如何产生那些我们称之为动物的特定三维结构的呢？

通过三种实验可以得到这一结果。更准确地讲，是通过尝试用一种、两种或三种不同类型的细胞（胚层）形成多细胞结构。用一种细胞类型进行的实验产生了不对称的躯体（海绵），用两种细胞类型进行的实验产生了具有一个对称轴的躯体（双胚层动物，即水螅、珊瑚和水母），用三种细胞类型进行的实验产生了具有三个对称轴的躯体（两侧对称动物或三胚层动物，即脊椎动物和无脊椎动物）（Tudge，2000）。原则上，最早的动物细胞在空间中能够形成的三维模式的数量是无限的，因此必须做出选择。这些选择或约束事实上是一组指
25 定身体规划的指令。更准确地讲，细胞被指定了*相对于周围细胞*的位置：前或后，背或腹，远或近。这些指令由基因携带，并由被称为身体对称轴的*分子决定物*（*molecular determinants*）的分子组成（Gilbert，2006）。

关键的一点是，存在无数种分子决定物，然而所有的三胚层动物都有着同样的对称轴（上下、前后和左右）。这表明分子决定物与对称轴之间没有必然的联系，这反过来意味着我们在自然界中发现的实际联系是基于常规规则的，也就是说，是基于被称为*躯体对称轴编码*（*codes of the body axes*）的有机编码规则。

必须强调的是，身体轴的关系存在于*细胞*之间，这意味着它们不仅决定身体的轴，还决定身体所有组成部分的轴。以手为例，远近轴是从手腕到手指的方向，前后轴是从大拇指到小指，背腹轴是从手背到掌心。左右手具有不同的

对称性，因为它们的轴是彼此的镜像。因此，动物身体存在许多轴，而且它们中的很多都具有相同的分子决定物。比如，*音猬因子*（*Sonic hedgehog*，*Shh*）基因的产物决定了前脑的背腹轴以及手的前后轴，这再次表明分子决定物仅仅是标签，表征了编码的常规规则。

躯体的前后轴（从头到尾的方向）是由胚胎外表面早期形成的两个小凹陷决定的，这两个小凹陷是嘴和肛门的标志。在这两点之间，第三个凹陷是由一群迁移细胞的运动产生的，这些细胞侵入前两个胚层（外胚层和内胚层）之间的空间，并形成中间胚层（中胚层）。内陷点（胚孔）既可以设置在口腔标志（*口道*）附近，也可以设置在肛门标志（*肛道*）附近，而这种选择决定了身体所有器官的未来组织。在口腔标志（气孔）附近形成胚孔的动物是无脊椎动物（严格来说是原口动物）：它们有一个外部骨骼、一个腹侧心脏和一个背侧神经系统。

换句话说，身体的整个组织是几个参数的结果，这些参数决定了中胚层相对于身体轴的迁移。关键的一点是，这些迁移（原肠胚形成运动）在脊椎动物和无脊椎动物中以无数种不同的方式发生，这表明了这些迁移不是出于生理需要，而是因为*原肠胚形成编码*的常规规则。通过这种方式我们意识到，动物躯体的三维组织是由各种有机编码决定的，这些有机编码可以统称为*躯体规划的编码*。

（三）细胞命运和细胞记忆 26

所有能独立生存的细胞，从细菌到原生动物，都会随着环境的变化迅速地做出反应，但多细胞动物的细胞表现出更复杂的行为。它们的反应不仅要考虑它们目前的情况，还要考虑它们的历史。这是因为在胚胎发育的过程中，细胞不仅学会了变得不同，而且还学会了*保持不同*。简而言之，它们获得了一种*细胞记忆*。用专业术语来讲，它们经历的胚胎过程决定了它们余生的*组织学*命运。

这项伟大的发现是由汉斯·斯佩曼（Hans Spemann）在1901年通过把胚胎组织的一小部分移植到另一部分的研究中得出的（Spemann，1901）。斯佩曼发现，如果胚胎细胞在一个关键期*之前*被移植，它们就能改变其组织学命运（例如，皮肤细胞可以变成神经细胞），但如果在这个关键期之后进行移植，则完全无法做到这一点。这意味着对于每一种细胞类型来说都有一个发育的关键期，在这个时期会发生一些决定细胞命运的*事情*，就是所谓的*细胞决定*（*cell determination*）。

其他实验证明，细胞决定通常不是在一个单一的步骤中发生的，而是分阶段进行的，这些阶段的数量和持续时间因组织而异。细胞决定最明显的特征是其结果的非凡稳定性。这个过程只需几个小时就能完成，但会在未来数年对每一代子细胞都产生永久性的影响。此外，即使细胞在体外生长并在体外进行多次分裂循环，这种决定状态仍会保持。当回到体内时，它们再次表现出决定状态的特征，就好像它们从未“忘记”那次经历一样（Alberts et al.，1994）。

简言之，细胞命运的决定相当于一种*细胞记忆*的获得，这种记忆可以维持终生，并传递给所有后代细胞。细胞决定的不同步骤是由分子控制的，称为*分子决定物，*它可以在受精时由母体传递，也可以在发育的各个阶段由胚胎产生。关键在于，所有动物的基本组织学结构都是相同的，但它们的分子决定物有无数不同的种类，这表明决定物与组织学命运之间的联系并不是由物理必然性决定的，而是由被称为*组织学编码*和*转录编码*的编码规则决定的（Jessell，2000；Marquardt & Pfaff，2001；Perissi & Rosenfeld，2005；Flames et al.，2007）。

这一点在所有细胞分区中最基本的一种——体细胞和性细胞的区别上得到了戏剧性的展示。比如，在果蝇中，这种区别是由极质决定的，这是一种由母体沉积在卵子后端的物质。所有从极质接收分子的细胞都会变成性细胞，并有永生的潜力，而所有其他细胞则成为体细胞，并注定与身体一起死亡。体细胞与性细胞之间的区别在所有动物中都存在，但它是由各种各样的分子产生的，有些是由母体产生的，有些是由胚胎产生的，所有这些都表明，体细胞与性细胞之间的区别是组织学编码的一个突出例子。

27 总之，在胚胎发育过程中，细胞会经历两个不同的决定过程：一个决定它们的三维模式，另一个决定它们的组织学命运。这两个过程在自由生活的细胞中完全不存在，这再次表明动物的起源是一个真正的宏观进化。此外，这两个过程都基于分子决定物和细胞状态之间对应的常规规则，因为决定物可以是无数不同的物理类型。换言之，在所有动物中，身体结构和组织器官的组织学命运都是基于有机编码规则的。

（四）进化神经元

动物器官并不是细胞器的更大版本，但是它们之间仍有相似之处，因为在这两个组织层次中存在相似的分工。比如，动物的肌肉和细胞的收缩区域都会表达相同的蛋白质，因此动物器官的进化很可能利用了在原生动物祖先的细胞器和细胞腔室中发展起来的分子机制。

从进化的视角来看，这是有道理的，这表明最早的动物已经具有表达内部劳动分工的潜力。比如，它们的一些细胞可以优先表达运动基因，从而成为未来运动器官的前体。其他细胞可以优先表达信号转导基因，从而成为未来感觉器官的前体。第三种类型的细胞可以在它们之间建立联系，并以这种方式预示着未来的*神经系统*，因为根据定义，这个系统是感觉器官和运动器官之间的桥梁。无论发生了什么，我们都知道神经系统的细胞有两个关键特征，这两个特征都可以通过修改原有的原生动物的结构来获得。

神经元的第一大特点是能够通过细胞膜之间紧密接触点（突触）的囊泡释放的化学物质与其他细胞进行交流。正是这些囊泡提供了大脑信号系统的组成部分，但它们并不需要从零开始。它们与存在于所有真核生物中通常被用于跨细胞膜运输分子的标准囊泡非常相似。

神经元的第二大特点是能够传递电信号，这也可以通过对已有结构的修改来解释。细胞不断与环境交换分子，这些分子大部分都是带电的，因此细胞膜上有恒定的正负离子通量。这些离子只能通过特殊蛋白质提供的通道移动，而且它们的运动可以通过主动运输或被动扩散进行。在第一种情形中，它们被称为“离子泵”；在第二种情形中，它们被称为“离子通道”。此外，大多数通道仅由特定刺激（电、机械、化学等）才能打开。例如，*电压门控钠通道*就是一种蛋白质系统，只有在受到电信号刺激时才会允许钠离子进入。

所有离子在细胞膜上的传输都受到一个事实的影响，即细胞内部相对于外 28
部总是带负电的，因为大多数被困在细胞膜内的大分子都带负电荷。这种结构上的电不对称与离子泵和离子通道产生的电流相结合，导致了一种稳态，其特征是细胞膜两侧存在电差，即膜电位。

这种电位是各种力的动态平衡的结果，对它的任何扰动都会产生一种被称为动作电位的电脉冲。例如，一个电刺激可以打开钠通道，让大量正离子进入，从而迅速改变局部膜电位值。然而，这种变化仅局限于细胞膜下非常小的一个区域，只有当细胞膜上含有许多其他钠离子通道且彼此距离很近时，这种变化才能传播到其他区域。简而言之，所有细胞都有离子泵和离子通道，但是只有钠离子通道的不间断分布才能传播动作电位。这就是让细胞能够传递电信号的新奇之处。

综上所述，释放化学物质的囊泡、离子泵和离子通道都是自由生命的细胞在进化的最初 30 亿年中创造的，而且不需要重新设计。神经元的起源所需要的只是一种在空间中排列它们的新方法。

（五）间脑

神经系统由三种类型的神经元组成：①感觉神经元传递由感觉器官产生的电信号；②运动神经元向运动器官（肌肉和腺体）传递电信号；③中间神经元

在它们之间提供桥梁。在某些情况下，感觉神经元与运动神经元直接连接，从而形成一个*反射弧*，这是一个被称为*反射*（*reflex*）的快速提供刺激反应的系统。因此，中间神经元是可以舍弃的，而且一些动物确实可以在没有中间神经元的情况下生存。然而，事实是，大多数动物都有中间神经元，而且我们在进化过程中观察到的是，大脑主要是通过增加中间神经元的数量而增大的。换句话说，大脑的进化在很大程度上是“间脑”的进化。

众所周知，如今绝大多数大脑处理是完全无意识的，因此我们可以说，间脑分为有意识部分和无意识部分。但这种分裂是什么时候发生的呢？意识是什么时候出现在生命史上的？不幸的是，这里我们遇到了一个困难——意识是一个太大的范畴。它与感受、知觉、情绪、本能、思维、自由意志、伦理和审美等相关。其中一些实体是在进化的后期出现的，并且只存在于少数物种中，因此我们可以将其视为特殊的进化发展。换句话说，意识的起源可以被限定在其最基本的特征上——就是某些最初的和普遍的特征，甚至最简单的动物也可能
29 拥有的东西。感觉和本能可能是所有意识过程中最普遍的，这里假设意识是在原始大脑设法产生它们时出现的。让我们看看这是怎么发生的。

最初的神经系统可能只是反射弧的集合，而且最初的中间神经元很可能是这些反射弧的物理延伸而产生的。它们的增殖之所以受到青睐，是因为它们在感觉神经元和运动神经元之间提供了一个有用的*特质连接*。然而，一旦存在，它们就可以开始探索其他可能性。

它们的首个贡献可能是多门控反射弧系统的发展。动物的行为必须考虑来自环境的各种线索，为此，一个运动器官从许多感觉器官接收信号，而一个感觉器官又向许多运动器官传递信号，这是很有用的。这不可避免地需要感官输入和运动输出之间的多门连接，这可能解释了为什么中间神经元在进化上取得了如此巨大的成功。

然而，除了传递电信号之外，中间神经元还可以做其他事情。它们可以开始*处理*这些信号，这开启了一个全新的可能性世界。在实践中，这种处理朝着两个大的方向发展，产生了两种截然不同的结果。一个是神经网络的形成，它为反馈系统提供了来源，并为任何给定的生理学功能提供了一种“自动驾驶”的作用。另一个是感觉和本能的产生。

第一种处理完全是无意识的，是通过间脑的一个组成部分来执行的，这里指的是*控制脑*。第二种处理则被间脑的另一个主要组成部分所采用，这里指的是*本能脑*。简言之，间脑从一个原始的反射弧系统进化而来，并发展出两种截然不同的神经处理方式，一种是完全无意识的，另一种则是由本能控制的。但是为什么是*两种*处理方式呢？如果控制脑没有感觉和本能也能很好地工作，为

什么还要发展它们呢？

（六）本能脑

一个控制脑可以操纵所有的生理功能，并能应对变幻莫测的环境，因此似乎没有必要进化出感觉和本能。然而，我们不应忘记，控制脑是感觉器官和运动器官之间的中介，只有在输入和输出之间存在*持续的*连锁反应的情况下，它才可以发挥作用。这意味着控制脑的所有操作都以物理上连续的顺序联系在一起，初始的输入必然是来自外部世界的信号。换句话说，拥有完全控制脑的动物实际上是环境的傀儡。相反，本能脑是一个系统，其中行动的命令来自系统内部，而不是外部。拥有本能脑的动物根据自己的本能和内部规则做出决定，因此对环境有一定的自主性。但这种自主性是否具有进化优势呢？ 30

在周围环境中没有食物和性伴侣的情况下，控制脑动物只会停止进食和交配，而本能脑动物会在其可见的环境之外，甚至在没有积极的外部信号的情况下，开始漫长的探索之旅。简言之，不管环境如何，内在的行动驱动力都有维持生存的作用，这或许就是为什么大多数动物都进化出了控制脑和本能脑。

然而，必须强调的是，本能脑并不是一个可以简单地被“添加”到控制脑上的系统。本能脑是一个基于内部驱动的系统，它有能力向运动器官发送自己的命令，即产生自己的电信号。这就意味着传递给运动器官的信号并不都来自感觉器官。

简而言之，本能脑的进化需要大脑神经回路发生重大变化。由控制脑提供的感觉器官和运动器官之间的桥梁被*中断*，而由感觉和本能构成的新桥梁填补了这个缺口。本能脑并不是简单地把感觉*添加*到一个现有的系统中。它在物理上打破了控制脑桥梁的连续性，并在两者之间引入了一座新的桥梁。其结果是，间脑获得了三个不同的控制系统，这些系统分别基于化学信号、神经网络、感觉与本能。前两者构成了控制脑，而第三个系统是动物的本能脑。

此外，感觉和本能的起源可以与意识的起源关联起来，但为了理解这一点，我们需要讨论“第一人称”经验的概念，因为这一概念在很大程度上被认为是意识的关键组成部分。

（七）“第一人称”经验

感觉、知觉、情绪和本能通常被称为“第一人称”经验，因为它们是没有中介的直接经验。它们使我们觉得了解自己的身体，我们控制着它的运动，我们是有意识的存在，我们过着“个人”的生活。最重要的是，它们是典型的个人内部状态，这使得它们不可能与其他人共享。

科学的目标是为自然界中存在的事物建立可测试的模型，而“第一人称”经验无疑是自然界的一部分，因此我们应该能够为它们建立模型。当然，模型不是现实（“地图不是领土”），但它们是现实的观念，而且真正重要的是这些想法可以被无限期地测试和改进。就我们目前的情况来看，问题是建立一个模型，至少在原则上让我们理解“第一人称”经验是如何产生的。

31 比如，让我们考虑脚趾受伤的情形。我们知道，电脉冲立即被发送到中枢神经系统，间脑对它们进行处理，并向运动器官发出指令，使身体迅速行动起来。在这里，我们有两个不同的参与者：一个观察者系统（间脑）和一个被观察者部分（受伤的脚趾）。观察者获得信息并将其转化为疼痛的感觉，但随后发生了一些不同寻常的事情。我们并不是在感觉产生的间脑中感到疼痛，而是在受伤的脚趾中感到疼痛。观察者与被观察者已经合二为一，而正是这种融合的单一感觉产生了“第一人称”经验。

当我们从环境中接收信号，比如我们看一个外部物体时，也会发生类似的情况。在这种情况下，视网膜上会形成一个图像，并将电信号发送到间脑。同样，观察者（大脑）和被观察者（视网膜）之间是分离的。然而，我们所看到的并不是产生了视觉信息的视网膜上的图像。间脑和视网膜形成了一个单一的处理统一体，我们看到的是外部世界的图像。这又是一个“第一人称”经验，它也是通过生理过程产生的，这个生理过程缩短了感觉器官和间脑之间的物理分隔。

简而言之，我们所说的“第一人称”经验并不是基本的、无差别的和不可分割的。事实恰恰相反。它们是复杂神经过程的产物，许多高度分化的细胞协同作用，在观察者与被观察者之间产生一个生理短路。换句话说，“第一人称”经验无法存在于单个细胞中。它们只能在多细胞系统中进化，它们的起源是一个真正的宏观进化，一个绝对的新奇事件。因此，我们的问题是弄清楚它们是*如何*发生的，它们产生的机制是什么？

（八）大脑与心智之间的区别

感觉、知觉、情绪和本能在传统上被认为是*心理*过程或*心智*的产物。当前的普遍共识是，心智是一种自然现象，心理事件是由大脑事件产生的。与此同时，人们也普遍认为，在大脑的生理过程和心智的主观经验之间存在一条鸿沟。因此，我们的问题不仅是要了解大脑如何产生心智，还要了解它们之间的区别。处理这个问题的最佳方式也许是将其与存在于物质与生命之间的平行问题进行比较。今天，人们普遍认为生命是从物质进化而来的，但生命与物质有着根本的不同，因为像自然选择和基因编码这样的实体不存在于无生命的世界中。

我们如何解释这一点呢？一个东西怎么可能起源于与它本身根本不同的东西呢？如果物质与生命之间存在根本的区别，那么物质如何产生生命呢？许 32
多人认为这种差异是不存在的，因此*“生命就是化学”*这一结论与“*心智就是大脑”*的观点是一致的。

如今，生命的化学观仍很流行，而且原始基因和原始蛋白质能够通过自发的化学反应进化出第一批细胞，这是完全合理的。但这也正是分子生物学所排除了的可能性，因为基因和蛋白质在生命系统中从来不是自发形成的。相反，它们是由分子机器制造的，这些分子机器按照模板提供的顺序把它们的组成部分物理地粘在一起。在原始地球上的确自发出现了原始基因和原始蛋白质，但它们还不能导致第一批细胞的起源，因为它们没有生物特异性。但它们创造了分子机器，正是这些分子机器及其产物进化成为第一批细胞。

简而言之，基因和蛋白质是由分子机器根据线性*信息组装而成的*，这就使得它们与自发分子的区别就像人造物体与自然物体的区别一样。基因和蛋白质是*分子人工制品*，即由*分子机器制造的人工制品*（Barbieri，2003，2008）。它们来自无生命的物质，因为它们的成分是自发形成的，但它们不同于无生命的物质，因为它们需要信息和编码规则等实体，而这些实体在自发反应中是不存在的。只有分子机器才能使这些实体存在，当它们存在时，它们制造了人工制品，但最重要的是，它们制造了*绝对的新奇事物*，与宇宙中自发形成的任何东西都完全不同的物体。

这种逻辑在原则上解释了真正的新奇事物是如何在进化中出现的。任何根据编码规则制造物体的生物系统都在产生生物人工制品，而人工制品的世界与它所来自的世界是完全不同的。这使得我们能够理解为什么生命起源于物质但又与物质有着根本的不同，以及为什么心智是由大脑产生的但又与大脑有着根本的不同。在生命起源与心智起源的背后有着同样的逻辑、同样的基本原则。这就是*心智的编码模型*，认为心智的起源有一个*神经编码*，就像生命的起源有一个基因编码一样（Barbieri，2006，2010）。

（九）心智的编码模型

只有当生命的起源与心智的起源的相似之处以一系列连贯的假设形式呈现时，它才能成为一种科学模型，所以让我们来看看这是如何做到的。

在生命的起源中，关键事件是*蛋白质*的出现，而基因编码在其中起着至关

重要的作用，因为它有助于蛋白质的合成。在心智的起源中，关键事件是*感觉*
的出现，我们的假设是，神经编码对感觉的产生起着重要作用，就像基因编码
33 对蛋白质的产生起着重要作用一样。因此，感觉和蛋白质之间存在着相似之处，
这便告诉我们，这两种情况之间既有相似性，也有不同之处。

蛋白质是*空间客体*，因为它们在空间中具有三维组织，而感觉是*时间客体*，因为它们是“过程”，是由流动的状态序列组成的实体。它们各自的组成部分也是如此。蛋白质是由氨基酸等较小的空间客体组装而成的，而感觉则是由神经元放电和化学信号等较低层次的大脑过程组合而成的。

生命和心智之间深刻的相似之处以这种方式导向了蛋白质和感觉之间的相似之处，尤其是导向了产生它们的过程之间的相似之处。我们已经知道，蛋白质的组装不是*自发进行的*，因为没有一个自发的过程可以产生无限数量的相同氨基酸序列。*心智的编码模型*认为，感觉也是如此，也就是说，感觉不是低层次大脑过程的自发结果。它们只能由一个神经装置生成，该装置根据编码规则将组件组装起来。简而言之，根据编码模型，感觉是*大脑的人工制品*，是由编码者根据*神经编码*规则制造出来的。

就蛋白质而言，编码者是细胞的核糖核蛋白系统，该系统在基因型和表型之间提供了一座桥梁。它以信使 RNA 的形式接受来自基因型的信息，并根据基因编码的规则组装表型的构造块。然而，必须强调的是，编码系统在逻辑和历史上优先于基因型和表型。因此，它是第三类，被称为细胞的*核糖核酸型*（Barbieri，1981，1985）。

就感觉而言，编码者是动物的间脑，该系统接受来自感觉器官的信息，并向运动器官发送命令。感觉器官提供了动物对世界的所有信息，因此表征了动物细胞中的基因型。类似地，运动器官允许身体在外界环境中活动，并在动物中扮演了细胞中表型的角色。最后，间脑是一个处理和制造系统，是动物体内的一种装置，就像细胞里的核糖型一样。

总之，生命与心智之间的相似性涉及三个不同的相似性：一是蛋白质与感觉之间的相似性；二是基因编码与神经编码之间的相似性；三是细胞与动物编码制造系统之间的相似性。换句话说，我们在细胞中发现的分类在动物中也发现了，因为在这两个层面上，我们都有信息、编码和编码者。虽然细节有所不同，但它们的工作*逻辑*是相同的，通过有机编码实现绝对新奇的策略也是相同的。

（十）神经编码

“神经编码”一词在科学文献中使用得相当频繁，它代表一种未知的机制，

通过这种机制，感觉器官产生的信号被转换为主观经验，如感觉和感受。必须强调的是，这个术语具有潜在的模糊性，因为它既可以表示一个通用编码，也可以表示动物用来创造其物种特有的世界表征的编码。例如，“语言”一词也出现了类似的模糊性，它既可以指人类的一种普遍能力，也可以指在一个特定的地方使用的特定语言。 34

与基因编码的相似性在一开始就消除了这种模糊性，并清楚地表明，心智的编码模型假定存在一个*通用的*神经编码。因此，我们的问题在于这一观点的科学依据：我们凭什么说（*几乎*）通用的神经编码存在于所有动物中，就像（*几乎*）通用的基因编码存在于所有细胞中一样？

例如，让我们考虑一下机械刺激转化为触觉的过程。老鼠胡须的尖端有机械刺激感受器，我们人类的手指尖也有机械刺激感受器，毫无疑问，我们对世界的触觉探索与老鼠是不同的，但这是否意味着我们使用了不同的神经编码？有证据表明，将机械刺激转化为触觉的生理过程在所有动物中都是相同的，这就表明存在一种普遍的机制在起作用（Nicolelis & Ribeiro，2006）。事实上，虽然我们所讨论的证据来自三胚层动物，但它们代表了所有动物类群中的绝大多数，所以让我们把注意力集中在它们身上。我们如何概括实验数据并得出结论说，实际上所有的三胚层动物都具有相同的神经编码呢？

我们知道，所有神经过程的起点都是感觉器官产生的电信号，但我们也知道，感觉器官产生于身体的基本组织学组织，而且这些组织（上皮组织、结缔组织、肌肉组织和神经组织）在所有的三胚层动物中都是相同的。换句话说，所有发送到大脑的信号都来自有限数量的通用组织产生的器官，这使得它们表征有限数量的通用输入的说法变得合理。但我们也有着有限数量的通用输出吗？

感觉器官（感觉和知觉）的神经关联可以通过它们产生的*动作*来识别，并且有充分的证据表明所有的三胚层动物都具有相同的基本*本能*。它们都有生存和繁殖的需要。它们似乎都经历过饥饿和口渴、恐惧和攻击，并且它们都能够对光、声音和气味等刺激做出反应。简而言之，基本组织学组织的神经关联与动物的基本本能有关，而这些似乎在所有的三胚层动物中几乎都是相同的。

概言之，我们所观察到的，一边是一套通用的基本组织学组织，另一边是一套通用的动物基本本能，以及两者之间的一组神经转换过程。最简洁的解释是，两者之间的神经过程也是一套通用的操作。由于感觉器官和感觉之间没有必要的物理联系，我们可以得出结论：它们之间的桥梁只能是一种几乎通用的神经编码的产物。

35 二、第二部分：心智的进化

（一）两种普遍策略

生命既有统一性也有多样性。统一性来自所有活细胞中普遍存在的基因编码。多样性来自不同细胞群中存在的不同的有机编码。比如，最初的细胞根据三个不同的信号-转导编码被划分为三个主要领域（古菌、细菌和真核生物）。在最初的分裂之后，一些细胞（古菌和细菌）采取了一种精简策略来防止产生新的有机编码，结果它们从那以后基本上保持不变。其他细胞（真核生物）继续探索编码空间，并变得越来越复杂。

如果我们现在来看动物的进化，会再次发现精简策略与探索策略之间的分化。这次是无脊椎动物和脊椎动物的分化。无脊椎动物采用了一种精简策略，将其大脑发育减少到最基本的部分，而脊椎动物似乎无限制地探索了大脑空间的潜力。换句话说，在进化中似乎有两种普遍的策略在起作用，一种促进精简，另一种促进探索。在细胞层面上，这些策略将原核生物与真核生物区分开来；在动物层面上，它们将无脊椎动物与脊椎动物区分开来。

此外，在细胞层面上，真核生物的探索策略主要基于新的有机编码的发展，这表明，在动物层面上，脊椎动物的探索策略也可能基于有机编码。但是我们能证明这一点吗？我们能证明脊椎动物在进化中出现了许多有机编码吗？

大脑通常不会变成化石，但我们仍然可以获得有关其祖先的有机编码的信息。我们可以从胚胎学中得到这种信息，因为动物进化的主要驱动力是胚胎发育的变化，这些变化已经传递给了它们现在的后代。简而言之，胚胎的大脑可能是我们能找到关于大脑进化及其有机编码信息的最佳场所。

（二）大脑发育的机制

脊椎动物神经系统的胚胎发育经历四个阶段。第一个阶段始于外胚层带被下面的中胚层诱导成为神经组织，结束于新形成的神经母细胞完成最后的细胞
36 分裂，这一事件标志着神经元的“诞生”。这确实是一个划时代的事件，因为神经元在其一生中所做的一切在很大程度上取决于它诞生的时间和地点。不知何故，这两个参数在年轻的神经元中留下了不可磨灭的印记，并成为它的永久记忆。

神经元发育的第二个阶段是神经元从出生地迁移到最终目的地的阶段，它们“知道”这个目标，因为它以某种方式“写”在了它们出生的记忆中。

第三阶段始于神经元到达它们的最终居所。从这时起，神经元的身体不再

移动，而只是伸出“触角”，开始在周围身体中进行漫长的探索之旅。触角（*神经突触*）的末端是一个大致呈三角形的薄片（被称为生长锥），它像盲人的手一样移动，在决定自己下一步做什么之前，触摸并感觉其路径上的所有物体。运动神经元的轴突是这类触角中最长的，它们的任务是离开神经管，到身体的其他部位去寻找需要神经连接的器官。这是通过分两个阶段进行的探索策略而实现的。在旅程的第一阶段，生长锥沿着由特定分子提供的轨迹移动，而且优先考虑其他轴突的轨迹（这解释了为什么生长锥会一起移动，从而形成我们称之为*神经*的粗束）。它们不知道目标的地理位置，但这可以通过细胞的过度繁殖来补偿，从而确保了其中一些细胞实际上能到达目标。此时，这种策略的第二阶段开始发挥作用。需要神经支配的器官会释放出特定的分子，即*神经生长因子*，它可以使神经元免于死亡。更准确地讲，神经元被设定为自我毁灭——也就是说，在预定周期结束时激活细胞死亡或*凋亡*的基因，而神经生长因子是唯一能够关闭这种自我毁灭机制的分子。结果是，到达正确地点的神经元生存下来，而所有其他的神经元都消失了（Levi-Montalcini，1975，1987；Changeaux，1983）。

大脑发育的第四个阶段始于生长锥到达其目标区域时，此时一些未知的信号引导轴突停止移动，并开始一个新的转化。生长锥不再是扁平的形状，产生大量的手指状细支向周围不同方向的细胞发散。一旦建立联系，手指状细支的尖端会扩展自身成为圆形纽扣状的*突触*——专门负责传递神经化学物质的结构。这就把神经元变成了一个分泌细胞，从此时起，神经元就致力于与其他细胞进行不间断的化学交流。

突触联系的建立和中断是神经系统的实际连接，其发生机制首先基于分子识别，然后是功能增强。每个神经元都会产生过量的突触，因此系统最初是过度连接的；另外，突触连接不断地断裂和重组，只有那些反复重新连接的突触才会成为稳定的结构。那些不活跃的突触逐渐被淘汰，最后只剩下活跃的突触。这种机制在诞生后很长一段时间内继续运作，在大脑的某些部位，该机制会无限期地持续下去，从而为在个体的一生中形成新的神经连接提供了手段。根据 37
唐纳德·赫布（Donald Hebb）的说法，这种机制是记忆的核心，自然和人工神经网络所获得的结果至今已证实了他的预测（Hebb，1949）。

四、大脑发育的编码

细胞黏附、细胞死亡和细胞信号传导是大脑发育的主要工具，在所有这些工具中，我们都可以找到有机编码的存在。让我们简单地看几个例子。

（一）细胞黏附

在20世纪40年代，罗杰·斯佩里（Roger Sperry）切断了一条鱼的视神经，并证明其神经纤维会精确地长回大脑中原来的目标位置。此外，当眼睛在眼窝中旋转180°时，鱼会朝着放在其上方的诱饵猛咬，从而证明了这种连接是非常特定的。这促使斯佩里（Sperry，1943，1963）提出了“化学亲和假说”，即神经元通过细胞膜上显示的数以百万计的“识别分子”来识别它们的突触伙伴。大脑的连接基本上是由连接突触间隙的分子来完成的，这些分子决定了哪些神经元被连接，哪些神经元不被连接。它们同时起着突触识别器和突触黏合剂的作用，而且最近的研究表明，钙黏蛋白和原钙黏蛋白是这些功能的良好候选者。特别是原钙黏蛋白有着巨大的多样化潜力，因为它们的基因包含像免疫球蛋白基因一样的可变和恒定区域。因此，它们可以提供神经系统的建筑材料，使其具有学习和记忆的能力，就像免疫系统一样，可以应对几乎所有的事情，甚至是意想不到的事情（Hilschmann et al.，2001）。这表明斯佩里的“化学亲和假说”应当用编码来重新表述。有机编码不是列出数以百万计的单独的分子相互作用，而是可以用有限的规则产生巨大的多样性，这就是许多学者提出神经系统的布线是基于*黏附编码*的原因（Readies & Takeichi，1996；Shapiro & Colman，1999）。

（二）细胞死亡

活性细胞自杀（凋亡）是胚胎发育中的一种普遍机制，被用于形成几乎*所有*的身体器官。关键之处是自杀基因存在于所有细胞中，而打开或关闭自杀基因的信号分子有许多不同的类型，这意味着信号分子的识别与自杀基因的激活是两个独立的过程，因此我们需要了解是什么把它们联系在一起的。由于它们之间没有必然的联系，唯一现实的解决方案是通过*凋亡编码*规则建立联系，也就是说，该编码决定了哪些信号分子在哪个组织中开启凋亡基因。

38 ### （三）细胞信号传导

神经元通过在分隔细胞膜的小间隙（*突触间隙*）中释放一种叫作*神经递质*的化学物质与其他细胞交流。有四组不同的神经递质，每一组都有几十个分子，但最令人惊讶的特点是，同样的分子在身体的许多其他部位发挥着完全不同的功能。例如，肾上腺素是一种神经递质，但它也是肾上腺产生的一种激素，通过提高血压、加速心跳和从肝脏释放葡萄糖来刺激身体活动。乙酰胆碱是大脑中另一种常见的神经递质，但它也作用于心脏（使其放松）、骨骼肌（使其收缩）和胰腺（使其分泌酶）。换句话说，神经递质是*多功能分子*，这表明它们被用作分子标签，在不同的背景下可以被赋予不同的含义。最简洁的解释是，它们的功能是由一种有机编码的规则决定的，可被称为*神经化学编码*。神经递质就像一种化学语言的单词一样起作用，这种观点得到了这样一个事实的强化，即微小的结构变化可能具有截然不同的含义。这在语言中很常见[例如，比较一下 *dark*（*黑暗*）、*park*（*公园*）和 *bark*（*犬吠*）的含义]，在大脑信号传导中也很常见。例如，血清素是一种正常的神经递质，但它的一个稍微改变了的版本，如麦司卡林，会使人产生很强的幻觉。与多巴胺有关的麦角酸（lysergic acid，LSD）也是如此，其他许多与神经递质结构相似的化学物质通常来说也是如此。

总之，在大脑发育中，我们看到具备了有机编码所有定义特征的工作机制，我们也可以接受生命的这个事实。

（四）视觉的进化

人的视网膜由三层构成，其中一层包含大约 1 亿个感光细胞（视杆细胞和视锥细胞），它们通过产生电信号对光做出反应。这些电信号被发送到第二层的双极细胞，而双极细胞又将信号传递给第三层的 100 万个*神经节细胞*，这些神经节细胞的轴突构成了视神经。因此，感光细胞发出的 1 亿个信号在视网膜上进行第一次处理，其结果是 100 万个脉冲通过视神经传递到大脑。在这里，信号被发送到中脑，在视交叉（其中 50%交换方向）之后被传送到位于头部后部的*视觉皮层*，在那里，它们被排列在模糊区域的*皮层细胞*群进一步处理。事实证明，在 17 区、18 区和 19 区执行的操作与视网膜的视野保持一定的拓扑一致性，即视网膜中的相邻点由这些视觉皮层区域中的相邻点处理。此外，戴维·休
布尔（David Hubel）和托尔斯滕·威塞尔（Torsten Wiesel）发现，在 17 区中， 39
一些细胞只对视网膜上的水平运动做出反应，另一些细胞只对垂直运动做出反应，还有一些细胞只对锐利的边缘做出反应（Hubel & Wiesel，1962，1979）。在 18 区和 19 区之后，视觉输入进入其他皮层区域，但与视网膜的拓扑一致性很快就失去了，这可能是因为空间关系的信息已经被提取出来了。

关键在于，在更高的处理层面上，大脑不仅*记录*来自视网膜的信息，而且能够*操控*它。例如，当一个物体靠近时，它在视网膜上的图像变大，但大脑仍能感知到一个恒定大小的物体。当头部移动时，视网膜上物体的图像也在移动，但大脑仍会认为物体是静止的。例如，当光强度降低时，绿苹果的视网膜图像就会变暗，但大脑会对此进行补偿，并得出苹果没有改变颜色的结论。

这些（以及许多其他的）结果证明，我们所“感知”的并不一定是感官告

诉我们的。换句话说，“感知”不同于“感觉”。感觉来自感官，具有特定的生理效应（颜色、声音、气味、瘙痒等）。感知是大脑根据自己的一套处理规则，决定如何处理来自感官的信息。

我们通过这种方式认识到，大脑中进行着许多类型的处理过程，而如此复杂的层次结构只能是漫长历史的结果，因此让我们简单地考察一下视觉的进化。

一些最原始的眼睛是在扁形虫身上发现的，它们仅仅是一簇可以分辨白昼与黑夜的感光细胞。它们还能够探测到光源的方向，这一专长使扁形虫能游向黑暗的地方。但扁形虫的眼睛并不是一个晶状体，因此不能形成周围物体的视觉图像。

第一个照相机式的眼睛可能出现在鱼类身上，它是一个晶状体，可以在视网膜上投射图像。鱼的视网膜已经具备三层结构（具有视杆细胞和视锥细胞、双极细胞和神经节细胞）和一条将视觉输入传输到中脑的视神经。然而，鱼类所有的神经纤维都会在视交叉处改变方向，中脑是视觉输入的最终目的地，在那里，所有感觉器官的信号都会转换成对运动器官的指令。

这种原始的结构在两栖动物和爬行动物中得到了实质性的保留，只有鸟类和哺乳动物开始进化出更先进的设计。在它们的视觉系统中，并不是所有的视神经纤维都在视交叉时都会改变方向，视觉输入的最终目的地是从中脑转移到视觉皮层，然后再转移到新皮层的其他区域。这些变化与从嗅觉和触觉的生活方式到视觉越来越重要的生活方式的逐渐过渡密切相关。

视觉的进化是发生在*控制脑*中的变化的一个突出例子，更准确地说，是发生在控制脑中负责视觉信息自动处理的部分。然而，控制脑只是进化中的大脑的一部分，我们还需要考虑整个大脑的进化。

40

（五）三种建模系统

大脑处理的结果就是我们通常所说的感受、感觉、情绪、感知、心理图像等，但如果有一个更通用的术语适用于所有这些，那将很有用。在这里，我们遵循惯例，将所有大脑处理的产物都用大脑*模型*来指称。换句话说，间脑使用来自感觉器官的信号来产生不同的世界*模型*。例如，视觉图像是视网膜传递的信息的模型，而饥饿感则是通过处理消化器官的感觉探测器发出的信号而得到的模型。

大脑可以以这种方式被描述为一个*模型系统*，这个概念由托马斯·西比奥克（Thomas Sebeok）推广，并且在符号学中越来越重要（Sebeok & Danesi，2000）。这个术语实际上是由尤里·洛特曼（Juri Lotman）创造的，他将语言描述为我们物种的“初级建模系统”（Lotman，1991），但西比奥克强调语言是从动物系统进化而来的，应当被视为次级建模系统。初级、次级和三级建模系统之间的区别已经成为一些有争议的话题，因此明确这一点很重要。在这里，我们用这些术语来表示在进化的三个不同阶段出现的建模系统，并且给出了三种不同类型的大脑处理的起源。

1. 第一建模系统

当原始大脑产生感受和感觉时，这个系统就出现了。这些实体可以分成两大类，因为感觉器官传递的信息要么是关于外部世界的，要么是关于身体内部的。因此，第一建模系统由两种类型的模型组成，一种表征环境，另一种携带有关身体的信息。雅各布·冯·尤克斯卡尔（Jakob von Uexküll）称这两种世界为“*外在世界*”（*umwelt*）和“*内在世界*”（*innenwelt*）（von Uexküll，1909），这两个名称很好地表达了每个动物都生活在两个截然不同的主观世界中的观点。因此，我们可以说，内在世界是由本能的大脑建立的内部身体模型，而外在世界是由动物的控制脑构建的外部世界的模型。我们所知道的大脑——有感觉的大脑——是在原始大脑分裂成本能脑和控制脑时形成的，它们开始产生感受和感觉，构成了所有三胚层动物（脊椎动物和无脊椎动物）的第一建模系统。

2. 第二建模系统

一些动物（如蛇）在猎物从视线中消失后就会停止追逐猎物，而另一些动物（如哺乳动物）会推断出猎物暂时被障碍物遮挡了，并继续追赶。一些动物甚至可以学会追踪猎物的足迹，这显示了更高程度的抽象能力。正如我们将要看到的，这种“解读”来自环境的信号的能力基于一种新型的神经处理，它表征了大脑的*第二建模系统*，当控制脑的一部分成为“解释性脑”时，这个系统就出现了。

3. 第三建模系统 41

大脑进化的最后一个主要新奇之处是语言的起源，正如我们将看到的，这需要一种新型的神经处理方式，所以说语言表征了第三建模系统是合理的。

总之，大脑的进化经历了三次重大转变，每一次转变都产生了一种新型的神经处理方式，即一种新的建模系统。

（六）解释性脑

本能脑向运动器官传递指令，是动物的指挥中心，负责其生存和繁衍的能力。控制脑本质上是一种伺服机制，正是这种功能解释了它在进化中的巨大增长。本能脑在生命史中的变化很小，最大的变化恰恰发生在动物进化出来的控制工具上，这些工具是为了给本能脑提供越来越复杂的伺服机制而进化出来的。

神经网络可能是这些工具中最强大的。它们创造反馈循环的能力使它们能够在系统中产生目标导向的行为，但它们也有其他突出的特性。例如，在人工系统中，已经证明神经网络可以提供*学习*和*记忆*的基础（Kohonen，1984），而且它们很可能在生命系统中具有相似的特性。因此，神经网络有可能是进化中学习和记忆的物理工具，但这仍给我们留下了理解学习和记忆在进化中所扮演角色的问题。

记忆允许系统将一种现象与之前类似现象的记录进行比较，并且通过这种比较，系统可以从过去的经验中“学习”。记忆显然是学习的先决条件，但学习的目的是什么呢？储存和比较心理表征有什么意义呢？

到目前为止，这个问题的最佳答案可能是皮尔斯提出的观点，即记忆和学习使动物能够*解释*世界。

另外，解释的行为在于赋予某物意义，根据定义，这是一种指号过程（semiosis）。因此，解释是一种指号形式，其基本组成部分是指号（signs）和意义（meanings）。根据皮尔斯（Peirce，1906）的观点，世界上存在着三种主要的指号类型，他称之为*图示*（*icons*）、*指示*（*indexes*）和*符号*（*symbols*）。

（1）当一个标志与一个物体因为建立了一种相似性而联系在一起时，它就是一个图示。例如，所有的树有各自的特征，但它们也有一些共性，正是这种共同的模式使我们能够将任何首次遇到的新标本识别为一棵树。换句话说，图示导致模式识别，它是感知的基本工具。

42 （2）当一个标志与一个物体因为建立了一种物理连接而联系在一起时，它就是一个指示。我们学会了根据以前的云识别新的云，根据以前的阵雨识别新的阵雨，但我们也知道云和雨之间通常存在相关性，我们最终得出结论，黑云是降雨的一个指示。同样，信息素是求偶对象的指示，烟的气味是火灾的指示，脚印是先前动物的指示，等等。简而言之，指示是学习的基本工具，因为它们允许动物从其他事物的一些物理痕迹中推断出某些事物的存在。

（3）当一个标志与一个物体因为建立了一种传统连接而联系在一起时，它就是一个符号。例如，一面国旗与一个国家之间，或者一个名字和一个物体之间，既不存在相似性，也没有物理联系，它们之间的关系只有当它是一个传统的结果时才能存在。符号可以让我们随意联想，并建立未来事件（项目）、抽象事物（数字）甚至不存在的事物（独角兽）的心理形象。

间脑允许动物解释世界的部分可被称为解释性脑，或大脑的第二建模系统。这是大脑进化的一个特定阶段的结果，因此我们至少在原则上需要理解解释是如何产生的。

（七）解释的起源

解释世界的能力是指号过程的一种形式，因为它基于指号和意义，但这是一种*新型*的指号过程吗？更确切地说，这种解释只出现在动物中，还是也存在于独立生活的单细胞中？我们已经看到，在最初 30 亿年的进化中，地球上出现了许多有机编码，这相当于说单个细胞能够对来自环境的信号进行编码和解码。但编码和解码不同于解释。当一个指号的意义可以随环境变化时，就会发生解释，而当意义是编码规则的固定结果时，就会发生编码。

单个细胞就能够解释世界的观点在今天仍然非常流行，因为单细胞具有语境-依赖行为，而语境-依赖只能是解释的结果，这几乎被认为是理所当然的。实际上，在细胞中只需要两个有机编码就可以产生语境-依赖反应。语境-依赖行为意味着基因的语境-依赖表达，这是通过将基因表达与信号转导联系起来而实现的，也就是说，通过把基因编码与信号-转导编码结合起来而实现的（Jacob & Monod，1961）。如果只需要两个不依赖语境的编码就能产生语境依赖行为，那么当系统中出现其他有机编码时，人们只能好奇细胞行为还会变得多么复杂。

此外，动物、胚胎发育和大脑的起源也都与新的有机编码有关，都是基于 43
编码而非解释的。解释世界的能力是在动物开始探索学习潜力的后期形成的。神经网络具有形成记忆的能力，而一组记忆是学习的基础，因为它允许系统通过比较之前发生的相似情境的记忆来决定在任何特定情况下的行为。换句话说，大量的记忆组就相当于一个不断更新的世界模型，使系统能够*解释*周围发生的事情。

另一方面，这种模型是由有限的记忆形成的，而现实世界提供了无限的可能性。显然，基于记忆的模型不可能是完美的，但研究表明，神经网络可以通过在离散记忆之间进行插值，在一定程度上克服了这一限制（Kohonen，1984）。在某种程度上，它们能够从有限的经验中“直接得出结论”，而且在大多数情况下它们的“猜测”被证明足以维持生存。

这种“从有限数据中的外推”是一种无法还原为经典的亚里士多德式的“归纳”和“演绎”范畴的操作，因此，皮尔斯称之为“溯因推理”（abduction）。这是一个新的逻辑范畴，而解释世界的能力似乎正是建立在这种逻辑的基础上的。

通过这种方式，我们认识到解释确实是一种新的指号形式，因为它不是基于编码，而是基于溯因推理的。此外，被解释的不是世界，而是世界的*表征*，这意味着解释只能存在于多细胞系统中。

单个细胞解码来自环境的信号，但不构建环境的内部表征，因此无法解释它们。它们对光敏感，但并不能“看”；它们对声音做出反应，但并不“听”；它们能检测到激素，但不能“闻”到或“尝”到。要让一个系统能够看到、听到、闻到或尝到，需要许多细胞进行特定的分化过程，所以只有多细胞生物才有这些经验。

从单细胞到动物的进化是一次真正的宏观进化，因为它创造了绝对的新奇，如感觉和本能（第一建模系统）。后来，另一次重大转变使一些动物进化出了第二建模系统，使它们能够*解释*世界。这次宏观进化产生了一种新的指号过程，可称为*解释性*指号过程，或类似的名称，如*溯因推理*或*皮尔斯*指号学。

（八）语言的独特性

我们和所有其他动物都不能解释世界，而只是解释关于世界的心理意象。
我们的感知是由大脑产生的，这一发现意味着我们生活在一个自己创造的世界
里，这导致了一种观点，即在心智和现实之间存在着不可逾越的鸿沟。另一方
44 面，常识告诉我们，我们最好相信自己的感官，因为正是它们让我们能够应对
这个世界。我们的感知“必须”反映现实；否则，我们将无法生存。弗朗索瓦·雅
各布（Francois Jacob）以令人钦佩的清晰方式表达了这个概念：“*如果一只鸟得
到的用来喂养后代的昆虫的意象至少在某些方面不能反映现实，那么它就不会
再有后代了。如果猴子所构建的它想要跳跃的树枝的表征与现实无关，那就不
会有猴子了。如果这一点不适用于我们自身，我们就不会在这里讨论这一点了。*”
（Jacob，1982）

所有动物都有一个模型系统，可以构建世界的心理意象，我们从达尔文那里了解到，自然选择使得生物越来越适应环境，也就是说，生物越来越有能力缩短它们与现实的距离。换句话说，自然选择是一个让动物捕捉到越来越多现实的过程。这是因为心理意象不是关于事物的，而是关于事物之间*关系*的，而且是经过特别挑选的，因此心理意象之间的关系至少表征了物理世界中物体之间存在的一些关系。为此，自然选择当然可以使用基于图示和指示的关系，因为这些过程反映了物理世界的特性，但它不能使用符号，因为符号是任意的关系，会增加而非减少与现实的距离。简而言之，自然选择正在积极地*反对*使用符号作为表征*物理*世界的手段。

另一方面，语言在很大程度上是基于符号的，这给我们带来了一个问题。语言是基于任意指号或符号的观点，是索绪尔（Saussure）在我们这个时代留下的遗产，而动物交流也是基于符号的观点是由西比奥克提出的，这是动物符

号学的主要论点。然而，指号在动物世界的延伸并没有否认语言的独特性。相反，它使我们能够用更精确的术语来重新表述它。这种重新表述是由特伦斯·迪肯（Terrence Deacon）在《符号物种：语言和大脑的共同进化》（*The Symbolic Species: The Co-Evolution of Language and the Brain*）中明确提出的，他认为动物的交流是基于图示和指示的，而语言是基于符号的（Deacon，1997）。

今天，这仍然是表达语言独特性的最佳方式。诚然，有报道称在动物身上存在一些符号活动的例子，但无论如何，它们都不能被视为原始语言或语言的中间阶段。迪肯的标准可能有例外，但它似乎确实包含了一个基本事实。大量而系统地使用符号确实是人类语言和动物交流的区别，因此我们需要解释它的起源。语言是如何产生的？

（九）双脑猿

在 20 世纪 40 年代，阿道夫·波特曼（Adolf Portmann）计算出，为了完成哺乳动物胚胎发育的所有过程，人类应该有 21 个月的妊娠期（Portmann，1941，
1945；Gould，1977）。换句话说，人类新生儿实际上是早产的胎儿，他生命的 45
第一年只是胎儿阶段的延续。这种特殊性是由于人类倾向于延长胎儿期（胎型），导致出生时胎儿更大，但产道只能应付胎儿尺寸的有限增加。因此，在我们这个物种的进化过程中，胎儿期的延长必然伴随着对出生时间的预期。其结果是，我们的胎儿发育分为两个不同的阶段——子宫内和子宫外——最终子宫外阶段（12 个月）成为两个阶段中较长的一个。

目前尚不清楚为什么这种进化结果是人类独有的，但它只发生在我们这个物种中，这是一个历史事实。在其他所有哺乳动物中，胎儿的发育是在*子宫内*完成的，出生的不再是胎儿，而是已经能够应对环境的完全发育的婴儿。

关键的一点是，胎儿发育的最后阶段是大多数突触连接形成的阶段。这是一个密集的“大脑连接”的阶段。因此，人体的胎型化产生了一种真正独特的情况。在所有其他的哺乳动物中，大脑的连接几乎完全发生在黑暗和受保护的子宫环境中，而在我们这个物种中，它主要发生在子宫外，身体暴露在不断变化的光线、声音和气味的环境中。简而言之，在我们这个物种中，子宫内和子宫外胎儿发育的分化，为两种截然不同的大脑连接创造了条件。

胎化分裂的第二个显著后果是脑容量的巨大增长，这一现象可能是由胚胎“调节”——胚胎在器官形成的关键时期调节其器官发育的能力——导致的。一个经典的实验生动地说明了这一点。在脊椎动物胚胎发育过程中，心脏由出现在肠道左右两侧的两个原基发育而来，然后移动到中间，融合成一个器官。如

果在它们之间插入障碍物阻止这一结合，那么每一半都会进行一次壮观的重组，形成一个完整且功能齐全的跳动心脏。此外，两颗心脏的形成伴随着两个循环系统的发展，动物在生命的所有阶段都处于双心脏状态，即所谓的*心裂*（DeHaan，1959）。

这个经典实验表明，两个完全不同的躯体，一个是单心脏，另一个是双心脏，可以在*没有任何基因变化*的情况下产生。胚胎发育的表观遗传条件的修正显然是一种极其强大的改变工具，很可能是人类进化的关键。我们胎儿大脑的发育分为两个不同的过程，一个在子宫内，另一个在子宫外，这种情况可以被称为*脑裂*（Barbieri，2010）。它类似于*心裂*，不同之处在于，心脏的两个器官是由空间分离产生的，而*脑裂*是由时间分离产生的。

*心裂*实验很有启发性，因为它表明，人类进化过程中脑容量的巨大增加很可能是一种*脑裂*效应，即胚胎发育的调节特性导致的脑组织复制。

46 总之，胎儿的子宫外发育和脑容量的增加为一项全新的大脑连接实验奠定了基础，从而为人类独特的能力创造了先决条件。然而，我们不要忘记，语言的先决条件还不是语言，它只是一种潜力、一个起点。

（十）第三建模系统

最初的建模系统允许动物建立环境（即 *Umwelt*）的表征第二建模系统允许动物通过*解释*输入信号，从而从中提取更多的信息。解释过程是一种基于指号的抽象（更准确地说是一种“溯因过程”），但并非所有指号都是可靠的建模工具。图示和指示确实有助于适应环境，因为它们反映了世界上确实存在的属性，而符号则完全脱离现实世界。这就解释了为什么动物拥有大量基于图示和指示的建模系统，但实际上却无法进行符号活动。然而，这并不能解释为什么我们人类是这一规则的显著例外。我们是如何通过符号来交流的？这里提出的解决方案是，我们并没有实质性地改变从动物祖先那里继承来的第一和第二建模系统。相反，我们所做的是开发了*第三建模系统*。

即使把体重因素考虑在内，人类的大脑也比任何其他灵长类动物的大脑大 3 倍。这意味着我们从动物祖先那里继承的第一和第二建模系统最多只需要我们现在大脑大小的 1/3。其他 2/3 原则上可以通过我们动物官能的进一步扩展来解释，但事实并非如此。我们并没有开发出更加敏锐的视觉、更加灵敏的嗅觉系统、更加强健的肌肉等。事实上，我们的身体机能总体上不如我们的动物亲属先进，所以不能用它们的建模系统的改进来解释我们脑容量的增加。因此，我们人类大脑的增长很可能主要是由于这些新能力的发展，这些新能力共同构成了我们的第三建模系统，这个系统最终导致了语言的起源。该系统的大脑物质是由胚胎发育的子宫外阶段，即脑裂效应提供的，但这只解释了第三建模系统的硬件，而不是其软件。

这里提出的解决方案是，我们的大脑使用传统的神经工具来构建一个“外在世界”，但建立的是一个完全由人际关系构成的外在世界，即与自然环境共存的*文化外在世界*。我们学会了同时生活在两个不同的外部世界中，一个由物理外在世界提供，另一个由文化环境提供。正如我们所看到的，自然选择反对把符号作为表征物理世界的手段，但当符号成为与物理世界同等重要的文化世界的一部分时，自然选择就不能再反对符号了。

简而言之，我们的第三建模系统与我们从动物祖先那里继承的前两个系统 47
平行进化，并创造了一种条件，使我们同时生活在两种环境中，这两种环境不仅共存，而且以某种方式设法融合成了单一的现实世界。

（十一）语言的编码

诺姆·乔姆斯基和托马斯·西比奥克分别是如今被称为生物语言学和生物符号学这两个研究领域的奠基人，也是语言研究的两个主要理论框架的缔造者。

乔姆斯基最具开创性的观点是，我们学习语言的能力是*与生俱来的*，儿童天生就有一种机制，使他们能够学习他们成长过程中遇到的任何语言（Chomsky，1957，1965，1975，1995，2005）。这种内在机制被赋予了不同的名称——首先是*通用语法*，然后是*语言习得装置*（*language acquisition devic*，*LAD*），最后是*语言能力*——但其基本特征仍然是*先天性*和*稳健性*。这种机制必然是天生的，因为它能使儿童在有限的时间内掌握一套极其复杂的规则，而且它必须是稳健的，因为语言是在一系列精确的发展阶段中习得的。因此，乔姆斯基得出结论，通用语法规则或句法的原则和规范，必须基于非常普遍的经济性和简单性原则，类似于物理学中的*最小作用原则*和化学中的*元素周期表*规则（Baker，2001；Boeckx，2006）。

托马斯·西比奥克坚持认为，语言首先是一个建模系统，是指号过程最典型的例子，而“解释”是其最明显的特征（Sebeok，1963，1972，1988，1991，2001）。他有力地推广了皮尔斯的指号模型，该模型明确地建立在解释的基础上，并坚持认为指号过程始终是一种解释活动。西比奥克在无数场合用明确的措辞强调了这一概念：“没有可解释性，就没有指号过程，这无疑是生命的基本倾向。”（Sebeok，2001）

这是两个框架之间争论的焦点。语言能力是普遍原则的产物还是解释过程的结果？乔姆斯基坚持认为，语言的发展必须像身体其他机能的发展一样，是精确的、稳健的和可复制的，因此它不能留给变幻莫测的解释。西比奥克认为，语言是指号过程，而指号过程始终是一个解释过程，因此它不可能是普遍原则或物理限制的结果。

这里提出了第三种解决方案。有机指号过程是一种基于编码而非解释的指号过程，遵循编码规则的胚胎发育并不受变幻莫测的解释的影响。另一方面，语言的个体发生即使是基于有机编码而不是普遍法则，也是精确的、稳健的和可复制的。例如，自生命起源以来，基因编码就确保了所有生命系统中的精确、
48 稳健和可复制特征。语言的确需要规则，但这些规则更有可能是有机编码的结果，而不是普遍原则的表达。

简而言之，第三种解决方案是，语言的起源有一个有机编码，正如生命起源有一个基因编码，心智起源有一个神经编码一样。例如，它可能是一种编码，为胎儿在子宫外发育阶段发生的大脑连接过程提供了新的规则。还有一种可能是，编码者不是个体的大脑，而是一个大脑*群体*，因为在生命最初的几年里，语言非常依赖于*人类的*互动。这是我们从“野孩子”（feral children）身上学到的教训（Maslon，1972；Shattuck，1981），对“克里奥尔”（creole）语言的研究清楚地表明，儿童在制定新的语言规则方面发挥了主要作用（Bickerton，1981）。

必须强调的是，今天我们并没有证据支持一种基本的语言编码。目前，这纯粹是猜测，但它确实有一定的逻辑。所有宏观进化的重大事件都与新有机编码的出现有关，而语言*就是*一种宏观进化，因此我们有理由认为，在这种情况下，大自然也采用了“老把戏”，那就是通过编码来创造。

五、结论

有机编码出现在整个生命史中，它们的起源与宏观进化的重大事件密切相关。在进化的最初 30 亿年里，基于有机编码的生物指号过程是地球上唯一的指号形式，正是这种形式为大脑起源提供了编码。然而，大脑一旦存在，就成为一个新的宏观进化的中心，这种进化带来了感觉和本能，从而产生了心智。而且随着时间的推移，它在脊椎动物中产生了解释的指号过程，然后在我们人类中产生了文化指号过程。简而言之，大脑创造了心智，我们的问题是理解这是*如何*发生的。今天，关于这一问题所提出的科学模型可以分为三大类。

（1）计算理论（computational theory）认为，较低级的大脑过程，如神经元放电和突触连接，通过相当于计算的神经过程转换为感觉。大脑和心智被比

作计算机的硬件和软件，心理活动被认为是一种由大脑执行的数据处理，但原则上是不同于大脑的，就像软件不同于硬件一样（Fodor，1975，1983；Johnson-Laird，1983）。

（2）联结主义理论（connectionist theory）指出，较低级的大脑活动通过神
经网络——突触连接的网络——转换成高级别的大脑活动，这并不是计算的结
果，而是探索过程的结果。这里的参考模型是计算机生成的神经网络，它模拟
了发育的大脑中突触网络的生长（Hopfield，1982；Rumelhart & McClelland， 49
1986；Edelman，1989；Holland，1992；Churchland & Sejnowski，1993；Crick，
1994）。

（3）涌现理论（emergence theory）指出，较高级的大脑特性是从较低级的神经现象中涌现出来的，而且心智不同于大脑，因为心智的任何涌现都伴随着新特性的出现（Morgan，1923；Searle，1980，1992，2002）。

本章的主要论点是，大脑通过将神经组件按照神经编码规则组装在一起来产生心智，就像细胞根据遗传编码规则产生蛋白质一样（Barbieri，2006）。这意味着感觉不再是*大脑的客体*，而是*大脑的加工产物*。这意味着感觉不是神经网络的副作用（就像在联结主义中那样），它们不是通过自发涌现而生成的，也不是计算的结果，而是真实制造过程的结果。简而言之，根据编码模型，感觉和本能是*加工产物*，而根据其他理论，它们是大脑过程的*自发*产物。

这确实有区别，因为如果心智是由自发产物构成的，它就不可能有*自身的规则*。相反，加工产物确实有一定的自主性，因为编码规则不是由物理必然性决定的。此外，加工产物可以具有*表观遗传*特性，为编码规则添加了出人意料的功能。简而言之，心智的自主性是大脑自发产物无法实现的，而大脑的人工产物可以。

参 考 文 献

Alberts, B., Bray, D., Lewis. J., Raff, M., Roberts. K., & Watson, J. D. (1994). Molecular biology of the cell. New York: Garland.

Baker, M. (2001). The atoms of language. The mind's hidden rules of grammar. New York: Basic Books.

Barash, Y., Calarco, J. A., Gao. W., Pan. Q., Wang, X., Shai, O., Blencowe, B. J., & Frey, B. J. (2010). Deciphering the splicing code. Nature, 465, 53-59.

Barbieri, M. (1981). The ribotype theory on the origin of life. Journal of Theoretical Biology, 91, 545-601.

Barbieri, M. (1985). The semantic theory of evolution. London/New York: Harwood Academic

Publishers.

Barbieri, M. (1998). The organic codes: The basic mechanism of macroevolution. Rivista di Biologia-Biology Forum, 91, 481-514.

Barbieri, M. (2003). The organic codes: An introduction to semantic biology. Cambridge: Cambridge University Press.

Barbieri, M. (2006). Semantic biology and the mind-body problem-the theory of the conventional mind. Biological Theory, 1(4), 352-356.

Barbieri, M. (2008). Biosemiotics: A new understanding of life. Naturwissenschaften, 95, 577-599.

Barbieri, M. (2010). On the origin of language. Biosemiotics, 3, 201-223.

Bickerton, D. (1981). The roots of language. Karoma: Ann Arbour.

Boeckx, C. (2006). Linguistic minimalism. New York: Oxford University Press.

Boutanaev, A. M., Mikhaylova, L. M., & Nurminsky, D. I. (2005). The pattern of chromosome folding in interphase is outlined by the linear gene density profile. Molecular and Cell Biology, 18, 8379-8386.

50 Changeaux, J.-P. (1983). L'Homme Neuronal. Paris: Librairie Arthème Fayard.

Chomsky, N. (1957). Syntactic structures. The Hague: Mouton.

Chomsky, N. (1965). Aspects of the theory of syntax. Cambridge, MA: MIT Press.

Chomsky, N. (1975). The logical structure of linguistic theory. Chicago: University of Chicago Press.

Chomsky, N. (1995). The minimalist program. Cambridge, MA: MIT Press.

Chomsky, N. (2005). Three factors in language design. Linguistic Inquiry, 36, 1-22.

Churchland, P. S., & Sejnowski, T. J. (1993). The computational brain. Cambridge, MA: MIT Press.

Crick, F. (1994). The astonishing hypothesis: The scientific search for the soul. New York: Scribner.

Deacon, T. W. (1997). The symbolic species: The co-evolution of language and the brain. New York: Norton.

DeHaan, R. L. (1959). Cardia bifida and the development of pacemaker function in the early chicken heart. Developmental Biology, 1, 586-602.

Dhir, A., Emanuele Buratti, E., van Santen, M. A., Lührmann, R., & Baralle, F. E. (2010). The intronic splicing code: Multiple factors involved in ATM pseudoexon definition. The EMBO Journal, 29, 749-760.

Edelman, G. M. (1989). Neural Darwinism. The theory of neuronal group selection. New York: Oxford University Press.

Flames, N., Pla, R., Gelman, D. M., Rubenstein, J. L. R., Puelles, L., & Marin, O. (2007). Delineation of multiple subpallial progenitor domains by the combinatorial expression of transcriptional codes. The Journal of Neuroscience, 27(36), 9682-9695.

Fodor, J. (1975). The language of thought. New York: Thomas Crowell Co.

Fodor, J. (1983). The modularity of mind. An essay on faculty psychology. Cambridge, MA: MIT Press.

Gabius, H.-J. (2000). Biological information transfer beyond the genetic code: The sugar code. Naturwissenschaften, 87, 108-121.

Gabius, H.-J., André, S., Kaltner, H., & Siebert, H.-C. (2002). The sugar code: Functional lectinomics.

Biochimica et Biophysica Acta, 1572, 165-177.

Gamble, M. J., & Freedman, L. P. (2002). A coactivator code for transcription. TRENDS in Biochemical Sciences, 27(4), 165-167.

Gilbert, S. F. (2006). Developmental biology (8th ed.). Sunderland: Sinauer.

Gould, S. J. (1977). Ontogeny and phylogeny. Cambridge, MA: The Belknap Press of Harvard University Press.

Hebb, D. O. (1949). The organization of behaviour. New York: John Wiley.

Hilschmann, N., Barnikol, H. U., Barnikol-Watanabe, S., Götz, H., Kratzin, H., & Thinness, F. P. (2001). The immunoglobulin-like genetic predetermination of the brain: The protocadherins, blueprint of the neuronal network. Naturwissenschaften, 88, 2-12.

Holland, J. A. (1992). Adaptation in natural and artificial systems. Cambridge, MA: MIT Press.

Hopfield, J. J. (1982). Neural networks and physical systems with emergent collective computational abilities. Proceedings of the National Academy of Sciences USA, 79, 2554-2558.

Hubel, D. H., & Wiesel, T. N. (1962). Receptive fields, binocular interaction and functional architecture in the cat's visual cortex. Journal of Physiology, 160, 106-154.

Hubel, D. H., & Wiesel, T. N. (1979). Brain mechanisms of vision. Scientific American, 241(3), 150-182.

Jacob, F. (1982). The possible and the actual. New York: Pantheon Books.

Jacob, F., & Monod, J. (1961). Genetic regulatory mechanisms in the synthesis of proteins. Journal of Molecular Biology, 3, 318-356.

Jessell, T. M. (2000). Neuronal specification in the spinal cord: Inductive signals and transcriptional codes. Nature Genetics, 1, 20-29.

Johnson-Laird, P. N. (1983). Mental models. Cambridge, MA: Harvard University Press.

Knights, C. D., Catania, J., Di Giovanni, S., Muratoglu, S., et al. (2006). Distinct p53 acetylation cassettes differentially influence gene-expression patterns and cell fate. Journal of Cell Biology, 173, 533-544.

Kohonen, T. (1984). Self-organization and associative memory. New York: Springer. 51

Levi-Montalcini, R. (1975). NGF: An uncharted route. In F. G. Worden (Ed.), The neurosciences paths of discoveries. Cambridge, MA: MIT Press.

Levi-Montalcini, R. (1987). The nerve growth factor 35 years later. Science, 237, 1154-1162.

Lotman, J. (1991). Universe of the mind: A semiotic theory of culture. Bloomington: Indiana University Press.

Marquardt, T., & Pfaff, S. L. (2001). Cracking the transcriptional code for cell specification in the neural tube cell, 106, 651-654.

Maslon, L. (1972). Wolf children and the problem of human nuture. New York: Monthly Review Press.

Morgan, L. C. (1923). Emergent evolution. London: Williams and Norgate.

Nicolelis, M., & Ribeiro, S. (2006). Seeking the neural code. Scientific American, 295, 70-77.

Peirce, C. S. (1906). The basis of pragmaticism. In C. Hartshorne & P Weiss (Eds.), The collected papers of Charles Sanders Peirce (Vols. I-VI). Cambridge, MA: Harvard University Press,

1931-1935.

Perissi, V., & Rosenfeld, M. G. (2005). Controlling nuclear receptors: The circular logic of cofactor cycles. Nature Molecular Cell Biology, 6, 542-554.

Pertea, M., Mount, S. M., & Salzberg, S. L. (2007). A computational survey of candidate exonic splicing enhancer motifs in the model plant Arabidopsis thaliana. BMC Bioinformatics, 8, 159.

Portmann, A. (1941). Die Tragzeiten der Primaten und die Dauer der Schwangerschaft beim Menschen: ein Problem der vergleichen Biologie. Revue Suisse de Zoologie, 48, 511-518.

Portmann, A. (1945). Die Ontogenese des Menschen als Problem der Evolutionsforschung. Verhhandlungen der Schweizerischen Naturforschenden Gesellschaft, 125, 44-53.

Readies, C., & Takeichi, M. (1996). Cadherine in the developing central nervous system: An adhesive code for segmental and functional subdivisions. Developmental Biology, 180, 413-423.

Rumelhart, D. E., & McClelland, J. L. (1986). Parallel distributed processing: Explorations in the microstructure of cognition. Cambridge, MA: MIT Press.

Searle, J. R. (1980). Minds, brains and programs. Behavioural Brain Science, 3, 417-457.

Searle, J. R. (1992). The rediscovery of the mind. Cambridge, MA: MIT Press.

Searle, J. R. (2002). Consciousness and language. Cambridge: Cambridge University Press.

Sebeok, T. A. (1963). Communication among social bees; porpoises and sonar; man and dolphin. Language, 39, 448-466.

Sebeok, T. A. (1972). Perspectives in zoosemiotics. The Hague: Mouton.

Sebeok, T. A. (1988). I think l am a verb: More contributions to the doctrine of signs. New York: Plenum Press.

Sebeok, T. A. (1991). A sign is just a sign. Bloomington: Indiana University Press.

Sebeok, T. A. (2001). Biosemiotics: Its roots, proliferation, and prospects. In K. Kull (Ed.), Jakob von Uexküll: A paradigm for biology and semiotics. Semiotica, 134 (1/4), 61-78.

Sebeok, T. A., & Danesi, M. (2000). The forms of meaning: Modeling systems theory and semiotic analysis. Berlin: Mouton de Gruyter.

Segal, E., Fondufe-Mittendorf, Y., Chen, L., Thastrom, A., Fieis, Y., Moore, I. K., Wang, J. P., & Widom, J. (2006). A genomic code for nucleosome positioning. Nature, 442, 772-778.

Shapiro, L., & Colman, D. R. (1999). The diversity of cadherins and implications for a synaptic adhesive code in the CNS. Neuron, 23, 427-430.

Shattuck, R. (1981). The forbidden experiment: The story of the wild boy of Aveyron. New York: Washington Square Press.

Spemann, H. (1901). Entwicklungphysiologische Studien am Tritonei I. Wilhelm Roux' Archiv für Entwicklungsmechanik, 12, 224-264.

Sperry, R. W. (1943). Visuomotor coordination in the newt (Triturus viridescens) after regeneration of the optic nerve. Journal of Comparative Neurology, 79, 33-55.

Sperry, R. W. (1963). Chemoaffinity in the orderly growth of nerve fibers patterns and connections. Proceedings of the National Academy of Science USA, 50, 703-710.

Strahl, B. D., & Allis, D. (2000). The language of covalent histone modifications. Nature, 403, 41-45.

Tomkins, M. G. (1975). The metabolic code. Science, 189, 760-763.

Trifonov, E. N. (1987). Translation framing code and frame-monitoring mechanism as suggested by the analysis of mRNA and 16s rRNA nucleotide sequence. Journal of Molecular Biology, 194, 643-652. 52

Trifonov, E. N. (1989). The multiple codes of nucleotide sequences. Bulletin of Mathematical Biology, 51, 417-432.

Trifonov, E. N. (1996). Interfering contexts of regulatory sequence elements. Cabios, 12, 423-429.

Trifonov, E. N. (1999). Elucidating sequence codes: Three codes for evolution. Annals of the New York Academy of Sciences, 870, 330-338.

Tudge, C. (2000). The variety of life: A survey and a celebration of all the creatures that have everlived. Oxford/New York: Oxford University Press.

Turner, B. M. (2000). Histone acetylation and an epigenetic code. BioEssay, 22, 836-845.

Turner, B. M. (2002). Cellular memory and the histone code. Cell, 111, 285-291.

Verhey, K. J., & Gaertig, J. (2007). The tubulin code. Cell Cycle, 6 (17), 2152-2160.

von Uexküll, J. (1909). Umwelt und Innenwelt der Tiere. Berlin: Julius Springer.

Woese, C. R. (1987). Bacterial evolution. Microbiological Reviews, 51, 221-271.

Woese, C. R. (2000). Interpreting the universal phylogenetic tree. Proceedings of the National Academy of Science USA, 97, 8392-8396.

Woese, C. R. (2002). On the evolution of cells. Proceedings of the National Academy of Science USA, 99, 8742-8747.

53

第二章　人类的起源：人类意识、文化和历史的生物学根源

安吉洛 · N. M. 雷奇亚-卢西亚尼[①]

摘要：物种-特异建模的概念使我们能够基于*感受性*（*qualia*）的概念构建心理模型的分类，例如，提出“对神经过程的不变请求”，以支持受选择压力影响的网络。这种选择基于它们各自适应不同行为模式的能力，而这些行为模式是由神经网络控制的。多亏了动态持续现象（子宫外阶段），使得*晚期智人*在极早产情况下，特定的神经组织在早期发育关键期和社会环境中被选择。因此，远远超越其他灵长类的新认知机制被开发了出来，这导致了更高水平的抽象思维的出现。因此，重新定位文化历史心理学是很重要的。胎型化和教育是人类积累可感知和集体知识的能力的两大支柱，这在其他动物的文化中是不存在的。这些既是意识的根源，也是使人类文化具有可传播性、可变性和适应性的特异机制的根源。这种进化量子飞跃的关键在于一种新型复制因子的出现：模因，定义为具有隐喻性、关系性组织的符号性信息模式；模因是个体和社会群体人格结构的基本框架。

关键词：感受性，意识，觉知，心理表征，抽象思维，隐喻，生物符号学认识论，意识与无意识隐喻，模因论

54

一、神经科学的三个重要观点

根据第一篇生物符号学的论文（Kull et al.，2009），在生命出现时，除了能量与物质交换之外，还存在着信息的交换。比较心理学家分析了在小猴子和成年猴子、猩猩以及人类中发现的对类别进行概念建构的能力。普通猕猴（*Macaca mulatta*）借助于简单联想，能够根据一些不变的特征对物体进行分类。不幸的

① 安吉洛 • N. M. 雷奇亚-卢西亚尼（Angelo N. M. Recchia-Luciani），意大利巴西利卡塔大学，电子邮件：arklcn@tin.it。

是，它们没有能够再进一步：汤普森和奥登（Thompson & Oden，2000）把它们描述为“古逻辑”（paleo-logical），意思是它们不能感知关系之间的关系。普通猕猴能识别物体间的相似性与差异性，但只能识别单一类别（一级分类）中的元素。

相反，黑猩猩（*Pan troglodytes*）能够识别不止一类物体的相似性和差异性。它们可以区分成对的物体。比如，它们会收集许多钥匙并且把“真正的”金属钥匙同彩色的塑料玩具钥匙区分开。这样一来，黑猩猩就能够进行基本的二级分类，并据此进行类比。

由于对灵长类动物的研究，我们发现人类和黑猩猩独有的类比概念的能力不是自发产生的。在这两种生物中，类比概念都只有在*教化*之后才会出现。小学生必须接受使用一种符号系统（语言或记号系统）的教育，只有经过训练之后才能学会表征（*编码*），才能操作它们（*操控*）。

通过这种方式，一只5岁的黑猩猩可以选择物体，将它们收集在两个不同的集合中，其内部内容相似或相同。这些结果是通过对样本进行相似性或对应性测试[匹配样品任务（matching-to-sample task，MTS）]获得的。其他测试，即“偏好新颖事物任务”（记录对新的视觉或听觉刺激的行为反应时间）表明，在训练前婴儿与黑猩猩幼崽都能感知关系中的相似性。因此，人类和黑猩猩似乎会“先倾向于”感知相似关系并理解类比——普通猕猴虽然能够识别物理特征，但从未获得这种能力，即使是在成年阶段。

在《达尔文的危险思想》（*Darwin's Dangerous Idea*）中，丹尼尔·丹尼特（Dennett，1995）提出了一种“产生与测试之塔”（tower of generate-and-test）的隐喻：一个想象的结构，每层都居住着不同发展阶段的生物。第一阶段是“达尔文式的生物”（Darwinian creatures），它们通过自然进化，其行为由其基因决定。然后是“斯金纳式的生物”（Skinnerian creatures），易受操作性条件反射影响[①]。接下来是“波普尔式的生物”（Popperian creatures），它们是首先展示出模仿现实的“内在”能力的生物。丹尼特引用波普尔的话：“模仿允许我们对死亡进行假设。”波普尔式的生物展示了对外部世界的一种自我表征。 55

不同阶段的模仿构建了外部世界日益复杂的模型。马图拉纳和瓦雷拉（Maturana & Varela，1985）多年来让我们熟悉了共同进化的概念，这个概念具有独特的潜力和多种适应能力：物种自身不会被动地“适应”一个“不可移动的”环境；相反，它们通过自身的存在来改变甚至形成环境。道金斯（Dawkins，1982）通过其“扩展表型”的概念，拓宽了表型（生物所有可观察到的特征或

① 操作性条件反射是行为心理学的一个主要概念。它是一种学习的形式，在这种形式中，行为是会修正的，这是行为本身强化的结果。

性状的总和）的概念，表型概念描述了基因对外部世界施加的所有影响（反过来也会影响基因，并决定它们被复制的机会）。道金斯指出，每一个有机体都可能会影响另外一个有机体的行为。

此外，相对于其他物种，我们会假设表型不仅通过身体和其物种相对于其他物种的行为来“识别”自身，还通过其物种引起的环境改变“识别”自身。因此，当一种新型的“模拟器”可用时，该物种就不仅仅只是“模拟”新世界，而且确实创造出了新世界。

在此基础上，就很容易理解为什么知道哪些新的世界模型造成了我们人类物种的出现是如此有趣：这是自然史上的一个转折点，对我们星球的生命产生了巨大的影响。正如我在以前的著作中所讨论的那样（Recchia-Luciani，2005，2006，2007，2009，2012），大脑结构的出现，尤其是（在新生儿的大脑中）旨在产生和控制隐喻的大脑结构的筛选，构成了人类自然史的一个（可能是最为）关键的阶段。

马塞洛·巴比里用几句话总结了所谓的胎型化理论：“1926 年，阿姆斯特丹大学的解剖学家路易斯·鲍尔克（Luis Bolk）教授在《胎型化理论》（Foetalization Theory）一文中提出，人类的起源是因为胎儿或幼儿的特征伸展到了生命的成年阶段（Bolk，1926）。这一观点并不新鲜，但路易斯·鲍尔克通过他给出的支撑这一观点的一系列数据，将这一观点变成了令人信服的学说。”（Barbieri，2010）1940 年，阿道夫·波特曼计算出，我们人类应该有 21 个月的妊娠期，以完成其他所有的哺乳动物都经历的胚胎发育过程（Portmann，1941，1945）。换句话说，新生的人类婴儿事实上是早产的胎儿，新生儿生命的第一年是胎儿阶段的延续。这就使得科学家可以提出一个模型来解释这样一个单一的变异是如何产生如此广泛的后果的。这一概念模型被称为*脑裂*，在该模型中，一个事件在时间尺度上而不是在空间尺度上，产生了表观遗传潜力的完全颠覆/扩展。

在脊椎动物胚胎的发育中，心脏源于两个原生的部分，而且只要切割融合通常发生的点，就会导致每一半形成功能上完整的跳动心脏，紧接着就是两个循环系统的发育。作为一项实验结果，这种与生存相符的双心条件，被称为*心裂*
56 （DeHaan，1959）。巴比里所强调的基本元素是基因变化的缺乏。事实上，在这里，显著的改变完全是通过改变胚胎发育的表观遗传条件来实现的。

胎儿发育期的逐渐延长，再加上产道的限制，使得人类胎儿大脑的发育分裂为两个不同的过程，第一个在子宫内，第二个在子宫外，然而这在所有其他哺乳动物中都是一个单一的内部过程。胚胎大脑发育的分裂被巴比里称为*心裂*。正如德哈恩（DeHaan）的胚胎心脏实验所揭示的那样，我们处理的是时间上的分离而不是空间上的分离。在这两种情况下，同一系列基因只有在两种不同的环境条件下运行才能产生截然不同的结果：这一结论得到了胚胎发育领域中无数例子的广泛支持。

无论这种观点是否与现代神经生物学的其他重要成就相关，它都在理解人类起源方面，特别是在我们的“现实仿真”的特定类型方面起着重要的作用。

我们尝试解释的第一个概念是*联结主义*。在它的最初版本中，即福多（Fodor，1983）的*模块主义*（*modularism*）中，预先假定了一个根据*模块*排列的认知结构，即输入能够转换成表征的结构。这些模块（或者“装置”，像乔姆斯基著名的语言学装置或心理器官）在认知科学的历史发展中有着重要的意义，但它们不能建立令人满意的工作大脑/心智模型。实际上，旧的模块模型是建立在心智/大脑连续功能假说的基础上的。因此，所谓的联结主义并没有消除模块的概念（大脑的特殊区域在临床实践中是一个无可争议的模型），而是卷土重来。

传统计算机按照顺序连接计算单元来处理电信号的速度很快，一次只处理一行编码，非常不同于并行处理的中枢神经系统。虽然中枢神经系统并不快，但它相互紧密连接，总体上具有更强的信息处理能力（Hebb，1949）。

因此，如果大脑被分成专门的区域（模块），那么只有当这些区域相互连接并在严格的协调下运作时，这些区域才有可能提供“优越”的功能。

我们出生时处理掉了大多数神经元。正如我们要在下文进行详细分析的，在胎儿发育过程中，神经元要经过选择并且这种选择会导致大量模块的丢失。“失去”如此多的神经元并不是病理学的事实，而是只有必要的才被选择，其他的则被抛弃。

然而，许多神经细胞单靠本身是不够的：神经系统的出生后发育依赖两个过程，这两个过程在短距离和远距离的大脑连接中至关重要。第一个过程是突触的实现：特殊的微观间隙允许神经元传递电化学信号给另一个细胞（神经细胞或其他细胞）。突触网络的形成伴随着选择、再组织和再定义的现象。最初的突触网络是冗余的，然后被“修剪”。

在微观层面，突触允许就近的神经元之间进行交流，目的是形成“局部的” 57
神经网络。在宏观层面，当髓鞘形成使得不同脑区[①]间组织和功能连通时，就有可能形成更大的神经网络。我们人类出生时几乎没有髓磷脂存在于大脑中。

① 髓磷脂是一种电绝缘材料，它在神经纤维周围形成一层髓鞘，使神经纤维具有自主性和特异性，起到传递神经脉冲的作用。只有当髓鞘形成使得不同脑区间组织和功能连通时，才有可能形成更大的神经网络（如两个相距甚远的脑叶之间的网络）。

髓鞘的形成从整个青春期一直持续到成年。

然而，我们必须考虑到，当胎儿在受到保护的漆黑潮湿的子宫内完成生长时，这与完全依赖环境度过发育的最后一年——包括所有关键阶段——是相当不同的。因此，我们很容易解释物种间基因虽然很接近，但却有着巨大的差异：一个著名的计算表明，人与黑猩猩有 94%的相同基因（Demuth et al.，2006）。

二、自然选择进入大脑：发育的关键阶段与神经元群选择

我们需要解释*发育关键阶段*的概念：这是我们在模型中需要的来自神经科学领域的第二个概念。

大卫·休伯尔和托尔斯斯坦·威塞尔于 1981 年获得诺贝尔生理学/医学奖（与研究大脑半球不对称性的罗杰·斯佩里分享），以表彰他们对经验在定义视觉系统的大脑结构中的主导作用的基础研究（Hubel & Wiesel，1963；Wiesel & Hubel，1963a，1963b）。基因不仅仅是建立僵化的、不可改变的计划，它似乎使某些架构“倾向于”对几种可能性“开放”，这些可能性之后被环境和经验所定义与选择。这种选择是基于真正必要和有用的东西而做出的，为*适应性*的协同进化概念赋予了新的力量（环境是生物体进化的原因和结果，反之亦然）。

在出生后发育的早期阶段，有一些“关键期”的经验对大脑组织产生了深刻且具有决定性的影响。在接下来的年龄阶段，同样的感觉剥夺不会产生相同的结果。

这些考虑在*神经达尔文主义*（*Neural Darwinism*）中有着特殊的意义，杰拉尔德·埃德尔曼（Gerald M. Edelman）提出了“神经元群选择”（the neuronal group
58 selection，TNGS）理论（Edelman & Mountcastle，1978；Edelman，1987）。这是我们的模型所需要的第三个神经科学概念。

1972 年，埃德尔曼与波特（Portor）因应用自然选择理论（*选择*理论对*指导*理论）解释了*免疫特异性*而获得了诺贝尔奖。简单地说，用基因决定论来解释抗体的特异性是不可能的：不存在足够多的基因来解释生物体内存在的大量的各种抗体。因此，正如在个体和物种层面上已经证明的，“正确的”抗体是选择过程的结果。

埃德尔曼将同样的核心问题扩展到定义神经元结构的机制中来：由于选择性现象作用于一系列强冗余元素，神经元被组织成具有特殊功能的网络。这种冗余在组织的许多层面上都很容易被证明：基因、神经元和神经系统都是冗余的，而这种选择完全是一种事后的现象，因此根据定义，它是*表观遗传*

的（*epigenetical*）。

神经元群而非单个的神经元构成了选择单元：①在胚胎与出生后的*发育*阶段；②通过行为决定的*经验*选择；③得益于再入现象，“*再入*是从一个脑区（或图谱）到另一个脑区发射的持续信号经过大量平行的纤维（轴突）又返回来，这被认为普遍存在于高级大脑中”（Edelman，2006：28）。

神经减退是一种众所周知的现象，在儿童和成年人的大脑发育中都有表现。在不深入讨论细节的情况下，有数据表明，神经网络特异性的增加同神经元数量的减少密切相关，有时也与突触数量的减少相关。这取决于以前发生的学习过程而非损伤。埃德尔曼与加利（Edelman & Gally，2001）一起证明了退化过程在促进系统生物进化中的核心作用。

三、其他

如前所述，新生儿依赖于成人（胎型化）；许多理论和实验数据证实了*群组*（*groups*）的核心地位，在其中我们完成了我们称之为“胎儿”的发育，尽管是出生后的。在众多故事中，坎兹的故事值得讲述（Savage-Rumbaugh & Lewin，1996；Segerdahl et al.，2005）。

坎兹（Kanzi，在斯瓦希里语中意为珍宝）于1980年10月28日出生在埃默里大学耶克斯野外站，是一只雄性侏儒黑猩猩[或倭黑猩猩（*bonobo*），正式分类为*Pan paniscus*]。这只小猩猩被转移到佐治亚州立大学的语言研究中心，由灵长类研究专家苏·萨瓦戈-鲁姆博夫（Sue Savage-Rumbaugh）照料和研究。坎兹被人从它的母亲身边带走，交由一只更具统治力的雌性猩猩玛塔塔（Matata）收养。坎兹陪玛塔塔参加了一些无用的课程，在这些课程中，玛塔塔
被教授了*耶基斯语*（*Yerkish*），这是一种专门为猿类开发的非言语的人工语言。 59
*耶基斯语*不是口语：它使用一个键盘，键盘上的键包含*词汇符号*（*lexigrams*），即与单词相对应的抽象符号。玛塔塔不是一位好学生，而该课程并不是为坎兹准备的：一天，当玛塔塔不在时，坎兹开始自发地使用键盘上的词汇符号，成为已知的第一位用自然方式而不是通过直接训练学会语言的类人猿。

坎兹的故事给我们很多启示：第一个方面涉及发展的关键阶段。坎兹学会了一门语言，因为他显然已经完成了神经结构的发育，从而实现了这一令人难以置信的成就。

第二，神经基础结构“遇到”了社会环境，其选择性在结构本身可能被（选择性地）“消除”前，由于一系列积极的“支持”成为可能。这也发生在*野孩子*

身上（人类儿童在整个发育的关键期并未受到人类社会环境的任何“刺激”）。显然，同样的事情发生在玛塔塔身上，她接受了更具体的培训，但“在时间限制之后”。玛塔塔引起了“其他人”（灵长类研究专家）的注意，但是太晚了。“其他人”和环境的作用代表了从著名的侏儒黑猩猩的典型故事中得到的第二个重要教训。

我们所称的*自我*（*self*）并不是一个物体，而是一个依赖于许多元素的函数。*自我*结构是*对话式的*（*dialogical*），而身份是*来自他人的礼物*（*gift from the other*）。

“重要的其他人”的群体或集合——所有对我们而言重要或曾经重要的人（甚至可能会变得重要的人，比如，对一个我们觉得有吸引力的陌生人的欲望或对未来有一个孩子的渴望）——是在每一个可能的主题中制造“我”（I）和“自我”（me）的要素。我们能够创造性地复制特征，颠倒、总结、重叠它们而形成完全不同的元素，这些元素具有特殊的结构，取决于我们生命中重要的关系。

我们成为什么样的人，在同等程度上取决于我们自己和其他人：通过持续地构建我们是什么样的人、我们曾经是什么样的人，以及——主要是——我们将要成为什么样的人的故事。

大脑具有一些必要的机制把自身“融入”社会群体成员中，但那并不是全部。自我是由动态的“声音”构成的，这些声音构成了“意义核心”——同一自我的内部或外部。由此而来的是，一个自我与一个单独的心智是动态地、持续地再生的。两者都是一个系统的新兴功能，其等级高于形成它的单个个体。

“自我”（me）表征了从其他人的视角看待我们自己的可能性。听到的声音——连同它基于反馈的一种控制的可能性——是一种内部对话模型，并不是两种声音，而是很多种声音：所有重要（significant）[①]他人的声音在我们内心产生共鸣。休伯特·赫尔曼斯（Hubert Hermans）在巴赫金（Bakhtin）的教训的基础上，讨论了自我的多种声音与对话性，挑战了“自我统一的观念以及自我和他人的区别”（Hermans，2001）。

路伊吉·皮兰德娄（Luigi Pirandello）在提到由我们选择或由社会强加的
60 多重性格时，经常提到“面具”这个词。他使用戏剧隐喻来描述一种心理现象：在社会竞争中的“角色”假设。在这个心智与自我的模型中，这些角色被称为“*定位*”（*positioning*）（Hermans et al.，1992；Hermans & Kempen，1993）。我们作为观察者的那一部分扮演着监督者的角色，并把自己放在一个元层次的位置上。我们的那一部分把自己的生活当作与别人的生活有关的事实来考虑。正如我们所知道的，这种自然的和“哲学的”观察者，并不是大多数时间代表

① 该词既可表示“重要”，也可表示“能够赋予意义”。

我们的那一部分。

在“正常的”心理功能中，自我稳定性在时间和语境（即定位）上都是可变的。相反，（某种特定人格结构的）自我“丰富”能够与我们的元立场（观察者）可以与之对话的“他人”群体的规模相称，因为其意义是社会性的，是以关系和权力关系为前提的。

观察者与他的元层次的位置具有核心相关性，因为他保持了自我的组织性和适应性，我们将其归因于所谓的心理健康。

声音群[或*多声音性*（*multivoicedness*）]存在一个等级组织，因此非常有活力：事实上，当我们工作时或享受休闲时光时并不是完全相同的一个人。其严格性——比如，由永远占据主导地位的内部“威权”声音所导致的——会产生病理状态，比如多重人格障碍（Mininni，2003）。

自我的各个部分处于持续的和多声音的对话中：这就是为什么我们谈到*对话的自我*（*dialogic self*）。著名的斯坦尼斯拉夫斯基（Stanislavsky）戏剧系统包括学习如何调节言语，这得益于其无处不在的*潜台词*（“我们现实生活中所说的每个句子都有一定的潜台词，一种隐藏在其后的思想”，Vygotskij 1934，Ed. It. 2004：389，我的翻译）。

我们是一个*符号性物种*（*symbolic species*）（Deacon，1997），这是因为我们具有特殊的神经组织，尽管其本质是社会性的。事实上，有大量关于野孩子的文献资料（Recchia-Luciani，2006）。如果没有一个社会群体，语言在发展的关键阶段也就不会发展，也不会有人类的心智和自我。生物学——遗传学——在这里没有改变，但是这种“自然实验”表明，这种发展超出了文化进化，不会产生具有现代意识的人类。

因此，人类依赖于周围世界/外在世界和我们自己的世界（eigenewlt）之间的互动，以及社会/文化世界——其他人的世界（mitewlt）的重要贡献。身份是从与他人的互动中产生的，并在人类思想所独有的详尽符号的可能性中发源。

詹巴蒂斯塔·维柯（Giambattista Vico）是第一个将隐喻称为*认知手段*（*cognitive device*）而非修辞手段的人（Vico，1744）。在*隐喻剧场*（*metaphorical theatre*）中，演员实际上是*指号*和*符号*。朱利安·杰恩斯（Julian Jaynes）认为，这是一种至今仍被认为具有进化意义的“后语言”意识（Jaynes，1976）。

对于这位奠基性的作者来说，隐喻在其更普遍的意义上是语言的基石：“用一个事物的术语来描述另一个事物，是因为它们之间或它们与其他事物的关系之间存在某种相似性。”仅仅四年后，拉考夫和约翰逊（Lakoff & Johnson，1980）提出，隐喻主要是用一种事物来构思另一种事物的方式。隐喻是*理解*的工具。
至少在语言学关注的领域，如果没有理解，经验就不存在。我们所说的语言是 61

指人类可以使用任何一种代码，而不是简单的语言能力。

我们总是（并只是）把“某物”理解为“其他某物”：始于物理躯体的直接个体经验，在这个星球上，在我们具有重力的三维环境中，以及我们的共同环境中，主要由我们这个物种组成。

隐喻是一种认知工具。它的活动依赖于双关修辞形式的存在，而不是相反。我们所说的隐喻或“*借喻*”（*trope*）*是一种修辞手段，*在语言学和符号学中，*词语的使用与字面意义不同，是一个指号*。

因此，自我建构是物质的、心理的和情感的，总是指称*重要的他者*。交流是语境化、情境化的协商结果，始终取决于“利害关系”是什么。在一个语言游戏中，我们建立了*隐喻性的场景*（*metaphorical landscapes*），其中演员、竞争中的符号四处移动：信息是对现实的不同解释，它们为争夺主导地位而斗争（Lawley & Tompkins，2000）[①]。解释不一定是理性的或适应性的，但可能取决于经济或权力因素（军事任务是*战争还是维和任务*？）。

四、世界模型

人的思想具有阐述符号的唯一可能性。然而，符号只是潜在的指号范畴之一。我们已经考察了意义关系，或者更确切地说是符号的不同概念（更清晰的分析，请参阅 Recchia-Luciani，2012）。除了索绪尔和皮尔斯及其在 20 世纪确立的思想流派（符号学和指号学），我们希望强调托马斯·西比奥克和马塞尔·达内西（Marcel Danesi）在概念上为克服分歧所做的努力（Sebeok & Danesi，2000；Danesi，2008）。

西比奥克和达内西为指号的基本组件赋予了一个新的名称，定义为关系[A 代表 B]（它可以写作[A=B]）。[A]部分是*形式*（*form*），[B]部分是*指称物*（*referent*）。两个组件之间的联系，即它们自身的关系[A=B]产生了*一个模型*（*a model*）。皮尔斯把指号与客体间的关系分类为：*图示*（*icons*），即指号与其客体相似的方式；*指示*（*indexes*）就是与其客体的事实联系（用时空术语，如共现或通过原因）；*符号*就是为它们的解释提供一个习惯和规则（Peirce，1931-1958）。

在西比奥克和达内西的模型系统理论（modelling systems theory，MST）中，使用符号在更一般的符号学理论中是人类所特有的。*指称物*就是任何被赋予*形式*的事物。出于这项工作的目的，我们需要解释这一理论的基本含义。第一种

① 语言游戏理论是由路德维希·维特根斯坦在他的《哲学研究》（*Philosophical Investigations*）中提出的（Wittgenstein，1953）。

方法是将指号、符号和人的意识视为生命自然进化史中的步骤："物种对世界 62
的特异性理解与建模所用的形式（建模原则）以及它的一些基本含义是无法区分的。建模原则意味着，要想知道和记住某件事，就必须赋予它某种形式。可变性原则意味着建模会根据指称物和模型系统的功能而变化。"（Danesi，2008：291）符号允许恰当地定义语言：正如迪肯（Deacon，1997）所说的，语言不是"随便一种交流系统"，即使是由特定的句法组织起来的，而是一个"基于符号指称物的交流系统"（就像单词指称事物那样），该交流系统考虑组合规则，包括一个跨越相同符号的综合逻辑关系系统。其他动物物种还没有发展出合适的语言，因为它们无法"理解词组如何指称事物"。

正如上文所介绍的，我们对猴子、灵长类和人类日益复杂的认知能力的分类表明，为了理解不同物种的动物世界模型是如何变化的，极其重要的是指号的结构性等级特征。让我们和迪肯一起回到灵长类动物学家的重要工作上来。在分析苏·萨瓦戈-鲁姆博夫和杜安·鲁姆博夫（Duane Rumbaugh）与黑猩猩申曼（Sherman）和奥斯汀（Austin）的实验时，迪肯描述了测试期间所取得的一项重要成果："动物们发现，词符和物体间的关系是该词符与其他的词符之间关系的函数，而不仅仅是词符与物体相关出现的函数。这是符号关系的本质。"

符号关系的出现是一个物种在理解和记忆方面的建模策略的复杂而彻底的变化。关系的完全同现——这对于图示与指示模型是典型的——变得完全没有必要：关系的同现（并不是事物本身的同现）提供了在少数可能的替代方案中进行分类推测的可能性。正如法瓦鲁（Favareau，2008）在总结他与西比奥克和迪肯共有的观点时所说的，"我们*[人类]'操纵表征'（而非事物本身）*"。

五、感受性之谜

正如在"神经科学的三个重要观点"一节中所引用的那样，我们可以说，大脑，主要是新生儿的未成熟大脑，似乎倾向于模仿物理世界和*外在世界*的基本特征，这要归功于个人的*经验*（*eigenwelt*）以及社会/文化世界的调节，即*其他人的世界*（*mitwelt*）。

孩子在四五个月大的时候变得非常好奇。他们虽然不会说话，但是我们能够轻易证明他们失去了兴趣：他们对物体的兴趣消失了。*新奇偏好*（*preference-for-novelty*）任务就是基于这种观察：通过对孩子活动的定时录像，可以准确测 63
量观察的平均时间。设想一下，展示给孩子一个红球：一开始，在好奇心的驱使下，孩子会很感兴趣地观察它。这时，球被藏到屏幕的后面；然后它又重新出现。不久之后，孩子就会厌烦这种游戏，红球的再次出现会受到越来越少的关注和更快的扫视。然而，如果我们用黄球来代替红球，孩子的注意力就会立刻回来，并给予持续更长时间的注视。孩子显然很惊讶，开始寻找丢失的红球。他似乎不"相信"红球变成了黄球。孩子会寻找一个存在的物体，因为它是持久的。物体的持久性与该物体的一个（或多个）属性在时间上的永久性相联系。对于我们的感官和经典物理学来说，现实的概念明确地与属性的概念相关，比如在感官领域。

虽然令人惊讶，但来自动物行为学的先驱尼科·廷伯根（Niko Tinbergen）的经典实验可以支持这一事实。在动物行为学中，*超刺激*（*superstimulus*）是一种人工刺激，它是一种已存的反应趋势或任意刺激，会引起比来自进化的自然刺激更强烈的反应。康拉德·劳伦兹（Konrad Lorenz）注意到，鸟类会孵化与它们的蛋相似的蛋，前提是蛋更大一些。廷伯根（Tinbergen，1951，1953）和他的团队对会生产斑点蛋的物种进行了一些系统的观察。他们的测试表明，大多数物种都喜欢斑纹更清晰、更大或颜色更饱和的石膏蛋。因此，他们研究了引起鲱鸥雏鸟食物需求的刺激物的具体特征，并建立了一个著名的人工刺激物集合。

鲱鸥雏鸟啄食其父母的喙（黄色的嘴，上面有一个红点），乞求它们把食物反刍出来。在廷伯根的测试中，鲱鸥带有红点的黄色喙被一个有着更大红点的逼真三维模型喙所替代，之后被一个有着更大圆点却没有头部的黄色喙所取代，最后被一根只有三条黄色条纹的鲜红色棍子所替代：显然，模型与它们真正的父母相差得越来越远。尽管如此，小鲱鸥还是不断地要求食物（更频繁地啄食），从第一个模型到最后一个模型，越来越坚持。简言之，给定一个准确的三维复制品，刺激物的一个或多个不变特性（点的尺寸、数量，蛋或喙表面的颜色饱和度）的增强会产生更大的可测量的反应。

在人类心理学方面，已经对超刺激进行了大量研究：我们在这里需要强调的是，能够控制许多动物物种出生时已经存在的本能行为的神经网络如何对刺激做出反应，这些刺激不是以通用或全局的方式感知的，而是特别关注在时间上不变的物理特性，即物种使用合适的感官通道的特性。

一般来说，我们可以认为行为反应是"天生的"或"本能的"，只要它们的实现不需要通过经验来学习。这些反应在出生时已出现。通常情况下，对纯粹生存的必要反应都是这一类的。

64 鲱鸥雏鸟不会"学习"如何去啄它们父母的喙以寻求食物：如果病理学或突变阻止了这一行为，死亡将是不可避免的结果。我们可以想象，新生儿天生的"觅食反射"也有类似的情况。但也有许多后天行为在出生时并未出现，需要一些经验，其结构是对刺激做出反应，这些刺激倾向于对不变特性做出反应，这些特性是物种有足够的感觉通道（产生感觉[①]）或能够产生复杂感知的更复杂的神经结构[②]。廷伯根对于鲱鸥的研究具有根本性意义，因为它证明了一种先天神经网络的存在，这种神经网络可以专门感知父母喙上的红点的存在或不存在。红色中的红是一种典型的*感觉特性*（*sensory quale*）。

1929 年，克拉伦斯·路易斯（Lewis，1929）引入了一个术语，该术语必然会导致科学界和哲学界持续的混乱。在《心智与世界秩序》（*Mind and the World Order*）一书中，他第一次使用拉丁文“*感受性*”（*quale*，复数形式是 *qualia*），作为“给定的可识别的质性特点（Lewis，1929：121），通常指称的是具有非常独特的主观性特征的心理状态，或是仅通过内省获得的心理生活的现象方面”。与该术语一样，这个拉丁语术语的选择，指的是以某种形式被考虑的*感受质性*（*qualities*）或*感觉*（*sensations*），而这种形式与它们对行为的影响无关。*感受性*从一开始就被认为是心理状态中不可还原的品质：有的人认为是感知经验或身体感觉，有的人则认为是情绪、感受和心情。最经典的例子是“红”（redness），这意味着独立于现实物体的红的特质。“红色”（red）的感受性和它的“红”（就是作为红色）把红玫瑰和让我们停车的交通灯的特殊状态联系起来。它们被认为是感官经验的具体特征。当然，我们拥有一些工具使得我们能够分享经验。这些工具由*心智理论*构成：对他人的理解是由于在自己身上认识到与我们相似的心理状态（那些主体已知的状态）。在第一个阶段，我们只提到感官特质，因此，我们所说的感受性是进化赋予我们的研究领域，是特别适合让我们人类适应（并与）地球上特定的生命生态环境的工具。这就是*感觉感受性*。

在我们的假设中，无论是觉知和本能行为，还是觉知和习得行为，当由具体的感觉质性或者由不同的感官特质的特定集合引发反应时，它的“识别”发生在神经网络中，在这些神经网络中，感官对神经过程提出“*一致且不变的要求*”[③]。

恰当的神经网络对生存是如此地必要，以至于它们必须由基因来决定（这
样，它们才能控制内在的本能行为），或通过经验学习来选择（因此它们将控 65
制习得行为）。正如休布尔和威塞尔通过对失明小猫的测试所证明的那样，“看”
的过程是部分“习得”的。

我们已将隐喻称为一种典型的人类认知工具：在这方面，正如其他近期研究工作（Recchia-Luciani，2006，2007，2009，2012）一样，我们再次对这些

① 被称为感觉器官介导的与环境的关系引起的神经系统的改变。

② 被称为在包含意义的形式中简单感官元素的一个复杂综合。

③ 见 Deacon（1997：329）。

心理现象进行了分类，我们认为这只有通过自主分析才能实现。

事实上，*感觉的感受性*与*隐喻的感受性*之间是存在区别的，两者都是我们心理生活中的现象，都是可以内省地获得的，都只有在认知与相互比较的语境下才能成为“客观”的，也就是主体间的确认。事实上，正如我们所知道的，具体的物体比抽象的物体更容易就感知（感知对象的意义）达成一致。感觉器官必须确保最大程度地坚持物体的“物质的”和“有形的”特征：坚持物体的某些不变的特性。如果我们看不清楚，我们就需要咨询眼科专家，不要试图通过一种“新型的视力”来“解释现实”。

路德维德·爱德华·玻尔兹曼（Ludwid Eduard Boltzmann）是一位物理学家、数学家和哲学家，以其气体动力学理论和热力学第二定律而闻名，他在1905年把大脑描述为构建世界图像的器官（Boltzmann，1905，引自Antiseri，1986）。感官知觉的重点是感觉器官提供的数据的不变特征，即感觉的感受性：它们与从童年时期就可以检测到的物体的恒定特性相一致。

感觉器官的进化，要归功于对特定传感器的选择，以及能够处理来自它们的信息的外周和中枢神经网络[①]。但为什么要发展和进化“新的感官”呢？因为新的“感官模型”被证明是适应性的，这就意味着它有能力提高物种的适应性[②]。这就是为什么在不同的物种中进化出了不同的视觉器官：在自然史上，它们曾多次独立出现[③]。有视觉的动物比无视觉的动物（或有视觉缺陷的动物）表现出更强的生存和繁衍能力。这就是“选择性压力”：一个新功能的出现可以在生存斗争中提供竞争优势，而谁能生存下来谁就会繁衍得更多、更好。蛇的世界(主要)是由气味构成的，蝙蝠的世界是由回声构成的，而我们的世界……首先是由其他人构成的。

66 *物种的形成*是一个生物事件，通过这种生物事件，一个新的物种在相对较短的时间内“起源”（如果与地质年代相比，则时间更短！），并且表现出不同于其起源物种的特征。

当一个动物物种产生了基于信号的“定向系统”（例如，用于视觉的电磁波，或用于嗅觉的挥发性分子），并成为生存的重要信息时，如果我们考虑到它能够产生巨大的适应性优势，那么完成的进化步骤也可以标志着物种的变异。

---

① 换能器将能量从一个点传递到另一个点，改变了某些特征，因此，它把一种形式的能量输入“转换”为另一种形式的能量输出；它把一种信号“转换”为另一种信号。比如，麦克风把气压变化转化为电信号。每个换能器都有一个特殊的数学函数，称为传递函数。

② 在生物学中，适应性是对个体或基因型的后代繁殖成功（后代数量）的估计。这是对出生率的估计，因为适应性通过出生率的增加而表现出来。

③ 这可通过控制各种类型“眼睛”的基因家族的独立性来证明。

一般来说，生物体与世界没有直接的关系，而是与它们自己对世界的感知有关。不仅是感官知觉：在人类有能力精心设计符号的情况下，感知可以涉及，例如，对某一特定情况的解释。大脑是一个*现实模拟器*（Llinas，2001），在其中我们的定位与世界地图联系在一起。

出于这个原因，我们将在这里提出一个新的“心理器官”的成就，即*隐喻工具*，作为*智人*形成的基本门槛：一个具有新型现实模拟器的新物种，能够产生语言和思维，使我们除了觉知之外，还能发展出严格意义上的意识。这种功能基于对新型不变特性的感知：基于新型感受性的功能。

在适当的语言组织能力的基础上，存在着可能或不可能成分的选择组合、替换和控制，这就产生了被语言学定义为*“语义特征”*的新层次的对应关系，比如，某个特性的缺失或出现。语义特征与其他种类的感受性共享同一个特征：它们对*神经过程提出了“一致且不变的要求”*[①]。

六、界定“意识”，界定“无意识”

在本章中，我们提出，*智人*的存在应归功于一个现实模仿新系统，归功于一个新*世界图像工具*。这个世界图像工具包含*觉知*（*awareness*）和*意识*（*consciousness*）的功能特点。为此，我们将详细审视*意识*这个术语的操作定义。这些术语在科学与技术上的使用带来了一个问题。

对这些复杂概念在不同分支中的多义性含义进行全面而详尽的研究超出了本研究工作的范围。与其他研究工作一样，这里我们选择采用著名的朱利安·杰恩斯的意识模型的一个修改版、丰富版（Jaynes，1976，1986）。

朱利安·杰恩斯的意识有几大特点：*空间化*、*选录*、*类比我*（*I*）、*隐喻我*（*me*）、*叙述化与调和*。

*空间化*不是对空间的“简单”感知（基本的装置——存在于简单动物的神经系统中的世界图像），因为在这里，这个术语被称为“心智空间”。

*选录*是对细节的意识，表征了它们例示的概念。 67

*类比我*和*隐喻我*提出了一个多层面的观点，除了一个“言者”的我（I）之外，还确定了一个“听者”与一个“评判”的我（me）。

在这个对话中，一种叙事就是类比“我”（从内部审视的我）和隐喻“我”（从外部观察到的“从内部审视的我”），是从他人的视角来看我们自己。

在最重要的功能中，存在产生我（I）和我（me）的隐喻，他们不断地在

① Deacon（1997：329）。

对话中投入，创造出一个故事、一个叙述，即一个叙事。

调解是产生一致世界的功能，由于这种功能，意识有时会变得盲目，“否认”与我们的世界观不可调和的客体：它的功能是通过抑制和集中来保证的。

在最近其他研究工作中，我们对*意识*这个术语有着其他好的操作（即功能性的）定义。免疫学家和神经科学家埃德尔曼（Edelman，1987）对*初级意识*和*高阶意识*进行了区分。*初级意识*就是没有“过去与将来的概念”，而只有对现在的觉知。*高阶意识*允许我们对自己的行为和感受进行自我识别，建构个人认知和对过去与未来的觉知：它包含心智部分的即刻觉知，而*不*包含任何感觉器官或接收器。意识的这种形式是自反的：它赋予人类*自觉的意识*和对*时间的明确感知*。

安托尼·达马西奥（Antonio Damásio）提出了一种*核心意识*：此时此地的自我，以及一种延伸*的意识*，在“历史”时刻中提供一种身份认同感和自我感，具有“关于自身与世界的过去和将来的觉知”（Damásio，1994）。对于达马西奥而言，自我是意识的主角。他还宣称*自我*是在多层面上构建的：事实上，我们有一个*原我*，基本上是物质的和生物的，它构成了*核心自我*的基础，以及更高层面上的*自传体的自我*（叙事的、历史化的和抽象的）。

我们提到埃德尔曼和达马西奥，是因为他们都考虑到（除了进化层面上的一种更发达的意识形式）不那么复杂和强大的世界-建模功能的存在。埃德尔曼谈到了初级意识，而达马西奥论及核心意识。他们同朱利安·杰恩斯的观点没有任何相似之处。

这就是为什么我们增加了一个觉知的定义，仅限于个体的感觉-感知-运动域（以及有生长力的、激素的和免疫的）内物体的存在[①]。觉知与意识有着共
68 同的*空间化*、*选录和调和*的功能；自发是其*抑制*和*集中*甚至*极端*的倾向。这与*类比我*、*隐喻我和叙事*不同，因为我们认为这些功能是隐喻的表达，其引入与严格意义上的意识是一致的。这个*觉知*（近似于埃德尔曼的*初级意识*和达马西奥的*核心意识*）是杰恩斯的心智世界中长期存在的两院制文明时代的主人公：在那里，上帝之声意味着提出选择和做出决定（Jaynes，1976）。

但为什么要给予杰恩斯的意识模型更大的权威呢？有许多理由来支持这一选择。第一个是清晰度，即其功能模型的细节水平。杰恩斯将自己塑造成一

---

① 之所以选择“*觉知*”这个术语，是因为神秘传统和宗教或世俗冥想技术都明确使用了它，而“觉知”又与“在心智空间中叙述的*无*类比的意识”相关。这些实践倾向于一种不断自我对话的“消亡”，通常是通过不同的方式进行的，用最高浓度的内容“浸透”感官通道。“针对”抽象思想的普遍性，这里提出了感官内容。

名心理学家，但其功能描述的准确性和特异性与埃德尔曼和达马西奥不在一个层次上。

第二个理由是隐喻作为认知"工具"的重要性。这一背景会使人不知不觉回想起维柯（这位那不勒斯的哲学家是第一个将隐喻称为一种认知工具的人，但从未被引证过，但鉴于他在 20 世纪 70 年代的美国知名度不高，这也就理所当然了）。

第三个理由是在对意识功能的起源和结构的再认识中社会群体所起的核心作用。埃德尔曼和达马西奥好像更多的是在大脑"中"寻找意识。

第四个也是最后一个理由让我们想起了坎兹的故事：我们已经谈到，类比能力是黑猩猩和人类所独有的，它不是自然发生的，只有通过训练和学习才能显现出来。学生必须通过接受教育才能使用符号系统来操作编码。一种倾向是不够的：要实现这一点，需要接受教育。在这里，杰恩斯是明确的：根据这位作者的观点，意识"在语言之后"（Jaynes，1976：66），是一种通过言语产生的心智空间。学习一种新的符号系统可以让心智使用新的抽象思维形式。

意识的一个可操作的功能性定义需要研究其反义词：*无意识*。首先，我们需要定义无意识。

在这里，我们把无意识视为一种存在于意识焦点之外的心理状态。

或者，无意识是一种心理状态，在这种状态下，学习是隐性地发生的。

在其他情况下，无意识是一种复杂的心理和身体状态，由自主神经系统（autonomic nervous system，ANS，有时用旧术语"植物性的"来定义）和/或具有复杂功能的肽（神经免疫内分泌）控制。

在 20 世纪的最后几十年，伟大的智利精神分析学家马特·布兰科（Matte Blanco，1975，1988）将他的研究重点放在描述弗洛伊德无意识的认知过程这一重大任务上，这与上文提供的第一个可能的定义只有部分吻合。

马特·布兰科使用了从集合论中衍生出来的形式逻辑工具，源自戴德金（Dedekind）的无限集合的定义。"一个集合是无限的，当且仅当它可以与它的一个适当部分双-单义（bi-univocal）对应。"（Matte Blanco，1975：33）

马特·布兰科并没有列出一长串"无意识的特性"，但系统地展示了*无意* 69
*识的无限集合*的两个基本原则：*对称原则*和*普遍性原则*。

关于对称原则，无意识展示了一个"不对称关系的对称化"。比如，母子关系是不对称的，因为它是对立的。"这个孩子是他母亲的母亲"并不是一个真命题，但它在无意识中会变成真，其中不对称关系及其对立面都为"真"。

对称逻辑与非对称逻辑并存，正如意识和无意识并存一样。根据认知的任务的不同，变化的是这两个双逻辑元素结合的程度。

在已经对称的关系中，不对称的缺失（左右、上下、前后）使得空间概念化成为不可能。

空间概念的缺失使得时间概念化成为不可能（时间总是一个空间化的行为）[①]。没有空间和时间的学习被给予无限的空间和时间。它无处不在，永远存在。它没有历史。没有历史和语境的学习是无法变化的。它是一种可重复的信息模式，其特点是稳定性和不受变化的影响。

这样一种信息模式——无论是从其起源就无意识，还是逐渐变成如此——能够诱导与之相关的行为，这种行为存在于高水平的逻辑中[②]。

对称原则与普遍性原则是结合在一起的，在普遍性原则中，无意识逻辑不会考虑个体，它只将其作为类的成员和类中之类来处理。

集合中的单个元素——单个成员——和该元素所属的类本质上是一致的。这与转喻相似，即部分与整体同一。

即使是表面分析也能清楚地表明，普遍性原则是心智对事物进行分类的关键。无意识所进行的认知处理“自动”产生类和范畴。

在马特·布兰科的方法中，对称认知过程以其最纯粹的形式与“存在”（being）相一致，而不对称的认知过程以最纯粹的方式与“发生”（becoming）相一致，或者更准确地讲，与“事件”（events）的能动性相一致。“感觉”为我们提供了与我们的知识对象融为一体的可能性，它对应于在理性思维（主要是“不对称性”）中放置对称的存在方式。

70 七、其他感受性

在我们的进化假设中，感觉必然先于任何形式的觉知，甚至先于任何类型的意识。感觉感受性的价值在于它们是积极的或消极的、好的或坏的。然而，与此相关的是什么？通常的情形是，它与生存和繁衍的成功相关。正是在赋予感官知觉的定性价值时，达马西奥的身体标示才变得如此重要（Damásio，1994）。

情绪[③]有一些意义——好的或令人厌恶的等——尽管不总是有语言意义。我们都会意识到，强烈的情绪会让我们“无语”。当然，这是在许多甚至不会说话的动物物种中发现的东西！事实上，情绪在哺乳动物[④]的生存过程中一直起

① 但不是对空间的感知和其中的方位感！

② “人类的活动是有规律的。1.1 活动是事件：它们发生，它们需要时间，它们开始和结束。1.11 事件是类型，而不是个别实例。也就是说，它们可以再次发生：同样的事件可以反复发生。”（Bencivenga，1997：5-6）

③ 达马西奥将情绪定义为公开可观察的反应，而情感则是私人的心理体验（Damásio，1999）。

④ 在迈克莱恩（MacLean）的*三重脑*模型（triune brain model）中，哺乳动物“发明”了情绪和边缘系统。

着重要的作用，它有着直接的和绝对的选择性价值，因为如果我们能够在出生后了解到对我们有利和有害的事物的存在，那么我们对周围环境的独立性将远远优于仅仅从我们的基因和由我们的基因创造的“刚性”表现型中预测或预期的独立性。

哺乳动物的感觉感受性所产生的情绪是肉体的、世俗的和身体的，是生存所必需的。在一个不断变化的环境中，它是一个丰富而持久的基本信息来源。

“纯粹”的感觉感受性是根据其建构世界的能力而选择的，这是生物认知的形式。人类有了意识和觉知后，感觉感受性是赋予*隐喻感受性*以意义和价值的必要条件。

隐喻感受性被赋予更加复杂的隐含意义，也就是语义差异。

语义差异有着双重起源，因为被赋予的价值要么是“好”，要么是“坏”（就像情绪对感觉的作用一样），也是语义的[①]。因此，它可以提供一种由语言定义的真正可言说的，或以不同方式表达的意义。这种意义与一种传承下来的“传统之源”（与家庭、文化、同龄人等相关）是联系在一起的，或是位于其语境当中的或是从中习得的。

从生物学和进化论的角度来看，赋予新的意义——重新赋予意义的过程—— 71
可能是语境变化或重新协商的结果，会产生一种扩展适应（exaptation）[②]。

给经验或身体感觉赋予意义，是隐喻感受性所赋予的价值如此丰富多变的原因，这是因为它们具有意义、*内涵*和*外延*[③]。

由于我们的*隐喻感受性*在某种程度上共享意义，因此它能够让我们理解和交流[④]。然而，这意味着丹尼特发现的关于心智的哲学争论中常被赋予感受性的四个著名特征消失了（Dennett，1988，1991，1994）。实际上，这里描述感

---

① 奥斯古德等（Osgood et al.，1957）创造了语义差异技巧来识别不同文化特有的定性特征，并赋予抽象概念以意义。这些抽象概念被赋予一个主观的得分，使用1～7的分值，分值的两端代表相反的形容词，比如，在一个1代表好，7代表坏的情况下，你会把“荣誉感”置于何处？通过使用该技术分析问卷形式获得的信息，就会发现，被赋予的正面或负面价值观具有“流行的”或“主导的”社会倾向，这些倾向在不同文化之间甚至在同一文化内部都会发生变化。

② 也被称为预适应，是指某些特征由于选择压力而演化出某种功能，但随后它又不可预测地服务于一项新功能。经典的例子就是鸟的羽毛。最初，恐龙进化出羽毛是作为保暖手段，但后来它们的功能发生了改变，使得鸟儿能够飞行。

③ 这些专业术语是有问题的，因为在目前科学实践中使用的符号学是指称=指代=意图（reference = denotation = intension），而感觉=内涵=外延（sense = connotation = extension）。这不同于皮尔斯和传统逻辑中的用法，即指代=外延（denotation = extension），而意图=内涵（intension = connotation）。

④ 维果茨基（Vygotskij，1934，1978）赋予语言两种功能，即*建立世界模型*，然后进行*交流*。

受性的方式不再是*不可言喻的*[1]、*内在的*[2]，或者能指代整个*私人的*经验。

为了分享一个感觉经验，我们可以使用类比（如交通信号灯中的红灯），或是一个语言学的描述（如波长为700纳米的电磁辐射）。

然而，这两个例子完全无法“呈现”给我们对红色的直接感知，比如对于一个出生时就失明的人。第一个例子我们失败了，因为我们无法产生一种感觉。在第二个例子中，正因为没有感觉，盲人无法理解语言描述所指称的是什么。在这些限制不存在的例子中，许多装置——从镜像神经元到正式讨论，所有这些都基于对各种不变性质的感知——都展示出了描述能力和关系特征，它们使得共享经验成为可能。

我们对意识的定义也消解了丹尼特关于意识的第四个特征，因为感受性在意识中是直接的或是立刻可理解的。在我们的例子中，感觉感受性并不一定符合这一标准。

同埃德尔曼一样，我们对感受性的定义完全是生物学的、功能性的且严格基于进化的。没有功能性特点就不存在类似于特殊感受性的东西。感受性并不是偶然发生的。它们之所以被定义，是因为它们有能力选择提高适应性的神经网络。它们不构成表征的一部分，除非它们是隐喻性的。

此外，感受性并不是一个基本要素，当它们来自感知的*分析*时，更重要的是当它们在语言学上被定义时，它们是后来习得的。

72 婴儿期的融合-综合感知先于所有形式的分析。婴儿最先在整体上感知一个物体——如一个球，甚至包括用于识别这个物体的名字等属性。在感知这个球时，婴儿并没有感知“球这个物体的抽象种类”，他不会感知抽象的“作为永久的特性的圆”，也不会感知“作为红色物体的特征的红”。如果我们考虑到这些是“抽象”特征，也就是说，它们源于抽象过程的话，那么这一切都很清楚了。

学习分析的能力远远超越了“融合”感知，它允许感知属性的恒定特征。一方面是客体，另一方面是识别属性的能力。这种能力远不那么简单，当然也不是每个人都以同样的方式出现。当维果茨基和卢里亚（Luria，1976）向不识字的乌兹别克斯坦乡民展示几何形状时，他们并不能将其识别为矩形或梯形，而是将其识别成窗框或特定的护身符！

正是这些通过反省而得到的分析能力让我们在没有物体的情况下，能够将

---

① 也就是说，它可以用文字来描述。

② 换句话说，没有关系特性。

注意力集中在纯粹情绪的目标上[①]。如果在一个给定的经验中，不变的属性是情绪属性，那么我们又能“从已有的经验中识别出定性特征”。

这再一次是带有*高度鲜明的主观性特征的心理状态*。这些都是我们内在精神生活的主要方面，只有通过反省才能达到。我们这里所具有的就是*情绪的感受性*。

达马西奥把*情绪*定义为可观察的、公众的反应和*感受*以及个人的心理经验（Damásio，1994，1999）。在我们的系统中，达马西奥的感受是一种隐喻感受性，因为它们需要海马体作为一种神经结构，需要意识作为一种心智功能。它们是感受性，因为它们是主观的心理状态，我们只有在自己身上可以感知到，无法从其他人身上看到这种状态。

如果一种情绪在有意识地表达时变成一种感受——当我们能理解它时——仅凭感官已经不足以描述它了。意识使用*隐喻感受性*作为创作故事或叙事的原材料。有时，当我们*描述*自己的感受时，这些感受性与我们的感受相关联。

情绪感受性是完全不同的。它是一种可以通过内省获得的情感品质，不同于引发它的实体。

在此之后，我们将把焦点转向我们自己。正如我们在前面不同的地方所提到的，意识是自反的，也是“主格的我”与“宾格的我”之间的对话。

我们能够感觉和理解*感知的实际主体*。通过把*类比我*（*I*）置于*隐喻我*（*me*）之前，我们实现了真正*自反的觉知*。

我们的心智处于一个感觉的假象中，明显具有适应性优势，它以文字表征
了*连续统*的感知和属于我们自身的*一体性*（*oneness*）的感知。这是每个个体自 73
身的两大属性，然而——我们可能会说——它们没有任何物理的、化学的和生物的基础。从我们有意识的那一刻起，我们就有了一个*感受性自我*。

*感受性自我*是负责那些我们称之为行动的复杂因果关系的代理人。自我——是“任意”但有利的（用进化的术语说）——被认为是独特和恒定的。我们所说的恒定，指的是不变性，或者换句话说，指的是使识别成为可能的属性，即“本质”。这是人类典型的反映*世界图像的装置*的关键部分，它能够重建因果链，因此能够利用人类通过隐喻手段理解的能力理解一个事件。

那么，我们的*感受性*到底是什么？它们是由什么组成的？或者从技术上讲，它们的*本体论地位是什么*？这都是重要的问题，因为我们生活在一个从不同的感受性中获得感知的世界里。颜色、气味和声音都已被证明特别适合改善物种的适应性，这些物种发展了能感知它们的传感器、感官系统和脑图。

---

① 精神病学要区分没有对象的*焦虑*和对特定事物的*恐惧*。

它们的存在本质上是主观的，因为*它们只存在于世界和感知者之间的互动中*。然而，它们对适应的重要性并没有使它们成为独特的元素；相反，这些是共享的元素，它们产生了一个感官和感知的宇宙，以及在同一物种的所有个体中移动的能力。

我们坚持认为，人类——更具体地说，是*智人*——发展出了一个新的“感官”机制，并且这种系统的特征是有能力用其他某物来表征某物。这一步构成了物种自然史的一部分，并且是完全属于生物学且具有功能性的一步，相当于发生在正常“感官”上的事情。这种表征——如感官体验的定性要素——的特定能力主要是主观存在的，而且可以通过反省来实现。这种能力的验证和客观化来自对另一种能力的认识和比较（验证是主体间性的），使用了被认为是“心智理论”的功能。

正如我们的感官建构了我们的世界，隐喻感官以同样的方式真正地建构了我们使用符号建立的人类物理世界的那一部分。与图像、气味和声音一样，这个词来源于世界与感知者之间的互动。

八、指号、隐喻和文化

在《现代心智的起源》（2001 年）一书中，梅林·唐纳德（Merlin Donald）假设了发展的不同阶段，即“认知组织的结构变化，以及深远的文化变化。每一次适应都伴随着一系列新的认知模块”。他提出了新涌现的特性和最近的认知模块的整个“层次”，这些特性和模块在“物理上限定于某个地方，通常在
74 外部记忆中”。对唐纳德而言，外部符号储存“必须被视为人类认知结构中的硬件变化，尽管是一个非生物的硬件变化”（Donald，2001；18）。

让记忆以一种新的方式组织起来的*心理器官*，是那些通过使用隐喻来理解事物的器官。正是这些器官使人类能够发明和系统地使用工具。工具总是假体，也就是说，人工装置不仅适合于代替身体缺失或患病的部分（比如医用假体），而且能够明显地增强其功能。或者，从广义上我们能够说，它们允许人类做一些生物学没有“预见”的事情。沿着这条思路继续的话，飞机实际上只是一个“有翼假肢”。

工具——假体——是非语言的隐喻。它们是“表征其他事物的”物体。第一个迈出这一步的原始人是*能人*（*Homo habilis*）[①]，生活在距今 240 万～150

① 这个观点似乎是无关紧要的，因为*南方古猿惊奇种*（*Australopithecus garhi*）似乎在 100 万～200 万年之前就已经使用工具了。

万年，从该物种成员遗骸旁发现的工具表明，它们有能力想象这些工具的潜在用途。例如，最初的工具在某种程度上很有可能模仿了其他动物的生物能力，这是合理的，因为它们不是武器，而是用来从被捕杀的猎物身上撕肉的工具。我们可以说第一批工具是“超级牙齿”。

“想象”工具（甚至在用正确的材料建造它们之前）需要什么样的心理机制？答案是能够处理“比喻”的心理机制，这是一个技术术语，用来指代隐喻。这些心理机制的存在不仅需要大脑，还需要具有社会组织的有机体群体。

符号互动论[①]、*历史-文化心理学*[②]以及许多其他学派向我们表明了，为了实现我们所定义的抽象思想和意识的真正精练形式，需要一种非常特殊的“假体”，即基于音标字母的书面语言。

心智用其他某物来理解某物的能力，不仅是语言的起源，也是所有指号系统的起源。隐喻是理解的基本功能，正是隐喻使抽象思维和语言得以实现。根据劳伦兹的说法，“在所有这些[动物传统]案例中，知识的传递都依赖于物体的存在。只有随着抽象思维和人类语言的演变，传统才能通过自由符号的创造而独立于客体。这种独立性是超个体（supra-individual）知识积累和长期传播的先决条件，这是只有人类才能实现的成就”（Lorenz，1973，Eng. Ed. 1977：165）。

行为学已经证明，文化并不是人类的发明。每个构成社会群体遗产的概念和实践的综合体都可以被定义为文化。

到目前为止，*智人*是我们所知的唯一一个“文化传统”与客体没有持续联 75
系的物种，换言之：当它们所指的客体对于整整一代人来说都不存在时，文化会定期崩溃（改编自 Lorenz，1973，Eng. Ed. 1977：165）。

进化不仅在生物学中起作用，而且也在人类文化中发挥作用，这一观点几乎与达尔文主义本身一样古老。早在 1880 年，赫胥黎（Huxley）就将“理论”视为受自然选择支配的“思想物种”。沙克特（Schacter，2001）为我们介绍了德国生物学家理查德·西蒙（Richard Semon）（已经因刻痕的概念而闻名）的作品《记忆影响与原始影响的关系》（*Die mnemischen Emp fi ndungen in ihren Beziehungen zu den Originalemp fi ndungen*），这部作品于 1921 年被翻译成英文，标题为“*The Mneme*”。从 20 世纪 70 年代开始，许多人试图将人类行为的持续变化理解为文化进化的一部分，而文化进化本身是基于选择的（Cavalli-Sforza & Feldman，1973；Cloak，1975；Boyd & Richerson，1985；Calvin，1996）。

① 这是乔治·赫伯特·米德（George Herbert Mead）工作中的主导理论，他被认为是社会心理学的奠基人之一（Mead，1934）。

② 维果茨基和他的追随者。

道金斯（Dawkins，1976，1982）提出了著名的非基因*复制因子*（*nongenetic replicator*）的概念。基因是遗传的生物学单位。文化中有继承吗？丹尼特（Dennett，1995）认为，达尔文的危险想法是一个如此强有力的概念，以至于生物进化看起来像是一个"特例"。正如他自己所断言的那样（Dennett，1999），文化进化的观点是如此地显而易见，必须被视为一种真理。

赫拉克利特（Heraclitus）——在他那个时代——说一切都是流动的（*pánta rhêi*）。如果我们感知了"事物"（即固定物体）——除了"过程"之外——那仅仅是因为我们把一切，特别是我们的知觉和感知同我们存在的相对持续时间进行了比较。换言之，没有什么是真正不变的。即使是"物体"也有"历史"，尽管这些历史事件发生得如此缓慢，以至于我们难以察觉。

相比之下，文化，特别是近几百年的文化已经发生了很大的变化，我们更多地将其视为事件而非稳定的实体。文化通过*模因*进化。

让我们来定义*模因*：一种*认知或行为类型*[①]*的信息结构*（信息模式），存在于个人的记忆[②]中，能够*复制*到其他个体的记忆中去，因为它们是复制品或*复制因子*的单位。这种可能被复制的特性对于基因和模因都是共同的，使得它们都是复制因子。模式被复制的人同样也是获得复制的人，这样的人就是载体。这是*模因学*的基础。

根据道金斯的复制理论，旋律、歌曲、韵文、都市传说、"流行语"、来自书籍和媒体的"名句"、史诗、故事、笑话、谚语和格言等，都是模因的经典例子。根据我们的定义，其他更多合适的例子包括规章和法律。

76 就像基因一样，*复制的保真度*、*生殖力*和*持久性*的所有标准都适用（Heylighen，1993-2001）。复制的保真度、生殖力和持久性都指模因的*语义内容*，而非其"容器"（从技术上讲，是其形式和句法特征）。这一研究使用的假设是，模因作为信息结构，是解释现实的假设。假设作为新思想出现在个体或小团体的大脑中，并经过一个选择的过程。和往常一样，关键是生存和繁衍的成功。这里的关键是信息内容，而不是其外在形式。

九、模因是什么类型的指号？

符号学正确地批评了模因，认为它仅仅是一个原始的指号概念，这正是索

---

① 我们将"*认知*信息模式"称为显性陈述记忆，将"*行为*信息模式"视为隐性程序记忆。这是心理学中众所周知的重要技术区别。

② 也就是在大脑结构中。

绪尔和皮尔斯所忽视的（Deacon，1997；Kull，2000；Benitez-Bribiesca，2001）[《一个不完善的特殊版本》（*An Underdeveloped Special Version*）（Kilpinen，2008）；《一个退化的指号》（*A Degenerate Sign*）（Kull，2000）]。汉森（Henson，1987）认为，模因学忽视了进化心理学，也忽视了复制信息模式对载体产生的心理和行为后果。

就模因而言，仍然有必要克服主要障碍，即定义*模因的本体论地位*和它的一些基本特征。*什么是模因*？模因是从一个大脑传递到另一个大脑的“东西”吗？对模因的这种解释可以准确地归功于道金斯，更一般地说，归因于尼尔斯·埃尔德雷奇（Niles Eldredge）定义为“超达尔文主义”的思想路径。当人们谈论“自私的基因”时，人们只是在给一个“对象”或一个概念赋予一种*意向立场*，就像它是一个人一样！复制因子的定义指的是一种结构，其唯一目的和兴趣是产生给定信息模式的副本。

基因或模因本身并不是信息，而是结构化的信号，它们仅作为使用它们的系统的一部分而成为信息。文化很倾向于历史分析。这就是为什么我们需要定义哪些实体（系统的一部分）赋予文化遗传系统的特征。没有过去的记忆和未来改变的可能，就没有历史。文化需要一种记忆形式，能够在不同世代间产生连续性（确保生存与繁殖的成功因素不会轻易改变），并允许一些变化，因为这是条件变化时适应的基础。

这就是复制的保真度、生殖力和持久性在进化史中如此重要的原因。当然，如果没有定义复制因子（或者更准确地说，没有赋予它们一个*本体论地位*），我们就不可能知道所研究的*过程的本质*。

模因曾被与病毒进行比较。病毒并非独立的生命形式。在一些情况下，它
们只不过是“被注射”到有完全功能的细胞中的“DNA 容器”[①]，然后细胞的 77
功能会受到破坏。被感染之后，细胞产生自身蛋白质所需的整个系统就只生产
病毒 DNA 的复制品。

通过类比，模因可以“感染”大脑。然而，如此定义的病毒或模因是复制品而非复制因子（Deacon，1999）。它们是性质和大小都未知的复制品，它们以有限的复制保真度为特征，甚至会阻止进化选择过程的发生[引自 Blackmore（1999）导言中道金斯的话]。在这一模型中，我们甚至不能理解它们是否可以与基因型或表型进行基因对比。

符号学批评模因学只专注于指号，或在有些更加激进的论点中，批评它只专注于指号工具（皮尔斯的*表征物*）。之所以出现这种情况，是因为指号的特

① 在其他情况下，是“RNA 容器”。

征并不在于它的物理特性。在可见光的光谱中的一些光子“本身”可能没有任何意义。然而，如果它们是由一辆距离你的汽车引擎盖只有几米远的快速行驶的汽车的后制动灯产生的，它们对你来讲可能就有一个非常精确的含义。

模因概念的基本难题在于——正如到目前为止被它的支持者所定义的那样——对信息内容的反符号学的观点。斯蒂芬·古尔德（Stephen Gould）将*激进的达尔文主义者*定义为自私基因或模因的拥护者（Gould，1997）。虽然将基因和模因“个性化”可能使其更受欢迎，但描述复制因子的作用而不考虑其所属的复杂系统，不管它是生物的还是文化的，都意味着减少了理解其工作原理的机会。

对复制（再描述、表征）机制的高度重视——正如对“复制因子”这一名称的选择所表明的那样，顺便说一句，没有提及保护内容的安全机制或能够保证变异的安全机制——显示出对理解其最深刻功能的无力。

复制因子的功能更具有解释性而非复制性。它涉及指导实现生命的发展过程，生命的实现不仅体现在使表型（或多或少是外延的！）具体化上，而且体现在*个体的结构漂移*上。“作为结构变化的个体历史中的每一个个体都是随着组织和适应的保存而发生的结构漂移。”[Maturana & Varela，1985，Eng. Ed.（1987）：102-103]

这是因为“指号会进化，并且有着务实的结果，通过这些结果它们被选择留在循环中或随着时间的推移被淘汰。正是由于模因与基因进化的类比，我们可能会发现一个完备的符号学理论仍然需要动态逻辑，而不仅仅是符号分类学”
78 （Deacon，1999）。迪肯在同一作品中阐明，符号学的核心与其说是对指号的研究，不如说是对*指号过程*的研究。符号学试图识别和描述重复的模式，从而能够识别在层级结构系统中产生意义的东西。

这种组织被称为*分层秩序*，目前正在研究的是现实的组织层次，始于生物学，一直到心理学——个体和群体——再到规范社会、经济和全球生态系统的行为，这些行为对整个地球都有影响。

将关注事物的*硬科学*与关注过程的软科学或历史科学区分开来的恰恰是：对我们长期以来称为不可改变的自然法则的不变模式的识别。那么指号来自何处？我们该如何突破一阶关系（客体与指号之间的关系）的范围，以便我们能够先感知然后操纵关系之间的关系？

皮尔斯告诉我们，没有解释就没有本质上的意义，而解释取决于“接收”信息的系统，而不是产生信息的系统。

所有的信息都需要被置于语境中，而不仅仅是人类语言中。贾布隆卡等（Jablonka et al.，1998，引自 Kull，2000）提出*四个遗传系统*：表观遗传（*表观*

遗传系统，epigenetic inheritance system，EIS）、基因（*基因*IS）、行为（*行为*IS）和语言（*语言*IS）。在这些系统中，信息处理分别需要细胞结构和代谢网络（EIS）、DNA 复制（GIS）和社会学习（BIS、LIS）的再生，后两者是通过*使用符号*来实现的。生命本身“开始”于第一个代谢网络的创建，这些代谢网络是自主的，并且能够自我复制。这些都是复杂的现象，通常是新兴的、系统的和具有等级结构的。

*基因遗传*和*表观遗传*现象决定了在不断更新的*意义*中与环境共同进化的结构。在梅纳德·史密斯和萨特玛丽（Maynard Smith & Szathmáry，1997，1999）对进化的主要转变的确认中，*“无限”遗传系统*起着主要作用。它们的主要特征是模块化，这是根据基本组件定义的，称为复制因子，虽然数量减少，但可以以不同的组装顺序产生无限数量的不同可复制结构。当可复制的结构是不同的句子时，我们可以有无限多的不同*意义*（Maynard Smith & Szathmáry，1997）。

梅纳德·史密斯和萨特玛丽认为，我们仅知道两个完全属于*无限遗传系统*定义的例子：*遗传编码*和*语言*。我们认为——与拜纳姆因（Bynumin）、哈弗洛克（Havelock）、杰恩斯、洛德（Lord）、卢里亚、米尔曼（Milman）、翁（Ong）、帕里（Parry）和维茨斯基（按照字母顺序排列！）一样——应该是遗传编码和以书面的语音字母为后盾的语言和思想。

这种澄清是必要的，因为模因并不会一个接一个地感染大脑，而是*结构化的信息模式*，对于我们称为意识的“*信息语境化系统*”来说至关重要（Mininni，2008）。

十、意识的非对称隐喻、无意识的对称隐喻 79

在*对称化*和*概括化*的部分，我们论述了：*没有空间就不可能概念化时间*（这始终是一种空间化的行为）。没有空间和时间的学习过程具有无限的空间和时间，它不再是一个*过程*，而是*一个控制和支配行为的“静态”认知实体*。

这些*语义信息模式——模因*——的出现是因为选择过程所遵循的变化机制，被“偶然的”突变所保护，这要归功于其稳定性。通过它们的行为，它们能够导致物质和能量的“物理”转移。

对复杂指号系统的征服——作为物种和个体——带来了重大的双重进化优势：首先，用比以前更大的能力和力量来模拟现实；其次，克服与只能处理感官输入的记忆系统有关的限制。

它们的最初起源（而不是进一步的发展）需要生物和基因变异。它们后来的进化（比如从基于图示和类比的系统到完全符号化的系统）可能完全发生在文化进化的范围内，其中信息模式是模因的而不是基因的。

基因是重要的复制因子，不仅因为它们所用的物质支持，而且特别是因为它们可用于*编码*、*储存*和检索*生物信息模式*。这就像记忆的*模因*。

下面列出的三个特征适用于生物进化的复制因子和文化进化的复制因子。事实上，这些方面是基因和模因的典型特征：

（a）需要一个机制，允许具有受控变异性的转换和随后代际的转换（最初是个体或小部分主体的表达）。

（b）当它们被产生时，必须基于它们的选择价值进行一个选择的过程，正如适应性所展示的那样[①]。

（c）在被选择后，就需要稳定性，因此需要一个机制来防止偶然的变异。

在这里，我们认为，保护信息免受“偶然”变化的影响，并使模因信息模式相对稳定的机制，是*它们变得无意识*。

80 完美的适应行为——“优秀”和值得模仿的——会是无意识的，就像可能导致巨大痛苦的不良适应行为一样。

在这两种情况下，行为都基于一种隐式程序的学习过程，这是在意识和觉知之外的，最重要的是，这是有高度重复性的行为。

形成高层次逻辑的信息模式，即控制行为的心理状态，被“保护”免于变化，它是稳定的，不会再进化。

它是一个没有时空的学习过程，可以说是“无限的”。它也确实是重复的。没有这种重复，我们就不会处理“无意识模式”，不管是“优秀的”，还是“痛苦的”。正是无意识模式“包含”了学习。

是什么阻止了隐式程序学习的变化？隐式程序学习是在意识和觉知领域之外的，因此，它受无意识的认知加工的影响。这一功能机制的生物学/进化价值在于从表征*适应形式的信息模式中去除空间和时间特征*，以保护生物组织。因此，通过防止进一步的“偶然”进化，这些形式得到了保护。

这就是模因的本体论地位：伴随有隐喻关系以及个体生成和社会选择的一个指号性质的信息模式。它们在个人、团体、组织和机构中变得无意识，即“非历史”，从而确保了它们的稳定性。

当我们学习一种程序时，我们所学会的东西会“存在于我们的身体内”，之后我们不会再去思考它。这就像骑自行车。学习是在模式中的：模式有着一

① 基于局部理性法则的*主体间验证*，可以使用一个原创的主观想法来创造一个被社会广泛接纳的想法，并“客观地”采用和使用它。

个历史。基因史就是一个*起源*（*genesis*）[1]；模因史就是一个*模因学*（*memesis*）。

当基因被组织在我们称之为染色体的紧密网状物中时，它们并没有“发挥作用”，但在这种形式中，它们是“被保护的”，不易受到环境的影响[2]。我们的语义记忆信息也是如此（Lawley & Tompkins，1996）[3]。

在生物保护和适应的信息模式方面，基因和染色体决定了能确保在受控条件下产生、变异和保存所选择内容的特异性模块。同样，隐喻关系中的指号——受对称和归纳原理的约束——表征了产生的信息模式、在受控条件下的变异性以及在人类文化中所选择的东西的保存。

因此，相比于动物文化，人类文化不再依赖于感官领域的限制，也不再依 81
赖于物体的物理存在，无论是在单一个体中还是在社会组织中。

这些基本的基于指号的信息模式具有隐喻性质，使用“隐喻群”机制（正如认知语言学所解释的），为个体形式和社会组织生成性格与人格结构。

文化中存在着很强的传统和过渡阶段，就像库恩的科学革命，或历史上任何其他的过渡时期。

我们可以假设一个普遍而统一的知识理论。我们必须赋予指号一个自然史，理解它们是如何真正区别于能够产生、发展和死亡的生命形式，以及它们如何指导文化的进化结构。

由于认知语言学的发展，这一理论成为一种认识论的提议，因为它包含了隐喻作为负责理解的认知实体所提供的衡量*真理程度的*可能性（Lakoff & Johnson，1980）。这是一个强有力的标准，能够评估每一种可能陈述的可信度水平，无论它所指的具体知识领域是科学的、人文的、技术的，还是艺术的——这是认知语言学的标准——都足以产生*生物符号学认识论*。

参 考 文 献

Antiseri, D. (1986). Epistemologia evoluzionistica: da Mach a Popper. Nuova civiltà delle macchine online, 1(13), 111.

Barbieri, M. (2010). On the origin of language. A bridge between biolinguistics and biosemiotics. Biosemiotics, 3(2), 201-223.

Bencivenga, E. (1997). A theory of language and mind. Berkeley: University California Press.

Benitez-Bribiesca, L. (2001). Memetics: A dangerous idea. Interciencia: Revista de Cienciay

① 源于古希腊词 γένεσις（genesis，创造、开始、起源）。检索自 http://en.wiktionary.org/wiki/Genesis。

② 在这种物理状态下，它们不会产生 RNA 和间接蛋白质。

③ 这是一个来自戴维·格罗夫（David Grove）的重要隐喻。

Technologia de América (Venezuela: Asociación Interciencia), 26(1), 29-31.

Bolk, L. (1926). Das Problem der Menschwerdung. Jena: Gustav Fischer.

Boltzmann, L. (1905). Über die Frage nach der objektiven Existenz der Vorgänge in der unbelebten Natur. In Populäre Schriften. Leipzig: Barth.

Boyd, R., & Richerson, P. J. (1985). Culture and the evolutionary process. Chicago: University of Chicago Press.

Cavalli-Sforza, L., & Feldman, M. (1973). Cultural versus biological inheritance: Phenotypic transmission from parents to children. Human Genetics, 25, 618-637.

Calvin, W. (1996). The Cerebral code: Thinking a thought in the mosaics of the mind. Cambridge, MA: MIT Press.

Cloak, F. T. (1975). Is a cultural ethology possible? Human Ecology, 3, 161-182.

Damásio, A. R. (1994). Descartes' error emotion, reason, and the human brain. New York: Avon Books.

Damásio, A. R. (1999). The feeling of what happens, body, emotion and the making of consciousness. London: Heinemann.

Danesi, M. (2008). Towards a standard terminology for (bio) semiotics. In M. Barbieri (Ed.), Introduction to biosemiotics. Dordrecht: Springer.

Dawkins, R. (1976). The selfish gene. Oxford: Oxford University Press.

82 Dawkins, R. (1982). The extended phenotype. Oxford: Oxford University Press.

Deacon, T. W. (1997). The symbolic species: The co-evolution of language and the brain. New York: W. W. Norton & Company.

Deacon, T. W. (1999). Editorial: Memes as signs. The trouble with memes (and what to do about it). The Semiotic Review of Books, 10(3), 1-3.

DeHaan, R. L. (1959). Cardia bifida and the development of pacemaker function in the early chicken heart. Developmental Biology, 1, 586-602.

Demuth, J. P., Bie, T. D., Stajich, J. E., Cristianini, N., & Hahn, M. W. (2006). The evolution of mammalian gene families. PLoS ONE, 1(1), e85.

Dennett, D.C. (1988). Quining qualia. In A. Marcel & E. Bisiach (Eds.), Consciousness in contemporary science. Oxford: Oxford University Press.

Dennett, D. (1991), Consciousness explained. Boston: Little, Brown & Co.

Dennett, D. C. (1994). Instead of qualia. In A. Revonsuo & M. Kamppinen (Eds.), Consciousness in philosophy and cognitive neuroscience. Hillsdale: Lawrence Erlbaum.

Dennett, D. C. (1995). Darwin's dangerous idea: Evolution and the meanings of life. New York: Simon & Schuster.

Dennett, D. C. (1999, March 28). The evolution of culture. The Charles Simonyi lecture, Oxford University, Feb 17, 1999. Edge, 52.

Donald, M. W. (2001). A mind so rare: The evolution of human consciousness. New York: W. W. Norton & Company.

Edelman, G. M. (1987). Neural Darwinism. The theory of neuronal group selection. New York: Basic Books.

Edelman, G. M. (2006). Second nature: Brain science and human knowledge. New Haven/London: Yale University Press.

Edelman, G. M., & Gally, J. A. (2001). Degeneracy and complexity in biological system.Proceedings of the National Academy of Sciences of the United States of America, 98(24), 13763-13768.

Edelman, G. M., & Mountcastle, V. M. (1978). Mindful brain: Cortical organization and the group-selective theory of higher brain. Cambridge, MA: MIT Press.

Favareau, D. (2008). The evolutionary history of biosemiotics. In M. Barbieri (Ed.), Introduction to biosemiotics. Dordrecht: Springer.

Fodor, J. A. (1983). Modularity of mind: An essay on faculty psychology. Cambridge, MA: MIT Press.

Gould, S. J. (1997). Darwinian fundamentalism. New York Review of Books, 44(10), 34-37.

Hebb, D. O. (1949). The organization of behavior: A neuropsychological theory. New York: Wiley.

Henson, K. (1987, August). Memetics and the modular-mind. Analog.

Hermans, H. J. M. (2001). The dialogical self: Toward a theory of personal and cultural positioning. Culture & Psychology, 7, 243-281.

Hermans, H. J. M., & Kempen, H. J. G. (1993). The dialogical self: Meaning as movement. San Diego: Academic.

Hermans, H. J. M., Kempen, H. J. G., & van Loon, R. J. P. (1992). The dialogical self: Beyond individualism and rationalism. American Psychologist, 47, 23-33.

Heylighen, F. (1993-2001). Memetics. In Principia cybernetica web. Retrieved from http://pespmc1.vub.ac. be/MEMES.html.

Hubel, D. H., & Wiesel T. N. (1963). Receptive fields of cells in striate cortex of very young, visually inexperienced kittens. Journal of Neurophysiology, 26, 994-1002. Retrieved from http://jn.physiology.org/cgi/reprint/26/6/994.

Jablonka, E., Lamb, M., & Eytan, A. (1998). 'Lamarckian' mechanisms in Darwinian evolution. Trends in Ecology and Evolution, 13(5), 206-210.

Jaynes, J. (1976). The origin of consciousness in the breakdown of the bicameral mind. Boston: Houghton Mifflin Company.

Jaynes, J. (1986). Consciousness and the voices of the mind. Canadian Psychology, 27(2), 128-148.

Kilpinen, E. (2008). Memes versus signs. On the use of meaning concepts about nature and culture. Semiotica, 171(1/4), 215-237.

Kull, K. (2000). Copy versus translate, meme versus sign: Development of biological textuality. 83
European Journal for Semiotic Studies, 12(1), 101-120.

Kull, K., Deacon, T., Emmeche, C., Hoffmeyer, J., & Stjernfelt, F. (2009). Theses on biosemiotics: Prolegomena to a theoretical biology. Biological Theory: Integrating Development, Evolution, and Cognition, 4(2), 167-173.

Lakoff, G., & Johnson, M. (1980). Metaphors we live by. Chicago: University of Chicago Press.

Lawley, J., & Tompkins, P. (1996, August). And, what kind of a man is David Grove? Rapport, Issue 33. Retrieved from http://www.cleanlanguage.co.uk/articles/articles/37/1/And-what-kind-of-a-man-is-David-Grove/Page 1.html.

Lawley, J., & Tompkins, P. (2000). Metaphors in mind: Transformation through symbolic modelling. London: The Developing Company Press.

Lewis, C. I. (1929). Mind and the world order. New York: C. Scribner's Sons.

Llinas, R. (2001). I of the vortex: From neurons to self. Cambridge, MA: MIT Press.

Lorenz, K. (1977). Behind the mirror a search for a natural history of human knowledge. New York: Harcourt Brace Jovanovich. (Original Ed. Lorenz, K. (1973). Die Rückseite des Spiegels.Versuch einer Naturgeschichte des menschlichen Erkennens. München/Zürich: Pieper).

Luria, A. R. (1976). Cognitive development its cultural and social foundations.Cambridge, MA: Harvard University Press. (Original Ed. Lurija, A. R.(1974). Istori eskoe razvitie poznavatel'nyhprocessov. Moskva: M.G.U).

Matte Blanco, I. (1975). The unconscious as infinite sets: An essay in bi-logic. London: Duckworth.

Matte Blanco, I. (1988). Thinking, feeling, and being: Clinical reflections on the fundamental antinomy of human beings and world. London/New York: Routledge.

Maturana, H., & Varela, F. (1985). El Árbol del Conocimiento: Las bases biológicas del entendimiento humano. Santiago: Editorial Universitaria. (Engl. Ed. Maturana, H., & Varela, F., (1987). The tree of knowledge: The biological roots of human understanding. Boston: Shambhala).

Maynard Smith, J., & Szathmáry, E. (1997). The major transitions in evolution. New York: Oxford University Press.

Maynard Smith, J., & Szathmáry, E. (1999). The origins of life: From the birth of life to the origin of language. Oxford: Oxford University Press.

Mead, G. H. (1934). Mind, self and society: From the standpoint of a social behaviorist. Chicago University of Chicago Press.

Mininni, G. (2003). Il discorso come forma di vita. Napoli: Guida.

Mininni, G. (2008). La mente come orizzonte di senso. In M. Maldonato (Ed.), L'Universo della Mente. Roma: Meltemi.

Osgood, C. E., Suci, G. J., & Tannenbaum, P. H. (1957). The measurement of meaning. Urbana: University of Illinois Press.

Peirce, C. S. (1931-1958). The collected papers of C. S. Peirce, vols. 1-6, ed. Charles (C. Hartshorne & P. Weiss Eds.); vols. 7-8, (A. W. Burks Ed.). Cambridge, MA: Harvard University Press.

Portmann, A. (1941). Die Tragzeiten der Primaten und die Dauer der Schwangerschaft beim Menschen: ein Problem der vergleichen Biologie. Revue suisse de zoologie, 48, 511-518.

Portmann, A. (1945). Die Ontogenese des Menschen als Problem der Evolutionsforschung. Verhandlungen der Schweizer Naturforschenden Gesellschaft, 125, 44-53.

Recchia-Luciani, A.N.M. (2005). Menti che generano metafore e metafore che generano coscienze, In Per una genealogia dell'autocoscienza Soggettività, esperienza, cognizione (2ª parte, M. Cappuccio Ed.), Élites, 4/2005, pp. 21-34. Soveria Mannelli: Rubbettino.

Recchia-Luciani, A.N.M. (2006). Biologia del dispositivo metaforico. In S. Ghiazza (Ed.), La Metafora tra letteratura e scienza. Bari: Servizio Editoriale Universitario.

Recchia-Luciani, A.N.M. (2007). Biologia della Coscienza. In M. Maldonato (Ed.), La

Coscienza-come Ia biologia inventa la cultura. Napoli : Alfredo Guida Editore.

Recchia-Luciani, A.N.M. (2009) Memorie oltre le generazioni. Memi, segni e neuroscienze cognitive per un'ipotesi evolutiva della cultura. Chora, 16(7), 89-95, Milano: Alboversorio.

Recchia-Luciani, A.N.M. (2012). Manipulating representations. Biosemiotics, 5(1), 95-120.

Savage-Rumbaugh, E. S., & Lewin, R. (1996). Kanzi: The Ape at the brink of the human mind. New 84
York: Wiley.

Schacter, D. (2001). Forgotten ideas, neglected pioneers: Richard Semon and the story of memory. Philadelphia: Psychology Press.

Sebeok, T. A., & Danesi, M. (2000). The forms of meaning: Modeling systems theory and semiotics. Berlin: Mouton de Gruyter.

Segerdahl, P., Fields, W. M., & Savage-Rumbaugh, E. S. (2005). Kanzi's primal language: The cultural initiation of apes into language. London: Palgrave/Macmillan.

Thompson, R. K. R., & Oden, D. L. (2000). Categorical perception and conceptual judgments by nonhuman primates: The paleological monkey and the analogical ape. Cognitive Science, 24(3), 363-396.

Tinbergen, N. (1951). The study of instinct ("Based on a series of lectures given in New York, 1974, under the auspices of the American Museum of Natural History and Columbia University"). Oxford: Clarendon Press.

Tinbergen, N. (1953). The herring gull's world. London: Collins.

Vico, G. (1744). Principj di una scienza nuova. In Opere (A. Battistini Ed., It. Trans.). Milano Mondadori.

Vygotskij. L. S. (1934). Myšlenie i reč. Psihologičeskie issledovanija. Moskvà-Leningrad: Gosudarstvennoe social'no-èkonomiceskoe izdatel'stvo. (It. Ed. Vygotskij. L.S. (1990) Pensiero e linguaggio. Ricerche psicologiche. Bari: Laterza).

Vygotskij, L. S. (1978). Mind in society. Cambridge, MA: Harvard University Press. (It. Ed. Vygotskij, L. S. (1978). Il Processo Cognitivo. Torino: Boringhieri).

Wiesel, T. N., & Hubel, D. H. (1963a). Effects of visual deprivation on morphology and physiology of cells in the cat's lateral geniculate body. Journal of Neurophysiology, 26, 978-993. from http://jn.physiology.org/cgi/reprint/26/6/978.

Wiesel, T. N., & Hubel, D. H. (1963b). Single-cell responses in striate cortex of kittens deprived of vision in one eye. Journal of Neurophysiology, 26, 1003-1017. Retrieved from http://jn.physiology.org/cgi/reprint/26/6/1003.

Wittgenstein, L. (1953). Philosophical investigations. G. E. M. Anscombe and R. Rhees (eds.), G.E.M. Anscombe (trans.), Oxford: Blackwell.

85 第三章　从无心到心智：生物语义学与中间物

克丽丝特尔·勒霍特[1]

摘要：我提出并评估了生物语义学纲领的前景，这被理解为一种哲学尝试，通过诉诸无心智生物和有心智生物的共同之处——表征能力——来解释心智的起源。我同古人的研究进行了对比，以解释变化的起源，阐明生物语义学纲领的目的与方法，然后区分了两种重要不同形式的异议——*先验的和后验的*。我为生物语义纲领辩护，反对*先验的*异议，因为他们所预设的解释标准是不恰当的，如果坚持使用就会导致悖论。一旦排除了先验的异议，生物语义学的成功就取决于后验异议的强度，也就是说，取决于纲领的经验适当性。它的前景在这里并不明朗，但我通过将其与化合作用以及日常现象进行类比，从而提供了一些理由，认为心智生物及其表征能力很可能在无心生物中有其起源和解释。心智的进化起源和解释是合理的，至少就自然主义的描述和解释而言是这样。

只有自然的形态和自然规律，
能告诉我们存在这个开端。
无物能无中生有，无物能归于无。

——卢克莱修

一、无中不能生有

长期以来，哲学家们一直在努力理解自然界的变化和生成。动物和植物是依据什么基本原理生长和消亡的？生物最初是如何以及为什么得以存在的？对
86 于这些长期存在的问题，有两个早期的回答是特别有影响力的。公元前 6 世纪的哲学家巴门尼德（Parmenides）没有正面描述自然变化和生成，而是认为变

① 克丽丝特尔·勒霍特（C. L'Hôte），美国科尔切斯特市圣迈克尔学院哲学副教授，电子邮件：clhote@smcvt.edu。

化和生成最终都是假象，所有的存在都最终为“一”，并且只有“存在本身”（Freeman，1984a）[①]。从巴门尼德的观点看，无论对假象的解释有多合理，最终都没有必要解释变化和生成。在同一个世纪，赫拉克利特得出了一个结论，从表面上看与巴门尼德的结论相反：只有变化是真实存在的，所有的不变都是假象。对于赫拉克利特来说，“太阳每天都是新的”（Freeman，1984b）[②]。

这两种对自然变化问题的回答只在表面上是对立的。如果变化如赫拉克利特所说是最基本的，那么变化至多只是一个自我解释的解释者，变化本身就无法解释。那么，赫拉克利特和巴门尼德都会同意，变化是无法解释的，即使他们的想法不同。他们都是通过对一个足够合理的形而上学原理和解释——*无中不能生有*（*ex nihilo nihil fit*）[③]——的过度引申而得出各自的结论的。无中只能生无。正如巴门尼德未能看到的，除非变化已经作为第一原则（本原）存在于事物的本质中，否则如何会有变化，赫拉克利特也未能看到，如果变化是第一原则，那么世界上怎么会有不变。两位哲学家都认为，变化只源于变化，而且只有变化源于变化。

从表面上看，这些古代处理自然界中变化与生成的尝试与当前的主题无关，即自然界中心思的本质和起源及其生物语义学描述的充分性。但是，对当代关于心智的辩论的考察揭示了与古代关于变化的争论的深度相似。特别是*无中不能生有*原则仍然起着很大作用。然而，在现代语境中，对同一原则的过度引申产生了两种表面上对立的关于心思起源和本质的描述：二元超自然主义和泛灵论的自然主义。

概括来讲，二元超自然主义有两个主张：①心思不可能来自无心；②自然世界本来就是无心的。这意味着心思只能有一个超自然的解释，如果有的话。如果第一个主张心思不可能来自无心，与第二个主张心智有一个自然解释相耦合，那么就会出现泛灵论的自然主义。由此可见，心思必然是自然世界中的一个具有根本性的普遍特点，心思一定一直存在于世界上，存在于最早的原核生物中，存在于原始的尘土和星尘里[④]。因此，正如变化不会产生于无变化的主 87

① “存在没有产生，也没有毁灭……它过去不曾存在，将来也不会存在，因为它现在就是存在的，是一个整体，一个连续的整体。”（Freeman，1984b）（爱里亚人）芝诺的悖论支持了巴门尼德的形而上学。

② 更具争议性的是：“我们可以踏入同一条河流，同时我们又不能踏入，我们是同时是又不是”（Freeman，1984a）。

③ 这一原理通常被归于巴门尼德。

④ 诚然，泛灵论具有很多形式。比如，一些泛灵论者会坚持认为到处都存在相同程度的精神，而其他的泛灵论者则坚持认为其程度根据地域而变化；一些人认为精神存在于亚原子和宇宙层面，以及两者之间的一切，而其他人则认为它只存在于普通中等大小的物体中。泛灵论者将精神归于亚原子的、中等的和宇宙级别的物体，以解释低水平和高层次单体心智间的关系，这成为他们的负担。

张出现在巴门尼德和赫拉克利特的描述中，心思不会源于无心的主张也出现在二元超自然主义和泛灵论的自然主义中。对立不会源自对立。

公元前 5 世纪的柏拉图的二元论和亚里士多德的形质论，可以被理解为通过对*无中不能生有*原则施加适当的限制来避免巴门尼德和赫拉克利特的极端观点。根据亚里士多德的观点，自然世界中存在变化，但不仅仅是变化。例如，当橡子成长为橡树时，它发生了一个质料变化，但它的形式仍然是一样的。以类似的方式，当代生物语义学家通过限制*无中不能生有*原则的范围，避免了二元超自然主义和泛灵论的自然主义的极端。根据生物语义学家的观点，心思不可能来自无心，但是心智生物仍然可以是来自无心[1]的生物（有机体）。

生物语义学家试图建立这样的观点，即不仅有心生物进化自无心生物在逻辑上是可能的或可信的，而且心智生物的进化描述也是合理的。她的意思是要表明这一鸿沟之间的桥梁不仅是可以建立的，而且要实实在在建立起来。为此，她确定了一个中间物（*tertium quid*），在这种情况下，是一种无心与心智有机体的共同属性，并构建了一个相关的解释链[2]。根据彼得·戈弗雷-史密斯、弗雷德·德雷特斯科（Fred Dretske）、露丝·米利肯（Ruth Millikan）、凯伦·尼安德（Karen Neander）、戴维·帕皮诺（David Papineau）等人的观点，*中间物*是标准化表征[3]的共同能力。因此，即使是无心的、简单的细胞生物及其最小的组成部分，也能以一种足够健全从而可以容错的方式表征外部环境的特征，并因此以一种与人类的更高水平的能力相一致的方式，通过感知和可评估真理的思维[4]来表征环境。

88 二、基本生物表征与生物语义学纲领

考虑一下出现在厌氧海洋细菌中的基本生物表征现象，正如早期德雷特斯科所引用的：

> 一些海洋细菌的内部具有磁铁（也称磁小体），其功能类似指南针，使其

---

① 同样，绿*苹果*会变成红*苹果*的论断不同于绿色会变成红色的论断。

② 当然，任何共同的特征都不够；尽管心智和非心智生物都占据着时空，但这种共同特征并不能说明心智生物可能是如何由非心智生物进化而来的。

③ 比如，Millikan（1984，1989，1993）、Neander（1991a，1991b，1995）、Papineau（1987，1993，1997）。

④ 相比而言，非规范的表征不会是错误的。比如，虽然我们会错误地解释树木年轮的含义——认为它比真实年龄要老——但这并不是因为年轮误导了我们或是以某种方式撒谎。年轮提供了一种树龄的非规范表征。同样地，我们可以将闪电解释为暴风雨即将来临，但如果暴风雨没有出现，闪电也没有犯错。

自身（以及细菌）与地球磁场平行。由于这些磁力线在北半球朝下倾斜（朝向北磁极，在南半球朝上），北半球的细菌在其内部磁小体的定向下向北磁极推进①。

事实上，这些细菌能够生存下来，从而获得了繁殖和传递遗传特征的机会，是因为它们通常朝向北磁极。如果这些细菌在其正常环境中（北半球）朝南迁移，它们也会向含氧表层水迁移，这会杀死它们。正如生物语义学家所观察到的，我们有充分的理由认为磁小体的（生物）功能是通过向细菌表征环境的相关特征来防止这种情况发生的。对于磁小体究竟表征了环境的哪些特征，比如近端磁性或远端氧化，生物语义学家们存在分歧，但他们一致认为一种将正常位置的细菌从北磁极转向水面的磁小体出现了故障。

生物语义学家认为，这种基本生物种类表征的出现贯穿于整个生物世界中，并起着重要的进化作用。然而，重要的是，生物语义学家不是泛灵论者。生物语义学家并未提出海洋细菌或它们的磁小体具有心智的论题，而是认为它们基本的表征能力同我们高水平的表征和意向心理能力类似，并且很可能是连续的。当然，我们的心理能力与猴子而不是细菌更有可能是连续的。然而，如果生物语义学家要解释心思是如何起源的，如果她要弄清心思的起源，那么她必须证明心智生物与明显无心智的生物很可能是连续的。

生物语义学家也避开了泛语义主义。只有活的生物及其部分和子系统才具有相关类别的表征能力，而石头没有。因此，虽然生物语义学家承认一堆石头可能表征着一条徒步小路，或者一片小草可能对某人有着特殊的含义，但她指出，像我们这样的心智物种已经给这些物体赋予了某些意义。相比而言，磁小体的定位对海洋细菌的意义——无论是“向北！”或是“那边水没有氧气！”——并未被赋予。磁小体定位的意义是“原始的”，因此与我们的心理状态所表现出来的 89
相同（相关）②。最后，从只有活的生物才具有相关的表征能力这一事实来看，这并不意味着所有活的生物都有，比如植物。也就是说，生物语义学家并不赞同戈弗雷-史密斯（Godfrey-Smith，1996）所提出的“强连续性理论”，根据该理论，所有生物和/或它们的子系统都显示了一定程度的心思③。

① Dretske（1994：164）。

② 比如，扁桃腺的状态表征危险，这并不是通过指定或约定的。我们和小矮人都没有给我们的心理状态赋予退步之痛的意义。

③ 重要的是，对于植物的强连续性理论并没有人类所拥有的那种程度的心思，也没有将非生命实体的心思归因于泛灵论。对于支持强连续性理论的一个启发性论点见 Swan 和 Goldberg（2010a），该论点借鉴了生物化学家戈登·汤姆金斯（Gordon Tomkins）的工作。不幸的是，这里没有篇幅来对汤姆金斯关于代谢编码系统的观点进行生物符号学和生物语义学的比较分析。

一个成功的生物语义学描述，必须展示基本的生物表征和最终的心智有机体在一个没有它们的世界中是如何适应和存在的，而且必须做到这一点，而不诉诸任何明显的自然主义现象。这些描述都遵循以下形式，即只有显而易见的自然主义观念才能被用来完成双条件式[①]：

R 表征 O，当且仅当______。

当然，一个旨在自然化最基本的表征现象的描述不能以循环之痛的表征现象——无论是基本的还是更高层次的——为前提。这是一个挑战。不论是高层次的人类思想还是低层次的细菌的指示器，表征本质上都是关于某物的。细菌的磁小体定位表征了某种东西，无论是氧气还是地磁北极，而且我们的思想都超越了自身，指向我们正在思考的任何东西。正如布伦塔诺（Brentano，1874）所主张的那样，正是因为我们的思想和其他有意状态本质上都超越了它们自己，所以它们抵制自然主义的解释，而更基本的表征现象也是如此。再一次，对表征的自然主义描述只能诉诸显而易见的自然主义现象，而显而易见的自然主义现象——星星、石头和分子——并不能超越它们自身[②]。它们在语义上是惰性的。

正是在这里，生物语义学对自然选择和适当的生物功能的病因学概念的呼吁发挥了最令人印象深刻的作用。概略地说，一种性状的适当生物功能就是该
90 性状在过去所做的或导致的使相关物种得以生存和繁衍的事情，也就是说，该性状对物种适应性所做的贡献。比如，我们心脏的正常功能是供血，因为供血系统赋予了我们祖先一种选择优势。一种性状的正确生物功能——无论这种性状是结构性的还是行为性的——不是该性状目前实际所做的事情，而是根据其选择历史所应该做的事情：心跳不规律的心脏表明其功能失常。即使心脏剧烈跳动现在被证明偶尔是有用的，但这并不是其正常功能，因为剧烈跳动并不能确保心脏以及拥有者的持续存在[③]。

表征的生物语义学说明充分利用了适当的生物功能的概念。例如，在米利肯的分析中，说磁小体表征无氧水，只是说磁小体的正常功能是协调细菌和无氧水之间的关系。这样说就等于是说，协调细菌与无氧水使得现代海洋细菌的

---

① R 是表征工具，O 是被表征的客体。

② 此外，心理表征和其客体间存在的关系不同于任何普通物理关系。普通物理关系如*在上面*和*在旁边*等，对潜在关系的时间和地点很敏感。但心理表征很容易地代替了关涉关系，即使是遥远的过去和因果无效的将来，以及永远不会存在的事物：梦幻假期和世界和平。任何普通的物理关系都有作为关系而不存在的东西。

③ 比如，即使响亮的心跳声能够使外科医生用听诊器发现健康问题，从而有利于生存，但跳动的声音大到足以让听诊器可以听到，似乎并不是心脏的生物学功能。听诊器不会对我们的更新世祖先有任何因果影响。同样，在键盘上打字并不是我们手指的生物功能，即使打字的能力如今赋予了我们一些选择上的优势。

祖先获得了一个选择上的优势。表征只是生物功能的一种方式。

需要注意的是，在这种方法中，一个物种的选择历史对表征特征随后的含义施加了限制。例如，现代细菌的磁小体的定位并不意味着无氧水的存在，除非原始细菌由于具有磁小体从而协调了它们与无氧水的关系而被选择。其他海洋细菌必定是因为缺少这种磁小体而不能生存和繁殖。还需要注意的是，磁小体不可能被选择来协调细菌与无氧水，除非无氧水存在于原始的环境中。简言之，只有当以下两个条件同时满足时，现代磁小体的适当生物学功能才是表征无氧水：具有无氧水协调功能的磁小体的古代细菌比没有磁小体的细菌更受选择，并且这所预设的原始细菌的环境中存在无氧水。

在这种普遍的方式下，生物语义学为基本生物结构的表征能力提供了一个的自然主义说明。它希望基本表征能力的自然化将更普遍地揭开表征现象的神秘面纱，对基本表征的更多关注将使对更高层次表征现象的自然主义方法更加可信。进化原则和概念可以用来解释关涉或基本生物层面上的原-关涉，这让我们有理由认为，它们也可以用来解释更高层次意向状态的“关涉”。人类的某些神经现象表征了世界的某些特征，这也许可以解释为，它是其合适的进化功能，使相关 91
的生物与世界[①]的某些关系相协调。比如，大多数生物语义学家坚持认为，我们的神经状态或过程之所以涉及界限、食物或危险，仅仅是因为引导我们的祖先接近或远离这些事物会赋予了一些选择性优势；另一些人则坚持认为，即使是复杂的、更高层次的信仰和欲望也适用于这种自然主义的分析方式。

对心理表征的生物语义学方法的一种普遍反对意见是，它对历史的依赖似乎排除了关于电话或计算机等事物的想法的可能性，更不必说关于未来或不存在的现象（比如世界和平）的想法了。显然，我们的确发明了电话，即使我们的更新世祖先并没有以一种赋予选择性优势的方式与电话协调。对这种异议是有答复的。比如，米利肯认为，我们大脑的正常功能是使我们与电话和其他现代技术相协调，就像变色龙皮肤的正常功能是使它与它所处的环境的颜色相协调一样，即使变色龙祖先从未遇到过这种特定的颜色。

第二个常见的异议是，生物语义学纲领建立在一个概念不稳定的基础上：对正常功能的概念。在许多情况下，一个性状的正常功能既不清楚也不确定。尽管米利肯对磁小体案例的观点是明确的——磁小体表征无氧水，因为与无氧水的协调有助于物种适应性——但它的功能可以用其他方式来合理地说明。如果一个毫无防备的细菌从北半球被捕获并被运送到南半球，那它有可能会把细菌引向含氧水并导致毁灭。如果米利肯对磁小体正常功能的描述是正确的，那

① Swan 和 Goldberg（2010b）分析了这一观点。

么它就是出现了故障。但当然有理由认为，在如此奇怪而令人眩晕的环境下，将细菌指向无氧水的方向是不切实际的，如果磁小体没有做到这一点，它就没有失灵。基于这样的理由，一些生物语义学家认为，磁小体的正确功能仅仅是把细菌引向地磁北极。然而，这些内部的分歧最终似乎没有削弱这个纲领建立无心与心智之间桥梁的整体承诺。

三、异议的两种形式：先验与后验

在这一部分，我区分了生物语义学的两种主要的异议形式：*先验*与*后验*。它们都否认这个纲领成功地弥合了无心与心智之间的解释鸿沟。我为生物语义
92 学纲领辩护，反对*先验*形式的异议，认为它所预设的解释标准是不适当的。生物语义学纲领是否达到其目标完全取决于*后验*异议的力量。

根据*先验*类型的异议，生物语义学纲领在弥合无心与心智之间的解释鸿沟方面没有取得任何进展。即使对海洋细菌等基本有机体生物的表征能力提供了一种自然主义的说明，也无助于强化这一论点。第一种异议形式的含义，并不是说无心的生物和有心的生物没有足够的相似之处，以至于有心的生物似乎并非来自无心的生物；原则上，通过证明无心和心智比最初表现出来的更相似，就有可能反驳这种异议。先验异议的力量并不是说无心生物（细菌）与心智生物（人类）之间的相似性不够强或相关性不够强，不足以使连续性可信，而是生物语义学纲领在表明心思如何从无心的世界进化出来的方面并没有取得任何进展。先验异议的力量在于，无心和心智之间的鸿沟仍然像以前一样大。*没有第三种情况*（*tertium non datu*）①。

这样一来，异议的*先验*形式就会让人想起刘易斯·卡罗尔（Lewis Carroll）所钟爱的“乌龟与阿喀琉斯”的故事，顽强的乌龟在没有演绎证明的情况下，拒绝接受肯定前件式（modus ponens）的有效性。由于阿喀琉斯提供的每一步证明都假设了肯定前件式方法的有效性，因此他们的对话既没有任何进展，也可能是无休止的。尽管如此，在一些关于芝诺悖论的离场笑话之后，对话就结束了。在对话的道德准则中，有一个是休谟式的：即使在一个有效论证中，前提和结论之间的推理联系最终也还是建立在非逻辑的基础上。即使逻辑论证也一定会结束于某处②。

在归纳的和经验的语境中就更是如此了。诚然，怀疑太阳明天会升起不是

① 也就是说，没有第三者。这种（先验）推理原则一般被称为“排中律”。

② 参见 Haack（1976）。

没有道理的，特别是在哲学语境中。然而，在支持其他类似主张的同时对此表示怀疑是不合理的，比如，大地将保持坚实。异议的*先验*形式在这方面是失败的。它们只是简单地假定除了心思（或超自然的东西）之外，没有任何东西能够产生或解释心思，因此与大多数解释理论相抵触[①]。如果由此推定的解释理论得到了一贯的应用，那么我们所认为的大多数成功的形而上学解释实际上都是失败的。例如，人们普遍认为水的形成和来源可以用非水物质（氢和氧）来解释，甜点是由面粉、糖、黄油等混合而成的。可以肯定的是，从面粉、糖和黄油混合在一起的事实来看，并没有任何逻辑上的必然性会产生甜点。但是，如果为了使这个解释成功而假设这是必然的，那就等于把一个关于经验世界运作的合理解释用在了一个不恰当的标准上。正如休谟所论证的，因果关系并不是逻辑关系。 93

同样地，如果以两者之间存在一个必要的鸿沟——不可能存在一个*中间物*作为逻辑必然性——为理由，拒绝承认无心的生物会进化成有心智的生物，那就是使用了一个不恰当的标准，得到了一个荒谬的结果。如果一贯适用这一标准，我们就会否认甜点是由其配料（加上劳动力等）来决定的，理由是甜点在烘烤前不存在。正如巴门尼德与赫拉克利特的著作一样，*无中不能生有*的合理原则在这里被过分扩展了。

随着*先验*异议的消除，对生物语义学纲领的第二种异议形式就变得最为重要。*后验*异议的结论与先验异议一样：生物语义学纲领并未弥合心智与无心之间的形而上学和解释的鸿沟。无心与心智之间的联系不是由生物语义学家的*中间物*——表征能力建立起来的。然而，异议的*后验*形式承认生物语义学纲领取得了一些进步，即使它没有消除差距，但也缩小了差距。因此，对心智起源的自然主义的、进化的解释在原则上是可能的，只是还需要采取更多的步骤来证明无心与心智有足够的相似性，并且很有可能是连续的。

这些问题不是通过论证来解决的，而是通过比较案例来解决的。比如，绿色完全不同于组成它的黄色和蓝色，蛋糕看起来与组成蛋糕的原料也没有任何相似之处，等等。然而，它们之间不存在明显的鸿沟。为什么说我们的表征能力与低水平生物体的表征能力是连续的就不那么合理了呢？对生命起源的描述提供了一个更好的类比。在这里，人们一直认为有一个自然主义的解释。至少，我们已经在实验室里产生了生命，有机物来源于无机材料，而且早在 1953 年，米勒-尤里（Miller-Urey）实验就确认了，生命可能通过自然过程从无机物中产生的可能性。如果实验的观察者坚持认为她所见证的并不是某种生命形式的产生，那是不合理的，即使她有合理的理由否认地球生命实际上以这种方式起源。

① 参见 Achinstein（1983）。

同样，对于分娩和分娩的观察者来说，否认她们所看到的是一个婴儿的诞生也是不合理的，无论这看起来多么神奇。

因此，一种对生命诞生的自然主义的解释被提出。某些“如何”和“为什么”的问题已经得到了解答，学校的孩子们可以重复这些实验。然而，无论我们的生命与氨基酸生命有多么不同，有机物显然有可能源于无机物。虽然没有时间坐下来观察有心生物是如何从无心生物进化而来，但也不需要任何论证。考古记录和我们最优秀的思想家的研究已经足够充分地表明，如果进化观点成
94 立的话，有心生物确实可以从无心生物进化而来。我们的实验优于米勒-尤里实验，因为它不是一个实验。如果进化解释了我们的生物起源，为什么要否认它也解释了我们所有技能和能力的起源，包括心思的起源？对视觉能力起源的进化解释的反对同样奇怪。正如米利肯所说的，“怀疑大脑被保留下来并不是为思考之用，或者眼睛被保存下来并不是为看之用——而且，在没有任何关于这些结构稳定性的原因的替代假设的情况下怀疑这一点——是完全不负责任的”（Millikan，1989：285）。

然而，即使是米利肯，他的计划是所有人中最雄心勃勃的，他也否认“细菌和草履虫，甚至鸟类和蜜蜂，都有和我们同样意义上的内在表征”（Millikan，1989：288）。虽然细菌的磁小体能够表征它所处的环境，但它并没有因此而感知或思考。实际上，所有人都同意，在低层次生物表征和人类的感知与思维之间存在着显著的差异。尽管如此，米利肯仍然主张，我们的（心理）表征可以用较低层次的表征加上其他同样自然主义的解释的特征来解释——比如，非自我表征的元素和储存——而且把思想和其他心理表征与较低层次生物表征区分开来的特征也经得起进化的解释。不过，如果这些补充特征能够经得起任何自然主义的解释，无论是进化的、化学的、物理的还是其他的，那么对于一种全面的自然主义的目的来说就足够了，而且我们有充分的理由认为它们是这样的。

四、更深层的分歧

经考察，对表征和心智起源的自然主义说明比对生命起源的自然主义说明似乎更加合理和完备。相比于认为生命从无生命进化而来，我们有更多的理由相信，有心的生物是从无心的生物自然进化而来的。否认心智可以从无心中进化而来，或者生命可以从无生命中出现的*先验*可能性，就等于没理解自然主义解释的要领和含义，这些解释是经过经验充分性的评估的。

另一方面，如果认为自然主义解释是唯一合法的解释形式，认为我们所有

的“如何”和“为什么”的问题都能由此得到解答，那也没有抓住自然主义解
释的要点。事实上，那些坚持认为无心与有心间的联系可以通过生物语义学家
提供的手段来连接的人与那些否定这一点的人之间的更实质的分歧，似乎关乎
解释的本质。我建议，就自然主义的描述和解释而言，由生物语义学纲领所支
持的关于心思起源和解释的进化说明是可行的。但我认为，并不是我们所有（合 95
理的）“为什么”和“如何”的问题都由此得到了解决。如果我们接受（我认
为我们应当接受）的解释的说明与模式——机械的、意向的、同时的等——有
不同的目的和优点，它们对我们的各种目的或多或少都是有用的，那么生物语
义学促进了我们理解无心和心智间关系的可能性，并没有排除回答我们最关切
的问题需要完全不同的解释模式的可能性。

参 考 文 献

Achinstein, P. (1983). The nature of explanation. New York: Oxford University Press.

Brentano, F. (1995/1874). Psychology from an empirical standpoint. 2nd English edition. London: Routledge.

Dretske, F. (1994). Misrepresentation. In S. Stich & T. Warfield (Eds.), Mental representation A reader (pp. 157-174). Cambridge: Blackwell.

Freeman, K. (1984a). Parmenides of Elea. In Ancilla to the pre-Socratic philosophers (pp. 41-46). Cambridge: Harvard University Press.

Freeman, K. (1984b). Heraclitus. In Ancilla to the pre-Socratic philosophers. Cambridge: Harvard University Press.

Godfrey-Smith, P. (1996). Complexity and the function of mind in nature. Cambridge: Cambridge University Press.

Haack, S. (1976). The justification of deduction. Mind, 85(337), 112-119.

Millikan, R. (1984). Language, thought, and other biological categories. Cambridge: MIT Press.

Millikan, R. (1989). Biosemantics. The Journal of Philosophy, 86, 281-297.

Millikan, R. (1993). White Queen psychology and other essays for Alice. Cambridge: Bradford Books, MIT Press.

Neander, K. (1991a). Functions as selected effects. Philosophy of Science, 58, 168-184.

Neander, K. (1991b). The teleological notion of function. Australasian Journal of Philosophy, 69, 454-468.

Neander, K. (1995). Misrepresentation and malfunction. Philosophical Studies, 79(2), 109-141.

Papineau, D. (1987). Reality and representation. Oxford: Blackwell.

Papineau, D. (1993). Philosophical naturalism. Oxford: Blackwell.

Papineau, D. (1997). Teleosemantics and indeterminacy. Australasian Journal of Philosophy, 76, 1-14.

Swan, L. S., & Goldberg, L. J. (2010a). Biosymbols: Symbols in life and mind. Biosemiotics, 3(1), 17-31.

Swan, L. S., & Goldberg, L. J. (2010b). How is meaning grounded in the organism? Biosemiotics, 3(2), 131-146.

97 第四章　网络符号学：意识、认知、意义与交流的跨学科理论的新基础

索伦·布赖尔[1]

摘要：现代进化范式与现象学相结合，迫使我们把人类意识看作进化的产物，并接受人类是来自“宇宙内部的”观察者。科学产生的知识将第一人称具身意识与第二人称有意义的语言交流相结合，作为第三人称可证伪主义者的科学知识的前提。因此，意识的研究迫使我们在理论上将自然科学、社会科学和人文科学纳入一个不受限制的或绝对的自然主义框架中，将意识的生活世界及其意向性和文化的主体间性视为自然的一部分。但是，科学并没有感受性的概念，意向和意义以及欧洲现象学-解释学的“意义科学”都没有进化的基础。因此有趣的是，皮尔斯符号学——其现代形式的生物符号学——是建立在进化思维和指号生态学网络的基础上的。但是，网络符号学展示出它也有必要利用我们的知识，从以科学与技术为基础的信息科学、系统理论和控制论中获得一个真正跨学科的理论。

一、觉知和经验的科学问题导论

当你打开头骨，从神经心理学角度研究大脑，包括来自感觉器官和通往肌
98 肉的神经时，科学家还未能找到任何感受性、经验、情绪和意识，只有电化学脉冲、传导物分子、激素和神经元、神经胶质和肌肉细胞的功能结构。新的脑部扫描技术可以通过跟踪流向活跃部位的血液量来观察大脑的哪些部分用于什么样的感知、行动和情绪，因为大脑需要大量的氧气。当我们用电刺激大脑或对人做或说某些事情时，我们也能诱发某些感觉、情绪和感觉品质或对它们的记忆，这些是人们口头报告的。我们可以通过对神经的电刺激，使四肢活动，

---

[1] 索伦·布赖尔（Søren Brier），哥本哈根商学院国际商业传播系，电子邮件：sb.ibc@cbs.dk。

使器官发挥功能。在对人类和其他生物的细致实验中，我们也可以从外部记录和描述感官刺激和行为之间的相互作用，正如斯金纳（Skinner）激进行为主义和劳伦兹和廷伯根的欧洲行为学全盛时期以来所做的那样。但无论我们的实证科学方法变得多么完善，我们都无法在大脑中找到任何经验，无论是我们的大脑还是其他动物的大脑。感觉觉知似乎是在另一个抽象层次上被发现的（Hinde，1970）。我们忽略了大脑作为一个器官的一些核心功能（McGinn，2000：66-68；Hofstadter，2007；Penrose，1997；Searle，2007）。到目前为止，我们获得第一人称体验的唯一途径是来自体验者有意义的口头或书面表达（Churchland，2004：3）。这是我们的主要问题。

除此之外，它还意味着语言与文化是“碍事的”。我们不能直接体验他人的经历。当人们执行某些行为时，我们只能从他们自己的报告中得知他们的经历，尽管我们可以看到他们使用了大脑的哪个部分，或者他们在生理上的外在和内在表现。现代试图建立一门“意识科学”的尝试所面临的悖论在于，我们没有直接的科学经验途径来获得建立这门科学所依据的意志、意图和意义等经验品质（Edelman，2000：xi）。作为一位科学哲学家，在我看来，这就是为什么我们有人文和社会科学的定性现象学、解释学和话语理论方法。但它们并不真正被视为自然科学（Bennett & Hacker，2007）：只有脑科学才被其认为是科学。

但是，作为有责任感和经验意识的社会公民，我们同我们的大脑并不完全相同（Edelman，2000：1），虽然为了保持意识我们需要大脑，但我们似乎是由文化和语言产生的物理、化学、生物、社会、心理、符号和交流系统等的更复杂的综合产物，大脑和躯体当然是其中的重要组成部分，但生物系统产生经验、思考和语言交流的能力也是如此。这就是问题所在，有些人将其表述为*解释鸿沟*（Thompson，2003：vii；Levine，1983）。

关于如何表述这个解释鸿沟的问题，并没有形成一致的意见，因此，在这里，我提出一个可行的假设：试图从科学的物理化学范式以及信息和计算范式来解释意识，这与现象学范式的主张相冲突，即我们的知识或认识过程是建立在经验世界（胡塞尔称之为“生活世界”）的基础上的，它先于任何文化发展的科学解释。他的方法是试图将这些影响置于括号里，以便通过系统地剥离其象征性层面的意义来获得纯粹的现象或“事物本身”（Husserl，1997，1999），直到只剩下作为“最初的”意义和经验的事物本身。

胡塞尔的问题是，我们的意识和意图总是受到主体间性的语言和文化的心 99
理概念和所处情境的本体论假设的影响，所以为了得到纯粹的现象，我们必须想办法超越这些障碍。因此，我们得出结论，即使现象学也很难获得经验本身。埃德蒙德·胡塞尔（Edmund Husserl）、莫里斯·梅洛-庞蒂（Maurice

Merleau-Ponty）和查尔斯·桑德斯·皮尔斯[1]都认同这一基本现象学立场。皮尔斯发展出的三元[2]现象学是其符号学的出发点。

我们的解释鸿沟问题在于，这些科学与现象学范式在库恩（Kuhn，1970）的术语中是“不可通约的”。它们没有相同的认识论和本体论概念。它们有两种不同的现实地图：这就是我关于*解释鸿沟的根源是什么的科学哲学工作假设*。这与彭罗斯（Penrose，1997：101）的论证相吻合，他从其物理主义而非计算范式来表达他最终的观点，即“觉知不能用物理的、计算的或是任何科学的术语来解释”。

我的建议是——在卢曼（Luhmann）和皮尔斯的启发下——构架一个跨学科的框架，使之有足够的宽度和深度能够包含这两种范式，从而拓展我们超越彭罗斯的对现实的本体论概念。我将这个框架称为网络符号学，因为它试图将两种主要的尝试结合起来，将认知和交流理论与主体间性的、系统的和连贯的知识系统——信息-控制论和符号学-现象学-解释学元范式——统一起来。

二、意识是现实的一部分吗?

在我们文化的系统知识生产中的一个基本问题是，自然科学与社会科学以及人文学科对现实并没有一个共同定义。我们谈论物理的、心理的和社会的现实，但是并不真正知道如何将它们组合成一个更广的概念。相反，它们每个都在争夺现实定义的所有权。

100 自从奥托·纽拉特（Otto Neurath）提出以物理主义为基础的统一科学的逻辑实证主义观点以来，这种权力斗争就一直是一个问题（Neurath，1983）。在这里，物理世界被视为既定事实[3]。自那时起，社会科学和人文学科的批评就从未停止过。它最激进的反应是产生了社会建构论的激进形式，拒绝承认实证

① 我发现这三位作者与我在这里想讨论的问题最相关，在参考文献中对这些作者有多个引用，我选择他们作为现象学跨学科观点的最有趣的捍卫者。

② 当分析皮尔斯的工作时，很明显，他的三个范畴是他的整个符号学和发展了很多年的实用主义范式的基础。皮尔斯试图用数学方法来证明三元关系不能被分解为二元关系，但这从来没有被广泛地接受。但我发现，现象学的论证很令人信服，目前也得到了许多其他学科发展的支持。但三元思维的根本性一直是许多学者无法接受皮尔斯范式的障碍。但人们不应低估对逻辑的深刻反思——包括关系逻辑、时间逻辑、现实逻辑、连贯性逻辑、时刻逻辑、感知逻辑和意义逻辑——与皮尔斯的开创性发明有多么紧密的联系。约瑟夫·埃斯波西托（Joseph J. Esposito）的《进化的形而上学：皮尔斯范畴理论的发展》以最深刻的方式描述了这一探索性研究（Esposito，1980）。

③ 即给定的世界或者已有的世界，即人类存在前已经存在的世界——译者注。

主义的任何形式的真理主张（Colling，2003）。大多数激进的社会建构主义者认为政治意识形态和文化的现实概念是首要的现实，而科学和现象学的生活世界只是众多产物中的一个。但是胡塞尔和皮尔斯传统的现象学坚持第三种观点，即经验的现象世界是所予的现实，真理是在分析它的结构时找到的，无论是作为意向性图式（即胡塞尔传统）还是符号类型形式的基本认知范畴，然后发展成一种符号学（即皮尔斯传统）。

胡塞尔（Husserl，1997，1999）在意识觉知的纯粹意向性结构或形式中寻求的永恒基础，成为皮尔斯符号学的动态认知方式，这种认知方式通过皮尔斯的连续性（黏连性）概念而出现，从第一性的“可能是”发展成为第三性的“将可能”，这一切是通过合理的进化进行的：

> 一旦你接受了连续性原理，对事物的任何解释就都不能满足你，除非它们在发展。不可错论[①]自然认为一切事物本质上始终如现在那样。绝对的规律无论如何是不可能变化的。它们要么一直存在，要么像一队士兵操练一样，在突然的命令下瞬间出现了。这使得自然法则完全盲目和无法解释。它们的原因和理由无法被问出。这完全阻碍了探寻的道路。可错论者不会这么做。他们会问，难道这些自然的力量就不能以某种方式服从理性吗？它们难道不是自然地形成的吗？毕竟，没有理由认为它们是绝对的。如果所有事物都是连续的，那么宇宙一定正在经历一个从不存在到存在的不断成长的过程。把存在理解为一个程度的问题，这没有什么困难。事物的实在性在于它们不断地强迫我们去认识它们。如果一个事物没有这种持续性，那它仅仅是一个梦而已。那么，现实就是持续性、规律性的[②]。在最初的混沌中，不存在规律性也就无所谓存在。这一切都是一场混乱的梦。我们可以认为，这是在无限遥远的过去。但随着事情变得越来越有规律，越来越持久，它们变得更加真实而非梦幻（Peirce，CP 1.175）。[③]

对于皮尔斯而言，第一性就是纯粹心智或感觉的一种不可分割的连续性，特质和倾向都存在于皮尔斯所说的第二性中。因此，皮尔斯符号学在作为生物符号学的发展中提出了自然科学和社会科学之间的第三条道路。

社会科学和人文学科一直被生物科学还原论者对人类经验和行为的解释所主导，如道金斯（Dawkins，1989）的自私基因、模因学（Blackmore，1999） 101
和威尔逊（E. O. Wilson）的社会生物学以及他后来试图从中得出统一观点的尝

① 早在波普尔之前，皮尔斯就有了一个关于科学的可错理论。科学中没有绝对的真理证明。

② 这就是皮尔斯所说的“习惯”，也是他的第三性的一种表达。

③ 按照惯例，这指的是皮尔斯 1994 年的论文集（collected paper，CP）。

试。这种还原论的元科学范式在威尔逊（Wilson，1999）的《一致性：知识的统一》（*Consilience: The Unity of Knowledge*）中有着最清晰的阐述。威尔逊接过了逻辑实证主义的旗帜，预言大多数人文学科将被硬科学知识所取代，就像神经科学最终会告诉我们什么是意识经验一样。一致性的字面意思是知识的"一起跳跃"，它源于古希腊的逻各斯（logos）的概念，这是一种内在的秩序，支配着宇宙的愿景。许多科学和分析哲学固有的疑难观点是，逻各斯只有通过形式逻辑过程才能被理解。相信皮尔斯的符号学可以使我们走出这种困境的一个原因是，他将符号学与逻辑学的观点结合在一个进化实用主义的框架中。他写道：

> 逻辑在这里被定义为形式符号学。指号定义的给出将不再涉及人类的思想，正如线的定义不再涉及点在一段时间内逐步占据的位置一样。也就是说，一个指号是某物 A，它使某物 B——由其确定或创建的解释指号——与它的对象某物 C 形成同种对应关系，就像它本身与 C 的关系一样。正是从这个定义，连同"形式"的定义一起，我从数学上推导出了逻辑的原理[①]。（Peirce，1980：20-21，54）

正如我们已经说明的，对于皮尔斯而言，纯数学比逻辑更基本，与现象学相结合是他的形而上学的基础。这种观点与科学中已接受的观点相冲突，这并不包含现象学。作为"科学的逻各斯和统一性"观点的一个功能，公认的科学的数学和决定论版本（Penrose，1997：2）否认了除自己以外的所有主张和实践的有效性。通过这种方式，它把科学变成了一种战争机器，摧毁了所有其他的陈述和观点，这是物理学家和哲学家费耶阿本德（Feyerabend，1975）所意识到的趋势。同样的批评也适用于基于计算机科学的对人类社会协调和交流的认知主义解释（Brier，2008a）。但是，自然科学在科学哲学和各种形式的建构论——从唯我的激进建构论到社会建构论（Brier，2009）——的"语言转向"中遭遇了社会科学的挑战，所有这些都破坏了世界如何运转的科学解释的客观权威。这引发了常说的"科学大战"，除了一些研究人员意识到有必要建立一个新的综合性跨学科框架——在其中所有人都可以以一种富有成效的方式一起工作——之外，并没有什么好的结果。

102 尼古列斯库（Nicolescu，2002）是量子物理学家从事非还原论的跨学科的

---

① 皮尔斯认为，纯数学是一门比逻辑学更基础的学科。根据皮尔斯的观点，逻辑学来源于数学，而不是如一些研究人员和哲学家认为的那样相反。他的思想似乎接近于彭罗斯（Penrose，1997）的，但皮尔斯创立的符号学超越了彭罗斯范式的所有想象。

科学哲学研究的罕见例子之一[①]。在科学与社会科学和人文科学的战争中出现的一个事实是，人们认识到自然科学依赖于它们所用的语言，而语言、世界观和心理是紧密相连的。因此，我们又回到纽拉特的基本观点，因为我们已经放弃了一种结合逻辑和数学的特殊客观的科学语言来统一科学理论的想法。因此，关于语言、认知与意义条件的理论必须整合到对科学数据的解释中。这是引入皮尔斯符号学（Peirce，1931-1935）的另外一个原因，这是一个主要在1865～1910年进行的研究项目，其目的是能提供一个对科学方法逻辑的理解。其结果就是他的符号学、现象学和实证主义的知识观，目的是洞察在所有产生科学知识的尝试中发现的方法论共性，或人们可将其表述为科学的符号过程。这项研究以一个新的跨学科本体论和认识论的符号范式而告终。正如埃梅切（Emmeche）所写：

> 逻辑上，皮尔斯符号学的本体论-现象学基础……指向物质、生命和心智之间的一个有趣的连续性，或者更准确地说，作为生命的物质可能性的指号载体、作为实际信息处理的指号行为和指号解释者的经验本质即指号对更广泛的类心智系统的影响之间的连续性。（Emmeche，2004：118）

解释感觉信息的觉知和它的感受性问题、我们如何解释感觉经验以及它如何与主观性相联系的问题，是科学哲学的基本问题，也是真理与意义的问题，以及科学是如何被置于两者之间或者如何有助于两者整合的问题。

三、科学哲学的意识科学问题

因此，我们为什么会有定性的现象经验这个难题并不是一个肤浅的问题；相反，它要求我们深入挖掘我们产生知识、世界观和解释方式的前提条件。贝内特和哈克（Bennett & Hacker，2007：4）强调：

> 概念问题先于真伪问题。它们是关于我们呈现形式的问题，而不是关于我们 103
> 经验主义陈述的真伪问题……当经验主义的问题被陈述而没有足够的概念清晰性时，就必然会提出错误的问题，并可能导致研究方向的误导……对相关概念结构的理解上的任何不一致都可能表现为对实验结果的解释的不一致。

① 由于缺乏更好的词，我将把我们的目标称为*跨学科范式*。*跨学科科学*的概念应该包含自然科学，以及人文和社会科学，就像德语单词 *Wissenschaft* 或丹麦语单词 *videnskab*。尼古列斯库（Nicolescu，2002）写了《跨学科宣言》（*Manifesto of Transdisciplinarity*），在书中他探索或者说发展了世界和科学的跨学科视角的结果。

因此，在本章中，我将通过一位科学哲学家对我们在自然科学、生命科学、信息科学和社会科学以及人文科学中普遍接受但特殊的认识论和本体论框架的连贯性与一致性的局限性的反思，提出一种处理这些问题的方式。

构建一个包含自然科学、现象学和符号学-语言学的建构论范式在内的跨学科框架（或元范式）的第一步，是接受自然、生命和社会科学知识，以及人文科学知识是通过具身的生命系统在主体间有意义的交流行动中被创造的，而且我们无法给出其真实性的任何最终证明。这与波普尔（Popper，1972）和皮尔斯（Peirce，1931-1935）的可错的客观知识观点相一致。这种观点也基于这样一个事实，即有意义的主体间交流仍像第一人称意识一样——在有意义的语言交流机器人中还无法科学地解释或技术地实现。此外，我们需要意识到生命科学有它自己的视角，我们也需要整合这些视角，因为我们现在所知道的所有有意识生物都体现在有生命的自创生系统中。目前没有计算机、人工智能或机器人能够产生意识觉知。人工智能仍然不是人工意识（artificial consciousness，AC）。

主体间性和自创生体现了对差异的主体性觉知与基于符号学的交流相结合，是所有主体间知识产生的前提条件。所有科学知识都要求具身心智通过指号有意义地分享对感觉经验的解释。机器人自身不会进行科学研究，只能作为人类的工具，因为它们没有经验的躯体。

因此，正如我们现在所知道的，意义在一定程度上是在自然科学领域之前和之外被创造的。意义主要是在普通社会语言和副语言的影响身体的信号中处理的。主观和主体间文化意义被明确地从经典实证主义影响的科学概念的基本框架中移除，因为它致力于以决定论或统计规律的形式获得普适特征的知识。为了在经验科学中获得客观性，人们通常想当然地认为，必须消除对现实的主观和文化观念的所有影响。这个事实反映了意识的科学解释问题的一个方面，因为主观觉知和有意义的交流并没有真正深刻地反映在科学的客观知识的概念中。希兰（Heelan，1983，1987）花了一生的时间来研究和论证解释学和现象学对于理解科学观察和解释数据的相关性。这也是伽达默尔（Gadamer，1989）研究工作的要点。

104 四、在网络符号学之星中整合四种意识观

对于认知、交流、意义与意识的理解，网络符号学认为我们有四种不同的方式。第一是精确的自然科学，第二是生命科学，第三是现象诠释学解释的定性“科学”，第四是社会学的话语-语言文化观。在这里，我们受到了维特根斯

坦（Wittgenstein，1953）语用语言学观点的启发，但不止于此。网络符号学范式的要点是，它从中间立场来看待知识的产生，在这里，我们作为具身的人意识到符号学和交流的生物系统，并在文化和生态环境中创造知识。这意味着，如果我们认为这四种知识体系中的一种比其他任何一种更重要，就会导致一种还原论或对现实的毫无根据的片面简化。因此，这四种方式都同样重要。这种哲学与布鲁诺·拉图尔（Bruno Latour）在其《我们从来都不是现代人》（*We Have Never Been Modern*）一书中与现代性的决裂类似（Latour，1993），当然也受到梅洛-庞蒂（Merleau-Ponty，1962）的启发。我使用了四种主要范式，而拉图尔主要使用自然与文化的二分法。

在拉图尔的行动者网络理论（actor-network theory，ANT）和科学哲学中（Latour，1993，2004），只通过作为一个自然实体的大脑来解释意识几乎是一个不可能的想法，因为对拉图尔而言，被科学认为是"自然实体"的东西是"混血儿"，它们通过行动者的符号网络为我们实现了它们的存在。但是，拉图尔也没有否认它们作为独立的现实有一个"物自体"（Ding an sich）。我们不应该忘记，拉图尔（Latour，1993，2004）的混合理论和行动者网络理论是基于符号学，受格雷马斯（Greimas）的行动者模型启发，后者是一个通过叙事创造的物质存在和社会角色的符号学组合。拉图尔认为，科学是在我们目前所拥有数据的基础上对自然运作的众多可能叙述中的一种，但并不是所有关于自然的故事都被证明是可行的。因此，拉图尔的观点是一种符号学过程的观点。它的符号学并不是真正的皮尔斯版本（Brier，2008b），而是由格雷马斯发展的索绪尔符号学的一个特殊版本，并通过融入拉图尔交流/符号网络中而进一步成形，这个网络包含人类、事物（包括技术和文化产品）、我们所涉及的活的和死的自然实体，以及那些对社会产生影响并且改变它的组织（艾滋病毒就是一个例子）（Latour，2007：10-11）。尽管事实上许多人称拉图尔是一个社会建构论者和一个后现代主义者，但他坚持做一个实在论者，并坚持认为行动者网络理论的规范观点应当有助于形成一个更好的社会秩序，而不是破坏事物（Latour，2007）。这使他更接近于皮尔斯式符号学而不是索绪尔式指号学。

科学是一种文化产物。它是我们用来观察、理解和操纵我们赖以生存的自然世界的技术。基于实证研究的科学话语工具使我们能够描述我们需要处理的部分现实，并在这个过程中赋予它和它的过程以意义。这当然并不一定意味着我们能够描述所有的自然，或者给我们迄今为止所描述的一切赋予一致的意义， 105
比如大脑、文化和意识之间的关系。

图 4-1 的思想称为网络符号学之星，它所展示的认识论的转向是为了逃离还原论主流科学的巨大解释负担，后者旨在从能量和数学机械论原理的基本假

设来解释生命和意识。自然的、生命的、社会科学以及人文科学的网络符号学哲学认为，它们的不同类型的解释从我们目前的社会语言学状态——基于常识的有意识符号学——转向自组织和高度专业化的自创生知识系统。它们每一个都朝着更好地理解语言、文化和自我意识的先决条件以及在时间视角下系统知识的产生的方向发展。

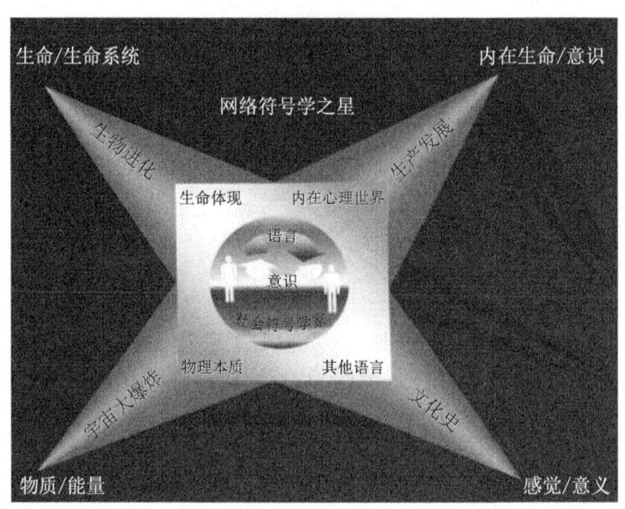

图 4-1　网络符号学之星：具身心智的四个主要知识领域的交流社会系统产生示意图。物理性质经常被解释为能量和物质的起源，有时也起源于信息，生命系统起源于生命过程的发展（比如第一个细胞）。社会文化被解释为建立在语言和实践习惯中的意义和力量的发展之上。最后，我们的生命世界被解释为源于个体生活世界和意识的发展。在精神和宗教框架内，它通常最终概念化为源于一种客观的先验精神，或源于人格化的创造者或上帝的灵魂

这里有四种形式的历史解释：①宇宙学的（物理-化学的）；②生物学的（生物符号学和生物科学的）[①]；③历史的（社会文化的）；④对生命时间或经验时间的主观感知。

106 *网络符号学之星*说明四种基本方式同等重要，并且从这个模型可以得到一些其他要点。要成为一个现实主义者，就必须接受语言、自创生具身心智、文化和非文化环境的现实，以及我们的知识源于它们之间的互动过程的观点。但是，这非常不同于相信还原论者从星模中的一条进路所做出的解释。我同意斯蒂芬森和考利（Steffensen & Cowley，2010：348）的观点，就是我们必须朝着

① 卡特赖特（Cartwright，1997：165）和希摩尼（Shimony）在彭罗斯（Penrose，1997）的脚注中也主张生物知识的独立性。

一种更加非局部的理解心智的方向发展。他们称之为："……对身体、认知和互动过程的一种跨学科的非局部方法。"

自然科学致力于构建一个宏大的宇宙发生学的解释[①]。但是到目前为止，我们还没有解决生命出现和意识进化的问题，因此，在这之前我们可能必须接受这样一个事实：对有意义的意识交流过程的全方位解释不可能仅从星模的任何一个角来提供。我将在本章的剩余部分进一步论证这一点。由于我们不能将科学解释简化为一个宏大的故事，并宣称它是唯一的现实，我的理论是，我们必须同时处理所有四种类型的认识。这就把我们置于一个新的情境中，并改变了关于意识的研究问题，我将在本章的剩余部分进一步论证这一点。

科学之所以假设物理世界不存在任何感觉经验和意义，而只有自然规律[②]，是因为科学家从来都认为，沉溺于相反的本体论假设，将使我们对知识的探索变成宗教性的或政治性的，因为这是我们所知的两大意义产生系统。在启蒙运动时期，科学奋力挣脱了宗教的强力控制，后来又摆脱了纳粹主义等极权主义政治意识形态。

如果撇开宗教和政治的世界观，那么我们又该如何称呼社会科学和人文学科中的意义解释学科呢？这一问题是众所周知的，答案已经在现象学、显象学（皮尔斯的三元符号现象学）和解释学中得到了发展，最终的哲学版本是由伽达默尔提出的（Gadamer，1989）。伽达默尔的著作显然是在为人文学科和定性社会科学发展一种哲学。那么，我们会接受有意义的解释作为我们对意识和合理客观知识的看法的一部分吗？我无法理解我们怎么会忽视这一基本的人类认知过程，因为有意义的人类交流是科学成为可能的前提。如果我们想对意识本质给出科学的答案，我们必须把一些解释学的版本整合到一个跨学科的认识理论中。

在这种情况下，我们需要从谈论意识科学转到我们所处理的意识科学 107
（*Wissenschaft* of consciousness），因为这一德语概念将自然科学、社会科学和人文科学包括在单一的概念中。因此，我关于解释鸿沟的观点的结论是：*从整合知识的视角来看，依靠行为科学和脑科学的结论来理解心智与意识会产生什么后果？*我们是否可以把感受性和意义看作是来自文化上体现的分布式语言心智，并从一个更宏大的科学、进化与生态的视角来理解它？

---

① 但乔治·埃利斯（Ellis，2004：622）也承认有四个不同的世界，虽然他的第四世界是数学抽象现实而不是语言学上的主体间性。

② 1944年，薛定谔（Schrödinger，1967/2006：163）在他的著作《生命是什么？》（*What is Life?*）中描述了这一难题，该书于1944年首次出版。

这就是我认为只有皮尔斯的生物符号学才能给予肯定回答之处。指号过程在所有的变量中的现实的和实用的概念化，可以被视为连接着所有生命的自然系统与人类文化的统一现象，进一步把它们与无生命的自然区分开来。它可以作为一个框架，为人类、社会、工程、商务、生命和自然科学的实证研究提供一个共同的理论基础。除此之外，皮尔斯的实在论是建立在他对第二性或不可解释的偶然事实的信仰的基础上的。现象或不同事物（存在的个体性）之间有着直接的差异和阻力。皮尔斯采用了邓斯·司各脱（Duns Scotus）的术语“*存在的个体性*（*haecceity*）”来表示存在的任意现在性，人或物的“此”性（this-ness），即建立在关系基础上的严酷事实。*皮尔斯*将这种“存在的个体性”定义为“纯粹的第二性”。皮尔斯认为，存在的个体性是不可解释的单一事件。这种观点更接近于现代对量子事件的理解。有趣的是，量子物理学已经认识到它也无法解释单一事件，只能从成千上万的现象中建立一个概率模型来描述现象的第三性。单一事件有一种不确定的自发性，从科学的角度看，其本身是无法解释的（Stapp，2007）。

那么，心智是如何将所有这些存在的个体汇集成一个感受性经验的呢？表达这个问题的一种方式是*绑定问题*，在大脑与意识的研究中被广泛讨论（Chalmers，1996）。它提出了意识感知的统一是如何在形成中枢神经系统的神经过程中被创造的。因此，意识觉知现象的两个未解方面是产生*意识感知统一性*的机制与法则。从生理学的角度来看，我们可以问，我们如何从许多独立的神经系统的输入中创造出一个统一的感知？但从现象学的角度来看，我们也必须问，意识自我的统一性是如何出现的，因为它似乎是我们判断单一经验的背景，而不是作为它们之和而产生的。

一些研究人员认为这只是一个神经生理学问题，但事实上，这是一个所需答案类型超越了自然科学范畴的问题，因为它涉及有意义的主体和主体间经验，而这些经验超越了物理解释的范围。塞尔赞同“意识由统一的、感受性的主体所组成，由大脑过程引起并在大脑中实现”的观点（Searle，2007：102）。在这种情况下，我们如何将所有这些来自身体内外的不同感知整合到一个以我们自己
108 为核心的生活世界或意识世界中呢？来自科学的问题应当是，*我们如何能系统地处理物质之外的现实？*这是一个先于任何实证科学的基本哲学问题。

皮尔斯的整个科学符号哲学就是对这一问题的回答，因为他认为唯名论及其衍生物，如感觉论、现象论、个人主义和唯物主义，都建立在第二性基础上，对科学和文明的进步是一个巨大的威胁。他的符号学是一种微妙的实在论，把现实和存在区分开来，从而允许他承认一般实体和抽象实体，并使之概念化为第三性和实在。他这样做并没有把它们直接归因于物理有效的因果力，但是这

些不存在的实在物可以通过最终因果关系来影响事件的进程。

皮尔斯的符号实在论认为，第三性和第一性与第二性一样真实是至关重要的。它们通过携带科学认知的符号学连接起来。因此，这个论证不需要像笛卡儿的二元论解释“我思”（即思维实体）的假设那样，引入自然之外的元素或世界。指号是关系。本体论观念并不是把意识和思想世界置于自然之外的一个特殊的心理世界中。相反，这种想法是把我们对生物界的本体论观点扩展到基于生物符号学的对生命意义产生的相互依存的思考中（Cowley et al.，2010）。

胡塞尔的工作和迦达默尔的解释学哲学（Gadamer，1989）试图为现实提供另一个更加全面的模型，包含科学以及理解、交流和文化历史的理论。迦达默尔的解释与理解理论经历了前理解和解释学循环的过程，以整合解释的各个部分，以及客体的与主体[1]的视域。他的观点是，真理不会通过使用一种方法而自动涌现，并将其命名为“科学的”或“数理逻辑的”或“实证的”或是其组合。人们必须思考由此产生知识的视域。这样做是为了以融合知识和经验视域的形式为所有有意识觉知的生物创造理解方式（Heelan，1983，1987）。因此，以觉知形式存在的意识和感知经验的能力，需要在比物理更大的对自然现实的理解中被概念化，除非有人想否认动物有感官经验，否认我们自己的动物躯体是自我意识的前提条件。因此，我们将假定意识、物质和指号在自然和文化中共存，或构成自然和文化。

更进一步，我们或许可以加上查尔默斯的研究。查尔默斯（Chalmers，1995：201-202，1996）以定义他所谓的*意识的难问题和易问题*而出名。易问题与意识的内部运作有关，比如，辨别、分类和对环境刺激做出反应的能力，通过进入内部状态来报告心理状态的能力，以及集中注意力、故意控制行为、区分心理 109
状态的能力。所谓*难问题*，也是我们在这里谈论的问题，在于解决感官经验及其不同的感受性——如快乐与痛苦、甜与酸、颜色以及心理意象——如何从物理大脑和身体物质中产生的问题。这就是我们在自然主义以及进化框架中处理的问题。因此，我们的问题现在可以同查尔默斯的问题相一致地表述为：经验的能力如何从科学所假定的物质世界中产生？

麦金（McGinn，2000）在他关于意识的著名著作《神秘的火焰：物理世界中有意识的心灵》（*The Mysterious Flame: Conscious Minds in a Material World*）中提了同样的问题。麦金对我们用现有词汇解释意识现象的能力持怀疑态度。在我们迄今为止定义为“物质”的自然世界中，怎么可能像内格尔（Nagel，1974）的著名文章《成为一只蝙蝠是什么感觉？》（What is it Like to be a Bat?）中所

① 可以是另一主体的心智、一件人工制品、一件艺术品或一段文本。

描述的那样，“感觉自己像某人”或体验红色或蓝色的视觉品质？用科学的方式解释和建模感官经验中体验质性差异的能力的问题，被表述为感受性问题[①]（Jackson，1982）。神经系统是如何产生感官经验的？但与感受性的重要性相反的是实用主义哲学家的观点。他们认为，在理解一个系统的功能时，重要的是它的物质性或经验特征。没有理由赋予经验因果力量。这经常导致人们假设计算机有心智（Harman，1990）。但是，这个功能主义的心智观并不是我这里所说的经验心智，注意到这一点是很重要的。

另一个关于我们的经验意识理论的计算机局限性问题的处理方法是彭罗斯的工作（Penrose，1989，1994，1997），他在其中表明，即使是在数学领域，人类的心智也能够进行不可计算或非算法的处理，这超越了计算机目前的能力。基于这一观察，我在本章的立场是，只有心智过程的*某些方面*可以被计算机或算法模拟，因为大多数研究人员目前都同意，计算机——正如我们目前所知——不能计算觉知、感受性和意义。

基于皮尔斯的生物符号学（Brier，2008b），我支持塞尔（Searle，1980）和彭罗斯（Penrose，1994，1997）反对强人工智能的观点，即认为符号操作本身就是意向性的核心。我看不出计算机中的自动符号操作与意向性和感受性的产生有任何关系。杰肯道夫（Jackendoff）非常精确地以*心-心问题*的概念形式框定了这一问题。我同意他的观点，他将鸿沟问题表述为*计算心智*和*现象心智*之间的关系。哲学家内格尔（Nagel，1986：259）也指出：

> 110 如果我们试图从一种不同于主观经验的客观视角来理解经验，那么即使我们继续相信它的透视本质，我们也无法掌握它最具体的特点，除非我们能主观地想象它们……。既然如此，就没有心理世界的客观概念能包含所有的内容。

因此，如果我们不相信大脑仅仅是一台计算机，不相信信息计算是人体中产生意识的原因，那么它一定是其他某种东西。塞尔（Searle，1980，1989，1997，2007）认为，这与我们的生物学相关。意识与意向性一定是生物的产物。可以说，意识的奥秘也是生命的奥秘。

不幸的是，生物学到目前为止只能给出生命的功能定义。塞尔（Searle，1980）认为，大脑生产意向性就像叶绿素通过光合作用产生碳水化合物一样。博登（Boden，1990）在一篇评论中正确地指出，经验是一种在性质上不同于

① 贝内特和哈克（Bennett & Hacker，2007）在他们受维特根斯坦启发的实用主义语言学心智理论中，否认了“它”是什么的问题，认为这是一个错误的问题类型。但关于这一问题，我支持塞尔（Searle，2007）的观点，即我们不能把这一问题的本体论维度抛开。

碳水化合物的产品。我们可以科学地描述和测量碳水化合物，但是经验的性质则不可以。就我们目前所知道的，只有活的躯体才能产生经验所必需的意识。活着就是体验！但对于物理化学科学以及当前非符号学形式的生命科学来说，有生命的、有体验的肉体仍然是一个谜，正如梅洛-庞蒂（Merleau-Ponty，1962，1963/2008，2003）用具身现象学哲学进行彻底论证的那样。由于经验是科学的前提，因此科学可能无法解释它。

然而，我们必须得出结论：意识有着不可避免的生物成分。意识也是大脑的一个特征。然而，正如法瓦鲁（Favareau，2010：Ⅵ）所指出的，如果这个结论成立的话，那么我们所认为的单一核心问题其实是一个三重问题："心理经验、生物组织和无生命物质的类规则过程之间的关系是什么？"这至少是生物符号学的看法，生物符号学在物理-化学视角之外，还从符号学的角度来分析生命的过程。以物理、化学和生理学为形式的科学生物学无法描述生命系统过程的重要方面。这里的建议是用符号学观点补充我们的物理-化学知识。

作为一种探究人脑心理活动的模式，符号学一直致力于研究与发展模型，以理解心智如何通过交互作用从物理形式中提取意义，以及这种形式如何代表其他形式。生物符号学，包括人类符号学和文化符号学，可以被定义为进一步研究在生命系统中意义是如何在信息之间以及它们在感知和认知器官中编码的信息之间被创造出来的（Hoffmeyer，2010）。

人们认识到人类的具身认知器官是在进化过程中发展起来的，因此生物符号学作为研究不同物种如何通过物种-特异性的符号学把感官经验转换成感知图式的领域应运而生。因此，越来越明显的是，指号的研究不可避免地要考虑生物学因素。作为生物符号学的贡献者之一，我发现这一领域，特别是在其严格的皮尔斯构想及其三元组合范畴中（Brier，2008b），代表了摆脱二元论、 111
一元论的取消唯物论和其他类型的物理主义和信息主义以及激进形式的建构论的一条有前途的道路。

有趣的是，法瓦鲁阐述鸿沟问题的方式比研究大脑如何产生心智的问题更宽泛一些，因为它拓宽了从具体的*人类*生理学到进化的和生态的符号学以及所有有能力体验和交流环境的生物系统的（比较）心理学的领域。

这种范式最初是由冯·尤克斯卡尔（von Uexküll，1982，1934）作为环境科学（*Umweltlehre*）提出的，后来受到他的启发，劳伦兹（Lorenz，1970-1971）与廷伯根（Tinbergen，1973）提出了*动物行为学*（见 Brier，1999，2000a，2001）。与这些问题相关的还有生物系统如何在*意义*的框架下感知感官经验和交流，以及它们为什么和如何具有意向性。此外，指号与语言中按语法顺序排列的符号如何能引起身体的感觉、感受性和意象，这是一个科学之谜。个体的情感意图，比如爱，是如何通过诗歌进入另一个人的神经系统，并以一种感觉形式形成符号学解释的？物理因果关系是什么？当物理学认为因果性主要基于初始条件和普遍的数学法则时，自由意志是如何能够对诸如我们身体的移动产生因果影响的（Penrose，1997）？

在物质、能量和客观信息的世界里——正如自然科学范式目前所看到的自然的基本本体论——没有应该被找到的这种意义。但是，以生物学最为突出的生命科学，是如何避免与情绪、意向性和意义的实在性打交道的呢？这是劳伦兹纠结了 30 年的一个问题（Brier，2008a；Lorenz，1970-1971），无法在自然科学范式内得到解决。正如欣德（Hinde，1970）所认为的，生物学不能包含心理学上的“存在水平”，或者更加维特根斯坦式的“描述”。

问题是，如果生物学要包含动物的感觉经验，它的基础就必须不同于物理学和化学。因此，目前的生物学是不够的。正如霍夫梅耶（Hoffmeyer，2008）所写的：“基因固定还原论生物学中的科学描述，专门处理可能以第三人称现象的语言被描述的现象，因此……把这门科学排除在对作为第一人称存在的人类生物系统的理论理解之外。”（Hoffmeyer，2008：333-334）

因此，我们需要一门科学（Wissenschaft），它包含意义和理论，这正是生物符号学试图去做的。埃梅切写道：“符号学方法意味着细胞和有机体首先不是被看作由分子组成的复杂集合，只要这些分子——被化学和分子生物学正确地描述——是信息和解释过程的载体，简单来说，是指号过程或*符号学*。”（Emmeche，1998，2004：118）

但这种观点对于能量生物学、分子生物学甚至信息生物学来说都是不可能的。库尔（Kull）讨论了这种科学的生物符号学可以并应该是什么样的，并提
112 出了一种质性建模科学，他在维哈利姆（Vihalemm）之后称其为西格玛-科学（Sigma-science）。在人文学科中，有一些主导的范式被设计用来分析人类的质性的和意向性的意识、文化和语言。这些包括现象学、解释学、语言学、修辞学、话语与文化分析和指号学。人文学科处理的是人在社会中通过语言、艺术与社会互动实践所产生的意义世界。但是，你如果要问当代人文学科的研究人员，意义的*本体论*是什么，他们通常会这样回答：“那仅仅是一种社会和文化建构。”好像那不是真实的，也不是基于生物学的！但另一方面，大多数人都同意，通过交流、权力和制度维系在一起的社会世界是我们生活的主流现实。

社会现象的现实肯定不同于物理现实，但意义与价值的社会世界是真实的，其中的相互作用可以得到系统的描述，正如马克斯·韦伯（Max Weber）在他对理想型的研究方法中所展示的那样，最著名的例子是他的《新教伦理与

资本主义精神》(*The Protestant Ethic and the Spirit of Capitalism*)(Weber，1920)。社会建构论者只能在几百年甚至几千年的历史框架中给出答案。生物进化并不是他们的范式框架的一部分，因为在生物进化的观点中，意义在具身生物系统中有几百万年的发展历史。这就是生物符号学试图讲述的故事，因为科学在概念上不具备这样做的条件（Emmeche，2004）。因此，我们应该包括社会和个人的经验现实及其自然历史。但是，我们如何把它们联系起来呢？把大脑置于经验中的什么地方？

查尔默斯的《有意识的心灵：一种基础理论研究》（*The Conscious Mind: In Search of a Fundamental Theory*）（Chalmers，1996），除了皮尔斯的符号学哲学之外，还收集了当时我们所拥有的所有关于这一主题的科学和哲学资料。他的解决方法是一种双面理论，其中经验是大脑中信息的内部方面。但是将客观定义的信息和经验意义视为“同一”的两个方面，并不能解决存在于明显观察中的深层次的棘手问题，即我不是我的大脑，而且像嫉妒这样的情绪会使一个人谋杀他/她所爱的人。凶手不是他/她的大脑，而是他/她自己。一个人不应该犯分体论的谬误，把只有归属整体时才有意义的东西归于部分。不是大脑在体验，而是文化中使用语言的具身的人（Bennett & Hacker，2007；Cowley et al.，2010）。但人似乎是一个生物学的、心理学的以及社会和语言的产物——一个不可还原为大脑的整体。

我的大脑是我的一部分。那么，现象学上的我是谁或我是什么？我是我的大脑的非物质语言信息的产物吗？那么是否有可能，在我们对生物系统（比如我们知道的感知、认知和交流）的科学解释中，意识觉知与经验是我们所缺失 113
的东西？比如，“暗物质”和“暗能量”在早期宇宙学对宇宙演化的描述中是缺失的。它们是后来引入的概念，因为我们缺少一些东西来协调我们在天文学上观察到的东西与我们发展出来的物理定律。我们所观察到的和测量的与我们所认为的普遍定律并不一致。在引入了被命名为“暗能量”和“暗物质”[①]的物理现实的新方面之后，我们以前认为是整个物质实相的东西，现在显示为整体的3%—4%（Bertone，2010）。因此，通过引入新的本体论元素，创造了一种革命性的新宇宙论。

我提出这个类比是想说，我们现在所认为的生物系统的物质现实可能只是

① 维基百科上写道：“暗物质之所以引起天体物理学家的注意，是因为由引力效应确定的大型天体质量与根据其所含的‘发光物质’（如恒星、气体和尘埃）计算出质量之间存在的差异。”简·奥尔特（Jan Oort）在1932年首次提出暗物质假设，以解释银河系中恒星的轨道速度，弗里茨·兹威基（Fritz Zwicky）在1933年也提出这一假设，用于解释星系团中星系轨道速度中“缺失质量”的证据……根据宇宙学家的共识，暗物质被认为主要是由一种新的、尚未被表征的亚原子粒子组成的。

整个生物系统的一小部分，因为我们错过了生物系统运作的一些至关重要的东西！也就是指号和指号功能。

在社会科学语境中，我们知道我们在有意识地通过无意识的过程来体验世界。当我们看、感觉、意向和相应地行动时，我们并不知道我们在做什么。但大多数文化与社会都要求公民对其基于感官体验的理解所采取的行动负责。基于物质的进化与生态理论提出了这样一个问题：如果文化来源于自然，那么*经验主体是如何在客观世界中出现的*？在这里，我不是在考虑像唐纳德那样的研究（Donald，1991，2001），它接受生命的生活中的经验因素，因此描述了它是如何通过进化而发展的。唐纳德从生物心理学平台描述了意识的进化及其形式。索尼森（Sonesson，2009）将他的研究建立在现象学、皮亚杰和皮尔斯符号学的各个方面的基础上。扎拉托福（Zlatev，2009a，2009b）的研究在进化框架中采用了皮尔斯符号学术语的一些方面，但没有他的本体论基础。我也没有考虑迪肯（Deacon，1997）以及他后来的文章（Deacon，2007，2008），这些工作偏离了皮尔斯的基础。这些研究工作都未试图解决意识难题。

因此，在我看来，一个纯粹的唯物主义和科学主义理论无法回答我提出的问题，因为它无法描述意识的感觉或经历感受性、意志和意向性的现象。这种理论只能描述生理学的和行为的后果。因此，超越物理学和一般科学知识的本体论反思哲学似乎是必要的，因为支撑它的意识经验的统一体——尽管有大量的神经生理系统——并没有真正的物理科学的意义。它可以有社会意义，因为我们谈论它，其社会意义基于我们对他人行为的解释，相信他们有内在的心理状态，对他们的行为具有因果力量。

114 五、网络符号学的观点

跨学科的信息、认知和通信科学框架被称为网络符号学（Brier，2008a，2008b，2008c，2008d，2010a，2010b），它试图用皮尔斯的生物符号学来展示如何将自然科学、生命科学、社会科学以及人文学科中产生的知识组合起来，因为每个学科都描述了意识的一个方面。

但是，首先我们必须处理两种试图创建意识理论的跨学科范式之间的不相容性。根据库恩（Kuhn，1970）的范式理论，关于思维和交流的两种范式理论上存在不可通约性。第一种范式是控制信息论与认知科学，它实际上是一个技术导向的范式，有着科学的、唯物主义的、数学或逻辑学的——作为自然的一个更加抽象和概括的部分——和形而上学的背景。

许多持有这种世界观的人都存在一个严重的问题，即他们通常认为自己的观点根本不是基于形而上学的假设，而是基于常识性的现实。因此，他们不想被纳入“形而上学的思辨”或哲学。许多人有这样的误解，认为现代物理学研究的是我们在日常生活中所知道的世界。事实远非如此。量子场论、狭义相对论和广义相对论、超弦理论和黑洞、暗物质理论等，都完全不在我们的普遍经验之内。如果你让人们解释日常的物理过程，大多数人给出的解释都更接近于亚里士多德的物理学。因此，大多数人甚至还没有进入牛顿的范式，更不用说爱因斯坦、玻尔、费曼或霍金的范式了。现代物理学与我们的意识、意义或常识没有直接关系。在这种物理主义的世界观下，第二次世界大战时期的许多研究人员受到控制论的启发，试图用信息和计算来解释意识觉知的出现。

控制论学家在能量、空间、时间和力的基础上加入了信息的概念，并设想
所有的自然过程，包括意识和情感，都能够在一个宏大的自然计算理论中得到
富有成果的描述和理解，从而建立了一个扩展的新世界观（Dodig-Crnkovic，
2010；Dodig-Crnkovic & Müller，2011）。这个泛计算/泛信息的项目本身是一
项有趣的科学事业，但我看不出它如何能够解决意识感觉和经验的体验与感受
性方面的问题，因为它缺乏现实的经验方面。如前所述，查尔默斯（Chalmers，
1995）试图用双面本体论来解决这个问题，这样他既保持了信息论的数学基础，
又得到了经验方面的内容。但我不认为他对此有任何好的论证，他忽略了意义
过程的动力学，这是皮尔斯符号学中所固有的。因此，像皮尔斯一样，我想扩
展我们对现实的科学认识。我讨论的不仅是能通过物理学描述的方面（通常被
具象化为物理世界，将一个认识论的概念转变成一个本体论的概念并且使之具
象化），也包括可以通过生命科学、传播学和心理学描述的方面。因此，现实 115
至少包括一个物质环境、一个活的躯体、一个经验的生活世界和一个社会交流
的世界，所有这些对产生经验的知识都是必要的。科学建立在意义领域的主体
间功能完善的交流基础上，协调现实世界中的知识和实践。因此，我要问，我
们需要何种跨学科的本体论和认识论，才能构建与自然科学、生命科学和社会
科学相一致的意义和有意识生活体验的进化理论？

六、现象学与生活世界

我坚持认为世界的物理方面不是现实的最高基础，那么这种坚持的理性基础是什么？它基本是对整个现象学运动包括皮尔斯的主要观点的接纳，施皮格伯格（Spiegelberg，1965）对其历史做了高度认可的阐述。这里我们不深入研

究这段伟大的历史，但许多研究人员的研究都始于“现代欧洲现象学之父”胡塞尔（Husserl，1970，1997，1999）和现象学的美国变体——“现象学之父”皮尔斯（Peirce，1931-1935）的工作，皮尔斯也是建立在生物符号学之上的实用主义、三元跨学科符号学的奠基人。

胡塞尔的现象学主张，在科学把世界分为主体和客体、内部和外部之前，所谓的*生活世界*是现实的一个单元。主体和客体的二元论与现象学范式并没有本质上的关联，和解释学一样，现象学声称要处理认知过程，而认知过程在我们的文化中是科学发现的前提。这是哲学为自然科学、生命科学和社会科学提供哲学基础的相关领域。

因此，在现象学中，感知是一个首要的现实，先于科学家试图从内部生理过程和外部物理信息干扰感官的组合来解释感觉知觉的起源及其信息和意义之前，或生物学试图从进化论和生态生理学理论来解释感觉器官和神经系统的功能。

从现象学视角看，我们必须接受生物学不能解释我们为什么以及如何看到、听到和闻到这个世界（Edelman，2000：222）。它只能模拟器官工作的生理方式，但*没有办法解释它们是如何产生经验的*。这对于研究科学哲学的神经和行为科学家来说是一个令人窒息的事实。但这只是那些认真对待科学哲学的科学家的问题——而且这些科学家的数量也相当少。许多实证研究人员没有看到这个问题，并且相信更多的实证研究会解决任何问题。而且科学也同意这一点！在这里，我主张一种不同的、更哲学的、反思的观点。

在现象学中，知者、已知者和被知者被视为*生活世界中的*一个有生命的整体。被知的意识里包含着已知的客体（Drummon，2003：65）。因此，现象学
116 认为，生活世界的第一人称意识经验所产生的知识，要比自然科学和社会科学所产生的更基础。

现象学家认为，知识起源于非二元的生活世界，这是在决定如何评价和使用自然科学和社会科学知识时，对于哲学的必要性来说最清楚的论证之一。特别是梅洛-庞蒂所借鉴的胡塞尔现象学，认为生活世界比自然科学和社会科学知识更基本，因此认为意识作为首要的所予（the given），没有科学的解释。胡塞尔（Husserl，1997，1999）认为，意识本身并不是大脑或文化和语言的产物，只有意识的内容和内容被表达的方式才是。但是，另一方面，梅洛-庞蒂并没有把身体凌驾于心智之上——身体就是心智，反之亦然，因为它们是一个完整的综合体。现象学上的“我”是一个普遍的、自然的、人类感观所感知的“我”，它通过人们的意向性为他们创造事物，这也包含“他者”。梅洛-庞蒂写道（Merleau-Ponty，1962：Ⅺ）：

> 感知并不是关于世界的一门科学，它甚至不是一种行为，一种有意采取的立场；而是所有行为脱颖而出的背景，也是它们的前提。

正是通过存在于这个世界并体验这个世界，我们才有了意识，但这个世界在本体论上不同于“物质世界”，因为它还包括主观的和主体间的生活世界，以及与其他生活的、具身意识的语言存在者的交流。因此，一方面是物理主义和/或计算脑科学，另一方面是现象学，它们在两个不同的世界中运作，每一方都认为对方只描述了实在的一部分，并且是对整个图景不那么重要的那一部分。双方都声称是对实在的最基本的描述。它们每一方都有自己的世界图景，而另一方几乎不存在，或至少不能以它们接受的方式被表征出来。

科学最深奥的难题之一是，我们自己有能力经历不同质性的感官体验，比如内在的驱动和冲动，以及改变身体过程的感觉和意志状态，这是不可否认的事实。这使我们的身体有能力进行目标导向的活动，进而实现目标，其中一些目标可以是身体和心理的欲望。此外，这为科学提出了一个非常普遍的问题，因为现实的经验方面不仅仅是人类意识的特殊范畴的问题——*所有的生物都在不同程度上具有这些能力*。这就是为什么生物符号学既是普通科学生物学的必要补充，也是文化符号学的必要补充。

当然，人们可以试图通过宣称我们基于对定性经验的定性分析所做的有意识决策是一种幻觉或大众心理学（Churchland，2004；Dennett，1991，2007），以及意识在我们所知的世界里没有任何因果影响，来避免这个问题。但是，我拒绝采取一种消除式的唯物主义的立场，因为我认为它是一种弄巧成拙的范式，它通过消除否认了这样一个事实，即科学具有感官经验以及思考、创造和传播 117
有意义理论的能力，以及将有目的经验作为先决条件的能力。正如伽达默尔（Gadamer，1989）在他的解释学中所表明的，科学也有意义和解释，基于作为必要前提的文化历史视域，因为它依赖于创造语言概念的能力，并通过文化及其世界观产生的众多自然语言之一来解释它们。这正是库恩的范式理论（Kuhn，1970）所建立的深刻见解。简单来说，科学是一种文化产物。

七、进化与目的性

在这里我认为，知识需要在功能的基础上加上经验的成分，因为感官经验和意识通常并不是生命和认知发展的生物学故事的一部分。因此，自创生理论中的结构耦合、吉布森（Gibson）的给予性（affordance）和冯·尤克斯卡尔的音调，都是对认知的实用进化理解的重要组成部分，但这还不足以形成一个关于进化中出现经验心智的理论。

在进化过程中幸存下来的实体是那些 DNA 分子的遗传结构有助于解决生存问题的实体。但这样一个机械过程究竟是如何进行的，我们不得而知。但大致的观点是，从随机的噪声开始，细胞的自创生功能使选择性地过滤有用的功能成为可能。因此，研究人员经常谈及这一过程会逐渐将世界知识建构到 DNA 序列之中。但是如何建构，又是何种类型的知识呢？

巴比里（Barbieri，2001）在他的编码符号学的进一步发展中发现了从物理化学世界中出现生命的问题与从生命系统的自组织中出现经验的问题之间的相似之处。对巴比里而言，新编码的产生可以解决这两个问题。生命是由 DNA、RNA 和核糖体装置通过新的、创造性的方式结合氨基酸而构建的新人工分子组装体。哺乳动物的大脑如何产生体验能力，这一问题的解决方案是产生新的神经编码，这些编码产生了大脑的感知体验、情感和想象能力。巴比里（Barbieri，2011）在他最有趣的编码符号学大理论中写道：

> 生命与心智之间深刻的平行思想，导致了蛋白质和感受之间的平行观点，特别是产生它们的过程之间的平行。我们已经知道，蛋白质的组装不是自发的，因为任何自发过程都不能产生无限数量的相同氨基酸序列。心智的编码模型是这样一种观点：感受的情况也是如此，换言之，感受并不是较低水平大脑过程的自发结果。它们只能由一个神经装置根据编码规则从组件中组装出来。简而言之，根据编码模型，感受是编码者根据神经编码的规则而制造出来的大脑-人造物。
>
> 在感受方面，编码者是动物的间脑，这个系统从感觉器官接收信息，然后
> 118 发送命令给运动器官。感觉器官提供了动物可能拥有的关于世界的所有信息，因此表征了动物细胞中的基因型。运动器官以相似的方式允许身体在世界上行动，并在动物身上扮演着细胞中表型的角色。最后，间脑是一个处理和制造系统，是动物体内的一个器官，就像细胞中的核糖型一样。
>
> 总之，生命与心智间的平行涉及三个不同的方面：一个是蛋白质与感受之间的平行，一个是基因编码与神经编码之间的平行，一个是细胞与动物编码生成系统之间的平行。换句话说，我们在细胞里发现的范畴在动物中也能发现，因为在这两个层面上我们都有信息、编码和编码者。虽然细节是不同的，但运作逻辑是相同的，通过有机编码实现绝对新奇的策略是一样的。（Barbieri，2011：380）

因此，可以说巴比里为塞尔提出的生物过程如何让大脑产生质性意识的问题提供了解决方案。文章后面的部分显示，巴比里认为感觉经验是建模。它当然是，但从我的现象学的视角来看，问题在于它是一种质性上独特的建模。巴比里（Barbieri，2011）写道：

> 大脑处理的结果就是我们通常所说的感受、感觉、情感、感知和心理图像等，但如果有更一般的术语可以应用于它们，那将是有用的。在这里，我们遵循的惯例是，所有大脑加工的产物都可以被称为大脑*模型*。换句话说，间脑利用来自感觉器官的信号产生不同的世界*模型*。比如，视觉图像是一个通过视网膜传递的信息模型，而饥饿感是消化器官的感觉探测器发送的信号经过处理后得到的模型。（Barbieri，2011：388）

巴比里使用了由西比奥克和达内西（Sebeok & Danesi，2000）进一步发展的洛特曼的建模思想。这是一种很好的*功能主义方法*，它抓住了现实的一些重要的实践方面。但当我为从城镇的新地方回家而构建路线模型时，我实际上想象了街道。我看到了它们，并因此体验了它们。我为自己的“内心之眼”制作了这些图像，并利用了我一生对这个城市的经验记忆，那是我一生居住的地方。它不仅仅是指引我回家的逻辑地图。它是具身的和经验的。我认为它在本质上不同于这样一张地图对机器人的意义，尤其是因为我可以自由选择新的代替路线。我没有自动地决定遵循它。克莱顿（Clayton，2004：601）也认为，经验特质的涌现不同于其他的涌现理论。我同意巴比里下面的观点：

> 从单细胞到动物的进化是一次真正的宏观进化，因为它创造了绝对新奇的事物，如感受和本能（第一建模系统）。后来，另一个主要的转变使得一些动物进化出二级建模系统，使它们有能力*解释*世界。这种宏观进化产生了一种新的符号学类型，可以称为解释符号学，或等同的名字，比如*溯因符号学*或*皮尔斯*符号学。（Barbieri，2011：391）

巴比里和他之前的许多人一样，想使用皮尔斯的三元符号理论，但拒绝了 119
皮尔斯的第一性、第二性和第三性的三元形而上学，即他的连续论（synechism）、物活论（hylozoism）和偶成论（tychism）[①]。但这是皮尔斯的一般范式的基础。他否认了本体论、认识论和方法论的基础，然后试图在当前科学思想关于哺乳动物大脑的框架下解决皮尔斯的三元实用主义力图解决的问题。在此基础上，他想

---

① 皮尔斯写道，偶成论是“……绝对的机会——纯粹的偶成论……”（CP 6.322，c.1909）。因此，偶成论是作为宇宙中真正客观的机会与第一性相关的，但它必须与阻力、事实和个性的第二性相结合，才能创造出第三性，来促成连续论中的两者间的关联。这与他的实用主义相关：“这是我很久之前就提出的术语——连续论，即偶成论和实用主义的综合。”（CP 4.584，1906）连续论是“……哲学思想的趋势，它坚持认为连续性概念在哲学中是最重要的，特别是坚持涉及真正连续性假设的必要性”（CP 6.169，1902）。一切事物，包括精神和物质以及这三个范畴之间的这种深刻的连续性，就是连续论：“……我主要坚持连续性或第三性……而第一性或偶然性、第二性或无理性是其他元素，没有这种独立性，第三性就不会有任何可操作的东西。”（CP 6.202，1898）

通过编码–指号过程来解释大脑心智的产生，并引入三元指号过程，包括在这一层面上的解释，作为当前从编码–符号学范式解释的经验出现的结果。在这里，符号系统（semiotic system）被定义为一个由编码连接的三元过程和客体集，但这不是皮尔斯意义上的三元组，因为当它们在现象学分析中以坚不可摧的形式出现时，形而上学并不包含他的三个范畴。皮尔斯的实用主义结合了现象学、数学和经验数据。编码符号学无法在其范式基础上整合现象学观点——既不是本体论的，也不是认识论的。为了建立真正的解释性指号功能，它必须由皮尔斯的“一路走到底”来支持基本范畴，这使得指号三元功能成为一个意义生成过程（Ketner，2009）。我向巴比里提出挑战，要求他提出一种可与皮尔斯竞争的替代框架，而不是将皮尔斯符号学引入大脑层面的内隐唯物本体论中，在这种层面上，分子作为中介并成为编码制造者。巴比里没有解释的核心问题是大分子如何在一个不确定的唯物本体论中恢复中介作用并突然开始产生编码。

皮尔斯的生物符号学认为，在生物系统中传递的是符号，而不是客观信息。指号必须被解释，并且必须在三个层次上进行。在最基本的层次上，我们有身体间的基本协调，就像“黑箱舞蹈”（a dance of black boxes）允许进行有意义的交流。这在上一个层次的本能指号游戏中继续进行。这些游戏是关于生活中有意义的事情的驱动力和基于情感的交流，如交配、狩猎、争夺统治地位、寻找食物和领土。巴比里（Barbieri，2011）对大脑功能的控制论和本能方面进行了区分，并认为情感出现在本能脑中。我同意这一点，但不认为他解决了劳伦
120 兹（他看到了同样的两个方面）在他的行为学范式的创造中无法解决的问题（Brier，2008a，2008b，2008c，2008d）。基于这两方面或层次，一个新的意义的第三层次被创造出来，即社会交流系统可以调节为意识的语言学意义。

今天，人们普遍认为，我们所说的人是一个有意识的社会动物，生活在语言中。迪肯（Deacon，1997）在他的《符号物种：语言和大脑的共同进化》一书中认为，我们处理语言的能力是人脑进化早期的一个重要选择力量。我们讲语言，但也被语言所描述。在很大程度上，语言承载着我们的文化以及我们对世界和自己的理论。作为个体，语言写进了我们的基因——学习一门语言就是学习一种文化。因此，前语言阶段的儿童只是潜在的人类，因为他们必须进行语言训练，才能成为被称为“人”的语言动物的合成人（cyborg）。然而，如果不创建一个超越语言学的更广泛的平台，就很难理解语言本身。皮尔斯的符号学及其现代演变——生物符号学，是对认知和交流学说的一种尝试，因此是最广泛意义上的知识创造。

我不认为量子物理学、广义相对论或非平衡态热力学对这个问题的解决有任何特别的帮助，虽然它们在解释意识的物理方面可能是有用的（Penrose，1994，

1997）。这就是我为什么认为自下而上、基于经验的物理主义和泛计算主义不能够解决这一鸿沟问题的观点。正是在这里，皮尔斯关于习惯趋向的理论[①]——他称之为“第三性”——将身体与心理综合起来，因为他在自然和心灵中看到了习惯趋向。这里有皮尔斯的一段深刻的引语，同自然规律的机械观进行了争论：

> 习惯定律在其要求的性质上与所有物理定律形成了鲜明对比。物理定律是绝对的。它要求的是精确关系。因此，一个物理力将一个运动分量引入运动中，通过力的平行四边形法则将其与其他运动分量结合起来，但是运动分量必须完全遵循力的定律。另一方面，心理法则不要求完全遵从。不，完全遵从法则就违反了法则；因为它会立即使思想具体化，防止习惯的进一步地形成。心理法则只会让一种特定的感受更容易产生。因此，它类似于物理学中的“非守恒力”，如黏度等，这是由数万亿分子偶然相遇时的统计一致性导致的。（Peirce，1892）

这就是为什么第三性在皮尔斯的范畴中如此重要，同时关键要记住第三性包含了第二性和第一性。

网络符号学的跨学科理论接受了皮尔斯的观点，认为科学解释是从我们当前基于社会语言学的有意识的指号过程，在自创生系统中，朝着对语言和自我意识生物存在的前提条件的更好理解发展。科学为某些过程提供了经济而实用的解释，通常在某种程度上允许在某些情况下以所需的精度进行预测。然而， 121
它并没有对现实、能量、信息、生命、意义、心智和意识的建构给出普遍的解释。自然科学只涉及世界和我们身体的外部物质方面，而不涉及其具身的经验意识、感受性、意义和人类理解（Edelman，2000：220-222）。

尼古列斯库（Nicolescu，2002：65-66）——也是一位量子物理学家——和皮尔斯一样，倡导意识是整个宇宙中的一个重要和活跃的部分。自然的主观和客观方面将整个现实整合到一个基于尼克勒斯库称为“跨自然”或“无阻区”的完整整体上。因此，他更接近于皮尔斯的物活论[②]的进化概念。我们是在宇宙内且由宇宙而发展起来的系统，系统高度发展，使得宇宙能够反视自身。由

---

① 正如皮尔斯所称谓的那样。

② 在哲学上，hyle 指的是物质或东西，是导致了亚里士多德哲学的潜在变化的质料。它是指尽管形式发生了变化，但仍保持不变的东西。与德谟克利特（Democritus）的原子本体论相反，hyle 在亚里士多德的本体论中是一个充满物质的空间或一种场。亚里士多德的世界是一个未被创造的永恒宇宙，但皮尔斯在进化哲学中使用了这个术语，认为世界有结束也有开始。在这一语境中，物活论是一种哲学猜想，即所有的物质都具有生命，这与怀特海德（Whitehead，1978）的广义经验论非常相似。它也不是泛灵论的一种形式，因为后者倾向于把生命视为离散的精神形式。科学的物活论反对把世界看成是死的机械观，但同时通过连续论，坚持有机和无机自然统一的观点，并认为这两种物质的所有行为都源于自然原因。

于宇宙在其基本的量子层面上仍然部分未确定，它正处于不断重新排列以构建自身的过程中（甚至可回溯到大爆炸之时）。尼古列斯库对此进一步解释道："自然似乎更像是一本正在被书写的书：因此自然之书与其说是被阅读，不如说是被体验，就好像我们参与了它的书写一样。"（Nicolescu，2002：65）这似乎也是惠勒（Wheeler，1994，1998）（Davies，2004）和皮尔斯的观点。关于能动性和成为观察者所需的品质的新基础理论已经出现（Sharov，2010；Arrabales et al.，2010）。这个问题在这里无法得到解决，但似乎与皮尔斯的符号学观点有关——制造指号和有意义地解释它们的能力——不仅局限于人类，还包括所有与生命的先驱系统有模糊边界的生物系统，使思维成为在生态系统的语境中进行的事情，正如贝特森（Bateson，1973）所认为的那样（Brier，2008c）。

八、结论

让我们回到康德关于自然与自由意志的引语，并对其做进一步的扩展。关于自由意志和自然规律观之间的矛盾，康德写道：

122 思辨哲学的一个绝对必要的问题是要表明，它对矛盾的幻觉建立在这样一个基础之上：当我们称人是自由的时候，当我们认为人服从于自然规律时，我们就会从不同意义和关系考虑人……因此，那一定表明了这两者不仅可以很好地共存，而且必须认为这两者必然统一在同一主题内。（Kant，1909：76）

我认为这是我们在面向一个意识的科学（a wissenschaft of consciousness）的研究中所做的工作，它应当能够在绝对自然主义中包含精神事件。

但是要做出这样的转变，我们需要发展一个本体论，它可以在一个跨学科的环境中包含所有这四种观点的本体论。我建议以皮尔斯的实用主义和进化符号过程哲学为出发点，其中，自然界中具身化的与或多或少自由心智之间的符号社会互动被视为知识生产的核心过程，这也是试图解释生产与意识的意义的自我同一的"科学"背后的过程。因此，我们回归到部分亚里士多德的观点，在生物符号学的形式中加入了进化和现象学以及生物学。

参考文献

Arrabales, R., Ledezma, A., & Sanchis, A. (2010). ConsScale: A pragmatic scale for measuring the level of consciousness in artificial agents. Journal of Consciousness Studies, 17(3-4), 131-164.

Barbieri, M. (2001). The organic codes: The birth of semantic biology. Ancona: PeQuod.

(Republished in 2003 as The organic codes. An introduction to semantic biology. Cambridge: Cambridge University Press).

Barbieri, M. (2011). Origin and evolution of the brain. Biosemiotics, 4, 369.

Barrow, J. D. (2007). New theories of everything. Oxford: Oxford University Press.

Barrow, J. D., Davies, P. C. W. & Harper, C. Jr. (Eds.). (2004) Science and ultimate reality.Quantum theory, cosmology, and complexity. Cambridge: Cambridge University Press.

Bateson, G. (1973). Steps to an ecology of mind: Collected essays in anthropology, psychiatry, evolution and epistemology. St. Albans: Paladin.

Bennett, M., & Hacker, P. (2007). The philosophical foundation of neuroscience. In M. Bennett, D. Dennet, P. Hacker, & J. Searle (Eds.) Neuroscience and philosophy: Brain mind and language. New York: Columbia University Press.

Bennett, M., Dennet, D., Hacker, P., & Searle, J. (2007). Neuroscience and philosophy: Brain, mind and language. New York: Columbia University Press.

Bertone, G. (2010). Particle dark matter: Observations, models and searches. Cambridge: Cambridge University Press.

Blackmore, S. (1999). The meme machine. Oxford: Oxford University Press.

Boden, M. A. (1990). Escaping from the Chinese room. In M. A. Boden (Ed.), The philosophy of artificial intelligence. Oxford: Oxford University Press.

Brier, S. (1999). Biosemiotics and the foundation of cybersemiotics: Reconceptualizing the insights of ethology, second order cybernetics and Peirce's semiotics in biosemiotics to create a non-Cartesian information science. Semiotica, 127(1/4), 169-198.

Brier, S. (2000a). Biosemiotic as a possible bridge between embodiment in cognitive semantics and the motivation concept of animal cognition in ethology. Cybernetics & Human Knowing, 7(1), 57-75.

Brier, S. (2000b). Transdisciplinary frameworks of knowledge. Systems Research and Behavioral Science, 17(5), 433-458.

Brier, S. (2001). Cybersemiotics and Umweltslehre'. Semiotica, 134-1(4), 779-814. 123

Brier, S. (2008a). Cybersemiotics: Why information is not enough. Toronto: University of Toronto. New edition 2010.

Brier, S. (2008b). The paradigm of Peircean biosemiotics. Signs, 2008, 30-81.

Brier, S. (2008c). Bateson and Peirce on the pattern that connects and the sacred. Chapter 12. In Hoffmeyer (Ed.), A legacy for living systems: Gregory Bateson as a precursor for biosemiotic thinking, biosemiotics 2 (pp. 229-255). London: Springer.

Brier, S. (2008d). A Peircean panentheist scientific mysticism. International Journal of Transpersonal Studies, 27, 20-45.

Brier, S. (2009). Cybersemiotic pragmaticism and constructivism. Constructivist Foundations, 5(1), 19-38.

Brier, S. (2010a). Cybersemiotics and the question of knowledge. Chapter 1. In G. Dodig-Crnkovic & M. Burgin (Eds.), Information and computation. Singapore: World Scientific Publishing Co.

Brier, S. (2010b). Cybersemiotics: An evolutionary world view going beyond entropy and information into the question of meaning. Entropy, 2010, 12.

Cartwright, N. (1997). Why physics? Chapter 5. In R. Penrose (Ed.).

Chalmers, D. (1995). Facing the problem of consciousness. Journal of Consciousness Studies, 2(3), 200-219.

Chalmers, D. (1996). The conscious mind: In search of a fundamental theory. New York: Oxford University Press.

Churchland, P. D. (2004). Eliminative materialism and the propositional attitudes. In J. Heil (Ed.), Philosophy of mind: guide and anthology (pp. 382-400). Oxford: Oxford University Press.

Clayton, P. D. (2004). Emergence: Us from it. In J. D. Barrow, P. C. W. Davies, & C. Harper Jr. (Eds.), Science and ultimate reality. Quantum theory, cosmology, and complexity (pp. 577-606). Cambridge: Cambridge University Press.

Colling, F. (2003). Konstruktivisme. Frederiksberg: Roskilde Universitetsforlag.

Cowley, S. J., Major, J. C., Steffensen, S. V., & Dinis, A. (2010). Signifying bodies, biosemiosis, interaction and health. Braga: The Faculty of Philosophy of Braga Portuguese Catholic University.

Davies, P. C. (2004). John Archibald Wheeler and the clash of ideas. In J. D. Barrow P. C. complexity W. Davies, & C. Harper Jr. (Eds.), Science and ultimate reality. Quantum theory, cosmology, and complexity, (pp. 3-23). Cambridge: Cambridge University Press.

Dawkins, R. (1989). The selfish gene. Oxford: Oxford University Press.

Deacon, T. W. (1997). The symbolic species: The co-evolution of language and the brain. New York: Norton.

Deacon, T. W. (2007). Shannon-Boltzmann-Darwin: Redefining information (Part I). Cognitive Semiotics, 1, 123-148.

Deacon, T. W. (2008). Shannon-Boltzmann-Darwin: Redefining information (Part II). Cognitive Semiotics, 2. 169-196.

Dennett, D. C. (1991). Consciousness explained. Boston: Back Bay Books.

Dennett, D. C. (2007). Philosophy as naïve anthropology. In M. Bennett, D. Dennet, P. Hacker, & J. Searle Eds.), Neuroscience and philosophy: Brain, mind and language. New York: Columbia University Press.

Dodig-Crnkovic, G. (2010). The cybersemiotics and info-computationalist research programmes as platforms for knowledge production in organisms and machines. Entropy, 12(4), 878-901.

Dodig-Crnkovic, G., & Müller, V. (2011). A dialogue concerning two world systems: Info-computational vs. mechanistic. In G. Dodig-Crnkovic & M. Burgin (Eds.), Information and computation (Series information studies). Singapore: World Scientific Publishing Co.

Donald, M. (1991). Origins of the modern mind: Three stages in the evolution of culture and cognition. Cambridge, MA: Harvard University Press.

Donald, M. (2001). A mind so rare: The evolution of human evolution. New York/London: W. W. Norton & Co.

Drummon, J. J. (2003). The structure of intentionality. In D. Welton (Ed.), The new Husserl: A critical reader (pp. 65-92). Bloomington: Indiana University Press.

Edelman, G. M. (2000). A universe of consciousness: How matter becomes imagination. New York: Basic Books. 124

Ellis, G. F. R. (2004). True complexity and its associated ontology. In J. D. Barrow , P. C. W. Davies, & C. Harper Jr. (Eds.), Science and ultimate reality. Quantum theory, cosmology, and complexity (pp. 607-636). Cambridge: Cambridge University Press.

Emmeche, C. (1998). Defining life as a semiotic phenomenon. Cybernetics & Human Knowing, 5(1), 33-42.

Emmeche, C. (2004). A-life, organism and body: The semiotics of emergent levels. In M. Bedeau, P. Husbands, T. Hutton, S. Kumar, & H. Suzuki (Eds.), Workshop and tutorial proceedings. Ninth international conference on the simulation and synthesis of living systems (Alife IX) (pp. 117-124), Boston, MA.

Esposito, J. L. (1980). Evolutionary metaphysics: The development of Peirce's theory of the categories. Athens: Ohio University Press.

Favareau, D. (Ed.). (2010). Essential readings in biosemiotics: Anthology and commentary. Berlin/New York: Springer.

Feyerabend, P. (1975). Against method. London: NLB.

Gadamer, H.-G. (1989). Truth and method (2nd rev. ed., J. Weinsheimer & D. G. Marshall, Trans.). New York: Crossroad.

Harman, G. (1990). The intrinsic quality of experience. Philosophical Perspective, 4, 31-52.

Heelan, P. A. (1983). Space-perception and the philosophy of science. Berkeley: University of California Press.

Heelan, P. A. (1987). Husserl's later philosophy of natural science. Philosophy of Science, 1987(53), 368-390.

Hinde, R. (1970). Animal behaviour: A synthesis of ethology and comparative behavior (International student edition). Tokyo: McGraw-Hill.

Hoffmeyer, J. (2008). Biosemiotics. Scranton: University of Scranton Press.

Hoffmeyer, J. (2010). A biosemiotic approach to health. In S. J. Cowley, J. C. Major, S. V. Steffensen, & A. Dinis (Eds.), Signifying bodies, biosemiosis, interaction and health (pp. 21-41). Braga: The Faculty of Philosophy of Braga Portuguese Catholic University.

Hofstadter, D. (2007). I am a strange loop. New York: Basic books.

Husserl, E. (1970). The crisis of European science and transcendental phenomenology (D. Carr Trans.). Evanston: Northwestern University Press.

Husserl, E. (1997). Fœomonologiens ide. København: Hans Reitzels forlag (Die Idee der Phenomenologie).

Husserl, E. (1999). Cartesianske meditationer. København: Hans Reitzels forlag (Cartesianische Meditationen).

Jackson, F. (1982). Epiphenomenal qualia. Philosophy Quarterly, 32, 127-136.

Kant, E. (1909). Fundamental principle of the metaphysics of morals (T. K. Abbott, Trans.). London: Forgotten Books, 1938.

Ketner, K. L. (2009). Charles Sanders Peirce: Interdisciplinary scientist. In E. Bisanz (Ed.), Charles S.

Peirce: The logic of inter disciplinarity (pp. 35-57). Berlin: Akademie Verlag.

Kuhn, T. (1970). The structure of scientific revolutions (2nd enlarged ed.). Chicago: The University of Chicago Press.

Latour, B. (1993). We have never been modern (C. Porter, Trans.). Cambridge, MA: Harvard University Press.

Latour, B. (2004). Politics of nature: How to bring the sciences into democracy. New York: Harvard University Press.

Latour, B. (2007). Reassembling the social: An introduction to actor network theory. New York: Oxford University.

Levine, J. (1983). Materialism and the qualia: The explanatory gap. Pacific Philosophy Quarterly, 64, 1983.

Lorenz, K. (1970-1971). Studies in animal and human behaviour I and II. Cambridge, MA: Harvard University Press.

125 McGinn, C. (2000). The mysterious flame: Conscious minds in a material world. London: Basic Books.

Merleau-Ponty, M. (1962). Phenomenology of perception (C. Smith, Trans.). London: Routledge & Kegan Paul, 2002. (Originally published as Phenomenologie de la Perception. Paris: Callimard, 1945, English 1962).

Merleau-Ponty, M. (1963/2008). The structure of behavior. Pittsburgh: Duquesne University Press.

Merleau-Ponty, M. (2003). Nature: Course notes from the Collège de France. Evanston: North Weston University Press.

Nagel, T. (1974). What is it like to be a bat? Philosophical Review, 83, 435-450.

Nagel, T. (1986). The view from nowhere. New York: Oxford University Press.

Neurath, O. (1983). Philosophical papers 1913-1946. Dordrecht: Springer.

Nicolescu, B. (2002). Manifesto of transdisciplinarity. Albany: State of New York University Press.

Peirce, C. S. (1931-1935). The collected papers of Charles Sanders Peirce. Intelex CD-ROM edition (1994), reproducing Vols. I-VI. C. Hartshorne, & P. Weiss (Eds.). Cambridge, MA: Harvard University Press, 1931-1935; Vols. VII-VIII, A. W. Burks (Ed.); same publisher, 1958. 引用给出了卷号和段落号，用句点分隔，如(Peirce CP 5.89)。

Peirce, C. S. (1980). New elements of mathematics. Amsterdam: Walter De Gruyter Inc.

Peirce, C. S. (1892). Writings of Charles S. Peirce: a Chronological Edition, Volume VIII 1890-1892. Edited by the Peirce Edition Project (Indiana University Press, Bloomington, Indiana, 1982, 1984, 1986, 1989, 1993, 2000, 2010).

Penrose, R. (1989). The Emperor's new mind: Concerning computers, minds, and the laws of physics. Oxford: Oxford University Press.

Penrose, R. (1994). Shadows of the mind: A search search for for the the n missing science of consciousness. London: Oxford University Press.

Penrose, R. (1997). The large, the small and the human mind. Cambridge: Cambridge University Press.

Popper, K. R. (1972). Objective knowledge: An evolutionary approach. Oxford: Clarendon.

Schrödinger, E. (1967/2006). What is life and mind and matter. Cambridge: Cambridge University Press.

Searle, J. (1980). Minds, brains, and programs. The Behavioral and Brain Sciences, 3(3), 417-457.

Searle, J. (1989). Minds, brains and science. London: Penguin.

Searle, J. (1997). The mystery of consciousness. New York: New York Review of Books.

Searle, J. (2007). Putting consciousness back in the brain. In M. Bennett, D. Dennet, P. Hacker, & J. Searle (Eds.), Neuroscience and philosophy: Brain, mind and language. New York: Columbia University Press.

Sebeok, T. A., & Danesi , M. (2000). The forms of meaning: Modeling systems theory and semiotic analysis. Berlin: Walter de Gruyter.

Sharov, A. A. (2010). Functional information: Towards synthesis of biosemiotics and cybernetics.Entropy, 12(5), 1050-1070.

Sonesson, G. (2009). New considerations on the proper study of Man-And, marginally, some other animals. Cognitive Semiotics, 2009(4), 34-169.

Spiegelberg, H. (1965). The phenomenological movement: A historical introduction (2 Vols., p. 765). The Hague: Martinus Nijhoff.

Stapp, H. P. (2007). The mindful universe. New York: Springer.

Steffensen, S., & Cowley, S. (2010). Signifying bodies and health: A non-local aftermath. In S. J. Cowley, J. C. Major, S.V. Steffensen, & A. Dinis (Eds.), Signifying bodies, biosemiosis, interaction and health (pp. 331-355). Braga: The Faculty of Philosophy of Braga Portuguese Catholic University.

Thompson, E. (Ed.). (2003). The problem of consciousness: New essays in the phenomenological philosophy of mind. Alberta: University of Calgary Press.

Tinbergen, N. (1973). The animal in its world (pp. 136-196). London: Allan & Unwin. Vihalemm, R. (2007). Philosophy of chemistry and the image of science. Foundations of Science, 12(3), 223-234.

von Uexküll, J. (1982). The theory of meaning. Semiotica, 42(1), 25-82.

von Uexküll, J. (1934). A stroll through the worlds of animals and men. A picture book modern of 126
invisible worlds. In C. H. Schiller (Ed.) (1957), Instinctive behavior: The development of a modern concept (pp. 5-80). New York: International Universities Press, Inc.

Weber, M. (1920). The protestant ethic and "The Spirit of Capitalism"(S. Kalberg, Trans.) (2002). Los Angeles: Roxbury Publishing Company.

Wheeler, J. A. (1994). At home in the universe. New York: American Institute of Physics.

Wheeler, J. A. (1998). Geons, black holes & quantum foam: A life in physics. New York: W. W. Norton & Company.

Whitehead, A. N. (1978). Process and reality: An essay in cosmology. New York: The Free Press.

Wilson, E.O. (1999). Consilience. The unity of knowledge. New York: Vintage Books, Division of Random House, Inc.

Wittgenstein. (1953). Philosophical Investigations, G. E. M. Anscombe and R. Rhees (eds.), G. E. M. Anscombe (trans.), Oxford: Blackwell.

Zlatev, J. (2009a). The semiotic hierarchy: Life, consciousness, signs and language. Cognitive Semiotics, (4), 170-185.

Zlatev, J. (2009b). Levels of meaning, embodiment, and communication. Cybernetics & Human Knowing, 16(3-4), 149-174.

第二部分

心 理 表 征

第五章　跨物种读心语境中移情的涌现 129

约翰·萨内基[1]

摘要：对读心和移情起源的进化描述，强调了理解他人心智的生殖和社会价值。根据这个观点，人类社会中的选择压力有助于我们想象自己处于其他个体的时空和认知位置的能力。我认为，这些关于移情的社会描述忽略了人类与其他物种之间的读心现象。特别是，我认为早期人类猎人的认知需求使他们有能力在追踪过程中观察潜在猎物。这些读心的选择压力不仅对我们如何看待移情有着重要的影响，而且可能对我们如何读取他人的心智产生了实质性的影响。

一、对我们移情能力的进化解释

人类热衷于读心。从蹒跚学步的婴儿时期起，我们就开始用他人的心理状态和视角来解释他们的行为，而且我们乐于把心理状态与能动性归于其他动物和无生命物体，以及精神世界中看不见的（通常是非物质的）力量[2]。在这一章，我将审视这些移情能力的进化起源，特别是它们在更新世狩猎-采集者中的出现。

关于移情起源的主流观点认为，我们人类特有的移情能力来自史前社会中
与社会互动相关的选择压力。虽然理论的细节各不相同，但这些描述表明，移 130
情的产生是为了帮助个体在日益复杂的社会环境——这与人类社会规模的增长有关（Dunbar，2000）——中生存，或是作为人类物种内认知军备竞赛的一部分（Humphrey，1976）。然而，我认为社会模型对人类移情能力的起源提供了一个不完整的描述，而且跨物种读心在早期人类发展中发挥了重要的进化作用。以史前耐力狩猎为例，我认为，我们的移情方式是因我们理解动物视角以预测其行为的需要而形成的。在概述这种对移情进化及其对人类认知影响的另一种解释时，我主张跨物种的移情不仅为我们早期人类祖先提供了对动物心智的宝

① 约翰·萨内基（John Sarnecki），美国托利多市托利多大学，电子邮件：john.sarnecki@utoledo.edu。

② 比如，参见 Boyer（2001）和 Currie（2011）。

贵洞察，而且在塑造我们如何解读他人心智方面也发挥了重要作用。

众所周知，对移情进行明确定义是很难的，但学者们通常用这个术语来描述共有的情感或认知状态、对他人痛苦的同情或感受，以及/或想象自己身处他人的位置上，以理解他或她的认知、意向和情感状态。在这一章中，我将着重讨论后一个视角的分析过程。基于这个原因，移情允许人们接受或想象另一个人的经历、思想、驱动力，以及他或她的情绪反应和承诺。在采用这种移情的概念时，我希望至少在这个论坛上避免目前在模拟主义（如 Goldman，2006）和理论-理论（如 Carruthers，1996）的读心概念之间的争论。虽然这种争论并非完全独立于我将要讨论的问题，但它超出了本章的直接范围。

对人类移情和读心起源的解释强调两个基本力量，来自父母、照料者与儿童之间养育和合作关系所产生的压力，以及来自群体内部性或资源竞争所产生的社会压力。

（一）培育后代

比如，弗兰斯·德·瓦尔（Frans de Waal）和斯蒂芬妮·普雷斯顿（Stephanie Preston）认为，母亲对她们孩子的心理状态的敏感性的增加会产生积极的适应性结果（Preston & de Waal，2002）。萨拉·赫尔迪（Sarah Hrdy）认为，移情的起源不在于对自己后代的认知生活的敏感性，而在于在合作抚养或“异育”（alloparenting）中对孩子的共同责任。在动物世界里，人类在招募看护人和分享养育后代的资源方面是独一无二的（Hrdy，2009）。读心的出现是由于个体需要意识到婴儿和儿童的需要并对其保持敏感，而这些婴儿和儿童以前很少与之互动。反之，寻求亲生或非亲生父母帮助的能力需要对婴儿和儿童的潜在照顾者的认知状态更加敏感。

（二）竞争

其他人强调移情在预测对手群体资源（比如食物或庇护所）或潜在性竞争对手的行为方面的重要性（Humphrey，1976）。这种移情通常被纳入更广泛的
131 智力概念中，这种智力被认为是从人类社群内认知军备竞赛的结果。这个“马基雅弗利式的智慧”将使特定群体里的个人在性伴侣或公共资源的竞争中占据优势。在这个模型中，移情或理解他人观点的能力将为潜在对手或潜在伴侣的认知生活（以及未来的行为）提供潜在的有价值的线索。

在每一种基于社会的模型中，移情都是对社区生活的复杂社会需求做出的回应。在这些社区里，读心有助于个人在社交和进化上有价值的生活技能的帮助下，指导和操纵个人关系的组成。能够更好地预测和解释他人的行为，为社

会纽带和交配以及建立有利的资源共享关系提供了更大机会。

基于社会的移情模型致力于在人类社区中出现，因此，每种模型都定位于人的互动中产生移情的选择压力。根据这种观点，我进入他人的思想的能力在很大程度上取决于他人像我一样。事实上，移情研究一直被这样一种观点所主导，即我们对他人的移情能力与读心者及其主体之间的认知相似性成正比。文化相似性进一步促进了移情。因此，与来自多伦多的人相比，加拿大西部的人更倾向于与其他加拿大西部的人产生共情，也能更可靠地预测他们的行为[①]。我认为，移情的起源从根本上不取决于共同的背景或形态。相反，我认为移情和读心所需的认知机制是在玛丽-凯瑟琳·哈里森（Mary-Catherine Harrison）所说的“跨越差异的移情”（Harrison，2011）的语境中形成的。哈里森强调的是社会差异，如种族和阶级，然而，我认为物种间的差异可能在人类移情能力的进化发展中起着特别重要的作用。

最后，有两点需要注意。在进化心理学中建立任何论断都充满了困难，特别是从主要依据行为证据和与现代狩猎-采集者的比较中得出时。因此，下面提出的论点更多的是建议而不是证明。本章的目的是打破我们的固有观念，即人类移情的摇篮仅限于读心者基本具有相同背景或属于同一社会群体的背景。这里的证据来源与那些支持移情的社会解释的证据来源区别不大。然而，在许多这样的案例中，数据仅仅是在一个框架中呈现的，该框架将移情的价值严格地定位于社会互动之中。本章试图挑战这一假设。

另外，在发展这一观点的过程中，我常常会把它与当前正统观点截然对立。
在某种程度上，这种对立是人为的。我的论证很少涉及这样的观点，即社会模 132
型是完全错误的，或者我们读心能力的产生完全孤立于社会力量。然而，在预先假定这种对立的情况下，我们或许可以在社会相似性和群组内选择的语境之外，更清晰地了解移情的优势。最后，这些力量如何相互增强是另外的论题。

二、耐力狩猎和移情的进化

动物的移情可能在许多方面被证明对早期的人类是有利的。比如，许多形式的狩猎都依赖于很好地理解动物如何看待世界及其兴趣和欲望。因此，狩猎技术通常包括对环境信号/条件的控制，诱骗毫无戒备的动物进入近距离范围，

---

① 戈德曼（Goldman，2006）将这种假设称为“自我相似”论题。另见特劳特（Trout，2009：23-25）关于这种观点的一个典型的不加批判的例子。

而其他技术则包括隐藏的陷阱或圈套，这些可能向动物提示猎人的存在。这些技能都主要依靠对动物视觉环境的控制。在每一种情况下，猎人都会对动物能看到什么或不能看到什么，以及在特定条件下它的视角中哪些元素是可见的做出假设。重要的是，猎人不仅将动物的视角拟人化，例如，将人类的视觉能力转加到动物的视角上，而且他们还根据被追捕的猎物调整对动物能看到或不能看到的东西的解读。因此，不可能误导人类旁观者的视觉信号，可能被用来成功地误导特定的动物。例如，正是对害虫的识别，指导了在田野中使用的稻草人的结构和细节，以防止害虫侵入农民的庄稼。因此，稻草人通常欺骗不了人类，这并不奇怪，即使它们有效地实现了预期的意图[①]。

虽然几乎不可能找到史前伪装和遮蔽陷阱的证据，但霍利迪（Holliday，1998）引用了来自骨骼组合和生态环境的证据，支持更新世猎人对诸如狐狸和野兔等小动物使用陷阱的观点。在伪装的使用上，更新世的猎人与现代的猎人没有什么区别，现代的猎人使用各种各样的伪装术来吸引动物和遮蔽陷阱。

我们也没有理由认为这些技术会被严格限制在视觉环境线索上。现代猎人伪装气味或利用盛行风来避免泄露信息给潜在的猎物。鸟和动物的叫声可以用来引诱猎物进入埋伏。这些技术不仅预先假设了动物能看到什么或看不到什么，而且隐含地让猎人接受了一种理论，即是什么吸引或排斥了目标猎物的接近。也就是说，猎人发展了对动物的认知生活的一种描述——根据它们的兴趣和爱
133 好——以便控制和预测它们的行为。这表明，从严格的环境信号视觉或知觉操纵到更复杂的动物认知状态理论，这只是很小的一步。

比如，我们可以考虑如何发展关于动物欲望和嗜好的理论。推测一个特定的动物在一天的特定时刻、特定季节，在它的生命周期中可能会相信什么或想要什么，这将有助于决定陷阱的放置或隐藏地点或伏击地的位置。比如，假设一只四足动物在炎热的夏季的晚些时候可能会非常口渴，因此午后狩猎策略的重点是标记四足动物可能去的水源地。因此，关注特定生物的认知状态的狩猎技巧通常会超越被追赶动物的直接感知环境。总之，对动物在特定环境下的心理状态的丰富理解是有潜在价值的。

可能没有比*耐力狩猎*更能说明这种复杂性的了。这种古老的狩猎技巧似乎特别强调在狩猎过程中追踪动物的全部心理状态。尽管如此，这是最不出名的古代人类狩猎技巧之一[②]。它几乎不依赖力量或隐身能力。猎人仅仅是与这种

---

① 在本节中，我感谢罗伯特·鲁尔茨（Robert Lurz）对他所谓的*偏心空间透视法*（*allocentric spatial perspective taking*）的环境和认知条件进行了有益的讨论。

② 至少与传统的更新世狩猎图像相比，比如驱赶动物到悬崖或是将巨石砸向猛犸象。

动物（通常是四足动物）进行长时间的追逐，通常持续数天，直到猎物筋疲力尽而失去防御能力。

对耐力狩猎的进化解释强调了生理上的适应能力，使人类能够追逐比人更强壮、跑得更快的动物。早期现代人类的直立行走减少了直接暴露在阳光下的皮肤表面，这样可以减少出汗和呼吸[①]造成的水分流失。同样，人的毛发的相对缺少使人比拥有毛皮的动物（Carrier，1984）更易降温。比起所追捕的体型更大的动物，这些特点能够让人维持凉爽和水分充足。两足行走在长途旅行方面非常省力，这是与四足动物不同的地方。马在奔跑或慢走同样一段距离时消耗的能量几乎相同；当用散步代替奔跑时，人只消耗掉一半的能量。这一新陈代谢的差异表明，耐力狩猎是人类慢速运动效率提高的进化结果（参见 Carrier，1984）。

这些描述可能意味着耐力技巧的成功主要依赖于人类生理上的适应，而不是认知能力。但如果持久奔跑的猎人经常失去猎物的踪迹，这些身体特征就没有什么用处了，而这是常见的情形。常被捕猎的四足动物在相对短的距离上能
够跑过任何人类（Bramble & Lieberman，2004）。早期的狩猎者有能力重新找 134
回猎物的踪迹（通常需要许多次），这使他们能切断猎物的饮水和食物来源。为了做到这一点，猎人需要认知策略，使他们在猎物失踪时能够预判动物的行动。

格罗弗·克兰茨（Grover Krantz）认为，从早期南方古猿到直立人，人类脑容量的变化可能至少部分地解释了耐力捕猎的认知需求（Krantz，1968）。持续性捕猎需要猎人牢记特定的目标或策略，通常一次要持续数天，同时要预测各种突发事件。虽然克兰茨强调追踪问题的计算复杂性，但我更关注的是它的内容。也就是说，耐力猎手预测的突发事件同时是环境的和心理的。由于猎物经常被追丢或消失，猎人不仅必须始终如一地尝试预测动物活动的环境，而且要预测它将做出的各种决定。

彼得·卡拉瑟斯（Peter Carruthers）认为，科学探究的起源可以追溯到史前狩猎和追踪猎物所需的认知能力（Carruthers，2002）。然而，对于狩猎和追踪在人类移情能力发展中的作用，他并未做出相似的论断。即便如此，近期关于现代耐力狩猎的描述强调了追踪者对猎物眼中事物的敏锐意识。继路易斯·利本伯格（Liebenberg，1990）之后，卡拉瑟斯写道："在预测动物在特定情况下会做什么时，猎人将部分依赖他的大众心理学——推断出具有特定需求和态度的人在这些环境下可能会做什么。"（Carruthers，2002：89）对现代狩猎-采集社区的研究表明，猎手不仅仅依靠猎物行踪的物理指示——它们的

① 见 Bramble 和 Lieberman（2004）关于人类耐力跑（及其生理基础）的适应性意义的讨论。

足迹或其他标记；相反，这些猎人会根据对动物视角的解读来预测它们的逃跑路线和防御策略。简而言之，猎人会尝试想象自己身处于所追捕动物的境遇中[①]。

在这一节中，我强调了跨物种移情在不同形式的史前狩猎中的价值。然而，其中一些相同的生存优势可能与我们自己成为猎物有关。捕食者规避策略也会从对狩猎动物思维方式的敏锐理解中受益。因此，在选择庇护所或食物的过程中，应该避免的路径或战略性的保护方法，可能是通过对构成特定危险的动物的移情而获得的。关注狮子或其他捕食者如何看待世界，可能有助于采取防御
135 措施阻止它们的进攻。从这个意义上说，移情不仅使人类在狩猎中获益，而且也减少了沦为其他动物的猎物的可能性[②]。

三、狩猎是如何发挥作用的：跨物种移情的进化优势

这些预测策略的优势应该是显而易见的。只要跨物种的移情能准确预测未来的行动，那么能够更好地感知猎物视角的猎人会比缺乏或误用这种移情想象力的猎人表现得更好[③]。成功的猎人将能够更好地养活自己和家人以及社区的成员[④]。而且，由于肉类不易保存，食物分享的非正式经济能够防止浪费，同时发展与其他成功猎人的关系，以确保在困难时期的食物供应。这些贡献的意义不仅在于营养。正如卡拉瑟斯（Carruthers，2002）所指出的，狩猎的适应性益处也可以用性成功来定义。因为几乎所有的狩猎-采集群体都在成员间平等分享肉食，代价信号理论（Zahavi & Zahavi，1997）的支持者认为，成为一名优秀的猎人的选择性利益并不是获得更好的食物，而是获得族群里更高的地位[⑤]。

① 当然，用现代狩猎-采集者来进行这些比较并非没有问题。然而，在这些情况下，这种比较不像往常那样令人担忧。狩猎本身也包含相似的地形，使用的工具与史前时代使用的工具几乎没什么不同。而且，在许多无关联的现代狩猎-采集社区中观察到的事实表明，耐力狩猎这种策略可能在史前社会也很常见，参见 Liebenberg（2006）对澳大利亚、美洲西南部、墨西哥、南美洲和非洲几个不同地域的耐力狩猎的调查。

② 这并不意味着在这种情况下没有其他的认知策略会被证明是有用的。早期人类很可能会根据动物可观察到的全部行为，采用许多不同的针对动物的捕食策略。

③ 当然，这是一个合理的经验问题。事实可能证明，采取动物的视角并不是一种有效的狩猎方式。狩猎-采集者可能倾向于使用这些技巧，即使它们并不会增加狩猎成功的概率。

④ 这得到了现代人类学观察的支持，“不狩猎或不能帮助合作狩猎的人，通常不会被邀请参加未来的森林远距离旅行”（Gurven & Hill，2009）。这表明，有效的狩猎对于一个人供养其家庭的能力具有重要影响。在一项元分析中，顾维（Gurven & von Rueden，2006：81-99）注意到“优秀的狩猎者几乎在所有被调查的关系中都显示出了更高的生育成功率”。

⑤ 这一理论的早期版本被称为“炫耀假说”（the show-off hypothesis）（Hawkes，1991）。

从这个观点来看，成功的狩猎标志着成为一个优秀的配偶或一个更强大的竞争对手（反之，成为一个值得信赖的盟友）。埃里克・奥尔登（Eric Alden）指出，尽管这一领域的研究相对较少，但这种观点已经获得了一些重要的实证支持（Alden，2004：354）。综上所述，这些因素表明追踪动物认知生活存在强大的进化压力。

正如我们将看到的，我上面所说的所有论点都不是为了排除这样一个观点：人类之间的移情在调节我们阅读和理解他人观点的能力方面发挥了重要作用。相反，我的主张是，动物的移情在认知发展中起着关键作用，我们应该对这种可能性持开放的态度。从这一观点出发，我们可以观察到，社会智能假说 136
的许多论点关于这些能力的本源是令人惊讶地模棱两可。比如，社会智能假说的提出者推测，人类进化过程中脑容量的快速增长是预测和应对人类社区规模扩大所必需的认知能力的一个功能（Dunbar，1992，1993）。然而，最近对食肉动物的研究表明，脑容量的增加通常与猎物脑容量的增加密切相关，而不是与社会性和族群规模的增加相关。凯・哈勒凯普（Kay Holekamp）指出，这对于社会智慧假说而言是有问题的，因为脑容量不仅与社会动物相关，而且与那些相对独居的动物（如熊）相关（Holekamp，2007）。因此，狩猎可能比社交活动更能预测脑容量的增加。

虽然很难收集到史前跨物种移情的直接行为证据，但我们可以从史前洞穴绘画中收集到一些有趣的证据。这些图像之所以引人注目，不仅是因为它们对大型动物的真实描绘，而且因为除了与狩猎或性有关的图像外，几乎没有描绘日常生活或社会交往的图像。此外，即使有人类的图像，它们也异常简单，缺乏动物图像的细节描绘。人类的图像也常常与动物本身的图像融合在一起。格雷戈里・柯蒂斯（Gregory Curtis）写道：“当他们（洞穴绘画者）描绘或雕刻人类的图画时，他们几乎不费吹灰之力；大多数这种图画都是程式化的简笔画，或是简单的粗线条脸部造型，看起来像卡通画或漫画。”（Curtis，2006：20）对动物形态的密切关注，加上对人类形象的相对较少的关注，表明了一种对动物本身而非其他人的强烈认同感[①]。

① 这些图像的主题和由身体部位模板创建的图像都表明男性艺术家占多数（Guthrie，2004），这一点与下面的讨论相关。尼古拉斯・汉弗莱（Nicholas Humphrey）认为，洞穴绘画与孤独症儿童的绘画作品的相似性——这也表明对动物的关注多于对其他人的关注——证明了洞穴画家和现代人之间存在巨大的认知差异（Humphrey，1998）。鉴于孤独症与对其他人的读心的缺失之间的紧密关联，汉弗莱的理论似乎与我的假设并不矛盾。

四、移情如何发挥作用

对移情能力的社会价值的讨论往往强调移情的选择优势。从这种观点来看，移情在更好地预测同种个体的行为方面发挥着核心作用，无论是在对资源或性伴侣的竞争中，还是在促进合作或养育关系中的人际互动方面。然而，这
137 项事业的成功将在很大程度上依赖于读心在预测未来方面的成功。移情的失败当然是司空见惯的，试图读懂他人的想法往往会导致对他人反应的代价高昂的误判。比如，想想我们对未来伴侣或是亲密朋友的行为信号的误解的频率有多高。更新和纠正我们对他人心理状态的看法，几乎是我们社会交往的一个恒定特征。正是由于这些原因，尽管移情读心有着明显的普遍性和自然性，但我们可能以某种怀疑的眼光看待自己对他人心智的直觉。

当我的直觉读心与个人行为的其他证据来源相矛盾时，这似乎尤其正确。也就是说，我们可以想象这样一种情况，对个体行为的大量观察证据可能表明，人们更倾向于不依赖视角的预测策略。简单地说，在史前人类狩猎-采集这个相对较小的社会中，个体可以建立一个关于每个群体成员过去行为倾向的大型数据库，从中可以更加可靠地推断出未来的行为。因此，在预测一个人未来的行为时，我们可能更倾向于强调他或她过去的行为，而不是用微积分来解读这个人目前的认知状态。

比如，考虑大学教师的共同学术经历。我们可能会遇到一个学生，他在经过一个学期的学习后，不能在截止期限前完成学习任务或通过考试。在采取读心的观点时，我们可以考量对个体心理状态的几种不同的考虑。因此，我们可以将通过这门考试的愿望，结合弥补余下的学习任务的额外时间等，进行归类和适当的衡量，并在此基础上估计学生会在截止期限到来的延长时间内完成学业。同时，根据学生之前的行为，我们也会假设学生不会在截止期限前完成（因为学生过去没有实现）。在我的非正式调查中，大多数老师认为基于读心选项的预测远不如由过去经验产生的预测可靠，这并不奇怪。也许这是因为读心的立场往往更笼统，所以不太适合对个体做出预测。无论怎么解释，这样的情况很容易增加，特别是对于那些过去有大量交往的人。读心在帮助我们建立社会关系方面可能是有价值的，但这显然是不可行的。一旦我们有了更多的线索，我们就可以很容易地推翻对个体行为的一般性解读，转而采用更加细致、更有依据的预测矩阵。从心理学上讲，读心可能是我们的第一选择，但从认识论上讲，它可能是我们的最后手段。

当我们考虑语言在交流我们自己心理状态中的作用时，这一点似乎特别明显。在理解他人的行为时，我并不局限于那些非语言的观察。相反，我经常依

靠关于心理状态的详尽证据（即使我可能总是警惕地只看表面价值）。这些报告可能有助于未来的观点，但它们也可能从一开始就排除了读心的需求。宣布的意向很可能比猜测意向更准确。

然而，动物之间的互动很少通过与个体的日常亲密互动来了解。在对行为 138
做出量身定制的预测时，我们的归纳基础要小得多。因此，与过去经验很多的情况相比，在这里依赖过去的经历可能没那么有价值。在这种情况下，采取认知视角的研究可能在我们同动物的互动中呈现出更大的相对预测价值。

五、狩猎与移情中的性别差异

如果人类的移情能力是在社会群体和早期狩猎策略的背景下进化的，那么很可能这些环境与认知压力在不同的人群中是不同的。更为重要的是，来自现代狩猎-采集社区的证据表明，耐力狩猎几乎完全是男性狩猎者的专长[①]。因此，如果我们假设狩猎会对移情产生重要的进化压力，那么这些压力将在很大程度上局限于社区中的男性。此外，由于女性在群体中的社会和经济角色不同，因此她们在读心方面可能面临不同的压力。这种动态表明了一条吸引人的研究进路，一条通过诱发移情能力的线索来区分读心能力的路线。根据这种假设，男性更有可能发展出读取动物心智的移情能力，而女性群体成员通过调整自己对其他人的移情能力可能会受益更多。关于这个移情的差分模型，基于社会的移情可能更注重语言中介和关注人类的面部表情，而我提出的弱人类中心模型，可能更强调非语言行为或情境线索（如具体的物理或时空关系）。这些差异表明，性别间的沟通障碍可能不是由于对性或生殖策略的不同兴趣而引起的，而是由于发展了不同的读心观点。

虽然这种移情的差分模型乍一看好像过于简单（毫无疑问，的确如此），但存在证据表明，移情能力事实上是有明显的性别差异的。西蒙·巴伦-科恩（Simon Baron-Cohen）认为，男性和女性的移情能力存在显著的差异，这一观点有很强的经验证据支持[②]。比如，考虑一下这些差异是如何在语言中产生的。对儿童语言使用的研究表明，女孩与男孩在言语风格和内容上表现出了明显的差异。正如巴伦-科恩所说的，“‘女孩’的言语被描述为更具有合作性、互惠

---

① 利本伯格（Liebenberg，2006）指出，没有观察到涉及女性耐力狩猎的案例，一般来说，在一项关于狩猎-采集的元分析中，在所研究的 179 次社会调查中，有 166 次是男性单独狩猎。

② 受篇幅限制，我只能举一个例子，但巴伦-科恩是根据许多不同的调查线索来发展他的案例的，参见 Baron-Cohen（2003）。

139 性和协作性”，而男性通常采用更适合群体活动和地位提升的语言模式（Baron-Cohen，2009：48-49）。女孩学语言的时间也比男孩早，一旦掌握了语言，她们往往会更熟练。从狩猎的角度看，这都不足为奇。至少在某种程度上移情的社会压力可能是由语言介导的，无论是在解读他人的行为还是在与他人互动方面。在群体狩猎中，狩猎者可能也面临着相似的压力，但在这种情况下，读心和视角转换的选择压力较小。简单来讲，在这个模型中，男性移情对男性的语言要求比女性要少。不同水平的移情，或更准确地说是不同种类的移情，会发展到适应不同种类的进化压力。

虽然我认为这种观点很诱人，但我不会明确支持这种观点。这些论证可能具有启发性，但目前还没有足够的证据来假设我们可以对移情能力的性别差异的来源得出确切的结论。此外，将这一立场与本章剩余部分所阐述的观点区分开来是很重要的。无论视角转换是在史前狩猎的背景下发展起来的，还是在不同社会或认知群体之间发展起来的，都可能被读心能力的性别差异的观察所支持，它并不依赖于我们的移情能力明显受性别影响的观点。

六、为读心建模

关于史前读心最著名的哲学描述可能源于威尔弗里德·塞拉斯（Wilfrid Sellars）在《琼斯的神话》（*Myth of Jones*）中的讨论（Sellars，1956）。肖恩·尼克尔斯（Shaun Nichols）提供了一个压缩的版本（Nichols，forthcoming）：

> 在遥远的过去，我们的先人从来不会谈及诸如信仰和欲望这样的内在心理状态。相反，这些“赖尔理论式”（Rylean）的先人只会谈及公开可见的现象，如行为和行为倾向……后来有一天，一个伟大的天才——琼斯，从这个群体中出现了。琼斯认识到，将*思想*等内在状态作为理论实体，为解释同伴的语言行为提供了强有力的基础。琼斯发展了一种*理论*，根据该理论，这种行为确实是内在思想的表达。然后琼斯教给他的同伴如何使用这一理论来解释他人的行为。

塞拉斯通常被认为是心理解释理论模型的鼻祖。琼斯发展了我们如何理解他人心理状态的描述，并设想它们是理论的一部分，最终通过明确的指示传递给他人。塞拉斯与上述社会描述的主要区别是用来描述他人的理论的来源。塞拉斯认为这是一种社会建构，移情的社会描述通常被归因为进化压力。即便如此，在将他的理论建构定位于对同一部落个体的解读时，塞拉斯的叙述对读心的社会起源的关注不亚于那些倡导社会智力假说的进化心理学家。

但是，我们很容易想象这个神话的其他版本。假设琼斯不喜欢篝火聊天， 140
而更倾向于追求大猎物。他没有制作一个人类解释的室内游戏，而是通过想象自己成为他正在捕猎的动物会是什么样子来磨炼自己的技能。因此，他可能会假设一系列紧密相关的内在状态，这些状态决定了动物的未来。他可能会发现，他可以训练自己的反应来模仿猎物的反应。在这个版本的故事中，任何成功都会得到直接和有形的回报。也许，就像原来的琼斯一样，他意识到自己可以使用同样的能力来预测同伴的行为。

塞拉斯的神话在认识到同样的理论也适用于自己时达到高潮。我的描述也不例外。在理解我自己的行为与认知状态时，我坚持使用同样的也适用于其他人的认知模式。这些移情投射不仅提供了一种理解他人的方式，也提供了一种理解自己的方式。通过这种方式，我们不仅可以通过对其他人的行为和态度的理解，还可以通过对不同种类的狩猎动物的历史解读来获得信息。从某种程度上说，我们在理解他人和我们自身时，*是根据史前时期对狩猎过程的文字记载来读取其他人的心智的。*

这当然是一个复杂故事的简单版本。我并不期望跨物种的移情可以完全解释人类的移情能力，这种描述的成功也并不完全依赖它。相反，更普遍地说，跨物种的移情与社会和生物背景迥异的个体的移情，可能位于一个复杂的进化和社会压力的框架内，这与关注思维本身的因果结构的预测价值有关。因此，将心智（以及与之相关的观点、欲望、信仰和其他意向现象）归因，不仅可以让个体解释和预测与自己相似的他人的行为，还可以用来弥合背景迥异的个体之间的鸿沟[①]。

参 考 文 献

Alden, E. (2004). Why do good hunters have higher reproductive success? Human Nature, 15(4), 343-364.

Baron-Cohen, S. (2003). The essential difference: Men, women and the extreme male brain. London: Penguin.

Baron-Cohen, S. (2009). Why so few women in math and science? In C. Sommers (Ed.), The science

① 本章受益于无数读者和听众的评论。我要感谢玛丽-凯瑟琳·哈里森，她向我介绍了移情的概念，这是本章的基础，还要感谢贾斯汀·金斯伯里对本章后期拟稿的巨细无遗的阅读，以及罗伯特·鲁尔茨的一组具有启发性的会议评论。我也非常感谢约翰·贝克（John Baker）、彼得·卡拉瑟斯、阿兰·吉伯德（Allan Gibbard）、奈瑟玛·德·奥立维拉（Nythamar de Oliveira）、艾伦·弗里德兰、莱拉·哈特（Lila Hart）和其他许多人，感谢他们在本研究的介绍会上提出的意见和建议。我也感谢利兹·斯旺对本章的宝贵建议和精心编辑。

on women and science (pp. 7-23). Washington, DC: American Enterprise Institute for Policy Research Public.

Boyer. P. (2001). Religion explained: The evolutionary origins of religious thought. London/New York: Random House/Basic Books.

Bramble, D., & Lieberman, D. (2004). Endurance running and the evolution of *homo*. Nature, 432(7015), 345-352.

Carrier, D. (1984). The energetic paradox of human running and hominid evolution. Current Anthropology, 25(4), 483-495.

Carruthers, P. (1996). Simulation and self-knowledge: A defence of the theory-theory. In P. Carruthers & P. K. Smith (Eds.), Theories of theories of mind. Cambridge: Cambridge University Press.

Carruthers, P. (2002). The roots of scientific reasoning: Infancy, modularity and the art of tracking. In P. Carruthers, S. Stich, & M. Siegal (Eds.), The cognitive basis of science (pp. 73-96). Cambridge: Cambridge University Press.

Currie, G. (2011). Empathy for objects. In A. Coplan & P. Goldie (Eds.), Empathy: Philosophical and psychological perspectives (pp. 82-98). Oxford: Oxford University Press.

Curtis, G. (2006). The cave painters: Probing the mysteries of the world's first artists. New York: Knopf.

Dunbar, R. (1992). Neocortex size as a constraint on group size in primates. Journal of Human Evolution, 22(6), 469-493.

Dunbar, R. (1993). Coevolution of neocortical size, group size and language in humans. Behavioral and Brain Sciences, 16(4), 681-735.

Dunbar, R. (2000). The origin of the human mind. In P. Carruthers & A. Chamberlain (Eds.), Evolution and the human mind (pp. 238-253). Cambridge: Cambridge University Press.

Goldman, A. (2006). Simulating minds: The philosophy, psychology and neuroscience of mind reading. New York: Oxford University Press.

Gurven, M., & Hill, K. (2009). Why do men hunt? A re-evaluation of "Man the Hunter" and the sexual division of labor. Current Anthropology, 50(1), 51-74.

Gurven, M., & von Rueden, C. (2006). Hunting, social status and biological fitness. Biodemography and Social Biology, 53(1), 81-99.

Guthrie, R. Dale (2004). The Nature of Paleolithic Art. Chicago, IL: The University of Chicago Press.

Harrison, M. C. (2011). How narrative relationships overcome empathic bias: Elizabeth Gaskell's empathy across difference. Poetics Today, 32(2), 255-288.

Hawkes, K. (1991). Showing off: Tests of an hypothesis about men's foraging goals. Ethology and Sociobiology, 12, 29-54.

Holekamp, K. E. (2007). Questioning the social intelligence hypothesis. Trends in Cognitive Science, 11, 65-69.

Holliday, T. (1998). The ecological context of trapping among recent hunter-gatherers: Implications for subsistence in terminal Pleistocene Europe. Current Anthropology, 39, 711-719.

Hrdy, S. (2009). Mothers and others, the evolutionary origins of mutual understanding. Cambridge MA: Harvard University Press.

Humphrey, N. K. (1976). The social function of intellect. In P. P. G. Bateson & R. A. Hinde (Eds.), Growing points in ethology (pp. 303-317). Cambridge: Cambridge University Press.

Humphrey, N. K. (1998). Cave art, autism, and the evolution of the human mind. Cambridge Archaeological Journal, 8(2), 165-191.

Krantz, G. (1968). Brain size and hunting ability in earliest man. Current Anthropology, 9(5), 450-451.

Liebenberg, L. W. (1990). The art of tracking: The origin of science. Cape Town: David Philip.

Liebenberg, L. W. (2006). Persistence hunting by modern hunter gatherers. Current Anthropology, 47(6), 1017-1025.

Nichols, S. (forthcoming). Mindreading and the philosophy of mind. In J. Prinz (Ed.), The Oxford handbook on philosophy of psychology. New York: Oxford University Press.

Preston, S., & de Waal, F. (2002). Empathy: Its ultimate and proximate bases. Behavioral and Brain Sciences, 25(1), 1-20.

Sellars, W. (1956). Empiricism and the philosophy of mind. Minnesota Studies in the Philosophy of Science, 1, 253-329.

Trout, J. D. (2009). The empathy gap: Building bridges to the good life and the good society. New York: Viking/Penguin.

Zahavi, A., & Zahavi, A. (1997). The handicap principle: A missing piece of Darwin's puzzle. New York: Oxford University Press.

143 第六章　情景可视化与早期人类心智的进化

罗伯特·阿尔普[①]

摘要：在本章中，我将讨论*情景可视化*，即一种心理活动，通过选择、整合视觉图像，然后将其转换并投射到视觉场景中，以解决人类居住环境中的问题，这些问题在古人类时代出现，并且解释了某些与视觉相关的创造力。我们的古人类祖先最可能面临的问题是与生存相关的空间关系和深度关系类型的问题，比如判断物体与自身之间的距离，确定一个接近自己的物体的大小，将物体与任何数量的相关记忆物体匹配，以及预测需要某种特定工具来完成一项任务等——因此情景可视化能力对于他们的生存是有利的。因此，情景可视化已经并将继续与*视觉相关*的创造性解决问题的形式相关。

关键词：双联想（bissociation），认知流动性，创造性问题解决，进化心理学，古人类，米森，情景可视化，视觉图像

一、引言

新工具和艺术品的建造，就像语言一样，似乎是我们在动物王国的物种中具有的明显的人类独特性。人类不仅制造产品，他们还制造用来*制造其他*产品的产品，综合不同的想法，成功地与环境协调，发明、创新、想象、即兴创作，并以创造性的方式解决各种各样的问题。在田野观察和受控的实验室中，我们
144 见证并记录了黑猩猩、红猩猩、海豚、大象、章鱼、乌鸦和其他动物在解决问题方面相当复杂的形式；然而，即使是最高级的动物，如黑猩猩（Whiten，2010；Whiten et al.，1999；Call & Tomasello，1994；Lonsdorf et al.，2010；Watanabe & Huber，2006；Pearce，2008；von Bayern et al.，2009）——可以获得一个普通的三岁或四岁正常孩子解决问题的能力，迄今为止，都不能够解决我们最早的人类祖先就能解决的问题。比如如何杀死一头猛犸象而不让自己丧命的问题，

① 罗伯特·阿尔普（Robert Arp），独立学者，电子邮件：robertarp320@gmail.com。

这个问题的解决方法很简单，就是将一块薄片置于棍子的末端，制造出像长矛一样的抛射体。

继梅耶（Mayer，1995）之后，我们能区分常规问题解决和*非常规创造性问题解决*（nonroutine creative problem-solving，NCPS）（也见 Smith et al.，1995）。在常规问题的解决过程中，动物若是过去有经历的话，就可以识别出一个问题的许多可能的解决方法。动物会不断地进行常规问题的解决活动，这些活动对它们的生存来说是具体和基本的，例如追求一个在记忆或直接感知联想中确立的短期目标。

*人*这种动物也会进行常规问题的解决活动，但也会参与更抽象和更有创造性的活动，比如基于心理图式发明新的工具；综合那些乍一看完全不相干或毫无关联的概念；为问题设计新颖的解决方案；以及创造精美的艺术品。如果一个人决定采用一种*全新的方式*来解决问题，比如发明某类工具，那么我们就会有一个非常规创造性问题解决的例子。

在本章中，我将介绍考古学家史蒂文·米森（Steven Mithen）提出的观点和论证（Mithen，1996，1999，2001，2005）。根据该观点，人类心智进化出了创造性地使用心理图像的能力，从而创造出了新颖的艺术品、发明工具和解决*非常规*问题。一些进化心理学家认为，这些复杂的认知能力是特定的瑞士军刀状思维模块（这个想法有许多版本）的结果，这些模块在更新世早期的人类中进化出来，用以处理人类可能经历过的各种各样的问题。米森指出了这一立场的不足之处，并认为创造力是可能的，因为心智已经进化出他所谓的*认知流动性*，一种在心理模块之间灵活交换信息的能力——或者用凯斯特勒（Koestler，1964）的术语，一种*双联想*（*bissociate*）的能力。事实上，根据米森所言，认知流动性*是*有意识的推理，是人类特有的心理能力。这是一个貌似合理的观点，在关于意识、想象力和创造性进化的文献中得到了广泛的认可（比如，Ruse，2006；Calvin，2004；Gregory，2004；Goguen & Harrell，2004；Arp，2005a，2005b，2006，2008；参见 Fodor，1998）。

然而，米森的观点并不能说明全部情况。在本章中，我认为*情景可视化*是作为一种心理属性出现的，它作为一种元认知过程，从心理模块中选择和整合相关的视觉信息，以便在环境中执行与视觉相关的 NCPS 任务。然而，如果这种心理活动*仅仅*是信息的自由流动，正如米森指出的那样，那么就不会有心理
上的连贯性；信息将是混乱的和没有方向的，完全不提供有用信息。数据需要 145
被分离和整合，以便它们能为认知者提供信息。事实上，选择和整合来自心理

单元的视觉信息是情景可视化的功能[①]。

二、进化心理学和瑞士军刀模块化心智

许多进化心理学家认为，心智就像一把瑞士军刀一样，装配着在更新世（更新世始于180万年前，持续了大约100万年的时间）进化出来特定的心理*工具*，用来解决具体的生存问题，比如面部识别、心理地图、直觉机制、直觉生物学、血族关系、语言习得、配偶选择和欺骗检测。心理工具的清单可以更长或更短，瑞士军刀模型也存在许多变种，而人类的心智已经进化出一个更大的通用工具来补充更特定的工具，或者与几个更特定的工具或是其任意组合共存的双用途工具（Cosmides & Tooby，1987，1994；Buss，2009；Gardner，1993；Palmer & Palmer，2002；Confer et al.，2010；Hampton，2010）。

进化心理学将这些心理模块称为特异性领域。这意味着任何给定的模块都只处理一种适应性问题，而排斥其他问题。心理模块以这种方式被封装，彼此之间不共享信息。例如，一个人的欺骗者检测模块是在一个特定的环境下进化而来的，与他的“怕蛇”模块没有直接联系，后者是在其他不同环境下进化而来的。这种封装最适合那些需要迅速和常规反应的环境；这种发展使得这些生物能在它们的常规或习惯环境中有效地做出反应。

146 三、瑞士军刀模块化心智的一个问题

然而，进化心理学家的推理似乎存在着一个基本的缺陷。如果心理模块被封装起来，并被设计来执行某些常规功能，那么这种模块化如何适应新环境？当常规感知与知识结构失效，或出现非常规环境时，我们就需要创新地处理这种新颖性。想象一下更新世时期。非洲从丛林生活到热带沙漠稀树草原生活的

---

① 我曾为我的情景可视化观点进行过论证（Arp，2005a，2005b，2006，2008），它不仅被赞许为“创新的和有趣的”，甚至被称赞为“有雄心的”（Downes，2008；Jarman，2009；Thomas，2010；O'Connor et al.，2010）。它也被许多哲学心理学家、认知科学家、人工智能研究者等所使用（Sloman & Chappell，2005；Gomila & Calvo 2008；Weichart，2009；Sugu & Chatterjee，2010；Arrabales et al.，2008，2010；Rivera，2010；Bullot，2011；Langland-Hassan 2009；Boeckx & Uriagereka，2011）。因此，这种观点至少有一定的初始合理性。尽管如此，我仍然受到一些批评（Kaufman & Kaufman，2009；Picciuto & Carruthers，2008），我欢迎大家继续就人类心智进化的问题进行讨论。虽然我希望对各种研究人员采用我的情景可视化观点的具体方式进行解释，并对我的批评者给出大量的回应，但受本章篇幅所限——再加上本书的性质——我将坚持原计划，将情景可视化解释和论证为一个与我们的心理结构进化相关的合理假设。

气候变化，迫使我们早期的古人类走出树林，到完全陌生的新环境中生存。由于一个偶然的基因编码，一些古人类重新适应了非洲的新环境，另一些迁徙到其他地方，如欧洲和亚洲，而大多数则灭绝了。这种环境的变化对于模块性产生了巨大的影响，因为现在特定模块中来自环境的信息的特定内容不再相关。*之前适合丛林生活的信息，在热带沙漠稀树草原的新环境中已不再有效*。仅仅诉诸模块性将导致我们古人类祖先的死亡和灭绝。

我们早期古人类祖先从典型的丛林生活到非典型的和新奇的稀树大草原生活的成功发展，需要某种能够创造性地应对新环境的其他心理能力的出现。但我们怎么才能有创造性呢？

四、米森与认知流动性

米森通过引入*认知流动性*推动了进化心理学家的模块化心智的发展，认知流动性使人类能够对新环境做出创造性的反应。米森认为古人类心智的进化经历了一个三步过程，开始于 600 万年之前，当时灵长类的心智被他所谓的一般智能所支配。这种一般智能与猩猩的心思相似，因为它由一种通用的试错学习机制所组成，该机制专注于多重任务，其中所有的行为都被模仿，联想学习很慢，而且经常出错。

第二步与*更新世灵长动物*（*南方古猿*）的进化线路相一致，并从*人类谱系一直延续到尼安德特人*。在第二步中，多种*专门的智能*或模块与一般智能一起出现。在这些模块中的联想学习更快，因此可以执行更复杂的活动。通过从头骨化石、工具、食物和栖息地所收集的数据，米森得出结论，*能人*可能具有一般智能，以及专门用于社会智能（因为他们群居生活）、自然发展史智能（因为他们靠山吃山）和技术智能（因为他们制造工具）的模块。*尼安德特人*和*海德堡人*可能拥有所有这些模块，包括一个原始语言模块，因为其头骨显示出更大的额叶和颞叶区——在现代人的大脑中，这些区域与语言功能有关。根据米 147
森（Mithen，1996，1999，2001，2005）的研究，*尼安德特人*与*海德堡人*具有标准进化心理学描述的瑞士军刀式心智。

现在，出现了一个米森也意识到的问题：今天进化心理学家假设的，用来解释学习、协商和解决问题的独特心理模块不可能发生在*更新世*。更新世之后的世代所遇到的潜在的各式问题对于有限的瑞士军刀心智储备来说太大了；为了生存和主宰世界，存在着太多的假设情境需要*非常规地*、*创造性地解决问题*。在动物适应环境的过程中，它们可能会不断面临*无数的*问题。我们能很好地适应环境，这表明我们有能力处理环境中出现的各式各样*潜在的非常规*问题。

这就是米森心智进化的第三步，即*认知流动性*的作用。这最后一步——恰逢现代人的出现——不同的心理模块在知识和观念的流动中协同工作。这些模块现在可以相互影响，从而产生近乎无限的想象力、学习和解决问题的能力。在米森看来，由于这种认知流动性，各种心理模块的共同作用*就是*意识，代表着心理活动的最先进形式（Mithen，1996，1999，2001，2005）。

五、认知流动性与创造性

米森指出，他的认知流动性模型解释了人类在解决问题、艺术、独创性和技术方面的创造力。他的想法有着初始的合理性，因为如果人类没有进化出处理新奇事物的意识，他们今天可能就不会存在。难怪克里克（Crick，1994）坚持认为，“没有意识，你就只能处理熟悉的、十分常规的情况，或者在新的情境下只能对有限的信息做出反应”。正如塞尔（Searle，1992）所观察到的，“意识赋予我们的进化优势之一是我们获得了更大的灵活性、敏感性和创造性”。

米森的观点与研究人员所指的*双联想创造性*与创造性问题解决的想法一致。科学家们已经记录了黑猩猩在解决问题时看起来非常有创造性，它们尝试了几种不同的方式来得到树上的果实——比如从不同的角度跳起来或从树枝上跳下来——最终用一根棍子把果实打下来。科学家还记录了幼小的黑猩猩观察老黑猩猩做同样的事情（Whiten，2010；Lonsdorf et al.，2010）。事实上，人们对各种动物的模仿行为进行了一些观察，这些模仿行为看起来像是创造性地解决问题的行为（Norris & Papini，2010）。

148 然而，在这些常规问题解决的例子中，可能的解决方案的数量是有限的，因为这些动物的心理储备是由环境固化的，它们对工具的使用（如果它们有这种能力）是有限的。事实上，所有让黑猩猩和其他灵长类动物模仿*能人*（233万～140 万年前）使用的基本的敲击方法——比如，石头工具本质上是用另一种石器敲打（敲击和切割）来制造的——的尝试都失败了（Merchant & McGrew，2005；de Beaune et al.，2009；Whiten，2010；Lonsdorf et al.，2010）。

与常规问题解决——在熟悉的视角下处理相关的联系——不同，非常规创造性问题解决需要在*完全不相关*的观点和想法之间产生联系的创新能力。人类似乎是唯一一种不需要*模仿和帮助*就可以自己解决非常规问题的生物。凯斯特勒（Koestler，1964）把这种创造性的心智称为*矩阵双联想*（*bissociation of matrices*）。当一个人进行双联想时，*这个人*将观点、记忆、表征和刺激等以一种对他来说完全陌生的全新的方式组合在一起。博登呼应了凯斯特勒的观点，称这是一种“将以前不相关的想法合并在一起”的能力（Boden，1990：5）。因此，多米诺维奇（Dominowski，1995：77；又见 Smith et al.，1995）宣称，“克服传统并对一种情况产生新的理解被认为是创造力的一个重要组成部分”。

人类会*双联想*，并能够忽略正常的联系，尝试用*新奇的*想法和方式来解决问题。双联想也被认为有助于解释笑、构造假设、艺术、技术进步以及著名的“啊哈”（ah-hah）——当人们想出一个新点子、新见解或新工具时所体验的创造性的“我发现了”（eureka）时刻——的能力。

因此，当我们问人类是如何做到创新时，一定程度上是问他们是如何进行双联想的，*也就是以一种全新的、不熟悉的方式将先前不相关的想法并置在一起*。通俗地说，人类能够把一些视觉感知、概念或在大脑“左边”发现的想法，与另一些完全不同的和不相关的视觉感知、概念或在大脑“右边”发现的想法建立某种连贯的联系，而且人类似乎是唯一能从事这种心理活动的物种。

六、情景可视化：对米森观点的发展

米森对认知流动性的解释，允许信息在模块间进行自由的流动（凯斯特勒称之为“双联想”）。我认为这是心理活动的重要*前提*，如想象力，就需要同时利用多种模块。例如，米森认为与动物相关的图腾拟人论——比如，由部分人类和部分动物形象组成的图腾柱——源于专门处理动物及其特征的自然历史模块和专门处理人类及其特征的社会模块之间信息的自由流动。用木头雕刻的 149
图腾是自然历史模块与社会模块之间信息自由流动的*物质*结果，这些信息是在艺术家的脑海中产生的。

然而，米森的模型并不令人满意，因为他把意识看作一种被动的现象。在他看来，意识仅仅是一种自由的流质，对我来说这并不是意识的全部解释。当我们从事有意识的活动时，我们正在*做*一些事情。源自康德（Kant，1929）的基本洞察，后来被无数哲学家、心理学家和神经科学家重申，即意识是一种活跃的过程（比如，Crick & Koch，2003；Singer，2000；Arp，2005a，2005b，2006，2008）。

坎德尔等赞成康德的观点，他们声称感知“组织客体的基本特征，足以让我们处理这一客体”（Kandel et al.，2000：412）。他们直接借鉴康德的观点，进一步认为我们的感知“是根据神经系统的结构及其功能所施加的限制在内部构建的”（Kandel et al.，2000：412）。我提出了康德的基本洞见，并提出以协调环境为目的从心理模块中选择和整合与视觉信息相关的心理活动，对创造性问题解决至关重要，而且米森的认知流动性是这些模块中包含的信息能够混合的前提。因此，一方面，米森关于心理模块之间信息混合的可能性是正确的，鉴于早期古人类在多变的更新世环境生存的能力，认知流动性可能是我们对心理结构的更好描述；另一方面，我通过论证模块信息的混合并不是与视觉相关的创造性问题解决的全部故事，改变并补充了米森的观点。

我主张一种我称之为*情景可视化*的观点：

> 一种心理过程，包括从广泛的可能性中选择视觉信息片段，形成连贯而有组织的视觉认知，然后将这种视觉认知投射到一些合适的想象场景中，以解决由所处环境引起的一些问题。

在上面我提到图腾崇拜的例子中，所使用的图像必须从其他相关的视觉图像中选择。在图腾中，来自社会与自然历史模块的视觉信息被综合起来，使得升华或创造的东西作为这一过程的结果*重新出现*。当谈到米森关于认知流动性的观点时，福多关于整合发表了相似的论断：“即使早期人类有‘自然智能’和‘技术智能’的模块，他们也不可能仅仅通过将关于火的了解加到关于牛的了解上而成为现代人。诀窍在于思考当你把两者放在一起时会发生什么；通过*整合*知识基础，而不是仅仅把它们简单相加，你才可以得到*黑椒牛排*（*steak au poivre*）。”（Fodor，1998：159）

值得一提的是，其他思想家承认心智的结构是由灵活互动的模块组成的，并且类似地，他们提出了整合机制来解释心理一致性。达马西奥（Damásio，
150 2000）、辛格（Singer，2000）、威尔曼斯（Velmans，1992）、托诺尼和埃德尔曼（Tononi & Edelman，1998）都提出了意识包含着一种整合机制的观点。福康涅和特纳（Fauconnier & Turner，2002）使用“概念融合”或“概念整合”的概念来解释“使人类成为他们自己，不论好坏”，作为语言的使用者和创造性问题的解决者。此外，戈根与哈勒尔（Goguen & Harrell，2004）也提出了一种概念融合的观点，利用数学算法和计算实现来产生叙事和隐喻。

我认为情景可视化在人类参与视觉相关的问题解决的形式时表现得最为明显。我并不是建议人们在解决非常规问题*总是*可视化或*从不*用语义形式或其他形式的推理。人们是否使用情景可视化更可能取决于我们所面临问题的类型。有一些问题——比如某些数学问题——不使用情景可视化也可解决。其他问题，如空间关系和深层感知问题，可能需要情景可视化。我们的古人类祖先最可能面临的问题是与基本生存相关的空间关系和深度关系类型——比如，判断一个物体与自己之间的距离，确定一个接近自己的物体的大小，将一个物体与任何

数量的相关记忆匹配，以及预测需要某种特定的工具来完成一项任务——因此情景可视化的能力对他们的生存是有用的。因此，情景可视化已经并将继续与*视觉相关*的创造性问题解决的形式相关。

七、情景可视化与工具制造

生物学家、人类学家、考古学家和其他研究者普遍认为，有多种因素促成了现代人类大脑的进化，包括双足行走、多样化的栖息地、社会系统、来自大型动物的蛋白质、大量的淀粉、延迟的食物消耗、食物共享、语言与工具的制造等（Aiello，1997；Donald，1997；Calvin，2004；Dawkins，2005）。如果不考虑所有这些因素，就不可能得到大脑进化的完整图景，因为大脑的进化涉及与生理学、自然环境和社会环境的复杂共同进化。语言在我们物种中的出现，显然在我们繁荣和统治地球的能力方面占据了中心位置（Tallerman，2005）。然而，我希望把重点放在工具制造上，因为它在大脑和视觉系统的进化中至关重要，我这样做是基于以下四个理由。

第一，在我们的进化史上，工具的制造是区分南方古猿和人属的智力标杆，*能人*是首个工具制造者，拉丁语意思是“手巧之人”。

第二，工具为我们提供了间接但令人信服的证据，证明心理状态源自大脑状态。通过试图模仿古代制造工具的技术，考古学家发现某些工具只能根据*心理模板*制造出来，正如佩莱格里恩（Pelegrin，1993）、艾萨克（Isaac， 151
1986）、韦恩（Wynn，1993）和德·伯恩等（de Beaune et al.，2009）所论证的那样。

第三，正如上文提到的，我们的古人类祖先并不想解决数学问题，他们关心的是识别和辨别猎物、捕食者、朋友和/或敌人（以及其他基本的生存活动）。因此，与工具制造相关的情景可视化的能力对他们的生存是有用的。

第四，正如我试图展示的，在情景可视化方面，工具制造的进化与视觉处理的进化是平行的。

我的情景可视化理论的核心是旧石器时代中期工具技术上的突破，伴随着*尼安德特人*谱系的出现，接近*海德堡人*谱系的末期，大约是30万年前。旧石器时代中期的技术包含了一个更复杂的三个阶段的建造过程：①基本的核心石块；②粗糙的毛坯；③精细的定型工具。这一过程使得各种工具被创造出来，因为粗糙的毛坯可以遵循一种模式最终变成切割工具、锯齿工具、片状刀片、刮刀或标枪。此外，这些工具有着更广泛的应用，因为它们与其他材料组件一起使用，形成手柄和矛，并被用于制造其他工具，比如木制的和骨制的器物。与工具制造复杂性的增加相一致的是，*海德堡人*与*尼安德特人*的大脑容量分别增加到 1200 毫升和 1500 毫升，比直立人多 300～600 毫升。

到了距今 4 万年前，也就是解剖学上的现代智人进化大约 6 万年后，我们发现了串珠、牙齿项链、洞穴绘画、石雕和雕像等人类艺术的例证。工具制造的这一时期被称为旧石器时代晚期，范围从 4 万年前到农业出现的 12 000 年前之间。首先出现的是用骨头和鹿角制成的缝针和鱼钩，以及用来制作箭和矛的片状石头、凿刀（用来刻制骨头和象牙的凿子形状的石头）、多刺鱼叉尖和用木头、骨头与鹿角制成的投掷器（Pelegrin，1993；Mithen，1996；Isaac，1986；McHenry，1998；de Beaune et al.，2009）。

我认为，情景可视化是复杂神经系统发展的自然结果，环境压力导致了它的进化。米森（Mithen，1996）和韦恩（Wynn，1993）等考古学家在试图重建莫斯特文化晚期和旧石器时代晚期的早期古人类工具的过程中，表明达到这些工具的最佳性能，需要进行多次心理想象以及对材料的多次修改。这种可视化至少包含以下能力：识别水平与垂直线、从几个可能的选择中选出一个图像、区分嵌入在复杂背景中的目标图形、建构未来情景的形象、将图像投射到未来场景中，以及从记忆中找到项目的特定目标。如果一种先进的工具制造形式是最高级的心智的标志，考虑到复杂多变的更新世环境，以及为了在这些环境中
152 生存而生产工具所必需的情景可视化，那么我认为，视觉处理最有可能是这种高级心智在进化过程中出现的主要方式。

八、标枪的进化

接下来，我将追溯多功能标枪的发展，从最初的一根简陋的棍棒，经过改进变成矛，最终专门发展为装有发射物的标枪。我们需要一个例子来说明情景可视化在人类进化过程中的出现，而这种工具的发展为我们提供了具体的证据。接下来的故事是为了合理解释情景可视化是如何在我们早期的古人类历史中出现的，就像大多数进化故事一样，它并不是一个有*确凿*证据的解释。

1. 第一步：棍棒

我们可以把现代黑猩猩的活动作为早期古人类生活的代表，我们可以看到黑猩猩在原始丛林环境中确实使用工具。黑猩猩使用石头、树叶和棍棒砸开坚果、搬运物品、捕食白蚁、自我防卫和攻击。这可能就是早期古人类在非洲丛林、热带草原所做的事情。

正如前面所提到的，黑猩猩从事试错和模仿学习。小黑猩猩会试图模仿年长黑猩猩的行为，包括工具的使用。研究人员曾试图让黑猩猩通过削薄和削尖的方式使用鹅卵石和石头制造其他工具（早期*能人*可能是这样做的），但它们做不到（McGrew，2004；Byrne，2001）。因此，黑猩猩似乎可以在使用工具时从记忆中形成并回忆起视觉图像，但它们显然没有能力制造旧石器时代晚期工业中发现的那种工具，它们对工具的使用仅仅是模仿，完全缺乏创造性。

当气候发生变化，早期古人类从丛林迁移到非洲稀树草原去搜寻食物时，他们制造的标枪可以从远处投掷杀死猎物（Ambrose，2001；Churchill & Rhodes，2009）。人们可以继续用棍棒击打猎物直到猎物死亡，就像在丛林环境下所做的那样。这可能对一些猎物有效，但对于那种比自己大得多的猎物呢？想象一下，你被困在稀树大草原上，面对长毛象和剑齿虎，唯一的防御工具是一根棍棒。简单来讲，为了生存，你需要在工具制造上变得更富有创造力。加尔文提出了一个关于早期人类生存的简单问题："他们能创新吗？"（Calvin，2004：25）如果答案是*否定的*，那么这些先民最终会步渡渡鸟的后尘。

从棍棒到标枪的发展经历了它本身的演化，这表明了从视觉处理到情景可 153
视化的进步。我们早期的智人祖先所从事的那种工具制造很可能就是试错或模仿学习，并代代相传。石片被制造出来。棍棒也是如此。然而，很显然，这些物种的成员从来没有想过要把他们的一块石片放在一根棍棒的末端。

2. 第二步：矛

到旧石器时代中期末，古老的*海德堡人*和*尼安德特人*都采用了三步制作石器的工艺，这导致各种工具被制造出来。而且石片被置于棍棒的末端成为矛。制造石器最基本的一步就是从鹅卵石上敲出一块薄片。

当我们考虑到早期的人类祖先不仅要选择适合于特定环境中解决某些问题的特定材料，而且还要利用一系列不同的石器加工技巧，其中包含许多步骤以便制成不同种类的工具，显然，必须发生一种相当高级的心理活动形式。以这样的方式击打一系列的薄片，每一片都有助于清除其他薄片，这需要对大脑进行更多的控制，以及一只配备各种抓握方式的手。必须评估这一过程的各个步骤，还可能会根据未来的步骤来检查之前的步骤。韦恩（Wynn，1993）认为，工具行为"需要解决问题，调整行为以适应手头特定任务的能力，为此，生搬硬套的顺序是不够的"（Wynn，1993：396-397）。这种心理复杂性使得麦克纳博与阿什顿（McNabb & Ashton，1995）将我们制造工具的人类先祖称为"深思熟虑的削石者"。

可以肯定地说，制造工具的多样性，是这些古人类会想象这些工具的未来使用情景的证据；否则，*制造各种工具有什么意义呢？*黑猩猩使用同样的棍棒或岩石工具来击打、投掷或粉碎。然而，各种工具的构造表明它们有各种各样的用途。在这种情况下，除了形成一种视觉图像，将这一视觉图像投射到未来的某个场景并按照上述视觉可视化的意图采取行动之外，还有什么目的呢？工具的多样性是有目的的情景可视化的物质结果。在韦恩之后，米森指出，具有“思考假设的物体与事件能力的心智对于制造斧子这样的石器工具是完全必要的。在开始从石核上去除薄片之前，人们必须在脑海中形成成品工具的样子。每次敲打都遵循它对工具形状影响的假设”（Mithen，1996：36）。

154 3. 第三步：标枪

在距今大约 4 万年前，也就是现代人类出现 6 万年之后，我们发现了各种标枪、矛和标枪发射器的证据。米森（Mithen，1996）和韦恩（Wynn，1993）等考古学家已经证明，为了达到这种工具的最佳性能，标枪的制造需要多次的心理可视化，以及对材料的多次修改（也见 Ambrose，2001；Churchill & Rhodes，2009）。这种可视化可能包含以下能力：①识别水平线或垂直线；②从几种可能的选项中选择一个图像；③区分嵌入在复杂背景中的目标图像；④建构未来场景的图像；⑤将图像投射到未来场景中；⑥从最初的记忆中回忆投射的特定目标。

根据预期的杀伤或防御类型，人类制作了带有不同形状枪头和枪柄的标枪。如果我们早期的古人类祖先只是试图走近并撞击大型动物，那他们可能会被杀死。事实上，这很可能不止一次地发生在早期的古人类走出丛林的环境到全新的热带草原环境的过程中（Ambrose，2001；Churchill & Rhodes，2009）。最终，我们的祖先（比如*尼安德特人*）发明了矛；然而证据表明，他们可能只发明了矛，而没有发明标枪（Mithen，1996；Ambrose，2001；Churchill & Rhodes，2009）。智人发明了配备发射器的标枪，这种标枪可以创造性地使用，不仅可以远距离投掷，还可以近距离刺穿、劈砍和切割（Mithen，1996；Ambrose，2001；Churchill & Rhodes，2009）。

我们的古人类祖先生活在社群中，相互观察和学习。我并不是说情景可视化出现在唯我论的真空中。就像其他灵长类动物一样，我们的祖先在他们的社会群体中从试错和其他形式的模仿表达中学到了很多东西。同时，我们可以想象那些著名的“疯狂科学家”把自己封闭起来研究一些他们认为有洞见的问题。每个社会群体中都会有创新者。我认为，到了距今 4 万年前，我们古人类祖先的大脑足够幸运，通过基因变异在他们神经硬件中建立了适当的连接，从而有可能进行情景可视化。在这些*神经*连接已经到位的情况下，所需要的就是一些环境线索来引起*心理*联系、推论和洞察。它所需要的只是一些心理上创造性的

“好把戏”（Dennett，1995）——甚至可能由一个古人类实施——让创造力流动起来，并在我们的古人类先祖中激发情景可视化。我可以想象，在我们的古人类谱系中，就像今天一样，在谈判环境中发生了一个复杂的试错与创新学习以及执行的互相作用。

通过遗传变异和自然选择的运气，我们古人类祖先的大脑需要所有正确的 155
神经连接来实现情景可视化。古人类生活在社会群体中相互学习，通过试错来实施行动。这个好技巧仅仅是用来处理我们的祖先遇到的某些与视觉相关的问题的*有用工具*，那些能够利用它的人存活下来，并将其基因和模因（试错型以及更具创新性的类型）传递给下一代（Dawkins，1976；Blackmore，1999）。我们这些活到现在的人类仍然保留着这种能力。

九、鱼叉

图 6-1 是一幅关于鱼叉的构造图。这种图示被认为表征了与我们早期人类祖先情景可视化的能力相关的较慢的智能过程。

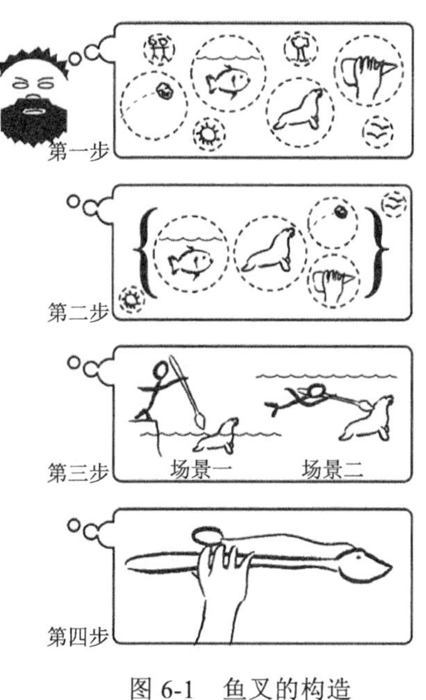

图 6-1　鱼叉的构造

图 6-1 基于米森（Mithen，1996）收集的信息，是关于格陵兰岛的昂马沙利克（Angmagssalik）猎人和他们用来捕获海豹的鱼叉的构造。它们的鱼叉相

当复杂，鱼叉头上有一根线，连着一个漂浮装置，还有其他一些部件设计，目的是使鱼叉结实、精确、容易投掷。这些狩猎者是一个有趣的例子，因为他们的鱼叉技术几千年来可能并没有太大变化，因此，可以研究他们的技术，以了解早期古人类的工具制造可能是什么样的。

在这幅示意图中，我请你想象一下，要解决的问题是从远处向海豹投掷抛射物以杀死海豹并剥皮，在即将到来的冬季用它的身体作为食物和御寒品。我还请你想象一下，这是人类*第一次*想到鱼叉的*主意*。一开始，这个特定的古人类对鱼叉并没有预先的知识，但通过情景可视化的过程，他或她最终“把两者合二为一”，并设计出鱼叉的心理蓝图。换句话说，这应该是早期古人类心智中的双联想的、非常规创造性解决问题的图解。

在第一步中，猎人有着与海豹的特征、水中物体的性质、双面手斧的制造和在空中移动的投射物相关的独立视觉图像。与米森关于认知流动性观点相一致的是，在这些心理领域之间的视觉信息具有相互融合的潜力，并以虚线气泡来表示。此外，与发展和进化心理学家提供的数据相一致的是，有几个心理模块（虚线的气泡）组成一个人的心智。在第二步中，情境可视化开始了动物生物学的、技术的和直觉的物理模块与其他心理模块的划分。在第三步中，可视化的过程继续，因为随着它们被投射到未来想象的场景中，古人类正在控制、
156 反转和转换图像。在第四步中，这些模块被积极地整合在一起，从而形成一个完整的新图像，并在鱼叉的实际生产中得以实现。

十、结论

在这一章中，我介绍了进化心理学家提出的观点和论点，即我们人类的祖先进化出了一定的能力，能够创造性地解决与视觉相关的非常规问题。我认为，认知流动性以及我所说的情景可视化是一种心理活动，通过对视觉图像的选择、整合，然后将其转化并投射到视觉场景中，以解决人类所居住环境中的问题——这发生在古人类的过去，并解释了与视觉相关的创造力。我希望我已经对我们心理结构的特定方面给出了一个合理的解释。

157

参考文献

Aiello, L. (1997). Brain and guts in human evolution: The expensive tissue hypothesis.Brazilian Journal of Genetics, 20, 141-148.

Ambrose, S. (2001). Paleolithic technology and human evolution. Science, 291, 1748-1753.

Arp, R. (2005a). Scenario visualization: One explanation of creative problem solving. Journal of Consciousness Studies, 12, 31-60.

Arp, R. (2005b). Selectivity, integration, and the psycho-neuro-biological continuum. Journal of Mind and Behavior, 6&7, 35-64.

Arp, R. (2006). The environments of our Hominin ancestors, tool usage, and scenario visualization. Biology and Philosophy, 21, 95-117.

Arp R. (2008). Sce nario visualization: An evolutionary account of creative problem solving. Cambridge, MA: MT Press.

Arrabales, R., Ledezma, A., & Sanchis, A. (2008). Criteria for consciousness in artificial intelligent agents. In Proceedings of the autonomous agents and multiagent systems conference, 2008, Estoril, Portugal (pp. 1187-1192).

Arrabales, R., Ledezma, A., & Sanchis, A. (2010). ConsScale: A pragmatic scale for measuring the level of consciousness in artificial agents. Journal of Consciousness Studies, 17, 131-164.

Blackmore, S. (1999). The meme machine. Oxford: Oxford University Press.

Boden, M. (1990). The creative mind: Myths and mechanisms. New York: Basic Books.

Boeckx, C, & Uriagereka, J. (2011). Biolinguistics and information. In G. Terzis & R. Arp (Eds.), Information and living systems: Philosophical and scientific perspectives (pp. 353-370). Cambridge, MA: MIT Press.

Bullot, N. (2011). Attention, information, and epistemic perception. In G. Terzis & R. Arp (Eds.), Information and living systems: Philosophical and scientific perspectives (pp. 309-352). Cambridge, MA: MIT Press.

Buss, D. (2009). The great struggles of life: Darwin and the emergence of evolutionary psychology. The American Psychologist, 64, 140-148.

Byrne, R. (2001). Social and technical forms of primate intelligence. In F. de Waal (Ed.), Tree of origin: What primate behavior can tell us about human social evolution (pp. 145-172).Cambridge, MA: Harvard University Press.

Call, J., & Tomasello, M. (1994). The social learning of tool use by orangutans (*Pan pygmaeus*). Human Evolution, 9, 297-313.

Calvin, W. (2004). A brief history of the mind: From apes to intellect and beyond. Oxford: Oxford University Press.

Churchill, S., & Rhodes, J. (2009). The evolution of the human capacity for "killing at a distance": The human fossil evidence for the evolution of projectile weaponry (Vertebrate paleobiology and paleoanthropology: Special issue on the evolution of Hominin diets, pp. 201-210). Dordrecht: Springer.

Confer, J., Easton, J., Fleischman, D., Goetz, C., Lewis, D., Perilloux, C., & Buss, D. (2010). Evolutionary psychology: Controversies, questions, prospects, and limitations. The American Psychologist, 65, 110-126.

Cosmides, L., & Tooby, J. (1987). From evolution to behavior: Evolutionary psychology as the missing link. In J. Dupre (Ed.), The latest on the best: Essays on evolution and optimality (pp. 27-36). Cambridge, MA: Cambridge University Press.

Cosmides, L., & Tooby, J. (1994). Origins of domain specificity: The evolution of functional organization. In L. Hirschfeld & S. Gelman (Eds.), Mapping the mind: Domain specificity in cognition and culture (pp. 71-97). Cambridge, MA: Cambridge University Press.

Crick, F. (1994). The astonishing hypothesis. New York: Simon & Schuster.

Crick, F., & Koch, C. (2003). A new framework for consciousness. Nature Reviews Neuroscience, 6, 119-126.

Damásio, A. (2000). A neurobiology for consciousness. In T. Metzinger (Ed.), Neural correlates of consciousness (pp. 111-120). Cambridge, MA: MIT Press.

152 Dawkins, R. (1976). The selfish gene. Oxford: Oxford University Press.

Dawkins, R. (2005). The ancestor's tale: A pilgrimage to the dawn of evolution. New York: Mariner Books.

de Beaune, S., Coolidge, F., & Wynn, T. (2009). Cognitive archeology and human evolution. Cambridge: Cambridge University Press.

Dennett, D. (1995). Darwin's dangerous idea: Evolution and the meanings of life. New York: Simon & Schuster.

Dominowski, R. (1995). Productive problem solving. In S. Smith, T. Ward, & R. Finke (Eds.), The creative cognition approach (pp. 73-96). Cambridge, MA: MIT Press.

Donald, M. (1997). The mind considered from a historical perspective. In D. Johnson & C. Erneling (Eds.), The future of the cognitive revolution (pp. 355-365). New York: Oxford University Press.

Downes, S. (2008). Evolutionary psychology. In Stanford encyclopedia of philosophy. Retrieved from http://plato.stanford.edu/entries/evolutionary-psychology/.

Fauconnier, G., & Turner, M. (2002). The way we think: Conceptual blending and the mind's hidden complexities. New York: Basic Books.

Fodor, J. (1998). In critical condition: Polemical essays on cognitive science and the philosophy of mind. Cambridge, MA: MIT Press.

Gardner, H. (1993). Multiple intelligences: The theory in practice. New York: Basic Books.

Goguen, J., & Harrell, D. (2004). Style as a choice of blending principles. In S. Argamon, S. Dubnov, & J. Jupp (Eds.), Style and meaning in language, art, music and design (pp.49-56). New York: American Association for Artificial Intelligence Press.

Gomila, T., & Calvo, P. (2008). Directions for an embodied cognitive science: Toward an integrated approach. In P. Calvo & T. Gomila (Eds.), Handbook of cognitive science: An embodied approach (pp. 1-26). Oxford: Elsevier.

Gregory, R. (Ed.). (2004). The Oxford companion to the mind. Oxford: Oxford University Press.

Hampton, S. (2010). Essential evolutionary psychology. Thousand Oaks: SAGE Publishers.

Isaac, G. (1986). Foundation stones: Early artifacts as indicators of activities and abilities. In G. Bailey & P. Callow (Eds.), Stone age prehistory (pp. 221-241). Cambridge: Cambridge University Press.

Jarman, R. (2009). Review of scenario visualization: An evolutionary account of creative problem solving. Journal of Consciousness Studies, 16, 199-208.

Kandel, E., Schwartz, J., & Jessell, T. (Eds.). (2000). Principles of neural science. New York:

McGraw-Hill.

Kant, I. (1929). Critique of Pure Reason, Norman Kemp Smith, trans. New York: St. Martin's Press.

Kaufman, A., & Kaufman, J. (2009). Review of scenario visualization: An evolutionary account of creative problem solving. American Journal of Human Biology, 21, 199-208.

Koestler, A. (1964). The act of creation. New York: Dell.

Langland-Hassan, P. (2009). A puzzle about visualization. Phenomenology and the Cognitive Sciences, 10, 145-173.

Lonsdorf, E., Ross, S., & Matsuzawa, T. (Eds.). (2010).The mind of the chimpanzee: Ecological and experimental perspectives. Chicago: University of Chicago Press.

Mayer, R. (1995). The search for insight: Grappling with Gestalt psychology's unanswered questions. In R. Sternberg & J. Davidson (Eds.), The nature of insight (pp. 3-32). Cambridge, MA: MIT Press.

McGrew, W. (2004). The cultured chimpanzee: Reflections on cultural primatology. Cambridge: Cambridge University Press.

McHenry, H. (1998). Body proportions in A. afarensis and A. africanus and the origin of the genus Homo. Journal of Human Evolution, 35, 1-22.

McNabb, J., & Ashton, N. (1995). Thoughtful flakers. Cambridge Archeological Journal, 5, 289-301.

Merchant, L., & McGrew, W. (2005). Percussive technology: Chimpanzee baobab smashing and the evolutionary modeling of hominid knapping. In V. Roux & B. Bril (Eds.), Stone knapping: The necessary conditions of a uniquely hominid behaviour (McDonald Institute monograph series, pp. 339-348). Cambridge: McDonald Institute for Archaeological Research.

Mithen, S. (1996). The prehistory of the mind: The cognitive origins of art, religion and science. London: Thames and Hudson.

Mithen, S. (1999). Handaxes and ice age carvings: Hard evidence for the evolution of consciousness. 159
In S. Hameroff, A. Kaszniak, & D. Chalmers (Eds.), Toward a science of consciousness: The third Tucson discussions and debates (pp. theories 281-296). Cambridge, MA: MIT Press.

Mithen, S. (2001). Archeological theory and of cognitive evolution. In I. Hodder (Ed.), Archeological theory today (pp. 98-121). Cambridge: Polity Press.

Mithen, S. (2005). The singing Neanderthals: The origins of music, language, mind and body. London: Weidenfeld and Nicolson.

Norris, J., & Papini, M. (2010). Comparative psychology. In I. Weiner & W. Craighead (Eds.), The Corsini encyclopedia of psychology (pp. 507-520). Malden: Wiley-Blackwell.

O'Connor, M., Fauri, D., & Netting, F. (2010). How data emerge as information: A review of scenario visualization. The American Journal of Psychology, 123, 371-373.

Palmer, J., & Palmer. A. (2002). Evolutionary psychology: The ultimate origins of human behavior. Needham Heights: Allyn and Bacon.

Pearce, J. (2008). Animal learning and cognition: An introduction. New York: Psychology Press.

Pelegrin, J. (1993). A framework for analyzing stone tool manufacture and a tentative application to some early stone industries. In A. Berthelet & J. Chavaillon (Eds.), The use of tools by human and non-human primates (pp. 302-314). Oxford: Clarendon.

Picciuto, E., & Carruthers, P. (2008). Creativity explained? Review of scenario visualization: An evolutionary account of creative problem solving. Evolutionary Psychology, 6, 427-431.

Rivera, F. (2010). Toward a visually-oriented school mathematics curriculum: Research, theory, practice, and issues. London: Springer.

Ruse, M. (2006). Darwinism and its discontents. Cambridge: Cambridge University Press.

Singer, W. (2000). Phenomenal awareness and consciousness from a neurobiological perspective. In T. Metzinger (Ed.), Neural correlates of consciousness (pp. 121-138). Cambridge, MA: MIT Press.

Sloman, A., & Chappell, J. (2005). The altricial-precocial spectrum for robots. In Proceedings of the international joint conferences on artificial intelligence: 2005, Edinburgh, Scotland (pp. 1-8).

Smith, S., Ward, T., & Finke, R. (Eds.).(1995) . The creative cognition approach. Cambridge, MA: MIT Press.

Sugu, D., & Chatterjee, A. (2010). Flashback: Reshuffling emotions. Cognitive Computation, 1, 109-133.

Tallerman, M. (Ed.). (2005). Language origins: Perspectives on evolution. New York: Oxford University Press.

Thomas, N. (2010). Mental imagery. In Stanford encyclopedia of philosophy. Retrieved from http://plato.stanford.edu/entries/mental-imagery/.

Tononi, G., & Edelman, G. (1998). Consciousness and integration of information in the brain. Advances in Neurology, 77, 245-279.

Velmans, M. (1992). Is consciousness integrated? The Behavioral and Brain Sciences, 15, 229-230.

von Bayern, A., Heathcote, R., Rutz, C., & Kacelnik, A. (2009). The role of experience in problem solving and innovative tool use in crows. Current Biology, 19, 1965-1968.

Watanabe, S., & Huber, L. (2006). Animal logics: Decisions in the absence of human language. Animal Cognition, 9, 235-245.

Weichart, A. (2009). Sub-symbols and icons. International Journal on Humanistic Ideology, 1, 342-347.

Whiten, A. (2010). A coming of age for cultural anthropology. In E. Lonsdorf, S. Ross, & T. Matsuzawa (Eds.), The mind of the chimpanzee: Ecological and experimental perspectives (pp. 87-100). Chicago: University of Chicago Press.

Whiten, A., Goodall, J., McGrew, W., Nishida, T., Reynolds, V., Sugiyama, Y., Tutin, C. E. G., Wrangham, R. W., & Boesch, C. (1999). Cultures in chimpanzees. Nature, 399, 682-685.

Wynn, T. (1993). Layers of thinking in tool behavior. In K. Gibson & T. Ingold (Eds.), Tools, language and cognition in human evolution (pp. 389-406). Cambridge, MA: Cambridge University Press.

第七章　生物系统中的表征：目的功能、病因学与结构保存 161

迈克尔·奈尔-柯林斯[①]

摘要：在这一章中，我提出了一个关于生物系统表征本质的新论点。我认为，使事物成为表征的因素与决定表征内容的因素是不同的。因此，根据生物学的基本概念，特别是生物功能（目的功能）的概念，对表征*是什么进行*概念化是十分有用的。相比之下，表征*内容*最好被理解为包含两部分的结构关系，对生物系统状态如何具有内容的解释涉及内部结构关系和因果历史的保存。

我回顾了近期关于感觉辨别任务的神经生理机制的文献，其中神经元使用各种机制来编码、储存和比较振动触觉刺激的信息。这些机制包含一对一的突发代码、以周期性为操作机制的时间码和各种速率码，其中一些具有相反的斜率，一些既不反映基本刺激也不反映比较刺激，而是反映它们的数量差异。在运动皮质中，二进制行为的结果反映在一个反曲线形状的放电形态中。一个生物表征理论如果在经验上是有用的，就应该能够把这些不同的编码机制统一在一个总体的概念框架下，从一般的立场来解释什么是生物表征以及表征内容是如何确定的，我认为这个理论朝这一目标迈出了重要的一步。

一、引言 162

*表征*是一个基本概念。其核心意思仅仅是*关涉*、指向或代表。比如，我对我桌子上有一杯咖啡的信念是*关于*那杯咖啡的。当我考虑如果把杯子颠倒过来会发生什么时，反事实推理和视觉意象的过程涉及“代表”或表征杯子

① 迈克尔·奈尔-柯林斯（Michael Nair-Collins），美国佛罗里达州塔拉哈西佛罗里达州立大学医学院医学人文和社会科学系，电子邮件：michael.nair-collins@med.fsu.edu。

在不同位置的状态，可能的结果是咖啡洒在我的桌子上，等等。在认知科学、神经科学、我们的常识心理学以及心智和语言哲学中，“关涉”这一基本概念经常受到人们的关注——以各种形式出现。它被用来解释神经科学和认知功能以及适应（和不适应）行为的许多方面。事实上，我们可以合理地认为表征的概念是我们理解心智的*唯*一基础。然而，人们普遍认为，我们对表征和它在物理世界中的位置缺乏充分的自然主义理解。关于物理系统如何具有这种“定向性”的状态，是非常神秘的，特别是考虑到这样的系统可能会出错，也可能代表反事实的情境，这两者似乎都暗示了这种表征与事物的不存在的状态之间的关系。我在这一章的目的是提出一个关于生物系统表征的本质的论点。

如上所述，表征的概念被引入许多不同的理论方法中以理解心智/大脑和行为，从神经心理学到认知心理学，再到我们的常识信念-欲望心理学。然而，我在这一章的目的只是讨论在活的生物有机体的神经系统中实例化的原始表征或基本表征状态，更复杂的状态可能由此产生。

二、表征：准确性、错误和逻辑结构

并不是宇宙中的每件事物都是一种表征。这当然是显而易见的，但随之而来的问题是：如何区分具有表征性内容的事物和不具有表征性内容的事物。心灵哲学家给出的最突出的回答之一是，表征是可以真值评价或满足评价的状态，这意味着它们是可以被评价为准确或不准确、满足或不满足的状态。比如，我认为桌子上有一杯咖啡的信念是真值评价；它可能是准确的，也可能是不准确的。假设我想要拿起杯子，这个意图可能得到满足（比如，我可能真的会拿起杯子），或是相反。实际上，将对*误表征*的理解与对表征的解释结合起来的问题，可能是分析哲学在过去 30 年关于心理表征的研究中被讨论最多的一个问题。

163 这是一个值得强调的关键概念。在神经科学中，假设某种类似内隐因果理论的东西是很常见的，在这种理论中，神经元或神经元集合对边缘的某种形式的能量（比如，初级视觉皮层的边缘检测器）有不同的反应，被用来表征通常引起它们放电的原因（例如，相对于视网膜的特定方向的光束，参见 Bechtel，2001）。在更下游的地方，其他的神经元被认为可以接收边缘检测器发射时封装的信息，对特定的方向具有一定的准确性，并逐渐生成视觉编码对象的更复杂和抽象的表征[1]。然而，仅仅对特定类型和水平的能量做出不同的反应（即由特定类型和水平的能量引起），并不足以证明某物具有表征内容[2]。例如，一个热带风暴系统对包括大气压力和温度、风速和风向等特定因素有不同的反应。但该系统的状态并未承载表征内容，因此给它们分配诸如准确或错误等语义特征是没有意义的。如果一个系统的状态是不可真值评价或满足评价的，那么它仅仅具有因果历史或发挥某种因果作用（一切事物都是如此）与它成为一个表征、一个编码、具有表征性内容等之间就没有区别了。当然，表征也起着因果作用，但它们也是可语义评价的；实际上，这就是最初产生谜团的原因。

值得强调的是，真值可评价性并不特定于人类语言或语言学表达的信念与愿望。假设蜜蜂跳舞向同类表征了花蜜的位置，舞蹈结构的变化如节奏和它的长轴角度，对应花蜜位置的变化，比如离蜂巢的距离和相对太阳的方向（参见 Millikan，1984：chaps. 2，6）。这种舞蹈是可以用语义评价的：跳舞的蜜蜂可以通过精确表征位置而将同伴直接引向花蜜，也可以通过误表征花蜜的位置而把它们引导到错误的方向。

对于早期的感知和辨识过程也可以做出类似的评论：老鼠能够用它们的胡须来辨别洞的大小，以便在实验室任务中从两个选项中选择一个，从而获得食物颗粒（Nicolelis & Ribeiro，2006；Swan & Goldberg，2010）。假设动物的训练任务是在光圈窄（相对于宽）时按左键，那么动物可能会犯错误按右键。在
这个例子中，它的行为信号是错误的，这可能是许多因素导致的结果。它的早 164
期编码和辨别过程可能错误地把窄编码为宽；当它将感觉和记忆信息转化为运动计划时，它的短时记忆可能是错误的，因为它丢失了早期知觉过程中的信息内容；它的长期记忆可能不准确，通过反转任务指令（比如，回忆任务指令，按右键是窄光圈而不是左键），而且其运动指令处理可能产生与系统预期不同的运动输出（例如，按右键而不是左键）。在给定的试验中，这些都会导致任务错误的行为表现。但是每一个状态，从感知判断到短时和长时记忆，到运动计划，再到行为输出，都是可以语义评价的，因为它可以是准确或不准确的（对于知觉和记忆表征以及所做选择的行为信号）、满足或不满足的（对于行动计划）。相比之下，虽然热带天气系统的因果关系一样复杂，但不适合这种解释，

---

① 上述视觉表征的经典“分层处理”观点固然是复杂的，因为反馈调节发生在每个层次上，甚至早于丘脑外侧膝状核的初级视觉皮层（V1）。但这并不能改变早期感觉神经元的表征能力的基本概念化，因为它是建立在特定病因学基础上的。

② 这并不是说边缘检测器是或不是表征的；相反，这是说如果它们是，并不仅仅是由于它们对冲击到边缘的特定类型能量做出反应的关系。

也不具有表征性。*表征内容要求准确或错误的可能性*，这对生物系统的表征理论有重要的影响。

为了使一个状态承载具有表征性的内容，从而能够进行真值评价或满足评价，它必须是逻辑上结构化的。这里有一个语言学的例子很有启发意义。我们假设“约翰有绿色的头发”这个句子是真的。这个句子是真的是因为主语“约翰”指称或指向约翰，因此句子本身指称约翰，谓语“有绿色的头发”是这个句子所指称的*有绿色头发*的任何事物的特征。在这个例子中，那个事物就是约翰。此外（我们假定），约翰确实实例化了绿色的头发属性，因此句子是真的；如果他没有绿色的头发，那句子就是假的。主谓之间这种基本语言学的差别映射到个体与个体所承载属性之间的本体论的基本差异上，主语指称个体，谓词应用于属性。自此之后，我会把主语和谓语间的关系称为*指称*（*reference*），谓词和属性间的关系称为*谓项*（*predication*）。重要的是要认识到，主语或指称术语本身是不可真值评价的，单个谓词也是不可真值评价的。“约翰”这个词既非真也非假，“有绿色的头发”这个词既非真也非假。只有它们的级联，或者在一个统一的语义结构中连接在一起，才能使真值评价或满足评价以及因此而产生的准确或错误成为可能。因此，无论是指称还是谓项，在没有逻辑级联的情况下，都不能产生表征内容。如前所述，表征内容要求准确或错误的可能性，准确与错误只有在具有逻辑结构的表征语境中才会发生。

这种级联或逻辑结构，不一定意味着物理力学的或符号的结构。在自然语言中，句子的逻辑结构是叠加在句法结构之上的，句法结构本身是通过拼字法或语音结构特性实现的（分别适用于书面语和口语）。然而，即使是表面上（物理上）非结构化实体也可以承载逻辑结构。所谓“逻辑结构”，我
165 的意思是，表征的载体不仅指称一个事物，也断言了这个事物的一个属性。在讨论表征是否可以简单时，德维特（M. Devitt）和金·斯特瑞尼（Kim Sterelny）使用的一个例子是，一艘船的桅杆上一旦挂了黄旗，就意味着向其他过往的船只表示该船上有黄热病患者（Devitt & Sterelny，1999：139）。这似乎是一种简单的、非结构化的表征工具，但事实并非如此，至少在我使用这个术语的意义上并非如此。旗帜是*黄色*的这个事实表明，无论哪艘船悬挂它，都表明那艘船上有黄热病患者，但不是旗帜的黄色表明*哪艘船*上有黄热病患者。旗帜悬挂在*这艘船*的桅杆上的事实决定了谓词“有黄热病患者”的指称物是这艘特定的船。因此，表征载体的不同方面可以决定其表征内容

的不同方面；逻辑结构可以但不需要映射到物理结构或符号结构上[①]。

基于此背景，我接下来将概述生物系统中提出的表征理论，然后通过一个解释性的例子来说明最近有关猕猴（并延伸到人类）的振动触觉辨别的神经生理机制的研究。

三、表征理论：目的功能、病因学和结构保存

是什么使得一个事物成为表征，以及假定事物是一个表征，什么决定了它
的内容，这两者之间存在着概念上的区别。前者涉及表征的形而上学，后者涉
及表征内容的语义学。为了进行比较，请考虑使某物成为货币的因素与决定其 166
特定价值的因素之间的区别[这是迈克尔•莱文（Michael Levin）在谈话中提出的类比]。虽然决定每一种货币的条件都是密切相关的（涉及社会主体之间的复杂关系和相互作用），但当一个东西是货币和它是货币的特定价值之间依然存在着概念上的区别。比如，一美元的价值，根据其在当地或全球外汇兑换的相对购买力来理解，是波动的。但它*作为货币*（根本）的地位不是，因此，它们在概念上是不同的。

如下所示，这种区分在目前的语境下是有益的。表征是生物有机体的状态。因此，从生物学的基本概念，特别是生物功能（或目的功能）的概念出发，将*表征是什么*概念化是有用的。正如心脏有循环含氧血液的功能，但有可能做不到这一点，神经系统的表征状态也有发挥生物功能的作用（但可能

① 我这里建立的论点是，基本的语义评价单元本身也是可真值评价的；因此，这些单元具有我这里使用该术语意义上的逻辑结构。另一种可能性是，基本的语义可评价单元本身并不是可真值评价的，而是类似于附属单元的东西，它们连接起来形成更大的类似句子的可真值评价的复合体。这些基本单元就像思维语言中的词句，允许句法重排，从而产生思维语言的生产力和系统性，而思维语言本身又对自然语言的生产力和系统性负责（Fodor，1975，2008）。这是经典认知科学的标准观点（或至少是其中之一）。然而，关键的一步是数值上不同的、神经上实例化的符号的级联：它是如何工作的？这两个神经上实例化的符号是如何以及为什么在那个特定的思维中“组合在一起”的，为什么不是在其他的思维中？这个复杂的神经学语法是怎样形成的？这些符号“组合在一起”的依据是什么？将神经系统实例化的符号连接到最低层次上的呼吁引入了一个新的绑定问题：这些特定符号是如何以及为什么会连接在一起，而不包括其他符号，这种连接是由什么组成的？就像我们更熟悉的绑定问题，解释一种体验的不同方面（比如蓝色和正方形）是如何在大脑中连接在一起，形成一个连贯的、一致的感知的（如蓝色的正方形），*句法绑定问题*要求解释不同符号如何连接在一起形成统一的、有意义的心理表征。然而，如果基本语义单元本身如我所说是逻辑地构建的，因而是可真值评价的，那么这些单元就可以避免句法绑定问题。此外，许多人认为即使是最低层次的感官状态也能准确*地或不准确地*反映边缘能量状态。如果是这样的话，就可以得出这样的结论：感官状态一定具有逻辑结构，因为正如前文中论证的那样，没有逻辑结构，准确或不准确都是不可能的。当然，关于这一问题还有许多话可以说，我将在不同的场合做进一步的讨论。

做不到）。有生命的、可移动的生物都有能力对不稳定的环境条件做出选择性的反应——以反映这些不断变化的条件的方式——这使得它们能够保持生理稳定性，以便繁殖或避免被捕食。行为的灵活性表现为对不断变化的环境条件做出适当的反应，这种行为的灵活性源于生物体表征内部与外部条件的能力；更具体地说，*表征*就是具有承载某种对应关系的生物功能，如下所示。

一些事物具有对应环境条件的生物功能，因此其他状态，即第一种状态的*使用者*或*消费者*，可以利用第一种状态对不断变化的内部与外部条件做出适当的反应。其他事物具有产生或帮助产生它们所对应状态的生物功能。前者是指示性或感官表征，后者是程式表征或运动计划（参见 Millikan，1984，1989，2004）。

比如，*秀丽线虫*（*C. elegans*）在化学刺激下进行趋化或定向活动，以定位其主要的细菌食物来源。趋化回路包含四对化学感觉神经元、四对中间神经元和五对运动神经元（Bargmann & Horvitz，1991）。*秀丽线虫*神经元表现出等级电压电位（而不是动作电位）；其鼻尖的化学感应神经元的电压与环境中化学引诱剂的浓度具有特定的对应关系,即化学浓度的增加对应电压的比例性增加。通过比较当前化学环境的标量值与其一阶导数（即*秀丽线虫*移动时化学物质浓度的变化），感觉神经元与中间神经元向运动神经元产生信号，然后运动神经元向颈部肌肉产生运动输出信号，使动物能够沿着化学梯度定向并朝向食物移动[Ferree & Lockery，1999；参见 Mandik 等（2007）对趋化性进化神经网络控
167 制的计算机模拟]。在这个例子中，感觉神经元具有与有机体周围的化学引诱剂浓度保持对应关系的目的功能。由于感觉神经元实现了这种对应关系，中间神经元和运动神经元能够利用这一信息，通过比较当前浓度以及浓度的变化，产生适应局部环境的输出信号，以确定等级增加的方向。因此，化学感应神经元的电压变化是感觉或指示的表征。运动神经元表现出与颈部特定肌肉的伸展程度相似的电压比例变化，这决定了颈部的旋转角度，运动神经元的活动与这些特定旋转角度的产生有因果关系。因此，这些神经元具有产生（或引起）与其对应的肌肉状态的功能，并应被视为程序性表征或运动计划。因此，作为一种表征，就是具有承载特定对应关系的生物学功能，这种对应关系使具有这些状态的有机体能够做出适应行为。

然而，正如前一节所讨论的，表征*内容*要求具有准确或错误的可能性，这反过来又要求逻辑结构。与环境或肌肉状态具有特定对应关系的生物功能不足以生成逻辑结构，因而不足以生成表征内容。为了解释是什么决定了表征内容（而不是什么使得一个事物成为表征），必须在理论上建立一些类似的谓词和指

称。我再次强调，这些概念不是语言所特有的，而是映射到属性与属性承载物之间的基本本体论区别。即使是蠕虫的表征状态——如果它们具有表征内容并因此承认准确与错误——也必须既指称一个事物，又断言该事物的某种性质。比如，*秀丽线虫*的化学感应神经元的状态可能预测了其鼻尖处的直接环境的*趋化剂*（*一种属性*）*的浓度为 X*（这是一种属性所预测的*事物*）。当然，蠕虫并不使用诸如“浓度”、“趋化剂”或“局部环境”等词语来*表达*这些表征内容，但这不意味着它的神经状态因此没有表征这些内容。

我认为，决定表征内容的是因果病因学和同构论的综合。正如上文所讨论的，在神经科学中，隐含地假设某种形式的表征因果理论是很常见的，即神经系统的状态被用来表征它们通常是由什么导致的或它们通常会导致什么结果。虽然这是作为表征的一个不充分条件，但它仍然是表征内容理论的一个关键组成部分。然而，从心灵哲学文献中也很容易理解，在给出表征内容的纯粹因果理论时，理解误表征的可能性是多么困难。

存在两种因果论：因果历史（或病因学）和反事实共变。因果历史理论声称，表征代表了引起它们的任何东西。在这种情况下，误表征显然是不可能的： 168
表征 R 准确地表征了它的因果前件，因此，说这种表征是错误的是没有意义的。青蛙看到一小片像苍蝇一样在风中飘动的深色树叶后，会咬向树叶，这不是树叶被误表征为一只苍蝇。相反，必须说青蛙正确地表征了树叶，但很难讲得通为什么青蛙会咬树叶。要处理这些问题，我们要引入反事实共变的概念，在这个概念中，表征状态被用来表征与它们反事实因果共变的任何事物，这可能是在理想情况下，或是在进化起源地环境中的理想情况下。但另一组不同的问题随之出现，其中最重要的问题是试图辨别最大反事实共变的项或性质，不可避免地会导致这些事物的分离，从而再次导致误表征的不可能性。比如，青蛙的神经系统的状态通常被用来表征作为食物的苍蝇，这不是与苍蝇最大程度的共变，而是与*苍蝇或经过的树叶的*分离性特征的共变。在这种情况下，误表征还是不可能的，因为青蛙正确地把飞过的树叶表征为*苍蝇或经过的树叶*，但明确的是我们应该说青蛙误把树叶当成苍蝇。那就是为什么青蛙会咬向树叶。

然而，因果理论中也存在着智慧，（我猜）这就是为什么它们在神经科学文献里被隐含地假设，为什么在哲学文献中投入如此多的精力设法去纠正它们的严重缺陷。要理解为什么因果病因学具有相关性，不妨考虑一下指称和因果之间的相似之处。因果理论的基本问题是，一个因果关系要么存在要么不存在，如果它存在，那么费解之处在于，为什么在某些情况下而不是其他情况下这种因果关系应当决定表征内容。但（单独的）指称就像因果关系一样，要么存在要么不存在。不存在所谓的“误指称”①，可语义评估的单元必须成功或失败地指称（任何事物）。因此，虽然我们不能因为误表征的不可能性而将表征内容减弱为因果病因学，但我们可以把*指称*减弱为因果病因学，而不需要“误”表征的可能性。指称表达既非真也非假；相反，它们要么指称要么不指称。然而，在从因果病因学的角度解释指称时，
169 应当理解因果历史决定了表征所涉及的客体与事物，但并不决定所断言的事物的特征。

另一种更古老的观点认为，表征是一种描绘或相似关系，表征工具与它所表征的对象具有结构上的相似性，或具有共同的特征。这里的指导思想是，表征与表征物之间存在一种相似或“镜像”，表征关系正是凭借这种相似或“镜像”而获得的。这种观点的强大之处在于其直观的吸引力：奥巴马总统的现实画像表征了奥巴马本人，因为两者间存在结构上的相似或类似性。然而，由于简单相似观存在许多问题，其中包括相似是对称的，而表征则不是，因此相似性作为一种可行的表征理论很久以前就被抛弃了。然而，它近来通过诉诸一种更复杂的相似形式得到了重生，即一种表征*系统*和一种状态*系统*之间的同构，而不是表征的象征性载体与其所表征的任何物体之间的结构相似性。

对于后一种理论，其指导动机是相同的：在表征与被表征物之间，内部结构关系的保存是表征的本质。然而，结构相似性存在于一组项目及其关系，以及另一组项目及其关系之间。通过诉诸表征工具的状态系统及其转换，可以获得一种更抽象的相似性，这种相似性不需要顾忌表征的象征载体及其内容之间一阶结构相似性。这很重要，因为在大多数情况下，大脑状态与世界状态之间并不存在一阶图像或镜像关系（比如，*秀丽线虫*的化学感应神经元与其鼻尖上不断变化的化学浓度之间不存在一阶结构相似性。这与奥巴马的现实肖像与奥巴马本人具有一阶结构相似性截然不同）。

虽然系统同构方法在许多方面都超越了前人（相似性），但它仍面临许多同样的问题。其中最重要的是多重同构的问题。如果同构是内容的唯一决定因素，那么似乎可以得出一个事实，即表征关联或代表了太多的东西。比如，给

① 我们这里需要小心：如果我把我的狗马克“指称”为“一只猫”，我似乎是在误指称，但我没有。相反，实指行为指向个体，而且我表明了猫的特征。指称关系被包括在内，而我错误地使用我所指称的谓词。另一方面，关于不存在物体的指称存在一些棘手的问题；我可以指称夏洛克·福尔摩斯（Sherlock Holmes）或独角兽吗？这些语义哲学中的更大的问题在这里不会讨论，最好先理解简单表征。如果你愿意，可以考虑一下我的主张，即不存在误指称既作为公理原则，又使用“指称”这个词意指某种最基本类型的指称。当然，要接受任何一种公理，取决于由这一公理建构的理论是否有效。

定任何关系系统（即具有关系的集合），存在着无穷多与之同构的关系系统；此外，给定两个同构系统，在这两个系统之间存在无数个不同的映射，它们同样地保持同构。显然，这似乎排除了误表征的可能性，因为一个表征可能在一个映射下为真，但在另一个映射下为假，如果没有在众多映射中进行选择的原则方法，那么似乎就没有办法解释误表征。

然而，考虑谓项与同构之间的平行。与因果关系和指称不同，谓项是不具体的。谓词“有绿色的头发”适用于所有的和只具有绿色头发的事物；谓项是多重适用的，因为属性是多重实例化的，而个体不是。除非与指称表达有连接， 170
否则谓项不应用于任何特定个体。但我们注意到，这正是以同构为基础的理论的问题所在：它们不是特定的。同构的多重性和谓词所应用的事物的多重性（由于属性的多重实例化），表明同构或类似的东西是基本表征中负责谓项的元素。

更具体地说，单个神经元或神经元集合的状态承认某些转换，这些转换实现了对这些状态的有序关系，从而产生了经验关系系统。比如，放电速率可通过增加或减少动作电位的放电速度而进行转换；由更大放电率关系排序的放电集合构成了一个经验关系系统。类似的情况也适用于接受按更大电压关系排序的等级电压电位的神经元。此外，作用于有机体外周的可转导能量状态可按照类似的方式进行排序，从而形成由不同的能量状态及其之上的转换所组成的关系系统。比如，局部环境中趋化剂浓度的集合可以按照较大趋化剂关系进行排序，从而形成一个关系系统。这种想法是这样的，在生物有机体中，表征并不像点状原子那样存在，而是存在着表征的*系统*，其成员的组织方式使得这些系统与不同的被表征物同构。从一个系统的元素到另一个系统的元素的映射或数学函数，将一个系统的状态（比如，特定的神经元放电率）映射到其他系统的状态中（比如，皮肤上的特定振动频率），以便特定的放电率预测特定速率振动的特征。这种映射正是上文提到的特定的对应关系，而这些表征状态具有承载的目的功能。

此外，没有必要将这种想法局限于单个神经元的活动上。神经元群体可以使用矢量及其关系得到描述，高阶关系系统和其他描述能量状态关系系统之间的多值函数能够定义系统间的同构。在被表征一方，任何事物都可以成为关系系统的一员，而不仅仅是有机体周围的参数能量状态。因此，除了机械能、电磁能、热能以及其他形式的能量之外，关系系统还可能包括捕食者、食物来源、同类、庇护所等。也没有理由假设关系系统间的映射必须涉及线性关系甚至单调关系[1]。它们可能是反曲线、二次方程式或者任何形式。最后，为了在生物表征理论中使用这个概念，似乎没有理由维持同构的数学结构所强加的相对严
171 格的技术要求。有许多方式来扩展或放松这些技术限制，同时保持内部关系结构的基本特征（相关的一些例子，见 Swoyer，1991）。我使用*结构保存*这个术语来指称那些包含同构、同态和其他类型的关系系统之间的结构-保存关系，它们是这些结构的弱化版本。

在深入研究详细的例子以说明该理论之前，我将总结一下主要思想。并非所有事物都是一个表征，区别事物是否具有表征的是语义可评价性，这需要准确或错误的可能性。这甚至适用于最简单的生物有机体，而不仅仅适用于使用语言的人类。此外，准确或错误的可能性要求逻辑结构，或是指称与谓项的某种类比的联结，其中指称映射服从于客体（或事物），而谓项映射到属性。然而，逻辑结构不一定意味着物理机械的或符号的结构；相反，表征工具的不同方面可能负责表征的不同方面。

什么使某物成为一个表征与什么决定表征的内容之间存在着概念的区分，表征理论必须同时给出两者的解释。我曾提出，使一个事物成为一种表征的（根本）原因是，它具有某种对应关系的目的功能，这种对应关系使有机体能够对不断变化的环境条件做出适当的反应。然而，要解释表征的内容，就需要同时解释指称与谓项（因为需要逻辑结构），而目的功能决定的对应关系本身不足以解释这两个组成部分。然而，我认为因果病因学是表征工具的一个方面，它决定了它所指称的事物。此外，表征系统与被表征系统之间的同构决定了表征指称事物的谓项的具体特征。状态具有承载周围能量状态的目的功能的对应关系，只是相关系统间的映射，这些映射决定了同构，并
172 且一对一地将表征系统的状态（比如，特定的电压）与被表征系统的状态（比如，特定浓度的趋化剂）相匹配。自此之后，我将把这个理论称为表征的*结*

① 比如，埃金斯（Akins，1996）认为，德雷特斯科（Dretske，1981，1988）、福多（Fodor，1987，1990）、米利肯（Millikan，1984，2004）等人的“传统自然主义的”计划是建立在错误的感官观点之上的，即感官必须是“真实的”。相反，埃金斯认为感官系统并非是真实的，而是她所称的“自恋”。也就是说，他们不能“冷静地”报告世界上正在发生的事情，而是高度依赖于当时的语境（比如，“这个受体感受器对我意味着什么？”）。这种异议有点奇怪，因为什么*构成*真实的表征恰好是症结所在。因此，为了表达感官系统并不真实，你必须首先诉诸表征内容的理论。因此，她认为热感系统是不真实的，不能用来反对理解真实性本身。显然，埃金斯认为热感受器和连接它们的神经机制是自恋的和不真实的，因为它们并不具有线性反应，而是根据局部语境产生非常复杂的反应情形。这并不是说它们是不真实的，只是表明它们的行为与环境的复杂非线性相关，并且可以在不同的语境中发生变化。尽管如此，这些复杂的反应曲线描述了由神经活动组成的关系系统和由能量组成的关系系统之间的映射函数，而这些热感受器和其他神经机制很可能就是这样做的；也就是说，具有行为的目的功能。

构保存理论。

四、振动触觉识别的神经生理机制

接下来，我会描述一个旨在描述振动触觉识别背后的神经和认知机制的研究项目。然后，我用这些结果来说明表征的结构保存理论，并进一步说明该理论如何有助于解释实证结果。基本的经典任务的研究结果如下（LaMotte & Mountcastle，1975；Mountcastle et al.，1990）。一只坐着的猕猴左手固定，掌心朝上。刺激器的尖端降低，挤压猕猴一个指尖的皮肤；在这一点它没有振动。然后，猕猴用它空闲的右手按下一个键，并按住。然后刺激物在左手的指尖会产生一个 5～50 赫兹的正弦振动（这是一个*基础刺激*，或第一频率 f_1），接着是一个延时周期（或*刺激间隔*），然后是第二个 5～50 赫兹的振动（*对比*或者 f_2）。在对比刺激的偏移处，猴子用右手松开按钮，并通过按下位于眼睛水平位置的两个按钮中的一个来表示选择哪个频率更快。如果猕猴能正确地辨别，就会被奖励一滴果汁。

这项任务中发生的神经事件的步骤如下。位于手指表面的机械感受器被称为*迈斯纳小体*，能快速适应，将机械能转化为动作电位，沿着脊髓，通过丘脑，进入初级体觉皮质（primary somatosensory cortex，S1），然后再进入次级体觉皮质（secondary somatosensory cortex，S2）（Gardner & Kandel，2000；Gardner et al.，2000；Vallbo，1995）。接着，从 S2 发出的信号广泛分布，至少分布到前额叶皮质（prefrontal cort，PFC）、腹侧运动前皮层（ventral premotor cortex，VPC）和内侧运动前皮层（medial premotor cortex，MPC）；PFC 和 VPC 都与 MPC 串接。然后 MPC 将活动传递给初级运动皮质（primary motor cortex，M1），其活动最终导致猕猴的按键行为，表明它的选择（Romo et al.，2004a）。这些皮质层区域通常与以下认知活动相关。初级感觉区与次级感觉区参与感觉处理。PFC 广泛涉及短时记忆或工作记忆过程，而 MPC/VPC 被认为是前运动区域，它开始将信号从感觉和记忆过程转化为运动计划。初级运动区与广义运动计划的执行相关，然后考虑到基底神经中枢、小脑和脊髓的各种反馈机制，将其细化为更具体的肌肉命令。

刺激呈现期间发生的神经活动如下。在外周，神经放电与刺激锁相，神 173
经元对正弦刺激的每个振幅峰值发射一个或一串尖峰（Mountcastle et al.，1969，1990；Salinas et al.，2000）。在进入皮质层时，S1 中似乎存在着两个亚群[①]。在第一个亚群——亚群-1 中，神经活动不再与刺激物相锁定，但神经元放电的时间结构与刺激频率相关，如下所示。周期性是展示规律、重复特征的性质。通过使用放电模式的傅里叶分解，可以将描述该模式的函数分解为其分量正弦和余弦函数，并确定它们的“功率”或确定哪个频率对初始函数的贡献更大。在 S1 的亚群-1 中，峰值功率谱频率（power spectrum frequency at peak，*PSFP*）是对放电模式贡献最大的频率，它与触觉刺激的频率相匹配（Hernandez et al.，2000；Salinas et al.，2000）。在 S1 的亚群-2 中，放电模式变得不那么具有周期性，PSFP 不再与刺激的频率相匹配。然而，现在非周期放电模式与刺激频率的速率相关，近似于速率的单调线性函数（Salinas et al.，2000）。

在 S2 及其之外，速率相关性仍然很明显，并且基于时间的、基于周期的或锁相编码不再明显。S2 中出现了一个重要的区别。与 S1 一样，存在不同的亚群，其特征是对感官刺激的不同反应；然而，在 S2 和该回路的所有核心区，亚群是被反向“调节”的（Salinas et al.，2000；Romo et al.，2004a）。在 S1 中，所有神经元的放电都随着刺激频率的增加而增加。在更核心的区域，大概一半的放电速率的增加作为增加刺激频率的单调增函数，而另一半减少速率作为增加刺激频率的单调递减函数。因此，随着刺激频率的减慢，反向调节的神经元会增加它们的放电速率。对感官刺激做出反应的反向调节的亚群出现在 S2、PFC、VPC 和 MPC 中（Romo et al.，2004a）。

上述事件发生在基础刺激和比较刺激的呈现过程中。在刺激间隔（3～6 秒，虽然可增加到 10～15 秒，但在表现上没有显著差异）中，没有任何刺激出现。为了成功区分第一和第二次触觉的刺激哪一个频率更大，动物必须保持对第一
174 次刺激的记忆痕迹。在此期间，PFC 的神经元将其放电速率与基础刺激的频率相联系，其中大约半数的神经元展示出频率的单调增加关系，而另一半则显示出单调递减关系（Romo et al.，1999）。延迟期间的相关神经元反应也在 S2、腹部运动角质和中间运动角质被发现，同样具有相反的调节亚群（Hernandez et al.，2002；Romo et al.，2004b；Salinas et al.，1998，2000）。

---

① 初级体感觉皮质由四个区域组成：1、2、3a 和 3b。每个区域都有一个完整的体表地形图，由各自神经元的感受区组成。此外，外周纤维的特化似乎在 S1 中延续；S1 中的神经元被分类为快速适应、缓慢适应或是帕西尼小体，因为它们的放电活动与各自的最初的传入神经相似（Romo & Salinas，2001：109）。这里考虑的快速适应线路的相关区域位于 1 区和 3b 区。在这些区域中存在着亚群，其中之一似乎使用暂时的、周期性的代码来编码刺激信息（在文章中有描述），另一个使用非周期的放电率代码（文章中也描述过）。术语亚群-1 和亚群-2 不应该与区域 1、2、3a 和 3b 混淆。这里考虑的亚群是由它们在这一任务中的行为来定义的，是解剖学上的 1 区和 3b 区的亚群。

借此，比较刺激得以呈现，其中神经活动与此前在外周和早期 S1 中的锁相及周期性相关，并转化为 S1 中的频率编码，然后转化为 S2 中的频率编码。频率也与在 PFC、VPC 和 MPC 的刺激相关。此外，类似比较和决定过程的东西出现了，系统据此决定两个频率中的哪一个更大。放电频率 R 与基频和比较频率的关系是由回归方程给出的（Hernandez et al.，2002；Romo et al.，2002，2004a）：

$$R= a_1 f_1 + a_2 f_2 + c$$

其中，c 是常数，f_1 和 f_2 分别是基础刺激和比较刺激的频率，a_1 和 a_2 是决定 R 和频率之间关系强度的系数。当其中任何一个系数为零时，就不存在比率与该系数频率之间的关系。更为重要的是，当 $a_1 = -a_2$ 时，放电速率与 f_1 和 f_2 无关，但与差值 $f_2 - f_1$ 有关。

在对比周期中，S1 中的神经元在整个刺激期间只与 f_2 相关，因此，神经活动是比较频率的感官表征。S2 中的一些神经元的周期开始与 f_2 相关，然后整个神经元群转向与差值 $f_2 - f_1$（即 $a_1=-a_2$）相关（Romo et al.，2002）。在腹部运动皮质和中间运动皮质中存在几种不同的神经元群。一些神经元的比较期的开始与基础频率相关；因此，它们有点像记忆痕迹，而其他神经元的周期的开始与比较频率相关，就好像它们是感官表征一样。在比较期结束时，在腹部运动皮质和中间运动皮质的大多数响应神经元与差值 $f_2 - f_1$ 相关（Hernandez et al.，2002；Romo et al.，2004b）。此外，在 PFC 中发现了与 $f_2 - f_1$ 相关的放电速率（Romo et al.，2004a）。

与基础频率或比较频率相关的神经元活动一样，与 $f_2 - f_1$ 相关的神经元活动（在 S2、VPC、MPC 和 PFC 中）展示了相反的斜率，其中大约有一半在 $f_2 - f_1$ 为正时放电会更强；而另一半在 $f_2 - f_1$ 为负时放电更强。

最后，M1 在这一任务中对动物的行为起着关键作用。虽然 M1 在基础刺激、延迟周期或比较周期的早期并没有展示出高于基线活动的显著反应，但它显示出与 $f_2 - f_1$ 相关的神经元活动，类似于在早期区域发现的活动，在 $f_2 > f_1$ 或 $f_1 > f_2$ 情况下伴随着亚群的不同反应（Romo et al.，2004a）。

在另一项任务中，猴子必须对同一类型的触觉刺激进行分类而不是区分，
简单说就是一个刺激是否属于在训练中学到的*高*或*低*的任意类别（Salinas & 175
Romo，1998）。在这种情况下，放电速率具有 S 形：对于“偏爱”更高速度的神经元，其放电速率基本上与 22～30 赫兹的刺激速度相同。对于“偏爱”较低速度的神经元，其放电速率基本上与 12～20 赫兹的刺激速度相同（见 Salinas & Romo，1998：figures 3 and 4）。因此，正如早前所发现的，存在着两个亚群，

每个亚群对高速或低速都有选择性。放电速率作为触觉速度的函数的 S 形表明，这些神经元与任意习得的类别（“高”或“低”）相关。还不确定这种分析是否适用于触觉辨别任务。然而，M1 似乎至少在分类任务的决策过程中发挥了作用，而且它确实对动物可能做出的不同决定具有不同的选择性活动（即基数大于比较，反之亦然）。这种差异活动是否参与比较和决策过程，或仅仅接收决策的副本，这一点还不清楚。

五、结构保存理论的应用

从上面的讨论可以明显地看出，这个回路中的神经元使用各种机制来编码有关刺激的信息。从周围到核心内部，神经元使用一种简单的一对一的脉冲编码，紧接着是以周期性为操作机制的时间编码，然后是各种速率编码，有些具有相反的斜率，有些既不反映基础频率也不反映比较频率，而是反映它们的差值。在运动皮质中，一个二进制结果（按下内侧或外侧按钮）反映在放电模式的反曲形状上。生物表征理论如果要在经验上有用，就应当能够在一个总体的概念框架下统一这些不同的编码机制，从一般的角度解释什么是生物表征，以及表征内容是如何确定的。我认为结构保存理论确实做到了这些，主要是由于同构概念的多样性，更广泛地说，是结构保存的结果。

第一步可以确立这样的观点，*即*这些神经元的机制是表征；这与我所说的表征的形而上学相一致，或者说，是什么使得某物成为一个表征。我认为一个状态是一种表征，如果它具有承载某种对应关系的目的功能，这样它的行为就适合于该状态所属的生物体。我将只讨论外周区域的放电率问题，因为这些论证既简单又可立即应用于其他神经元区域和放电模式。

灵长类动物的皮肤无毛区域的触觉敏感性使得各种进化适应行为成为可能，比如抓取物体和触觉识别，这反过来又帮助我们把食物送入嘴中。我们灵长类用双手做各种事情，这有助于有益生存和生育的行为。此外，激活这一回路所需的能量种类和水平是非常具体的。迈斯纳小体的微观解剖结构只有在表
176 层位置（表面下大约 500 微米）、5～50 赫兹范围内的振动机械能才会产生动作电位序列。更快或更深层的振动不能激发迈斯纳回路，而是会激活帕西尼小体（Pacinian corpuscles），而恒压形式的缓慢凹陷将会激活缓慢适应的机械感受器及其相关的传入（Gardner et al.，2000；Gardner & Kandel，2000）。这些都是触觉和机械能的不同形式。电磁、化学、热量和声学机械能根本无法激活这个回路。虽然我们总是应当对关于进化的仅此而已的故事持谨慎的态度，但

我们有理由假设脉冲速率与振动频率是共变的，因为在进化史中，在特定的解剖位置，对于上述特定的频率和深度范围，周围神经发出的脉冲速率等于指尖上压力的正弦波的频率。因此，根据简单函数 r_1：$A\rightarrow B$，与快速适应回路相关的初级、次级和三级传入信号的远程功能与各自接收场的机械变形共变，其中 A 由振动频率构成，B 由爆发速率构成，并且 r_1（x）$=x$。该函数将频率映射到速率，其中 x 赫兹的振动频率对应 x 次脉冲/秒。类似的论点适用于由周期性和速率定义的其他对应关系，因此，它们都是有机体的表征状态。然而，对表征*内容*的解释允许准确和错误，这是根据因果病因学和同构而给出的。

我将讨论四种不同的感官表征：外周脉冲编码、S1 的亚族-1 的周期/时间编码，以及 S2 等的正负斜率编码。我们首先定义一些简单的数学函数和关系系统。这些函数是经验发现的神经活动与环境能量之间的对应关系，在理论上有两个目的。首先，这些是神经状态对外部状态具有承载目的功能的对应关系；通过承载这些反映周围能量的变化状态的对应关系，其他神经处理机制能够使用这些对应关系来计算适当的行为反应。由于具有承载这些对应关系的目的功能，这些神经元放电的模式就是表征。其次，关系系统间的映射函数定义了这些系统之间的同构，并将神经元的状态与周围的能量状态相匹配，用于确定预测。此外，如前所述，对于任意两个同构关系系统，它们之间总是存在无数个（如果不是无限多个的话）同样能很好地保持的映射函数。然而，经验发现的对应关系有助于排除映射函数上的所有其他变换，从而避免了基于同构的表征理论的关键问题之一。

关系系统由具有关系的集合组成。设 U=刺激关系系统，B=生理关系系统。每个关系系统都是一个由集合（或域）和该集合的关系构成的有序对。因此，
U=〈A，r〉，其中 r 是 U 的定义域 A 上的关系。同构是通过定义从一个关系 177
系统的域到另一个关系系统的域的双射函数而被定义的[1]，这样，一个系统的关系结构在另一个系统中被保留（尽管关系本身不必相同）[2]。刺激相关的系统的域 A 由振动频率组成，并通过$>_A$——一种经验的更高频率关系来排序。第一个生理相关系统的域——B，由脉冲编码组成。我们以峰间间隔来定义*脉冲*：

---

① 如果函数是*单射函数*和*满射函数*，则它是双射函数。如果值域中的每一个元素都仅被定义域的一个元素映射到，则该函数是单射的（或一对一的）。如果值域中的每一个都被定义域的某个元素映射到，则该函数是满射的（或映射到的）。

② 更具体地说，如果存在一个双射函数 f：$A\rightarrow B$，使得对于 A 中每一个 a 和 b，满足 aRb 当且仅当 f（a）Sf（b），则 U 和 B 是同构的。如果 f 是满射函数而不是单射函数，那么 U 和 B 是*同态的*。通过选择性地放宽标准，还可以定义各种其他类型的结构保存映射，参见 Swoyer（1991）的一些例子。

脉冲是“连续峰值之间的所有间隔都小于τ毫秒的一组尖峰”（Salinas et al.，2000：5504）。τ越短，脉冲速率就越接近放电速率。这里出于我们的目的，应该选择使函数从频率到脉冲速率的线性拟合的最大τ值。B 是由$>_B$——经验的更大脉冲速率关系排序的。上文介绍了第一个映射函数，有 $r_1=A \rightarrow B$：

$$r_1(x)=x$$

第二个生理关系系统将定义 S1 亚群-1 中的神经活动，回忆一下，无论是在脉冲速率还是放电速率方面，它都不对应于外周频率，而是在其时间结构上对应于外周频率。在这种情况下，再次设 B=生理关系系统。为了定义 B，我们将根据 PSFP 定义 B 的成员（Salinas et al.，2000）。简单来说，回忆一下，PSFP 是用神经活动的时间过程的傅里叶分解来计算的，然后找到具有峰值功率的频率库，并取其中间值。这是对所考虑的特定神经元的振荡活动贡献最大的频率。B 中的每个成员都是一个*频率*，因此自然排序关系是更高频率关系$>_B$。和 r_1 一样，r_2 也非常简单，对于 r_2：$A \rightarrow B$：

$$r_2（x）=x$$

注意，r_1 不同于 r_2：第一个是从频率到脉冲速率的函数，而第二个是从频率到 PSFP 的函数。此外，PSFP 并不是一种对“多或少”的周期的量度，就像放电速率是每秒多少次放电峰值的量度一样。它更多的是一种对神经元整体活动中的哪个频率对其振荡活动贡献最大的度量。我将定义的最后两个函数，描述了 S1 亚群-2 中的放电速率和频率之间的关系，以及更下游神经元的放电速率与频
178 率之间呈现负斜率的关系。在每一种情况下，B 的阈值由放电速率组成，并由$>_B$ 更大放电速率关系排序。令 r_3：$A \rightarrow B$：

$$r_3（s）=22+0.7s$$

其中，s 是刺激频率，r_3（s）是被描述为频率的函数的速率。正如萨利纳斯等（Salinas et al.，2000：5506）所报告的，这个等式描述了 S1 中放电速率和刺激频率之间的关系。[这个等式还包含了一个噪声项，但由于噪声根据定义不是一个信号，因此我删除了最后一项。然而，噪声是一个需要解决的重要问题，关于这一部分，请参见 Salinas 等（2000：5506：fn.13）。]这个群中的神经元以 22 个峰值/秒的基础速率放电，并随着振动频率的增加以 0.7 的斜率线性增加。最后，S2 及其以外的神经元群是反向调谐的，因此频率增加所产生的放电速率下降了（Salinas et al.，2000；Hernandez et al.，2000）。据我所知，描述负斜率亚群与振动频率之间关系的具体方程尚未发表，尽管它们被注意到是单调线

性递减函数[①]。为具体起见，我将 r_4：$A \to B$ 规定为

$$r_4(s)=65-0.5s$$

虽然有规定，但 r_4 应当被认为是描述了一个群（无论是 S2、PFC、VPC，还是 MPC）中神经元活动的方程，其中相对于刺激频率的斜率为负。

这四个方程中的每一个都是凭经验在特定神经元群与指尖的机械刺激之间发现的对应关系（规定的 r_4 例外，此后我会忽略这一限定）。这是我在确定神经元的目的功能时所呼吁的"特定对应关系"。此外，这些方程每个都定义了双射函数，而双射函数又定义了刺激关系系统 U 和它们各自的生理关系系统 B 之间的同构[②]。这里的关键思想是，我们发现了表征*系统*和被表征属性的*系统*，每个系统都是用这种方式组织的：来自每个域的单个成员映射到另一 179
个域的成员，将特定的放电模式映射到具体的振动频率。我把这四种函数称为*表征函数*。

为确定表征内容，因果病因学和结构保存（比如同构）都是必需的。在整个振动触觉识别回路的每一个感官表征中，特定放电模式的因果前件是实验刺激物。因此，由因果病因学所决定的每个表征所指称的事物就是刺激物[③]。但仅凭因果病因学还不足以确定谓项，即确定刺激物的表征谓词是什么性质。为此，每个神经元群的表征函数定义了刺激物的哪些属性是谓项的，而最关键的是，确定哪些神经模式将构成准确的表征，哪些将构成误表征。

比如，假设快速适应回路中的主输入以 50 次/秒的脉冲速率放电，这是由刺激物引起的。我们从 r_1 中看到，表征函数将频率与脉冲速率一一匹配；因此，

---

① 此外，r_3 只描述了 S1 的亚群-1 中神经元与振动频率之间所发现的特定关系。据推测，S2、PFC、VPC 和 MPC 中的神经元群与刺激频率存在不同的特定关系（即不同的基线和不同的斜率），它们也表现出正斜率的反应曲线。然而，据我所知，它们并未被发表。请注意，这些不同的方程并不会改变这里提出的生物表征的整个哲学分析；由于保存结构概念的通用性，该理论很容易适应神经状态和表征状态之间的不同对应关系。

② 证明同构并非不重要，而且，计算测量理论涉及一个经验和一个数值关系系统，而不是我这里描述的两个经验关系系统。但技术细节超出了本章的范围，因此，我做了一些简化的假设。也就是说，我假设 U 和 B 都有不可数域和可数稠密子集，它们各自的关系在域上生成了一个总顺序。这足以证明两个经验关系系统之间的同构（Collins，2010：406）。这些假设是否合理取决于做出的理想化假设是否合理。

③ 在刺激物的振动和它在例如 S2 中所引起的特定模式的神经元放电之间存在着各种中间事件。比如，离子通道已经打开和关闭，神经递质已被释放，各种放电模式已出现在脊髓、脑干、丘脑、内囊、S1 等上游区域。决定这些因果先决条件中的哪一个是表征所指称的，这被称为*因果链问题*，这对任何诉诸因果关系的表征理论来说都是一个问题。虽然我并未打算在这里详细讨论，但一个合理的解决方案（至少在这种情况下）是诉诸目的功能。S2 区域神经元活动与上游神经活动的相关性并不是赋予生存优势的原因。相反，通过与生物体外周的能量状态以明确的方式共变，不同的神经元机制可以使用这种活动来执行转换和计算，最终导致适应环境的行为。因此，我们不能武断地声称神经活动指的是刺激物，而不是因果链中的其他环节。

这一活动的表征内容就类似于*刺激物以 50 赫兹的频率振动*①。如果刺激物确实以 50 赫兹的频率振动，那么这个表征是准确的；如果刺激物并未以那个速度振动，表征就是不准确的。但对于 S1 的亚群-2 中的神经元而言，神经元在其放电速率而非脉冲速率上具有与这种外部刺激相对应的目的功能，并且根据不同
180 的表征函数（r_3），如果这些神经元以 50 个峰值/秒的速率放电，并不意味着它们具有同样的表征内容。更确切地说，S1 的亚群-2 中的神经元的目的功能是与根据 r_3 的外部刺激相一致的，如果放电速率达到 50 个峰值/秒，则 S1 的亚群-2 神经元具有*刺激物以 40 赫兹的频率振动的*表征内容，因为 r_3 将以 40 赫兹振动的特征映射到 50 个峰值/秒的放电速率上。如果刺激物振动的频率不是 40 赫兹，那么表征就是不准确的。类似地，在 PFC 中，神经元是反向调谐亚群的一部分，它有着根据 r_4 对应的外部刺激的目的功能，将具有不同的表征内容。再次假设它以 50 个峰值/秒的速率放电，这个神经活动的内容是*刺激物以 30 赫兹的频率振动*，因为这是 r_4 映射到 50 个峰值/秒的放电速率的特征。类似的注释适用于在 S1 中使用周期性的时间编码。

总的来说，尽管猴子很擅长这项任务（人约有 90%的准确率），但它们偶尔也会犯行为错误。当这种情况发生时，S1 和 S2 中放电速率的标准化测量与行为错误之间存在相关性（Salinas et al.，2000）。比如，如果猴子按压侧面的按钮，表明它认为比较值较低，而实际上比基础值高，那么其 S1 和 S2 中的神经元的放电率就会低于它们本该达到的水平，如果动物做出了准确的辨别并对相反的错误进行了必要的调整的话。比如，假设比较频率是 40 赫兹，基频是稍低的 30 赫兹。由于 S1 中亚群-2 中的神经元根据 r_3 在各自的接收域，具有对应表面振动脉冲的目的功能，为了正确地表征 40 赫兹的比较刺激，神经元应该以 50 个峰值/秒的速率放电。然而，假设在这种情况下，神经元以 40 个峰值/秒的速率放电；那么它的表征内容是*刺激物以 25.7 赫兹的频率振动*，因此误表征了刺激物的频率，这最终导致了行为错误。换句话说，有时受过良好训练的动物会犯错误，表明它认为比较值较低，而实际上比较值较高。当这种情况发生时，早期感官区域（S1 和 S2）的神经放电模式以低于实际上应达到的速率放电，前提是神经元准确地表征了刺激频率。

---

① 注意，我写的是内容*类似于*……（而不是内容*是*……）。假设在单个神经元的放电中，实例化的最低层次生物表征的表征内容可直接翻译成自然语言是不合理的。相反，我们应当满足于使用自然语言来*描述*内容，虽然并不期望直接的翻译。此外，请注意，将内容描述为“*那个物体*以……振动”，与“刺激物以……振动”是同样合理的。我们所讨论的神经活动并不能说明它是一种刺激物，只能说明它有以一定频率振动的特征。同样，出于描述内容而不是表达或翻译内容的目的，两种呈现方式都是可接受的，因为这两种表达方式在上下文中都指向刺激物。

由此看来，行为错误至少部分是早期刺激编码错误的结果，感官表征错误地反映了刺激的频率。如果只有一两个神经元错误地表征了那个频率，则动物的整体行为可能不受影响。但是，当错误神经元的数量开始增加时，动物发出错误行为信号的可能性就越来越大。关键是，若不考虑神经活动的表征内容中固有的逻辑结构，就无法理解早期感觉编码机制*错误地表征了*刺激，也就是说，存在一个刺激编码*错误*。然而，通过解释表征内容的两个组成部分，结构保存理论提供了一种理论框架，允许这样一种解释[①]。 181

结构保存理论也适用于运动皮质的 S 形反应剖面，它构成了按下内侧或外侧按钮的广义运动计划。这些广义运动计划通过基底神经节、小脑、脊髓和周围运动神经元的神经机制而变得精细。与上文讨论的感觉表征一样，在开始讨论它们的内容之前，我们首先要讨论 M1 中的神经活动是否（完全）是表征的问题。

在比较两种振动刺激时，按压内侧和外侧按钮的行为输出是习得的而不是进化的。尽管如此，这些动物确实达到了很高的准确度水平，并且可以基于这些理由进行合理的目的论论证：猴子已经知道，当且仅当比较刺激更高时，按压内侧按钮会获得果汁，并且对侧面按钮进行了*必要的调整*（*mutatis mutandis*）。此外，在学习之后，某些神经活动已经与内侧和外侧按钮相关的肌肉活动有规律地相关联。可以合理地得出结论，M1 中神经活动的消费者（即位于基底神经节、小脑、脊髓和周围运动神经元的 M1 下游的神经机制）具有产生与 M1 中的运动计划相对应的状态的目的功能。或者换句话说，如果运动计划说*我的右臂在按内侧按钮*，那么该运动计划的消费者就有目的功能来实现这一点。这与我拿起咖啡杯的意向类似，既可以满足，也可以不满足。因此，与感官表征不同——感官表征的目的功能是与冲击外周的能量相一致的，使其对生物体是适应性的——程序表征或运动计划的目的功能是在*引起*相关状态中发挥作用。在这种情况下，“适应的方向”恰好相反：感官表征“适应”世界；运动表征

---

① 正如上文所提到的，在萨利纳斯等（Salinas et al.，2000）发表的等式中包括一个噪声项，因此应写成：$r(s)=22+0.7s+\sigma\epsilon$，其中 ϵ 是均值和单位方差为零的噪声项，σ 是平均放电速率的标准差。由于噪声按定义来说并非信号，所以我删除了最后的噪声项。尽管如此，神经系统中的噪声是一个非常重要的概念和实际问题，需要由表征理论来解决；任何貌似合理的观点都必须能够解释这一点，因为大脑中不存在无声的信号。许多生物化学机制，比如离子通道开放、囊泡释放以及离子扩散都是随机过程，因此总是存在“随机”的电活动，这并不是刺激物表征或神经计算的结果。虽然我这里没有足够的空间来深入讨论这一问题，但所提供的理论确实有办法来解释神经系统的噪声。总的观点是，区分由于来源的改变（如振动频率）而引起的表征工具内容承载特征的改变（如放电率），后面这些改变构成了噪声。在噪声范围内的放电速率，由于它的特定（经验可发现的）的噪声范围、表征功能以及表征参数的值，是会有噪声但真实的信号，然而在噪声范围之外则是有噪声但为假的信号，更多细节见 Collins（2010：359-363）。

则使世界“适应”它们（参见 Searl，1992）。

182 回想一下，在比较期结束时，M1 中的神经元既不与基础频率相关，也不与比较频率相关，相反，与之相关的是差值 f_2–f_1。此外，也存在亚群分别与 $f_2>f_1$ 和 $f_2<f_1$ 密切联系。比如，考虑一个正斜率的亚群（即“偏向”$f_2>f_1$）。正如上文所述，据我所知，定义放电率和 f_2–f_1 之间关系的特定方程还未发表，所以我规定了一个特定方程（为简单起见，定义了一个线性函数而不是 S 形函数，但概念要点并没有改变）。注意到 a_1=–a_2，并且常数是函数与 y 轴的交点。因此，如果 f_2=f_1，神经元将以恒定的速率放电，而当 f_2——比较刺激——变得越来越大于基础频率时，放电速率也会增加。

$$g_1(f_1,f_2)=-2f_1+2f_2+44$$

注意，在这个亚群中，44 个峰值/秒是基线速率，它的增加或减少取决于基础刺激和比较刺激之间是否存在差异以及差异的大小。然而，与感官情况不同，这些广义运动计划只映射到两种结果：按下内侧或外侧按钮。因此，从放电速率集到行为结果集的映射函数，非常简单地将从 0 到 44 个峰值/秒的所有放电速率映射到侧边按钮，而所有高于 44 个峰值/秒的速率映射到*内侧按钮*。但这并未定义关系系统间的同构。然而，它在由两个行为结果组成的关系系统中反保留（但没有保留）[①]更大的放电率关系，这些行为结果由有序对〈*M*，*L*〉（*M* 代表“按压内侧的按钮”，*L* 则代表“按压外侧的按钮”）非常简单地关联在一起。因此，这一映射函数适合于更广泛的结构保存构造，是技术上更严格的同构的类似物。

假设这一亚群中的神经元以 55 个峰值/秒的速率放电。由于 g_1 将这个速率映射到*按压内侧按钮*的属性上，因此这个神经就预测了按压内侧按钮的属性。然而，正如之前所说的，因果历史决定指称。然而，程序表征指称的并不是造成它们的原因，而是指称它们造成的结果。这反映了相对于感官表征的运动计
183 划的相反的“适应方向”。由于目前所考虑的 M1 中的神经活动导致动物右臂各肌肉群的收缩水平的变化，因此可以推断该表征所指的是动物的右臂。因此，表征内容类似于“我的右臂正按压内侧的按钮”。与感官表征一样，运动计划是可语义评价的，因为它们是可满足评价的；它们可以是满足的或不满足的。

① 一个函数*保留*一个关系 *R*，仅当 $aRb \rightarrow f(a)\ Sf(b)$。函数*反保留* *R*，仅当 $f(a)\ Sf(b) \rightarrow aRb$，因此，函数遵守 *R*，仅当它保留或反保留 *R* 时；对于关系系统之间的同构，映射函数需要遵守关系 *R*。正如我之前提到的，当使用这个工具来建构表征理论时，有很好的理由放松对同构的严格要求，同时保持系统间的内部结构。本章呼吁的结构保留类型是 *Δ/Ψ*-形态主义（Swoyer，1991），它在一个系统中保留了子集关系，而在另一个系统中反保留了子集关系（在这种情况下，同一性得到了保留，而更大的放电率则得到了反保留，详见 Collins，2010：329-330）。

如果动物事实上按压了内侧的按钮，那么运动计划已被执行；如果没有，那么运动计划或意图仍没有得到满足。这是一个不准确感官表征的类比。注意，正如上文所谈到的，表征的不同方面决定其内容的不同方面。它与行为结果有一定的对应关系，并且具有产生与之对应的目的功能，这使它们成为表征。不同的放电率是有序系统的一部分，它对应于一组行为结果，这些行为结果也形成了一个（非常简单的）有序系统，并且速率与它们对应的行为结果相匹配，决定了谓项的一个类比。最后，因果病因学决定了按压内侧按钮的属性是由右臂来实现的。

对猴子 M1 中的运动表征的分析比前面讨论的*秀丽线虫*趋化回路中的五对运动神经元要抽象得多。在后一种情况下，运动神经元的电压与颈部肌肉的伸展程度具有连续的、特定的比例关系，这决定了颈部的转动角度（因此也决定了蠕虫的运动方向）。这是由于不同神经系统的相对复杂性（*秀丽线虫*只有 302 个神经元）。然而，随着猴子的神经元信号沿着运动回路向下传播，并越来越接近边缘区，对运动表征内容的分析将变得更具体，类似于在早期感官加工区域的感官表征的特异性。我认为这个结果——结构保存理论可以用抽象的、概括的运动计划来分析 M1 中的神经元活动——支持了这个理论。正如我早先提到的，结构保存是一种多功能的概念系统，任何东西都可以是关系系统的组成部分，包括相对抽象描述的行为结果。

六、结论

表征概念，或*关涉*，是所有其他心理状态与过程的概念建立的基础。要理解心智在自然界中的地位，我们必须理解表征是什么，以及生物系统是如何实现它的。在本章中，我已经提出了一个生物表征理论的草图，并通过在感官识别任务中所涉及的神经生理机制来说明它。有许多开放性问题必须处理，包括神经系统中的噪声和因果链问题。然而，我写这一章的主要目的是勾画和说明一个*理论框架*，我认为这个理论框架可能有助于在生物系统的表征理论方面取 184
得进展。这个框架是否能支持哲学上可行的理论所需要的详细的概念分析，还有待考察。

参 考 文 献

Akins, K. (1996). Of sensory systems and the "aboutness" of mental states. The Journal of Philosophy, 93 (7), 337-372.

Bargmann, C. I., & Horvitz, H. R. (1991). Chemosensory neurons with overlapping functions direct chemotaxis to multiple chemicals in C. elegans. Neuron, 7(5), 729-742.

Bechtel, W. (2001). Representation: From neural systems to cognitive systems. In W. Bechtel, P. Mandik, J. Mundale, & R. S. Stufflebeam (Eds.), Philosophy and the neurosciences: A reader. Malden, MA: Blackwell Publishers.

Collins, M. (2010). The nature and implementation of representation in biological systems. PhD dissertation, Department of Philosophy, CUNY Graduate Center, New York.

Devitt, M., & Sterelny, K. (1999). Language and reality: An introduction to the philosophy of language (2nd ed.). Cambridge, MA: MIT Press.

Dretske, F. I. (1981). Knowledge and the flow of information (1st MIT Pressed.). Cambridge, MA: MIT Press.

Dretske, F. I. (1988). Explaining behavior: Reasons in a world of causes. Cambridge, MA: MIT Press.

Ferree, T. C., & Lockery, S. R. (1999). Computational rules for chemotaxis in the nematode C. elegans. Journal of Computational Neuroscience, 6(3), 263-277.

Fodor, J. A. (1975). The language of thought. New York: Crowell.

Fodor, J. A. (1987). Psychosemantics: The problem of meaning in the philosophy of mind. Cambridge, MA: MIT Press.

Fodor, J. A. (1990). A theory of content and other essays. Cambridge, MA: MIT Press.

Fodor, J. A. (2008). LOT 2: The language of thought revisited. Oxford/New York: Clarendon Press/Oxford University Press.

Gardner, E. P., & Kandel, E. R. (2000). Touch. In E. R. Kandel, J. H. Schwartz, & T. M. Jessell (Eds.), Principles of neural science. New York: McGraw-Hill.

Gardner, E. P., Martin, J. H., & Jessell, T. M. (2000). The bodily senses. In E. R. Kandel, J. H. Schwartz, & T. M. Jessell (Eds.), Principles of neural science. New York: McGraw-Hill.

Hernandez, A., Zainos, A., & Romo, R. (2000). Neuronal correlates of sensory discrimination in the somatosensory cortex. Proceedings of the National Academy of Sciences USA, 97(11), 6191-6196.

Hernandez, A., Zainos, A., & Romo, R. (2002). Temporal evolution of a decision-making process in the medial premotor cortex. Neuron, 33(6), 959-972.

LaMotte, R. H., & Mountcastle, V. B. (1975). The capacities of humans and monkeys to discriminate between vibratory stimuli of different frequency and amplitude: A correlation between neural events and psychological measurements. Journal of Neurophysiology, 38, 539-559.

Mandik, P., Collins, M., & Vereschagin, A. (2007). Evolving artificial minds and brains. In A. C Schalley & D. Khlentzos (Eds.), Mental states, Vol. 1: Nature, function, evolution. Philadelphia John Benjamins Publishing Company.

Millikan, R. G. (1984). Language, thought, and other biological categories: New foundations for realism. Cambridge, MA: MIT Press.

Millikan, R. G. (1989). Biosemantics. The Journal of Philosophy, 86(6), 281-297.

Millikan, R. G. (2004). Varieties of meaning, the Jean Nicod lectures. Cambridge, MA: MIT Press.

Mountcastle, V. B., Talbot, W. H., Sakata, H., & Hyvarinen, J. (1969). Cortical neuronal mechanisms in flutter-vibration studied in unanesthetized monkeys: Neuronal periodicity and frequency discrimination. Journal of Neurophysiology, 32, 452-484.

Mountcastle, V. B., Steinmetz, M. A., & Romo, R. (1990). Frequency discrimination in the sense of 185
flutter: Psychophysical measurements correlated with postcentral events in behaving monkeys. The Journal of Neuroscience, 10, 3032-3044.

Nicolelis, M., & Ribeiro, S. (2006). Seeking the neural code. Scientific American, 295(6), 70-77.

Romo, R., & Salinas, E. (2001). Touch and go: Decision-making mechanisms in somatosensation. Annual Review of Neuroscience, 24, 107-137.

Romo, R., Brody, C. D., Hernandez, A., & Lemus, L. (1999). Neuronal correlates of parametric working memory in the prefrontal cortex. Nature, 399, 470-473.

Romo, R., Hernandez, A., Zainos, A., Lemus, L., & Brody, C. D. (2002). Neuronal correlates of decision-making in secondary somatosensory cortex. Nature Neuroscience, 5(11), 1217-1225.

Romo, R., DeLafuente, V., & Hernandez, A. (2004a). Somatosensory discrimination: Neural coding and decision-making mechanisms. In M. Gazzaniga (Ed.), The cognitive neurosciences. Cambridge, MA: A Bradford Book, MIT Press.

Romo, R., Hernandez, A., & Zainos, A. (2004b). Neuronal correlates of a perceptual decision in ventral premotor cortex. Neuron, 41(1), 165-173.

Salinas, E., & Romo, R. (1998). Conversion of sensory signals into motor commands in primary motor cortex. The Journal of Neuroscience, 18(1), 499-511.

Salinas, E., Hernandez, A., Zainos, A., Lemus, L., & Romo, R. (1998). Cortical recording of sensory stimuli during somatosensory discrimination. Society for Neuroscience Abstracts, 24, 1126.

Salinas, E., Hernandez, A., Zainos, A., & Romo, R. (2000). Periodicity and firing rate as candidate neural codes for the frequency of vibrotactile stimuli. The Journal of Neuroscience, 20(14), 5503-5515.

Searle, J. R. (1992). The rediscovery of the mind. Cambridge, MA: MIT Press.

Swan, L. S., & Goldberg, L. J. (2010). How is meaning grounded in the organism? Biosemiotics, 3(2), 131-146.

Swoyer, C. (1991). Structural representation and surrogative reasoning. Synthese, 87(3), 449-508.

Vallbo, A. B. (1995). Single-afferent neurons and somatic sensation in humans. In M. Gazzaniga (Ed.), The cognitive neurosciences. Cambridge, MA: A Bradford Book, MIT Press.

187 第八章　超越具身性：从行为的内部表征到符号过程

伊莎贝尔·巴拉霍纳·达·丰塞卡，乔斯·巴拉霍纳·达·丰塞卡，维克托·佩雷拉①

摘要：在感觉运动整合中，表征包含对将要执行的动作的预期模型。该模型整合了输出信号（运动指令）、它的再传入结果（生物体自身运动行为的感官结果）和由独立行为刺激引起的其他传入感官信号。表征是内部建模的一种形式，被用来解释指向实现未来目标的行为相对独立于当前环境的事实。内部建模解释了一个认知系统如何在不充分和嘈杂的感官知觉数据环境变化中实现其目标。在一个有意地对环境采取行动的自我中，知识依赖于指导行动向一个目标前进的必要性。这个自我内在模型——一个对内部和外部环境的表征（包含再传入和传入信息），也是对行为计划和理想未来状态（目标）以及传出意图（运动计划和运动命令信息）的表征，它与思维能力有着内在的联系，而这种思维能力应该是在多种影响的综合中产生的。当更高层次的行为策略被认为是可能的并能够导致目标和意图的充分实现时，思维便出现了。在这个模型中，符号化过程是投射性和预见性的，并且用这种方式超越了目前的指称对象。在心理模拟中，符号化与行动计划、命令和规则有关。意义与影响环境的自我的内在感觉有关。

188 **关键词**：认知模型，预期，具身性，符号过程，神经生理学功能

一、引言

生理过程与心理事件之间的关系仍是一个未解之谜。本章提出，意义和符

① 伊莎贝尔·巴拉霍纳·达·丰塞卡（Isabel Barahona da Fonseca），葡萄牙里斯本大学心理学学院心理生理学系，电子邮件：isabelbf@fpce.ul.pt；乔斯·巴拉霍纳·达·丰塞卡（Jose Barahona da Fonseca），葡萄牙里斯本新大学科学与技术学院；维克托·佩雷拉（Vitor Pereira），葡萄牙里斯本大学心理学学院心理生理学系。

号过程是在表征的内部空间中产生的，包括内部和外部感官信息、运动命令和规则模型、行为计划和对未来目标预期之间的绑定。意义和符号过程以投射的方式发生，与传出过程相联系，传出过程与指向外部环境的行为规划和指令以及对未来理想状态的预期相关。从神经心理学的视角看，这些过程发生在一个广泛分布的网络中，涉及系统中大量并行和相互作用（在神经生理学意义上）的皮层和皮层下区域。与计划、执行功能和预期相关的传出部分依赖于前额、扣带和顶叶网络，也依赖于涉及基底神经节的网络。

对心智依赖于互动的内部空间这一假设的另一种解释是，被表征的东西是一种不完全来源于感官或运动的信息，而是涉及不同来源的信息——感知、运动程序和意向——之间的相互作用。换句话说，一种表征出现在一个互动的语境中，其中感官和运动事件被提交到一个兼容的坐标框架中，这个坐标框架允许创建有意图和意义的内部有机体-环境模型。对于一个与环境互动的有机体而言，在神经元层面上拥有一个表征内部和外部的环境以及未来理想状态的内部模型是至关重要的。这个模型是具身的，只要它指导有机体的有目的行为，并独立于身体的直接约束——尽管环境的特征在某种程度上是与身体约束同态的——至少是在允许适应性和成功行为的功能方式上。

心智构建了一个内部功能空间，它表征了发生在感知中的内部和外部环境的特征。对于一个有机体而言，要成功地与外部环境相互作用，感知的功能是通过识别不变量来实现的，这些不变量在神经系统（nervous system，NS）中被进一步转化为执行良好的运动行为，并将其传递回外部世界（Llinás，2001）或转化为不通过运动行为表达的认知。

对于一个行动和运动的有机体来说，考虑到外部环境的限制，其内部空间的独特属性和外部世界的特征应当具有连续性，其中外部世界的坐标在内部的功能空间中被平移（转导），并保留同态连续性（Llinás，1987，2001）。

二、作为动因的自我与允许符号过程的内部模型的形成 189

当寻找有机体运动的计划、执行和规律的过程中所使用的符号的假设起源时，意义是由有机体经历的某种动因所创造的。这个自我在行动计划的预期模型——一个内部模拟——中整合了多种影响、感官和运动，也包含了指导决策和计划行为的运动计划与未来的理想状态。

自我（一个原我或核心自我）的概念对应于将不同的感觉运动转换结合成一个单一的内部表征模型，这对符号过程至关重要。

这种预期正是神经系统的一种基本功能：对于生物体而言，特别是对环境的适应性而言，有趣的是未来将会发生什么，而不是已经发生了什么。过去的经验已被记忆并被整合在内部模型中，并自动被行动的心理模拟所考虑。这一经典假设由林纳斯（Llinás，1987，2001）在现代科学中提出，他提出思维能力是运动内化所产生的。换句话说，当更高层次的行为策略被认为可能导致意图的实现时，思维就出现了。运动不仅与身体部分相关，而且也与外部世界的物体、感知和复杂思想相关。

对林纳斯（Llinás，2001）来说，如果我们能够研究行为的内在化，也许我们就能够理解我们的本质——以我们思考、学习和以自我组合的与复杂的方法表征自身的方式。

三、作为模拟器的大脑

神经系统的基本功能就是动作规划和调节。在低级循环中实现的动作调节将反馈与预期组件（前馈）集成在一起：涉及错误检测和纠正的感觉运动过程由前馈机制调节。因此，反馈和前馈循环作用于一组广泛的调节原始运动的协同作用。内部模式可被理解为运动系统中的神经机制，它再现了输入/输出特征的子集或它们的逆特征。前馈内部模型预测发出但尚未执行的运动指令的传出信号（也称为推测放电）产生感觉结果。反向内部模型可以从期望的最终状态计算必要的前馈运动命令。

预期是适应性的：它在执行运动程序时节省时间和精力。在预期的最终状态下，运动编程和执行独立于坐标系，这是一种内部的运动前不变性。我们发
190 现有一个我们显然很熟练的例子，例如，在野猪身上签名时使用肘关节和肩关节，在纸上签名时使用任何其他的关节，如手指或手，甚至用脚和腿。关键是，在所有这些情况下，涉及如此多样的关节、运动执行的结果，尽管有不同的方式和准确性（Llinás，1987），但签名是相似的。有人提出，这构成了一种运动不变性的表现形式，其中的动作用一种抽象的形式表征，与最终意向结果相关。

与这种控制功能平行的是，在运动层级和系统发育尺度上的高水平的神经元回路开始逐渐变得复杂，并以预期和投射的方式发挥作用。在这个过程中，大脑信号被用来在内循环（或内部模型）中产生行动计划，而与当前的刺激没有直接关系。神经元的操作是非连续的并且出现在神经映射中，其参数是神经元之间的拓扑和函数关系。这种关于未来状态的预测模式是一种心理模拟，对

行动策略进行预选，并在一般情况下指导决策。在这方面，大脑的功能就像一个模拟器，投射未来的状态和策略。

这些过程是认知表征的基础，它们整合和联结了多种信号，如行动计划和命令。这些多重信息的意义的整合被称为环境中的自我，它成为现象经验的核心。

四、作为行为体的自我：传出复制的贡献[传出复制，范·霍尔斯特（von Holst）]

知识被整合于内部模型中，为符号过程在行为体的前概念感觉中的发生创造了必要的条件：一个无意识的原我，没有它，更复杂的自我经验就不能产生。这种创造内部认知模型的功能与能动感（the sense of agency）有关，这种能动感是主体自身作为行动的原因和产生者的经验（Gallagher，2000，2012）。

在上文中，我们讨论了符号过程条件的形成中多种神经元信号绑定的作用。这些影响包括与躯体（体觉信号）相关的内部感官经验和外部刺激（有些依赖于主体的行为，有些独立于主体的行为）、过去经验记忆的激活、行动计划、传出命令、对将来理想状态的表征，以及行动的投射和预期模型。

当有机体从事自愿行动时，所感觉到的能动感是由三种神经元信号之间的一致联系形成的：①直接产生于运动的感觉运动信号；②可能间接产生于有机体运动的视觉和听觉信号；③必然的放电——产生运动的传出运动命令的复制。

在感觉运动循环中，指定自我为动因的过程——在自我与非自我间进行区 191
分——的独特之处在于，具有独立于有机体自身行为的外部起源的感觉信号是非偶然的，是与传出动作的命令信号不相关的；也就是说，传入与再传入信号之间的匹配形成了自我指定的意义。

依赖于受体和神经解剖通路，再传入在与传出命令进行比较或匹配的过程中与传入信号不一致。再传入是自我指定的，因为它本质上与一个自启动的动作相关，而且它将产生与相应的放电或传出命令匹配的再传入信号。正是传出命令信号和它们的再传入结果之间的这种对应关系，表明信息是自特定的，不同于非自我感觉的传入信号，后者与传出命令不相关也不一致。

五、经验自我、内感受循环和内部认知模型

另一种自我指定的过程可以在调节有机体的内部环境中找到，其中传出—再传入信号循环调节着生存的内部条件。在这种情况下，传出和传入信号涉及

与主动行为相关的不同结构：脑干核与中脑结构、具有低水平自主反射的躯体自主调节，以及涉及淋巴结构、下丘脑、脑岛和前扣带的高水平循环。这是一个整合在垂直神经轴上的稳态内感受系统，它指定了经验现象自我的状态参数。

与定义有机体与外部世界之间关系的感觉运动整合相反，内稳态调节规定了有机体与自身环境的关系，并产生了主观的内感受。感觉经验来自一个高度分散系统中的神经元活动的联结。假设这种主观经验与由丘脑和边缘结构的皮层下通路处理的高阶、无差别感觉信号的认知-情感状态，在下丘脑、脑岛、前扣带和其他脑干和中脑等结构中调节生物体内部环境的神经回路，以及低水平的自主神经反射和躯体反射之间的一致匹配有关。

研究运动内部认知模型的一种方法是基于主体自身行为的感官结果的预测效果。这些效果存在于再传入信号的感觉抑制或衰减中，并在意向命令调节感官反馈的循环中产生（Tsakiris & Haggard，2005）。感觉抑制是一种减弱自我产生的运动所产生的再传入感觉后果的现象。人们一直认为，主体自身行为
192 的感觉反馈的衰减是由于运动的自主性。大量研究证明了自我产生行为的感知结果的衰减（Blakemore et al.，1999）。

据推测，由于运动系统的内部模型使用“传出复制”（推测放电）来预测主体自身行为的结果，因此自我产生的行为的知觉后果被削弱了。这个信息被整合在一个内部“正向模型”中（Wolpert，1997），该模型被创造出来，并将主体自身行为的预测感官结果与实际的体感再传入反馈和其他同时发生的传入信息进行比较。这个“传出复制”或运动命令复制的假设（Sperry，1950；von Holst & Mittelstaedt，1950）最初被提出来回答赫尔姆霍茨（Helmholtz）的问题：“为什么当我们移动眼睛时，尽管事实上视网膜图像已经移动了，但世界仍然保持稳定？”

范·霍尔斯特和米特尔斯塔德（von Holst & Mittelstaedt，1950）认为，运动行为伴随着该动作的一个“传入复制”，它向感觉皮层发送“推测放电”，表明即将发出的信号是自我启动或自我产生的。“传出复制”或“推测放电”机制的作用是抑制或减少对由自我产生行为导致的事件的感知。因此，它可以自动区分内部生成的感知和外部生成的感知。在视觉系统中，这个系统可在眼球运动期间稳定视觉图像，以保持视觉空间的稳定性。

据推测，自我发起行动的结果的感官衰减过程，包括分析一个传出运动命令的副本，即一个计划行为的“传出复制”，它通过一个“前馈”机制被发送到适当的感觉皮层，为反馈感觉的到来做好准备——当传出复制由自我产生行为产生时，它起着抑制或减少感知的作用。

这些过程允许有机体认识到它产生了一个动作，这一信息被用来调节运动

的感官结果。据推测，感觉再传出的预测和它在一个内部模型中的整合，将传出、传入和行为意向联系起来，表现为对自我发起的行为引起的输入的感官抑制。

六、自我觉知的发展

通过考虑这些过程，允许我们假设先天因素对自我经验的贡献，并找到有关意义受到与神经系统的结构和功能相关的先天因素影响的间接证据。通过将意义和符号形成与行动计划和执行中自我创造的内在模式联系起来，我们可以说意义和符号的形成源于作为主体的自我意识。

存在一些证据表明，区分自我产生的感觉的再传入和外部产生的传入的过程似乎在生命的早期就开始了，这表明了一种原我感和能动感。

梅尔佐夫和摩尔（Meltzoff & Moore，1997）描述了婴儿在出生后 42 分钟 193
内的模仿行为，比如，婴儿会模仿成人舌头伸出的动作。梅尔佐夫和摩尔（Meltzoff & Moore，1997，1999）认为，包括婴儿在内的感知者建立了身体部位及其相互关系的“超模态表征”（supramodal representations）（在牙齿之间伸出舌头的情况），因此，他们有一种原我或身体图式，使他们能够复制他们观察到的行为。在 12 周大的婴儿身上观察到的其他模仿行为，如声音模仿，基本上是基于模态内比较的（Kuhl & Melzoff，1996；Kuhl & Moore，1977）。

关于自我行动的感觉结果和独立于自我行动的刺激的感觉结果之间的区别，罗沙和赫斯波斯（Rochat & Hespos，1997）观察到，当触觉刺激来自外部（单触刺激）时，新生儿的觅食反射（即张着嘴并将头转向受到触觉刺激的脸颊那边）明显比婴儿自己的手接触脸颊的自发自我刺激更加频繁，也更容易预测。新生儿的这种差异化的觅食反射表明，他们能够在一个非常基础的感知层面上区分对应于他们自己身体活动的感知结果和对应于外部刺激的感知结果。

发育研究表明，婴儿形成明确的自我觉知要晚得多。在第 14 个月到第 18 个月之间，当婴儿在镜子中看到自己脸上有个红点时，会感到局促不安（Bertenthal & Fischer，1987）。在这种情况下，当孩子表现出害羞或不安时，他们对具身自我采取了元评价的立场。到两岁末时，儿童开始表现出自我意识——这是在发育过程中与大脑的显著成熟相关的一个元步骤，特别是在前额叶皮质的区域（Rochat，2010）。

然而，自我表现会出现在更早时期。有证据表明，4 个月的婴儿开始在镜子前面玩耍（Tsakiris & Haggard，2005），并能够区分自身与他人的镜子图像。自我和他人之间的区别被解释为自我觉知的一种原始形式（Rochat & Striano，2002）。模仿行为或对自我和外部刺激的不同反应的例子表明，存在一种自我经验的前反身形式，一种先天的原我，从出生开始就存在于个体的早期发育中，这允许自我与非我的基本区分。

婴儿原我的存在可以进一步被认为是一种先天倾向的表现，即与照顾者建立联系，以确保安全、保障和保护。梅尔佐夫称“我们天生就是社会性的”——也就是说，婴儿对照顾者有一种依恋，这确保了婴儿和照顾者之间的亲近。

在与自我意识中整合的行动计划和在预期相关的意义和原象征过程方面，这些考虑指向了一些先天的、依赖于神经系统结构的方面，这些方面可被认为是知识和意义的结构，在与环境互动的发展过程中的更高层次的语义过程中，也在语言过程中进一步被阐述。

194 七、自我表征的独特特征是什么?

自我的最初和最原始的表征是身体表征。身体经验有一些区别于其他经验的特征，它是现象空间和行为空间的最大不变量。

这种身体知觉经验的生理感官的起源可归因于多种感官信息：皮肤和深层组织的压力与拉伸、皮肤的摩擦和振动、神经肌肉和关节感受器提供的关于身体的信息、内耳提供的前庭和平衡信息、拉伸感受器提供的位置和身体体积、内部感受器提供的营养和其他稳态状态、神经肌肉的疲劳以及对血液成分敏感的大脑系统。

这种身体的、内感受和外感受系统的系统化表明，身体自我并不依赖于单一的模态，也不依赖于由单一模态提供的信息。自我表征与所有其他现象表征的区别在于大脑中的独特的表征结构，它接受永久的感官输入（Kinsbourne，1995）。身体表征在所有知觉和现象经验中之所以独特，是因为身体表征是最大的不变量——现象空间的中心。

对于所有能在意识中发生的现象，身体传入都是连续地、永久性地同时发生的，有些感觉适应率速度非常缓慢，甚至不存在（如本体感觉、关节感受器、痛觉）。虽然空间与活动的关系可以有很大的不同，但身体仍是一个不断产生传入刺激的感知体。只有主体才能以第一人称的方式接触到这种持续的感官流动，这有助于自我的主观现象经验，在某种程度上不同于来自外部客体的经验，后者可以立即被社会所共享（Zahavi，2002）。

八、身体表征：躯体皮层和运动皮质中外周感觉刺激与中枢神经元映射之间的整合

外周感官因素和中心因素似乎都对具身主观感受有影响。一些病理条件的考虑，比如“幻影现象”（phantom phenomena），指出了中心因素在身体表征中的贡献。

对身体某一部分不再存在的体验，如幻肢现象和幻肢痛，可以归因于外周
刺激和中心因素。身体在缺失肢体神经元层面的内在表征可以通过内在神经活 195
动或身体其他部位刺激产生的活动来激活。无论其来源如何，身体内部模型中的神经活动（在皮层躯体图中）都将被投射到不存在的外周。幻肢现象的解释取决于中枢体神经元模型的激活（Halligan，2002；Ramachandran & Hirstein，1998）。这种身体模式是天生的，但在发育过程中以及成年后，由于社会互动和与环境的行为互动而被修改。

其他临床观察显示，20%的先天性无肢体儿童的幻肢症状表明，他们发展了一种复杂的身体模型，其中包括从未存在过的身体部分（Ramachandran & Hirstein，1998）。这种幻肢经验归因于一个中心起源，也表明了先天的身体模型或身体图式的存在。

九、自我经验的异质性

自我是自身行为的书写者、演出者和执行者，它从自己的视角来行动和感知。在本章中，我们讨论了与身体模式概念相关的自我意识。然而，即使是在作为主体的自我意识中，也有可能区分出不同的主观经验。

虽然行为体的感觉被认为是短暂的，且在现象逻辑上是隐性的，但行为现象学很少被人分析。帕舍里（Pacherie，2005，2008）确定了行为规范的三个级联“阶段”：F 意向（指向未来的意向）、P 意向（指向现在的意向）和 M 意向（运动意向）。在帕舍里看来，行为体的感觉是复杂的并包含许多方面：一个意向性因果关系的经验、开始感和控制感。

F 意向或未来意向是在行动之前形成的，并表征整个行动计划。它们的内容脱离具体情境，因此是概念性和描述性的。F 意向是方法-目的一致的，即与行为体的信念和意向一致。

P 意向服务于 F 意向制定的行为计划的实现。它们确定行为计划的时间和情境。它们包括将行为计划的描述性内容转换为受行为体、行动目标和当前周

围环境的空间特征所约束的感知运动内容。最后一个阶段是行为规范，包括通过精确规范所精选的运动程序组成元素的空间和时间特征，将 P 意向的感知行为内容转换为感知运动表征（M 意向）（Pacherie，2007）。

从能动性的角度来讲，人们认为 F 意向——相对抽象的和概念的意向——可能是自然形成的，出现在行为之前。P 意向是更具体的情境，时间上更接近
196 于行为；包含对行为的动态监测；并且会执行 F 意向。P 意向在触发预期行动时具有启动功能，在行动完成前具有维持功能，引导该功能并监测其效果。可以认为，这些阶段中的每一个都指定了一种不同的行为体自我经验。

运动计划和调节的神经生理学在多种神经元系统中是众所周知的。在帕舍里关于行为体的精细现象学与中枢神经系统的运动功能的分级调节之间建立一种平行关系似乎是可能的，而且应当注意的是，许多行为计划、命令和执行的功能都是在无意识的层次上运作的。

在中枢神经系统中，运动计划始于行为的一般轮廓，并通过运动路径的处理转化为具体的运动反应。调节是有层次的调节（相互依赖的、平行的、前馈的和反馈的神经循环）：更高层次的功能是确定行为的目标或目的，涉及皮层和前运动皮质的相关区域，以及与基底神经节的相互作用；下一层次与中央前回和小脑的初级运动皮质有关，并与计划运动动力学和发出指令的运动程序的特定功能相关；以及涉及脑干核团和脊髓回路、中间神经元和运动神经元的执行水平，这些神经元调节控制姿势和运动的各种自主运动（Kandel，2000）。

十、超越具身性：行为模型的内部表征

在感觉运动的整合中，表征被初步定义为一种意向的内部建模形式。这种内部模型被用来解释这样一个事实，即行为是以实现未来目标为导向的，并且相对独立于直接的环境刺激或特定的感觉运动表征。内部建模以一种投射性和预见性的方式进行，所表征的是一种抽象形式的预期状态或意向目标。

正如肯尼斯·克雷克（Kenneth Craik）所认为的，认知最基本的特征之一是预测事件的能力（Craik，1943）。

在表征中存在三个基本过程：①将外部过程和内部数据翻译为文字、数字或其他符号；②其他符号通过推理、演绎和推论的过程而出现，也就是预测的过程；③这些符号被重新翻译为外部过程——或至少是这些符号与外部事件间的联系（如实现一个预测），其结果被转译成世界。

197 推理过程产生一个最终的结论，与实际的物理过程可能达到的结果相似。

思维过程与外部事件具有同态性，因此可以用来预测这些外部事件（在此条件下，两者之间存在时间延迟）。

因此，根据克雷克的观点，思想的本质是提供一个外部世界的模型，内部建模中的心理预测（或预期模型）是灵活和通用的——感知、建模、计划和行为。

借用利兹·斯旺和卢·高柏（Swan & Goldberg，2010a）关于文字、图示或信号等符号的观点，符号是把能指（signifier）映射到它们所表征事物的元素上。这些映射既可以是任意的，也可以是明晰的。文字是与意义任意相关的能指；图示是一种明晰的能指，通过相似性与它们所指称的事物联系在一起，信号是与其他物体有物理或机械联系的明晰的能指。

在他们提出的模型中，符号的形成有一个感觉-感知起源，也就是说，感觉受体检测刺激物的出现并对其做出反应，这些刺激被知觉符号构造进行处理和编码。符号引起感受器过程（Swan & Goldberg，2010a，2010b）。

在这一章中，我们试图把符号形成与自我感联系起来，自我感调用了意义和符号过程，这些过程发生在构成一种表征的无意识的原我中。二阶表征包括自我与客体之间的关系。三阶表征设计自反射过程的元表征。

我们提出的模型采取了传出-预期的观点，在这种观点中，符号意义是在一个交互式的内部空间中被创造的，被称为主体或自我，也就是说，一个内部的模型将现在的感知、过去的记忆和未来的理想状态联系在一起。有人提出，符号是投射的、预期的或超越了即刻的实例化的。它们是抽象的和意向性的，从这个意义上说，符号是超越具身性的。

十一、结论

我们对符号化和意义过程提出了一个以个体为中心的观点。意义的具身基础与内部模型的形成相联系，允许现象行为的第一人称经验和形成判断。意义产生于这种内部模型中，它整合了外部与内部的影响，并吸收了涉及感知、运动和情感的神经系统。符号化过程的具身模型指向心理模拟，由感官和运动器官之间复杂的互相作用所预测性地驱动，其中意向和未来的目标或理想状态被表征出来。这些相继更复杂的和更高阶的行为策略是独立于它们的具身性而递归产生的。

参考文献 198

Bertenthal, B., & Fischer, K. (1987). Development of self recognition in the infant. Developmental Psychology, 14, 44-50.

Blakemore, S.-J., Frith, C. D., & Wolpert, D. (1999). Spatio-temporal prediction modulates the perception of self produced stimuli. Journal of Cognitive Cambridge Neuroscience, 11, 551-559.

Craik, K. (1943). The nature of explanation. Cambridge: Cambridge University Press.

Gallagher, S. (2000). Philosophical conceptions of the self: Implications for cognitive science. Trends in Cognitive Science, 4(1), 14-21.

Gallagher, S. (2012). Multiple aspects in the sense of agency. New Ideas in Psychology, 30(1), 15-31.

Halligan, P. W. (2002). Phantom limbs: The body in the mind. Cognitive Neuropsychiatry, 7(3), 252-268.

Kandel, E. R. (2000). From nerve cells to cognition: The internal cellular representation required for perception and action. In E. R. Kandel, J. H. Schawrtz, & T. M. Jessell (Eds.), Principles of Neural Science (pp. 381-402). New York: McGraw Hill.

Kinsbourne, M. (1995). Awareness of one's own body: An attentional theory of its nature, development and brain basis. In J. L. Bermúdez, A. Marcel, & N. Eilan (Eds.), The body and the self (pp. 205-223). Cambridge, MA: MIT Press.

Kuhl, P., & Moore, M. (1977). Infant vocalizations in response to speech: Vocal imitation and developmental change. The Journal of the Acoustical Society of America, 100, 2425-2438.

Kuhl, P. H., & Melzoff, A. N. (1996). Infant vocalizations in response to speech: Vocal imitation and developmental change. Journal of the Acoustic Society, 100, 2425-2438.

Llinás, R. R. (1987). "Mindness" as a functional state of the brain. In C. Blakemore & S. Greenfield (Eds.), Mindwaves. Thoughts on intelligence, identity and consciousness. New York: Basil Blackwell.

Llinás, R. R. (2001). I of the vortex. From neurons to self. Cambridge, MA: MIT Press.

Meltzoff, A., & Moore, M. K. (1997). Explaining facial imitation: A theoretical model. Early Development and Parenting, 6, 179-192.

Meltzoff, A., & Moore, M. K. (1999). Persons and representation: Why infant imitation is important for theories of human development. In J. Nadel & B. Butterworth (Eds.), Imitation in infancy (pp. 9-35). Cambridge: Cambridge University Press.

Pacherie, E. (2005). Perceiving intentions. In J. Saagua (Ed.), A explicação da intrerpretação humana (pp. 401-414). Lisbon: Edições Colibri.

Pacherie, E. (2007). The sense of control and the sense of agency. Psyche, 13(1), 1-30.

Pacherie, E. (2008). The phenomenology of action: A conceptual framework. Cognition, 107, 179-217.

Ramachandran, V. S., & Hirstein, W. (1998). The perception of phantom limbs. Brain, 121, 1603-1630.

Rochat, P. (2010). The innate sense of the body develops to become a public affair by 2-3 years.Neuropsychologia, 48, 738-745.

Rochat, P., & Hespos, S. J. (1997). Differential rooting response by neonates: Evidence for an early sense of self. Early development and Parenting, 6, 105-112.

Rochat, P, & Striano, T. (2002). Who's in the mirror? Self-other discrimination in specular images by four-and nine-month-old infants. Child Development, 73, 35-46.

Sperry, R. W. (1950). Neural basis of the spontaneous optokinetic response produced by visual inversion. Journal of Comparative and Physiological Psychology.

Swan, L. S., & Goldberg, L. J. (2010a). Biosymbols: Symbols in life and mind. Biosemiotics, 3(1), 17-31.

Swan, L. S., & Goldberg, L. J. (2010b). How is meaning grounded in the organism? Biosemiotics, 3(2), 131-146.

Tsakiris, M., & Haggard, P. (2005). Experimenting with the acting self. Cognitive Neuropsychology, 199
22(3/4), 387-407.

von Holst, E., & Mittelstaedt, H. (1950). Das Reaffernzprinzip echselwirkungen zwichen zentrain ervensystem und peripherie. Naturwissenschalten, 37, 464-476.

Wolpert, D. M. (1997). Computational approaches to motor control. Trends in Cognitive Sciences, 1, 209-216.

Zahavi, D. (2002). First-person thoughts and embodied self-awareness. Phenomenology and the Cognitive Sciences, 1, 7-26.

第三部分

意　识

第九章　模仿、技能学习和概念思维： 203
一种具身的、发展的方法

艾伦·弗里德兰[1]

摘要：本章的目标是提供一种从模仿到概念思想的方法。首先，我承认模仿在解释人类获得能力的方面起着至关重要的作用，但我认为成功的任务表现并不等同于智能行为。为了超越一阶行为的成功，我提出人类对意向行为方式的取向，即模仿所需要的取向，也会驱使我们完善我们的技能，从而为绚丽思想提供肥沃的土壤。

在“人类模仿有什么特别之处？”部分中，我提出动物和人类模仿的差异在于我所说的“手段-中心定向”上。在“模仿很好，但并非万能”部分中，我探讨了智力的三种特征，并认为，由模仿引起的一阶行为成功不具有这些特征。在本章的最后一部分，我认为，当手段-中心定向倒置自身时，就会激发技能创新，从而使我们达到认知发展的中级水平。正是在这个水平上，通过对行为要素的个性化和重组，我们看到了一种基本的行为语法的出现，随之而来的是智能的典型特征的涌现。

一、引言

在寻找可以解释人类认知与非人类的动物认知之间差异的特殊因素时，模
仿受到了很多关注。在发展和社会心理学领域尤其如此，模仿可以说是只有人 204
类才具有的能力，也被认为是社会认知和高阶执行功能发展的关键（Tomasello et al.，2005；Tomasello & Rakoczy，2003；Meltzoff，2005）。人们认为，模仿促进人类形成紧密的社会联系的能力，分享共同的关注、共同的行为和语言交流以及共同的意向，理解他人的心智并最终理解我们自己。这些人际

① 艾伦·弗里德兰（Ellen Fridland），柏林洪堡大学柏林心理与大脑学院，电子邮件：ellenfridland@gmail.com、ellen.fridland@philosophie.hu-berlin.de。

关系旨在为成熟的、华美的、更高层次的人类思维铺平道路。然而，问题仍然存在，仅仅是模仿如何引导我们进入这些更高级的认知领域的问题，就很不明朗。

在这一章中，我的目标是为从模仿到概念思考提供一种理论策略。在接受了模仿在解释人类习得能力的过程中起着重要作用之后，我论证了成功的任务表现并不等同于智能行为。为了超越一阶行为成功，我提出，动机驱动模仿当被应用于个人内部时，是一种简约而强大的力量。具体来讲，我认为，人类对意向行为方式的定向，即驱动模仿的定向也推动我们完善自己的技能，从而为绚丽思想提供肥沃的土壤。我通过提出一种理论来阐述这一观点，该理论以具身技能中的成熟人类认知的灵活性、可操纵性和可转移性为基础。

在第二部分中，我提出了动物与人类模仿的区别在于我所说的“手段-中心定向”。在第三部分中，我探讨了智能的三大特征，并认为由模仿引起的一阶行为成功不具有这些特征。在最后一部分我认为，手段-中心定向当指向某人自己的行为时，会激发技能的改进，从而使我们达到认知发展的中级水平。正是在这个水平上，通过对行为要素的个性化和重组，我们看到了一种基本的行为语法的出现，随之而来的是智能的典型特征的涌现。

二、人类模仿有什么特别之处?

参与模仿讨论的每个人都同意，人类的模仿是特殊的。我的意思并不是说人们对模仿是否是人类独有的行为这个问题没有分歧[①]。相反，我认为，即使那些否认模仿是人类特有的人也承认，人类模仿与非人类动物的模仿有显著的区别[②]。值得注意的是，我们在进化中的近亲——非人灵长类动物——既不像人
205 类儿童那样经常模仿，也不会复制特定的细节风格以实例化观察到的动作（Byrne，2002；Byrne & Russon，1998；Call et al.，2004；Tomasello，2009）。此外，模仿在文化学习和传播中的作用在人类社会之外的任何地方没有可比的功能（Tomasello et al.，2005；Boesch & Tomasello，1998；Tomasello & Rakoczy，2003）。因此，即使一些非人类的动物被发现具有模仿能力，我们仍需要一个关于人类模仿的描述，来解释它作为儿童学习策略的重要性和独特性。

---

① 比如，托马塞洛（Tomasello，1996，1999；Call & Tomasello，1998）认为，模仿是人类专有的特征，而其他人（Byrne，2002；Horner & Whiten，2005）认为，模仿可以在非人灵长类动物的行为中观察到。

② 关于这一立场的例子，见伯恩和拉森（Byrne & Russon，1998）对行动级模仿和程序级模仿的区分。

（一）模仿的重新定义

在本部分，我的目标是论证目标导向行为的手段或工具性策略在形成意向驱动模仿中所起的重要作用。从这个意义上说，我想通过强调工具策略对模仿者的重要性来修正模仿行为的首选定义，通过工具策略将观察到的和再现的行为实例化。我特别提出，模仿的有效原因，即个体模仿的理由，从根本上与模仿者对观察到的意向行为的方式的不可缺少的兴趣或关注有关。我把这种总体观点称为“手段-中心定向”。

手段-中心定向最好被理解为不仅仅是对有意行动的手段的工具性的兴趣或偏好。具体地说，我的手段-中心定向主张如下：当主体 S 模仿某个旨在实现目标 G 的行为 A 时，用来实现目标 G 的手段 M 和 G 本身都对 S 具有的内在价值。比如，如果一个行为体模型是为儿童设计如何撑伞，那么无论是撑伞的目的还是模型用来撑伞的方式，都会成为儿童模仿的内在关注对象。

重要的是，手段-中心定向把目标导向行为的手段转变为一个重要的轨迹。它使得观察和模仿行为的手段本身就变得重要和有趣；它使得所观察到的行为的细节包含价值，而这些价值不一定能还原为其实际结果或意图。这并不是说对手段的“不仅仅是工具的”关注必然可以还原为工具本身，而是说手段的价值超过了其促成目标实现的能力[①]。值得注意的是，专注于模仿的这一方面也让我在本章后面的内容中提出了将模仿与更高阶认知联系起来的清晰策略。

需要明确的是，我认为我所强调的手段-中心定向与传统的模仿定义是兼 206 容的。事实上，如果我们采用迈克尔·托马塞洛（Michael Tomasello）对模仿的定义，手段-中心定向应当被视为一种改进，而不是替代。伯施和托马塞洛（Boesch & Tomasello，1998：599）写道，“模仿学习的原型就是行为和其意向结果的再现”。模仿的这个定义要求模仿者不仅对被观察到的展示目标敏感，而且要对被模仿者为了达到目标而使用的特定行为策略敏感[②]。

为了更好地理解模仿的本质，以及为什么我提出的修正是必要的，正如托马塞洛所做的那样，将它与仿效（emulation）进行比较可能会有所帮助[③]。伯

---

① 我使用“不仅仅是工具的”价值和不单是“内在的”价值，旨在说明工具是价值或意义所在，以便为社会联系和主体间互惠提供发挥作用的机会。在这个意义上，关注工具不仅有助于实现当前目标，也带来其他类型的重要回报。

② 重要的是，关于理性模仿的研究表明，儿童模仿的不仅仅是动作，还有被认为是意向的行为，参看 Meltzoff（1995）、Carpenter 等（1998）、Bellagamba 和 Tomasello（1999）、Gergely 和 Csibra（2005）、Schwier 等（2006）。

③ 托马塞洛（Tomasello，2009）现在承认，在极少数情况下，非人灵长类动物确实会模仿。然而，他仍坚持在大多数情况下，非人灵长类动物的复制行为是仿效而不是模仿。

施和托马塞洛把仿效定义为“个体观察和学习无生命世界的一些动态启示的过程，将其作为其他动物行为的结果，然后用它所学到的东西来设计自身的行为策略”（Boesch & Tomasello，1998：598）。对托马塞洛而言，模仿与仿效的首要区别在于，模仿要求模仿者识别并复制示范者的意向目标状态，而仿效只要求复制观察到的行为以便操纵世界。然而，托马塞洛对模仿者和示范者的共同心理的关注，忽略了一个事实，即模仿者不仅要关心示范者的心理状态，还要关心示范者所进行的实际行动[①]。也就是说，模仿者不仅要对示范者的意向组成感兴趣，而且必须对示范者模拟的任务或行为感兴趣。为了反映这一点，我认为模仿学习在两个方面不同于效仿学习：①与示范者共享一个目标；②在复制示范者模拟的行为策略方面表达一个非工具的偏好。

我们应当注意到，对于托马塞洛来说，一个被观察行为的特定细节必须被
207 复制才能被视为模仿，但他不要求模仿者对于复制该行为有特殊的兴趣或意向[②]。相比之下，在我看来，模仿者由于与示范者共享目标而碰巧复制了同样的行为序列，但模仿者的动机使得对所观察到的行为的复制成为她行动目标的一部分——它成为驱动模仿的意向状态的一部分。简言之，手段-中心定向通过确保模仿者将观察到的行为的方式复制到她的行动目标中来驱动模仿。

因此，这种对行动手段的专注，使人类在模仿时忽略了行动中更实际的关注，例如，执行哪一种策略能最有效地满足一个人的欲望。行动手段的显著性使人们专注于观察到的行动的工具策略，而不是关注世界或行动目标。而且，这使我们特别着迷于模仿，这是简单地与示范者共享目标所不能做到的[③]。它使我们不断复制我们所看到的其他人执行的详细而特殊的策略，因为这是我们实现目标的手段，而且对我们而言，有趣的和有意义的东西不仅仅是目标。

（二）对手段的“不只是工具性的”偏好的经验证据

令人高兴的是，关于模仿的实证研究支持了我的观点，即人类对意向行为的手段不仅具有工具偏好。大量研究已经清楚地表明，无论模仿是否能最有效地达到目的，人们都会进行模仿。在这里我将展示其中一项研究[④]。

---

① 实际上，在理想情况下，对行为的兴趣应当形成模仿者学习意向状态的路径。如果模仿被设定为她了解示范者心理状态的策略，那么她不应知晓示范者的心理状态，参见 Meltzoff（2005）为这一立场的辩护。

② 公平来说，在 2009 年，托马塞洛曾写道，对行为本身的关注可能是区分动物和人类模仿的关键。然而，这种承认并未反映在对模仿的新定义中。因此，我的建议对模仿所必需的条件做出了重大改变。

③ 毕竟，与他人分享目标可能会导致多种行为，这些行为既不等同于模仿，也与模仿无关。

④ 除了这项研究，特别值得注意的是 Gergely 和 Csibra（2005）的工作。

在一项特别优雅的研究中，维多利亚·霍纳（Victoria Horner）和安德鲁·怀滕（Andrew Whiten）向黑猩猩和两岁大的儿童展示了一个复杂的动作序列，目的是在两种条件下打开一个装有食物奖励的盒子：一种是不透明的，另一种是透明的（Horner & Whiten，2005）。在不透明的条件下，实验者与盒子之间互动的因果结构对受试者是隐藏的，因此，当展示包括一个因果不相关的行为时，受试者不能观察到它。另外，在透明的条件下，受试者能够看到实验者的行为是如何与打开盒子因果相关的。霍纳和怀滕发现，黑猩猩在不透明的情况下复制了观察到的行为序列，包括无用的动作，但在透明的条件下则没有。也就是说，一旦黑猩猩确定这个动作与打开盒子因果不相关，它们就不再把这个动作 208
纳入它们的行为中。

相比之下，儿童会继续重复因果不相关的行为，不管是在透明还是不透明的情况下。也就是说，即使在确定一个动作因果不相关之后，儿童在打开盒子的时候也会继续重复它。重要的是，黑猩猩和儿童在不同的实验中都展示出它们/他们有能力理解为达到某种目的的因果信息的相关性。这些发现清楚地表明，即使模仿不是实现目标的最有效方式，儿童也会模仿。此外，这根本不是一个孤立的结果。儿童经常表现出不实际的模仿倾向。这在儿童对动作执行细节的模仿和过度模仿中尤其明显，这一特征通常与任务的成功完全无关（Byrne，2002；Lyons et al.，2007；McGuigan et al.，2007；Whiten et al.，2009）。

我们可以得出一个确切的结论：对于儿童，而不是非人灵长类动物，观察到的行为方式的重复具有一种价值，这种价值不能简单地还原为达到目的的手段。无论这种取向的最终解释是否正确，我们必须承认，人类模仿不仅仅是重复观察到的行为的工具偏好的结果。这是必然的，因为如果重复一个观察到的行为的价值仅仅是工具性的，那么当某些手段不是达到目标的最有效途径时，它就会被抛弃。由于这种情况并不总是发生[①]，我们必须得出这样的结论：人类对重复方式有着某种兴趣，这种兴趣和这些手段作为实现某种目的的策略所起的作用是分离的。我认为，正是这种对手段的非标准关注，使我们能够洞察儿童复制行为的特殊之处。

（三）更多考虑因素

我希望能够证明，专注于目标导向行为的手段是解释驱动模仿的动机结构的核心。我的主张是，如果不承认这意味着他们享受某种不切实际的名声，作

① 当然，有时人类对行动目标的关注会超过对行动手段的关注。然而，主要问题在于，人类并*不总是*如此关注行为，而非人灵长类动物则是这样。

为故意内容驱动模仿的一部分，我们就忽视了模仿行为的一个关键方面。

最后，我们应当注意到，令人非常惊讶的是，与动物世界的其他动物相比，人类对行动的关注往往不可还原为行动的目标。我认为，这种轻率，这种不切实际，正是人类模仿的特殊之处。值得注意的是，这种取向也可以解释许多人
209 类活动奇怪而不切实际的本质。毕竟，只有人类才能花费大量的时间和精力去追求那些没有明显进化回报的爱好和技能。考虑一下玩电子游戏、钩针编织、制作微型模型，或是用脚解决魔方难题[①]。只有人类花费无数的时间练习和完善那些从任何实际角度来看都毫无用处的能力和技能。在我看来，这种奇怪的人类特征的原因很容易解释。毕竟，意向行为手段的一种不仅仅是工具性的偏好解释了为什么如此多不同的活动会成为兴趣、好奇心和追求的源泉。

三、模仿很好，但并非万能

在这一部分中，我的目标是阐明人类认知水平的许多特征的发展不能仅用模仿或共享意向性来解释。我的目标并不是要淡化模仿在人类认知发展中的重要性，而是为了强调，如果我们要建立类似于人类认知的完整解释，还需要做更多的工作。

首先，我们必须认识到，模仿是描述高度复杂和特殊的实践及文化知识传播的一个重要方式。通过模仿，人类获得了大量针对地理和历史情况的特定需求的技能。事实上，似乎没有比提供一种天生的“做我所做的”机制更好的方式来传递掌握技术、仪式和文化所需的无限多种的方法了（Meltzoff，2005）。然而问题是，单靠这种机制无法产生更高阶的认知。也就是说，模仿可以解释任务的成功，甚至可以解释合作、共享的行为，但不太明显的是，这两者中的任何一个是如何产生我们这种认知的。

（一）模仿：任务成功和理解

模仿不能很好地解释人类理解能力和智力的产生，其中一个最明显的例子是，儿童在理解他们所模仿的行为与世界的关系之前很久就有模仿能力了。事实是，儿童可以通过模仿策略成功地对他们所处环境中的物体做出动作，而因此不必对他们行为对象的性质了解太多。例如，旺特和哈里斯（Want & Harris，2001）表明，儿童在两岁时“盲目模仿”，而到三岁时，他们会以“有洞察力的”的方式
210 模仿。旺特和哈里斯通过证明三岁儿童能够从观察错误或不正确的行为中获益，

① 是的，人们真的会那样做，并举办比赛！

而两岁的儿童则不能，确立了这一结论。因此，他们合理地得出这样的结论：只有三岁的孩子的模仿方式能够显示出他们对自己的行为和环境之间因果关系的理解。

重要的是，如果成功的模仿存在于缺乏特定任务知识的情况下，那么我们必须得出结论，从发展的角度来看，仅仅模仿是不足以理解的。这并不意味着模仿不能为我们提供一种获得这些知识的节俭策略，但它确实意味着模仿必须与其他机制相结合，如果它要做任何认知工作的话。也就是说，如果模仿要解释我们对客体、环境、自我、他人的知识，以及这些知识之间的因果和概念联系，那么模仿必须与其他认知学习过程相结合来起作用。

如果模仿机制要为我们提供许多理论家认为它们能够提供的强大工具，就必须以这样一种方式兑现，即弄清楚它们的实施是如何形成适当的联系、关联和因果结构的。如果模仿是为了让我们获得知识，那么模仿必须与能够收集和连接正确类型的信息与正确类型的期望的过程一起工作。

然而，我们应该注意到，这些类型的连接、关联和期望与人类认知的独特之处相距甚远。毕竟，对基本学习机制的要求肯定与非人类动物有共同之处。即使是仿效学习，也需要主体发展对环境特征及其因果可见性的理解。无论是什么，再加上模仿，都应当足以解释“有洞察力的模仿”，或通过仿效学习产生对环境因果结构的理解。此外，通过关注“模仿是理性的”这一要求（Meltzoff，1995；Carpenter et al.，1998；Bellagamba & Tomasello，1999；Gergely & Csibra，2005；Schwier et al.，2006），我们甚至可以接受模仿为理解他人心智建立了基础的观点。但即使允许共享关注、合作和共同行动，我们仍不清楚这些是如何足以解释我们在抽象的、概念性的思维中所达到的奇妙高度的。

也就是说，关于人类的认知能力我们应当说些什么呢？这种能力远远超越了对世界因果结构或对意向行为的认识。模仿是如何参与到人类思维的灵活性、可操纵性和可转移性、精细的重组能力、元表征能力或能动感的发展中的？这种优异的认知能力与模仿会有任何关系吗？在提供如何建立这种联系的引导之前，我想花点时间澄清一下上述列举的能力是如何成为人类思想的显著特征的，并阐明为什么即使模仿可以促进合作行为和意向性的分享，也无法给我们一个解释。

（二）智能与“三姐妹”：灵活性、可操纵性、可迁移性 211

灵活性、可操纵性和可迁移性是突出智能的重要特征的相关概念。在这一部分，我试图概述它们对智力概念的贡献，并在必要时指出它们之间的概念联系。

1. 灵活性

当我们开始考虑人类智能的一些关键特征时，很快就会想到灵活性。一种行为，无论多么复杂——机械、僵硬或不灵活——似乎都不可能被称为智能。事实上，从定义上讲，智能常常被与固定的、自动的或刺激-反应行为进行对比。正如何塞·贝穆德斯（José Bermúdez）所写："认知的一个显著标志是，它是变化的，而不是刺激-反应的。"（Bermúdez，2003：8）他将其与认知整合的如下观点做比较，即"灵活和可塑的行为往往是内部状态学习和适应之间的复杂交互的结果，导致并决定了当前的反应"（Bermúdez，2003：9）。这意味着缺乏灵活性会削弱一种行为作为真正智能的可能性。然而，灵活性与智能之间的特殊关系是什么呢？所有灵活的行为都是智能的吗？非智能行为可以是灵活的吗？经过短暂考虑之后，我认为我们都会同意第一个问题的答案是"否"，第二个问题的答案是"是"。

毕竟，一个随机的行为或事件，虽然它可能灵活到不可预测的程度，但并不能保证它是智能的。在图书馆中大声喊出狄伦的歌词也许不是你本能行为中固有的东西，但这并不意味着你的行为是明智的。事实是，智能以一定程度的自由为前提，但它也需要适当的约束。这只是因为智能是指在正确的时间做正确的事，而不是随便做什么[①]。因此，智能行为必须同时有灵活性和根据性。智能行为必须在环境的、生物目标的以及由此提供的工具性行动的可能性范围内变
212 化[②]。如果这是正确的，我们就会看到灵活性对于智能而言是不够的，而仅仅对于我们所关注的那种行为变化来说是必要的。也就是说，它是适当、学习、改善、适应和成功的前提。我们将这些过程看作是智能系统的象征。

因此，我们应当得出结论：灵活性本身并不是智能的标志，而是某种指向智能的指针。灵活性的价值来源于它为某种行为提供可能性方面所起的作用，即为应对不断变化的环境条件提供适当行为的可能性。

2. 可操纵性

除了灵活性，可操纵性也经常被认为是智能行为的一个特征。可操纵性要求一定的灵活性，因为被操纵的东西是不固定的；不过，可操纵性还需要更多

① 丹尼特提出了类似的观点，他说："智能存储的标准是，在给定初始输入的刺激条件和行为发生的环境下所产生的行为与系统需求的适当性。"（Dennett，1969：50）

② 我在这里提出的观点与休谟对自由的经典相容主义批判（Hume，1961：section Ⅷ）有明显的相似之处。也就是说，正如休谟所指出的，自由、无前因或随机性不能作为责任的基础，因为一个人不会对随机性或无原因的事件负责。如果行为体打算为自己的行为负责，那么行为体与行为之间的联系必须是基本的。同样地，灵活并不足以成为智能，但如果这些行为被认为是智能的，那么它们必须以正确的方式与环境相联系。

的东西。可操纵性强调了这样一个事实，即当我们谈及智能时，我们希望行为不仅具有与世界相关的灵活性，而且具有在行为体控制之下而产生的灵活性。因此，适当的环境反应、学习和改进所需要的灵活性不应当仅仅是各种平行过程的结果，而且应当是有层次的，它应当是自上而下的。智能行为是行为体可及的行为。它是行为体计划、组织、再组织、引导和控制的行为。

杰西·普林茨（Jesse Prinz）甚至从这种控制的角度*定义*了认知（Prinz，2004）[①]，理查德·伯恩（Richad Byrne）和安妮·拉森（Anne Russon）写道：

> 我们不愿意把心理组织是与目标表征连接的单个单元或行动、一长串线性关联联系或一个严格的等级结构的任何行为序列描述为智能行为。因此，一种行为结构是否可以被个体修正，成为衡量它是否是“智能”的关键。（Byrne & Russon，1998：671）

智能行为是可操纵的这一要求所引出的一个关键含义是，智能成为一种个
人层面的现象。也就是说，虽然亚个人系统有可能对各种环境和内部情况做出
灵活的反应，但它们被排除在智能之外，因为它们不受行为体的控制。智能系
统可操纵的要求意味着智能是发生在人的层面上的现象，而不是发生在子系统
层面上的现象，因为这里所要求的那种控制仅适用于整个行为体。因此，我们 213
看到，智能要求中心整合，这在较低层次的认知处理中是不可能的。

作为一个简短的题外话，我想指出，在这个阶段，我们不需要决定我这里讨论的认知能力是否是智能的必要特征。这个问题不是直接相关的，因为即使我们决定可操纵性并不是某些事件符合智能的必要条件，我们仍必须承认范式智能行为通常具有这一特征。因此，即使我们最终认定我们对智能的定义为*不可*由行为体操纵的智能行为提供了空间，我们仍然需要提供那些可操纵的特殊智能行为的说明。因此，无论可操纵性是否是智能行为的必要条件，对可操纵性的描述都将是我们智能理论的一部分。

3. 可迁移性

除了灵活性和可操纵性，可迁移性或通用性也经常被当作智能行为的一个显著特征。我们可以把可迁移性看作是智能行为具有广泛应用潜力的必要条件。如果工具性学习发生在一个领域，但不能转移到另一个领域，那么我们就应当考虑这种变化是否真的智能。比如，如果我可以添加糖豆，但不能搭配棍子或

① 普林茨写道：“认知状态和过程是那些利用了表征的状态和过程，这些表征处于一个有机体的控制之下而不是环境的控制之下。”（Prinz，2004：45）

绵羊，那么也许我并没有真正添加。

与可操纵性一样，我们应该注意到，即使可迁移性并不是智能事件的必要特征，范式智能行为也具有这个特征。也就是说，范式智能行为在很大程度上是独立于语境的。以命题思维为例：我可以相信、渴望或害怕下雨。我昨天、今天、明天都可以做这件事。我可以在波士顿、夏威夷或柏林——早上或晚上做这件事。我可以比较雨和雪。我能记住童年时夏天的雨天，我能预测下雨将如何影响我的周末计划。更为关键的是，对可迁移性的强调指出了这样一个事实，即我们希望智能在我们的认知经济中发挥普遍作用。我们认为在许多情况下行为体都可以获得知识和技能。由此可知，智能行为所依赖的信息将以一种足够抽象的形式储存，以便在不同的时间和地点被应用。由此可见，这些信息不能与特定的刺激因素绑定。

我们还应注意到，可迁移性与灵活性和个人层面的处理紧密相关。可迁移行为必须是灵活的，如果它们要从一个特定领域中挣脱出来以便应用到其他领
214 域的话。事实上，我们可以将可迁移性看作一种历时的或水平的灵活性。但同时，可迁移性必须是个人层面或行为体层面的，因为要迁移到各个独立领域的信息或技能必须是可集中访问的。如果我们认为心智主要由各种模块化的、信息封装的系统组成，那么这一点就尤为明显。在这种心智中，在独立域之间传递信息需要一个中心程序，它负责信息的适当提取和应用。我们所面临的事实是，系统*中*有信息，但*对*系统不可用（Karmiloff-Smith，1992：xiv；Clark & Karmiloff-Smith，1993），也就是说，亚个人的且行为体不可访问的信息，不是智能过程可以使用的信息。

（三）模仿和“三姐妹”

模仿是儿童获得能力与技能的重要机制，但我们应该注意到，成功完成一项任务绝不意味着灵活性、可操纵性和可迁移性的存在。也就是说，发展 a 的能力并不意味着一个人可以很容易地 a，一个人可以操纵自己 a 的方式，或者一个人可以将 a 所需的知识转移到另一个独立的领域。因此，如果模仿能保证任务成功，但不能保证灵活性、可操纵性或可迁移性的行为，那么我们必须得出结论：仅有模仿的话是不能解释智能的。

如果我们转向安尼特·卡米诺夫-史密斯的表征重述（representational redescriptio，RR）模型（Karmiloff-Smith，1986，1990，1992），这个关于模仿的事实就会变得尤为突出。根据该模型，人类认知发展过程中有三个基本阶段。通过这些发展阶段的活动“涉及多个层次的重述，导致可达性和灵活性的

增加”（Clark & Karmiloff-Smith，1993：496）。也就是说，当表征状态在更高层次上被重述时，它们开始表达高阶智能的更多特征。

就我们的目的而言，特别重要的是要注意第一层次表征重述的性质。表征重述的第一层次——Ⅰ层或隐含层——是“程序性的，必须整体运行。它不能被访问或操控”（Clark & Karmiloff-Smith，1993：495-496）。Ⅰ层程序是语境依赖的、不灵活的、信息封装的、不通达意识的。它们是严格的、顺序限制的、很难中断的、个体的、变化的和控制的程序（Karmiloff-Smith，1990）。然而，Ⅰ层程序支持实际的成功，这对我们的目的是至关重要的。也就是说，行为控制是在Ⅰ层上实现的，事实上，“行为控制是随后的表征变化的先决条件”（Karmiloff-Smith，1990：60）。

这意味着，在Ⅰ层水平上，儿童能成功地完成一项任务，但儿童不会重组、重新排序、打乱、操纵或访问负责成功执行任务的程序。表现达到了预期目标，但它不是灵活的、可操纵的或可迁移的。正如卡米诺夫-史密斯在谈到语言发展 215
时写道：

尽管第一阶段的内隐表征症状存在局限性，但有必要回顾一下，在特定语言形式的第一阶段结束时，儿童已经在使用特定语言形式方面实现了充分交流。（Karmiloff-Smith，1986：106）

因此，人类思想中的灵活性、可操纵性和可迁移性并不能立即导致实践的成功。这对模仿有着重大的影响，因为这表明模仿作为一种基本机制，只能解释儿童对一阶表征的习得，而不能解释后来的表征变化。毕竟，我们没有理由假定模仿通过促进特定任务能力的习得，能够为儿童提供一阶的、隐含的、程序性的状态之外的任何东西。关键是，模仿可以解释任务的成功，但任务的成功并不需要智能。因此，尽管通过模仿获得的实践行为在广度和复杂性方面令人印象深刻，但就其智力特征的范围而言，它们是相当低级的认知成就。因此，我们必须得出这样的结论：尽管模仿可以解释能力的获得，但它不能解释作为智能行为组成部分的高阶认知特征。

当然，在这个阶段，问一问我们需要在行为成功中增加什么来达到智能也无妨。一个看似合理的提议是，智能所需要的是“发展使系统变得更可操作和灵活的显表征”的能力（Clark & Karmiloff-Smith，1993：503）。也就是说，“显表征提供了一种拥有在任何一阶网络中都不可能实现的灵活性和通用性的系统”（Clark & Karmiloff-Smith，1993：492）。为什么显表征能给我们带来这种回报，我们仍不完全清楚，但一种可能性是，由于显表征是在运行它们的亚系统之外被表征的，因此能够在各种独立场景中脱机处理。因此，通过显表征，我们可以从直接刺激环境中分离出来，这为我们提供了存在表征的可能性，无论它们是否直接相关。似乎有了显表征，我们就成为丹尼特（Dennett，1996）所称的“波普尔式的动物”（Popperian animals）。也就是说，我们变成了那种可以在头脑中进行试错的动物，一种能够让其假设代替去死的动物。正如米利肯所写的，“波普尔式的动物能够进行假设思考，能够考虑各种可能性而并不完全相信或有意相信它们。波普尔式的动物发现了通过内在表征的试错来实现其目的的方法”（Millikan，2006：188）。

但我们应注意到，通过模仿获得的行为控制并不是直接的结果。毕竟，在模仿的规范中，似乎没有任何东西能保证模仿学习的结果被明确地表征出来。因
216 此，如果没有进一步的改进，就不可能认为模仿机制能够解释显表征的发展，这些表征保证了人类思想和行为的灵活性、可操纵性和可迁移性。

四、模仿与技能优化：让我们在认知阶梯上更进一步

正如我们所看到的，模仿可以说明儿童获得各种实践和文化能力的便利性。我们看到，模仿能力在解释极其微妙的人类知识和技能的易于传播，以及为共享意图和合作行为创造环境方面至关重要。模仿在很大程度上解释了儿童如何在极短的时间内以各种令人印象深刻的方式熟练地与物体和其他人建立联系。尽管这种学习令人印象深刻，但我们必须小心不要夸大模仿在我们的认知理论中所起的作用。具体来说，我们必须谨慎，不要把模仿所带来的社会和行为上的精通，与完全成熟的概念思维中更高阶的、成熟的、华丽的、灵活的、可操纵的、可迁移的、可重组的、由智能体引导的智能混为一谈。

虽然模仿本身不能作为人类认知理论的基础，但在这一部分中，我将阐明我认为是模仿的核心所在的手段-中心的定向是如何被用来解释在认知阶梯的向上发展的。我提出，在主体间性的语境中驱动模仿的手段-中心定向，当被倒置到一个人自己的行为上时，可以为我们提供一种方法，从隐性的、程序的、实践成功的一级阶段过渡到认知发展的中间阶段。特别是，我认为将手段-中心定向从主体间性领域转移到主体内部领域，赋予儿童超越习得的能力，进入技能改进阶段。正如下文要解释的，正是通过技能的改进，智能的最初迹象开始显现。

对那些熟悉经典儿童发展文学的人来说，我所建议的那种从人际关系到内在关系的转变完全不应该令人吃惊。事实上，这是列夫·维果茨基猜想（Lev Vygotsky’s conjecture）的一个相当直接的应用，即“在儿童文化发展中，每个功能出现两次：第一次是在社会层面，之后是在个人层面；首先是人与人之间

（心理间）和儿童内部（心理内）”（Vygotsky，1978：57）。即使这种论断作为一般原则被证明是错误的，我们可以看到，它在这个特定的语境中是相当合适的。通过接受从*人际*手段-中心定向到*个人*手段-中心定向的转变，我们发现自己可以解释儿童是如何开始控制、引导、关注和完善她自己的行为的。通过接受这种转变，我们能够解释儿童自己的能力和行为是如何成为她的“问题空间”的[1]。一旦我们这样做了——我接下来将要讨论——我们就能够解释认知的 217
能动性特征的诞生。

我们可以用如下的方式来将上述转变概念化：模仿中存在的主体间的手段-中心定向，突出了儿童对再现观察到的意向行为的特定细节的方式或风格的关注。我们看到，儿童们模仿时关心观察到的动作的策略，不仅是因为它们是达到某种目的的工具，而且因为它们是他们自己感兴趣和关心的对象。现在，如果我们将这种手段-中心定向重新应用于个人内心，其结果是对*一个人执行自己的行为与能力的*特定细节方式或风格的关注。因此，儿童所拥有的能力就会成为关注和好奇心的来源。因此，正如模仿使被观察行为的特定细节手段突出、有价值和有趣一样，个人手段-中心定向使个人行为的细节手段突出、有价值和有趣。至关重要的是，在这一阶段，过去用来实现各种目的的透明的工具手段，现在已准备好成为目的本身。我认为，这种从作为世界目的的手段到作为自身目的的手段的转换，有着特殊的解释力。

这是因为当一个儿童自己的行为本身成为目的时，她执行任务的特定方式就成为她要关注、操纵和控制的东西。通过这种转换，她能够将注意力转向自己，以便将自己的行为作为对象进行转化、改进和完善。因此，手段-中心定向使儿童有动机重新安排、重新组织、替换、改进、引导和控制她执行某些任务所使用的手段。我认为，这种转变为我们提供了一个基础，在这个基础上我们可以解释从一阶行为的控制到有限的灵活性、可操纵性和可转移性的转变，这种转变出现在认知发展的中间阶段。我还认为，正是这种转变为实质性的认知变化铺平了道路。

我们应该注意到，由于手段-中心定向的转换，儿童们开始参与我所说的技能改进。毕竟，这正是技能改进所要求的——行为体对自己的行为表示关注，并试图不仅提高他们达到某种目的可能性，而且改进达到该目的所采用的特定方式或风格。因此，我们看到应用于自身的手段-中心定向解释了为什么人类对发展自身的能力具有特殊的兴趣。通过将手段-中心定向转换到某人自身的行为上，我们能够解释人类的特殊习惯，即在达到熟练的程度很久之后，仍需花费

① 这是卡米诺夫-史密斯的术语（Karmiloff-Smith，1990：139）。

大量精力在练习和完善能力上。但这也为我们提供了一种关于智能的个体发生学的自然主义的具身解释。

218 (一)技能优化与认知发展的中间阶段

在认知发展的中间阶段，通过反复的周期性循环，表征状态开始呈现新颖的特征。卡米诺夫-史密斯将表征重述模型描述为由两个转换（Ei 和 Eii）构成。在 Eii 阶段，儿童第一次有意识地接触到自身的内隐过程，她开始“对自己内部表征的组织获得一些控制”（Karmiloff-Smith，1990：107）。正是在这里，以一种原始而有限的方式，智能过程的灵活性、可操纵性和可转移性特征首次显现[①]。

虽然我非常依赖卡米诺夫-史密斯的表征重述模型来支持我的关于技能改进与认知发展的观点，但我的模型在一个重要的方面与她不同。卡米诺夫-史密斯认为，处于认知发展中间阶段的儿童主要关注他们自身的内部表征，而我认为，处于认知发展这一阶段的儿童的关注对象是他们自身的能力与行为。在我看来，儿童关注和试图控制的并不是她的内部表征，而是她执行意向行为的方法、方式或风格。

正如卡米诺夫-史密斯所言，我认为在认知发展的中间阶段，“儿童把注意力集中在完善自己的能力上，而不是完善这些能力的表征上”（Fridland，forthcoming）。在我对这个中间阶段的理解中，认知发展从内隐阶段到中间阶段的重要转变，最好被描述为从关注指向世界的行为到一个人执行这些行动的方式的转变。这并不像卡米诺夫-史密斯所说的那样，是从指向世界的行为到这些行为的内部表征的转变[②]。在我看来，处于重述的中间阶段的儿童参与了技能的改进。

我们也应该注意到，将行为或能力的表征作为意向对象的心理状态，与将行为或能力本身作为意向客体的心理状态之间的选择，不仅仅是语义上的。这是因为，当我们关注意向状态时，我们关注的是同时具有意向性（intensionality）和外延性的那些状态。也就是说，我们所关心的状态，用弗雷格的术语来说，是受制于意义-指称区别的（Frege，1892）。因此，我们不能简单地得出结论：既然一种行为或能力实际上是一种表征，那么在关注这种行为或能力时，儿
219 童就是把它当作*一种表征*在关注。从儿童的视角来看，儿童关心的是什么，这是我们关注的中心问题。因此，我在上文所做的区分对这一理论来说是至

① 关于重述中间层次上存在的灵活性和可迁移性的系统限制的证据，见 Kamiloff-Smith（1986，1990）。
② 对于为什么卡米诺夫-史密斯会犯这个错误的一个论点，见 Fridland（forthcoming）。

关重要的。

回到我的论述上，认知发展的中间阶段标志着从关注以世界为目的的手段到关注以自己为目的的手段的转变。这种转变的结果是，我们首先会看到固定的、一阶的、隐式的、程序性的行为序列被分解，变成个体的、可识别的行为元素，能够在不同的语境中出现。程序性行为曾经被忽视，但作为实现某种目的的完美方式，现在已经成为人们注意和关注的源头。当这些固定的、工具性的行为本身成为它们自身的目的时，通过一种实践性的试错法，它们被提炼成个体的元素，从中可以组成行动的基本句法。

（二）技能改进的工作催生了“三姐妹”

在接下来的部分中，我将解释有限的灵活性、可操纵性和可迁移性是如何从技能改进中出现的。我试图说明技能改进是一个基于行为元素的合成性、组合和重组的过程，为我上文讨论的认知特征留下了空间。

1. 试错法

在认知发展的中间阶段，儿童的目标是改善或完善她实例化自己能力的方式。这些试图改进她执行某些任务的方式或方法的尝试要求儿童干涉固定的动作序列，直到该动作序列被用于达到她的目的为止。为了进步，儿童必须改变她的行为方式。因此，技能改进需要为了变化而进行干预。通过技能改进的过程，儿童实际上打破了她的程序性知识，并在她的行动中引入了灵活性的种子。

我认为，实施技能改进所需的干预最好被解释为一个实践试错的过程。在这个阶段，儿童开始尝试她实例化自己能力的方式。为了弄清楚如何改进她执行某些动作的方式，儿童必须尝试不同的动作方式。为了把任务完成得更好，她必须弄清楚如何以不同的方式来实践。

当我们反思具身的专业知识与技能改进时，我们看到，在获得高水平技能
所需的那种控制能力之前，儿童必须牺牲基本技能。我们看到了最初分解过程 220
的证据，这种分解过程源于儿童在之前已经掌握的行为领域所犯的错误中的试错。具体来说，有证据表明，在获得程序性成功后，儿童开始表现出明显的错误（Karmiloff-Smith，1986）。这些类型的错误提供了明确的证据，表明对负责一阶任务成功的隐式程序正在发生干扰和重组：

> 成功与灵活性之间的这种平衡很容易理解。为改进执行某些任务的方式，需要重组、转换、调整和改变任务实例化的方式。这个曾经固定但成功的序列

通过试错进行调整，因此，儿童在实例化它时会出现各种错误。（Fridland, forthcoming）

通过这种方式，我们看到试错把灵活性引入了行为序列，但这样做首先是以效率为代价的。儿童为了获得对自己能力的控制，也就是为了获得灵活地操纵自己行为的能力，她必须介入自己自动的、固定的、内隐的行为。她必须付出努力与注意力来完善自己的行为，但这意味着她要放弃并牺牲自己可靠的、一阶的、程序性的行为。

我们应该注意到，因为儿童通过试错法的努力来介入自身的行为，我们看到最基本的可操作性在这一语境下产生了。也就是说，完善自己的能力是一个因为儿童而开始和延续的过程，是儿童的开始、参与和控制能力完善的过程。正是这种努力与控制，构成了可操纵性或受行为体控制的特征。因此，为了重组她达到某些目标的手段，儿童必须操纵她的行为。正是通过对她的一阶行为进行一种粗糙的自上而下的控制，固定的行动序列开始分解，并获得了一定程度的灵活性。

重要的是，为使儿童把她的能力当作可以改变和操纵的对象，她必须能够把它们当作感兴趣的对象。因此，我们看到，如果没有手段-中心定向所提供的基本条件，能力的提升将是不可能的。这并不是说，手段-中心定向是技能改进背后的唯一驱动力。儿童的社会环境当然也是一种动力。儿童可能想要提高某种能力，因为她看到哥哥、同学或是电视上的名人这样做。尽管如此，对自身行为产生逆向视角的能力，将巩固儿童练习和完善她执行特定任务的能力。

这里的要点是，作为技能改进所需的试错过程的结果，儿童操纵了自己的行为库，并将一定程度的灵活性引入了自己的行动模式中。由于这种有限的、粗糙的灵活性与可操纵性，经过不断重复循环，儿童为越来越精细的灵活性、可操纵性和可迁移性创造了条件。

221 2. 个性化与重组

实践试错过程打破了固定的行为模式，让行为程序以各种有限的方式放松。这种干预首先允许在整个行为序列中出现粗略的动作元素。也就是说，在固定的、严格的、不可中断的程序中出现了个性化的行动。比如，一个程序从一个完整的序列变成由两个部分组成：开始部分与结束部分。这些部分以这种方式从它们以前的过程僵化中解放出来，具备了以有限的方式进行组合和重组的能力。

当行动元素获得一定程度的自由与独立时，它们也获得了成为进一步试错、关注、努力与控制的意向客体的能力。随着个性化动作元素的边界变得更加明晰，这些部分可以被进一步操纵，这为行为序列注入了更多的灵活性和进一步的个性化。因此，技能改进的过程产生了更细粒度的元素，这些元素可以在各种语境中进一步合并和重组。个性化与重组将行动序列分解为细粒度的动作元素。通过实践试错，这些动作元素可以进一步个性化和重新组合。因此，个性化催生了重组的自由，重组又催生了进一步的个性化，个性化再催生进一步的重组自由，如此循环。

令人高兴的是，通过技能优化的过程，我们注意到行动基本语法的发展，这就需要灵活性、可操纵性和可迁移性的特征。就像“雨”这个概念必然能够出现在不同的思想、位置和命题中一样，我们也可以看到技能改进能够让行动元素发挥同样的作用。我们看到，技能改进所产生的行动元素可以在各种行动的构成中发挥不同的作用。因此，例如，在侧手翻前的踢腿可以表现为倒立前的踢腿，在前空翻和侧翻之间的踢腿，或者在整个转身结束时的踢腿。一旦踢腿成为可识别和重新识别的元素，它就可以在不同的动作中占据不同的位置。另一种说法是，构成技能的个性化元素可以从一项任务转移到另一项任务。他们能够在动作领域中发挥普遍的作用。

从这个讨论中，我们可以得出结论：技能的改进在产生智能的显著特征方面起着核心作用。这是因为技能改进负责将一阶行动序列个性化为可合并和可重组的部分。重要的是，我们应当注意到：①构成技能的个性化元素越细致，该技能就越灵活，反应越快，适应性越强；②构成技能的行动元素越细致，就越容易操纵和控制；③当负责能力实例化的序列分解成越来越细粒度的、可识别的行为元素时，这些元素就越容易从任何特定的序列中挣脱出来，转移到其他任务和行为中。因此，很明显，在这个技能改进的中间阶段，我们进入了一 222
个领域，在这个领域中，智能的特征可以真正适用于儿童的行为。通过技能改进，我们能够对认知状态和过程的灵活性、可操纵性和可迁移性给出一个自然的、具身的和发展的描述。

五、结论

在本章中，我试图通过分离和识别作为模仿动机的手段-中心定向，把模仿与高阶认知的发展联系起来。一旦确定了这种动机，我就能说明它是如何被用来解释技能的改进的。我也希望让读者们相信，技能改进为我们解释智能状态和行为的一些特征提供了一种自然化的策略。

在本章的第二部分，我认为，为了充分解释人类模仿，我们必须认真对待手段-中心定向。我主张，手段-中心定向方法使意向行为的手段变得突出而有趣，而不仅仅是因为工具理性。这个定向为我们解释了人类对模仿学习的关注，而仅参考社会和合作强化是无法解释的。

在本章的第三部分，我探究了智能的三大特征：灵活性、可操纵性和可迁移性。根据卡米诺夫-史密斯的表征重述理论，我认为，尽管仅靠模仿作为一种获得行为控制的策略令人印象深刻，但不能为我们提供智能的这三个核心特征的解释。

在本章的最后一部分，我提出将手段-中心定向反转到一个人自身，他可以从程序任务成功的第一阶段进入认知发展的中间阶段。我认为，这个中间阶段是一个技能改进阶段，在这个阶段，儿童的目标是练习和完善她实例化自己能力的方式或方法。通过这一过程，智能的第一个迹象出现了。这是因为当儿童努力提高自己的能力时，他们开始把他们的行为模式分解成可识别和可重新识别的行为元素，然后可以在各种方式和语境中组合和重新组合。我认为，这是灵活性、可操纵性和可迁移性发展的过程。

我希望这个简要的概述已经阐明了，由倒置的以手段-中心定向为基础的技能改进，是如何通过产生一种基本的行动句法来解释灵活性、可操纵性和可转移性的出现的。尽管我们还需要做更多的研究才能使我们的思维完全抽象化、概念化，但我认为，这个关于技能改进和智能自然化的叙事使我们走上了一条富有成效的道路。

223 参考文献

Bellagamba. F., & Tomasello. M. (1999). Re-enacting intended acts: Comparing 12-and 18-month-olds. Infant Behavior & Development, 22(2), 277-282.

Bermúdez, J. (2003). Thinking without words. Oxford: Oxford University Press.

Boesch, C., & Tomasello, M. (1998). Chimpanzee and human cultures. Current Anthropology, 39(5), 591-614.

Byrne, R. W. (2002). Emulation in apes: Verdict “not proven”. Emulation in apes: Verdict “Not Proven”. Developmental Science, 5, 21-22.

Byrne, R.& Russon, A. (1998). Learning by imitation: A hierarchical approach. The Behavioral and Brain Sciences, 21(5), 667-721.

Call, J., & Tomasello, M. (1998). Distinguishing intentional from accidental actions in orangutans (Pongo pygmaeus), chimpanzees (Pan troglodytes), and human children (Homo sapiens). Journal of Comparative Psychology, 112, 192-206.

Call, J., Hare, B. H., Carpenter, M., & Tomasello, M. (2004). "Unwilling" versus "Unable": Chimpanzees' understanding of human intentional action? Developmental Science, 7, 488-498.

Carpenter, M., Akhtar, N., & Tomasello, M. (1998). Fourteen-through-18-month-old infants differentially imitate intentional and accidental actions. Infant Behavior & Development, 21(2), 315-330.

Clark, A., & Karmiloff-Smith, A. (1993). What's special about the development of the human mind/brain? Mind & Language, 8(4), 569-581.

Dennett, D. (1969). Content and consciousness. London: Routledge & Kegan Paul.

Dennett, D. (1996). Kinds of minds. New York: Basic Books.

Frege, G. (1892). Über Sinn und Bedeutung. Zeitschrift für Philosophie und philosophische Kritik, 100, 25-50. Translated as Black, M. (1980). On sense and reference. In P. Geach & M. Black (Eds., Trans.) Translations from the philosophical writings of Gottlob Frege (3rd ed.). Oxford: Blackwell.

Fridland, E. (forthcoming). Skill learning and conceptual thought: Making our way through the wilderness. In B. Bashour &H. Muller (Eds.), Contemporary Philosophical Naturalism and Its Implications. Routledge.

Gergely, G., & Csibra, G. (2005). The social construction of the cultural mind: Imitative learning as a mechanism of human pedagogy. Interaction Studies, 6(3), 463-481.

Horner, V., & Whiten, A. (2005). Causal knowledge and imitation/emulation switching in chimpanzees (Pan troglodytes) and children (Homo sapiens). Animal Cognition, 8, 164-181.

Hume, D. (1961). An enquiry concerning human understanding. In The empiricists (pp. 307-430). New York: Doubleday.

Karmiloff-Smith, A. (1986). From meta-processes to conscious access: Evidence from children's metalinguistic and repair data. Cognition, 23, 95-147.

Karmiloff-Smith, A. (1990). Constraints on representational changes: Evidence from children's drawing. Cognition, 34, 57-83.

Karmiloff-Smith, A. (1992). Beyond modularity: A developmental perspective on cognitive science. Cambridge, MA: MIT Press.

Lyons, D., Young, A., & Keil, F. (2007). The hidden structure of overimitation. Proceedings of the National Academy of Sciences, 104(50), 19751-19756.

McGuigan, N., Whiten, A., Flynn, E., & Horner, V. (2007). Imitation of causally opaque versus causally transparent tool use by 3 & 5-year-old children. Cognitive Development, 22, 353-364.

Meltzoff, A. N. (1995). Understanding the intentions of others: Re-enactment of intended acts by 18-month-old children. Developmental Psychology, 31(5), 838-850.

Meltzoff, A. N. (2005). Imitation and other minds: The "Like Me" hypothesis. In S. Hurley & N. Charter (Eds.), Perspectives on imitation: From neuroscience to social science (Vol. 2. pp.55-77). Cambridge, MA: MIT Press.

Millikan, R. G. (2006). Styles of rationality. In S. Hurley & M. Nudds (Eds.), Rational animals? (pp. 224
117-126). Oxford: Oxford University Press.

Prinz, J. (2004). Gut reactions: A perceptual theory of emotion. Oxford: Oxford University Press.

Schwier, C., van Maanen, C., Carpenter, M., & Tomasello, M. (2006). Rational imitation in 12-month-old infants. Infancy, 10(3), 303-311.

Tomasello, M. (1996). Do apes ape? In C. M. Heyes & B. G. Galef Jr. (Eds.), Social learning in animals: The roots of culture (pp. 319-346). San Diego: Academic.

Tomasello, M. (1999). Emulation learning and cultural learning. The Behavioral and Brain Sciences, 21(5), 703-704.

Tomasello, M. (2009). The question of chimpanzee culture, plus postscript, 2009. In K. Laland & B. Galef (Eds.), The question of animal culture (pp. 198-221). Cambridge, MA: Harvard University Press.

Tomasello, M., & Rakoczy, H. (2003). What makes human cognition unique? From individual to shared to collective intentionality. Mind and Language, 18(2), 121-147.

Tomasello, M., Carpenter, M., Call, J., Behne, T., & Moll, H. (2005). Understanding and sharing intentions: The origins of cultural cognition. Behavioral and Brain Sciences, 28(5), 675-735.

Vygotsky, L. S. (1978). Mind and society: The development of higher mental processes. Cambridge, MA: Harvard University Press.

Want, S., & Harris, P. (2001). Learning from other people's mistakes: Causal understanding in learning to use a tool. Child Development, 72(2), 431-443.

Whiten, A., McGuigan, N., Marshall-Pescini, S., & Hopper, L. (2009). Emulation, imitation, over-imitation and the scope of culture for child and chimpanzee. Philosophical transactions of the Royal Society of London. Series B, Biological Sciences, 364, 2417-2428.

第十章　进化的意识：正是这个理念！ 225

詹姆斯·H. 费策尔[①]

摘要：为意识进化找到一个充分的解释被描述为我们想要理解的关于意识的“难题”。这种困难通过引入无意识或前意识这样的概念作为其对应概念而变得复杂，至少对于人类这种复杂物种来说是如此。然而，要评估无意识因素人类行为产生因果影响的前景，有赖于对进化和意识本质的理解。本文勾勒出一个理论框架来理解这两种现象的各种形式，并提出了意识在遗传与文化语境中的进化功能。越来越明显的是，如果有一个合适的心智概念框架作为符号系统，那么意识的进化可能将不再是一个“难题”。

哲学家们把大部分时间花费在处理模糊的和不精确的概念上，试图使它们不那么模糊且更精确（Fetzer，1984）。当我们处理像“无意识心智”这样的概念时，我们对意识只有一个模糊的概念，对心智也没有一个精确的概念，为了更好地把事情整理出来，提出一些建议也许是合适的，尤其是当进化在产生心理和意识方面的作用似乎还知之甚少的时候。本研究试图通过探索不同类型的意识如何促进进化及其因果机制来阐明这些问题。

“意识为什么会进化？”被称为*难题*，有些人甚至否认意识本身是一种适应（Harnad，2002）。那么，“意识的适应性的益处是什么？”以及“意识是
如何增强意识物种的生存和繁衍的前景的？”就成为至关重要的问题。但对它 226
们的回答必然取决于意识本身的性质。例如，丹尼特（Dennett，1996）在其《心智种种》（*Kinds of Minds*）中提出，意识是感受性加上一些额外的 x 因素，但他也认为可能不存在这样的 x 因素。但如果意识仅仅是感觉的能力，而感觉只不过是一种经历变化的倾向，那么意识甚至可能与心理是分离的，它的进化没有可识别的动机。

相反，如果意识是对事物的可感知性质的感官觉知，比如它们的颜色、形

① 这是对 Fetzer（2002a）的略微修订和扩展的版本。詹姆斯·H. 费策尔（James H. Fetzer），明尼苏达大学德卢斯分校哲学系名誉教授，电子邮件：jfetzer@d.umn.edu。

状和大小，相比之下，它就可能产生差异，甚至暗示着心智的存在。例如，约翰·邦纳（John Bonner）在《动物培养的进化》（*The Evolution of Culture in Animals*）一书中描述了大肠杆菌朝着 12 种趋化物质移动，而远离另外 8 种物质（Bonner，1980）。假设它们移向的是有营养的或有益的物质，而远离的是有害的或有毒的物质，不难想象，进化是如何在这个阶段为那些细菌产生这个结果的。也许“难题”最终可能并不是一个如此困难的问题。

一、“黑箱”模型

我们倾向于在一个相当简单的生物模型——“黑箱”模型的基础上运作。我们有一个刺激 *S*，它产生一个生物体 *O* 的反应 *R*，具有固定的概率或倾向 *P*（Fetzer，1981，1993a）。当遭受刺激 *S* 时，生物体 *O* 的反应 *R* 的倾向 *P* 能够被形式化为图 10-1，其中“==>”是虚拟的*是/会*（*were/would*），“=*p*=>”是 would（*具有倾向 P*）*带来的*因果条件，而普遍强度的因果条件“=*u*=>”代表将带来的结果，在这些条件下总是发生相同的结果。另一种可能更直观的方法是简单交换生物体与刺激 *S* 的位置（图 10-2），这意味着生物体 *O*（或者任何特定种类的生物体）当受到刺激 *S* 时，有显示反应 *R* 的倾向 *P*，其中同一物种中的不同亚种和不同生物体 *O*'、*O*''…，可能受到不同程度的刺激 *S* 和反应 *R* 的不同倾向 *P*，其中有影响特征需要明确的说明。

该模型不提供生物体 *O* 内部过程的任何分析，这使它成为一个“黑箱”模型。更精细的分析将考虑到可能存在的联系，这些联系将初始内部反应 R_1 与一个或多个可能的额外内部反应 R_i 联系起来，其中这些反应可能导致有机体形式
227 化的活动或声音外部反应 R_j（图 10-3）。

刺激物*S*==>[生物体*O*=*p*=>反应*R*]

图 10-1 黑箱

生物体*O*==>[刺激物*S*=*p*=>反应*R*]

图 10-2 黑箱（反向的）

（外部）*O*==>
（内部）[（S=p_1=>R_1）&（R_1=p_2=>R_2）&（R_2=p_3=>R_3）&…]=p_j=>
（外部）R_j

227 图 10-3 一个更精细的模型

因此，对于 O 类的普通生物体，在适当的环境下，可能是一个目光或声音的一个外部刺激 S，引起了神经活动 R_1 的模式，R_1 又可能（概率地）引起神经活动 R_2 模式，R_2 又可能（概率地）引起其他神经活动模式，最终可能导致（公共的）外部反应 R_j，比如活动或声音。生物体越简单，这些内部联系就越简单（Fetzer，1990，1996，2005）。

这种方法要求引入至少三种复杂性的测量方式，这些方式可以区分物种，甚至是同物种的同种个体，这基于将这些联系的各种特性作为可能的内部因果链：①这些内部链的复杂性，特别是关于可能联系的数量和它们的确定性（相同原因/相同结果）的概率特征（在一个固定的集合内的相同原因/一个或另外一个可能的结果）；②初始刺激 S 和最终行为反应 R 之间的时间间隔（如果存在的话）；③生物体自身表现出的那些可能反映的复杂性。

二、人类行为

人类行为的一个简单例子可能是做一个约定，比如，参加一场会议。我们可能提前几个月就做准备了，但我们对承诺的行为反应只有当时间临近时才会表现出来。这反映了这样的考虑，即人类行为的产生是多种因素之间复杂的因果互动的结果，这些因素包括动机、信念、伦理、能力和才能，其中行为可能是它们相互作用的概率表现（图 10-4）。

动机（$m_1,m_2,\cdots,m_n$）&
信念（$b_1,b_2,\cdots,b_n$）&
伦理（$e_1,e_2,\cdots,e_n$）& =p=>反应（$r_1,r_2,\cdots,r_n$）包含意向和声音
能力（$a_1,a_2,\cdots,a_n$）&
才能（$c_1,c_2,\cdots,c_n$）

图 10-4　作为概率效应的人类行为

然而，其中一些因素甚至可能无法被有意识的记忆所利用，而我们生活中的独特事件的影响甚至可能无法得到充分理解，这使得有意义的预期预测和模拟——这些预测和模拟不仅仅是回顾性的表征，甚至连录像带都能提供，或者甚至是依赖于满足脚本前提的行动序列——几乎不可能对人类行为进 228
行预测和模拟，知识工程师不可能拥有制造它们所必需的那种信息（Fetzer，2011）。

虽然一种心理状态可能通过上述各个环节之间的一系列转换产生另一种心理状态，但（概率地）导致我们行为的相互作用因素的总和由每种变量的特

定值组成，其中动机、信念、道德、能力和才能的一整套变量值构成了一个*语境*。语境这个概念是意义和心智的基础（Fetzer，1991，1996，2005）。

确定性行为和不确定性行为之间的差异可以解释如下。相对于语境，当同样的行为在每一种情况下都*毫无例外地*出现时，那么该行为就是确定的。当一个固定类别中的一种或另一种行为在每一种情况下都毫无例外地发生，且概率恒定时，那么这种行为是*不确定的*。因此，即使是在同一个语境 C 下的人也会表现出不同的行为，前提是该行为是在该语境下的固定倾向所产生的可能结果之一。

关于动机，比如，如果你对 Heavenly Hash 的喜爱是 Peppermint BonBon[1]的两倍——这是你对冰淇淋的偏好，那么我们可以预期，当你进入芭斯罗缤冰激凌店时，你选择 Heavenly Hash 的概率是 Peppermint BonBon 的两倍。你不知道你会选择哪一个，但一段时间之后，你会选择其中一个的频率大约是另一个的两倍。频率是由试验中的倾向产生的，它可以解释它们并作为证据发挥作用（Fetzer，1981，1993a，2002a）。

三、意义与行为

支持动机的东西也会支持信念、伦理和其他影响我们行为的变量。关于信念，比如我碰巧住在俄勒冈州紫罗兰巷 800 号，WI53575。如果有人认为我住在 828 号，那他们的行为会有多种表现形式，比如他们可能会告诉我去我家的路线，他们会在要寄给我的信上写些什么，UPS 或 FED/EX 会在哪里给我送货，等等。

这种方式支持意义的倾向理论，根据这种理论，一个信念 B_i 的意义是 B_i 与相对于 B_j、B_k……，相对于由动机的具体价值、其他信念的具体价值等组成的每一种语境的不同之处，当给定的 B_j 在每个语境中相对于 B_i 来说所表现的行为在总体上没有差异时，那么 B_j 与 B_i 的意义就是相同的（Fetzer，1991，1996，2005）。事实证明，意义本身是受程度影响的。

例如，那些知道我家位于街区东北角房子的人，可能不用费多大力就能找到它，因为他们有着如何在俄勒冈州四处走动的信念，但对于其他目的而言，还需要知道街道的牌号。这些重叠的信念会导致一些（而不是所有）相同的行
229 为。两个 0.5 美元、4 个 25 美分和 10 个 10 美分的硬币等具有相同的购买力，
但在一些情形下，携带一张纸币而不是许多硬币可能很重要。

---

① Heavenly Hash 和 Peppermint BonBon 是冰激凌的不同口味。——译者注

这种意义的说明，通过生物体 *O* 的内在倾向将刺激 *S* 与反应 *R* 联系起来，符合概念理论甚至是心智理论。如果我们认为概念是思维习惯与行为习惯的集合，那么当一个经验被纳入概念时，预期的结果就是在一个语境中（可能）会产生任何行为结果。毫无疑问，一些概念将是天生的，而其他的概念则可能——对于更高级物种——是后天习得的（Fetzer，1991，1996，2005）。

另一个例证了这些概念的物种是长尾猴，它们至少会发出三种不同的警告声。斯拉特（Slater，1985）在《动物行为学导论》（*An Introduction to Ethology*）中称，其中一种警告声是提示附近有陆地食肉动物，当猴子听到这种叫声时，它们会爬上树躲避。另一种警告声是针对空中的捕食者，当它们听到时会爬进灌木丛中保护自己。第三种警告声是针对地面上的东西，它们会爬下来四处观察，以便看清发生了什么。

我们的行为，尤其是自愿行为，原来是我们意义的部分呈现，而我们的意义对我们来说是在某物 *S* 存在的情况下行为的多重可能性，而我想更准确地把 *S* 定义为某种特殊的刺激，这对我们的行为产生了至关重要的影响。我要提出的建议是，有一种还没有引起足够关注的方法有助于澄清和阐明心智的本质，它是由皮尔斯提出的，我认为皮尔斯是唯一一位伟大的美国哲学家。

四、指号的本质 I

根据皮尔斯的理论，*指号*（*sign*）对某人来说是一种在某方面代表了其他事物的东西。一个简单的例子是十字路口的红灯。对于了解交通规则的合格司机来说，红灯代表刹车和完全停车，只有当灯变化而且安全时才能继续前进。在一般情况下——或者说在一个“标准的语境”中——这正是我们期望发生的行为表现（Fetzer，1988，1991）。

对于那些理解道路规则的人来说这将是一个适当的行为反应的例子，并且不会因为被蒙住眼睛而丧失行使这种能力的能力。当然，也存在其他具有相同含义的指号，比如在这个例子中的一个停止标志或一位交通警察伸出手掌，它们本质上具有相同的含义（踩刹车并完全停车，只有当交通警察允许时才能前进）。皮尔斯将使用者对一个指号做出反应的复杂倾向称为其“解释项”（interpretant）。

皮尔斯指出，存在三种不同的方式可以让指号“接地”或与它们所代表的
事物相关。第一种基于*相似关系*，即指号看起来（尝起来、闻起来、摸起来或 230
听起来）像它所代表的东西。从现实角度看，例子包括雕像、照片或绘画（毕

加索在艺术史上获得了一席之地，因为他违反了裸体女人的表征规范）。皮尔斯将这些称为“图示”（icons）。

我的驾照例证了一个关于图示的重要特点。你也许会注意到，也许没注意到（当我举起驾照时）我的驾照照片看起来非常像我——也许在一个不太好的日子里——但如果你把它倒转过来，它就不再像我了，因为我并不那么瘦。这意味着，即使是使用最基本的指号——一个图示，也预设了*一个观点*。因此，任何事物不能拥有观点的东西就不能使用指号或拥有心智，我后面将回到这一观点。

皮尔斯引入的“接地”的第二种模式是*因果联系*，其中原因代表其结果，结果也代表其原因，等等。因此，烟代表火，火也代表烟，灰代表火，等等，而红点与上升的体温代表着麻疹——这意味着可能有特殊种类的个体，如科学家和医生，正在阅读某些类型的指号，但也有一些类似的观点可能是值得怀疑的，比如手相师和水晶球占卜者。皮尔斯将这些指号称为“指示”（indices，index 的复数）。

五、指号的本质 II

皮尔斯引入的“接地”的第三种基模型涉及指号与其所代表的事物之间的*习惯联想*，其中最常见的例子是出现在普通语言中的词，比如通用英语中的 chair 和 horse。这些词语当然看起来既不像也不相似，它们也不是所代表的原因或结果。不同于图示和指示，它们可能被认为是“自然指号”（natural signs），因为它们存在于自然界中，无论我们是否注意到它们，这些指号都是我们必须编造或创造的。这些“人造指号”被称为“符号”。

为了让一个特定的事物在某一特定场合的某一方面代表另一事物，某人必须有能力使用那类指号，她/他必须不会因为这种能力的行使而丧失能力，并且该指号必须与使用者具有适当的因果关系。如果一个司机因为下雨（浓雾或茂密的灌木等）而看不到红灯，这种情况下它就不会对那个指号的使用者产生影响，就像他/她被闪电或对面的车灯照射得暂时失明一样（Fetzer，1990，1996，2005）。

也许更有趣的是，意识到某物在某些方面所代表的某物甚至不需要存在。我们可以用指号代表不存在的人，比如玛丽·波宾斯和圣诞老人，也可
231 以用指号来代表不存在的事物，如独角兽或吸血鬼，而不会使这些指号失去
代表这些事物的能力。我们甚至可以制作关于外星人来访和美国狼人在伦敦的电影，这意味着指号的使用有着巨大的范围，与它们所代表的事物有关。

它们甚至不必存在！

六、心智的本质

因此，指号关系是三重的（或“三位一体”的），其中某物 S 代表另一物，X（在某些方面或其他方面）代表某人 Z。因此，一个指号对某人的意义是它在每一种可能的语境 C_i（图 10-5）中对某人所产生的全部因果影响。然而，当我们停下来开始更精确地考虑一种事物可以代表另一种事物的哪类东西时，它就开始变得有吸引力，足以支持这样的假设——*使用指号的能力*可能正是区分心智的东西。

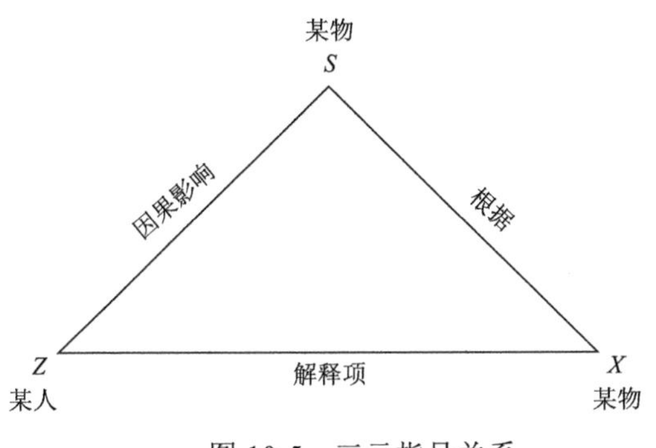

图 10-5 三元指号关系

让我们专注于指号使用者 z 而不是指号 S，从而避免想当然地认为某物可以代表另一物的事物必须是人，因而放弃“某人”这个术语，反而使用更中性的词“某物”。那么，任何事物，无论它碰巧是人、（其他）动物，还是无生命的机器，只要某物（指号）在某些方面可以代表另一物，那它就是*有心智的*。让我们将能够使用指号的系统称为*符号系统*（Fetzer，1988，1989，1990）。

七、符号系统

“解释项”因此代表了一个系统的符号倾向，即它在不同的语境中可能对一个符号的存在做出（概率性的）反应。在相同指号存在的情形下，它在语境 C_i 中的行为因此可能不同于在语境 C_j 中的行为（Fetzer，1991）。而且一个符号系统 z 可以用图表示出来（图 10-6）。

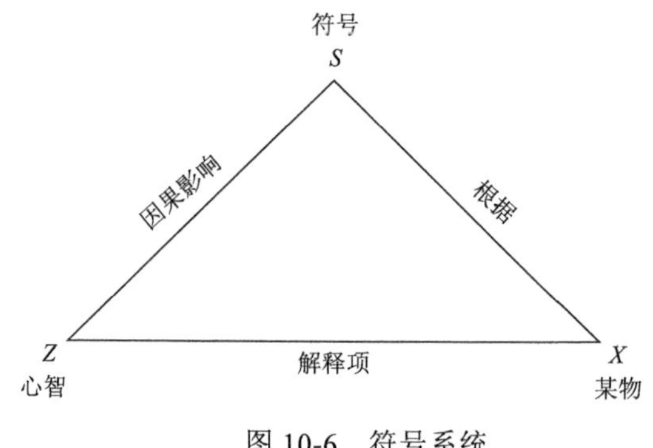

图 10-6 符号系统

因此，指号与它们所代表的东西之间的“根据”关系（正如我们所发现的，通过相似性关系、因果关系或习惯性联想）对符号系统的本质至关重要。除非
232 某物的存在——可以是一个图示、一个指示或一个符号——与系统的（潜在的或实际的）行为之间的因果联系是因为它作为该系统的一个图示、指示或符号而获得的（由于其相似性、因果关系或习惯性联想的根据关系），否则它不可能是一个符号的联系（Fetzer，1990：278）。

事物作为指号的符号系统为区分有心智的系统和没有心智的系统提供了基础，如数字机器，它缺乏符号与它们所代表的事物之间的根据关系。这种差异也能够被图解以说明这一关键差异（图 10-7）。

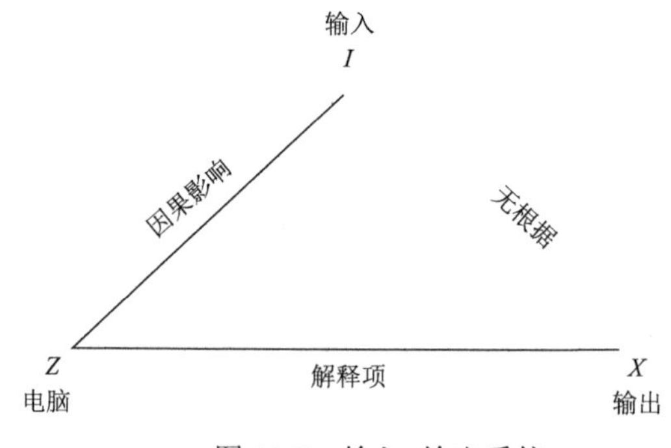

图 10-7 输入-输出系统

因此，虽然指号被设计成根据形状、大小和相对位置来处理的记号（marks），但这些记号对数字机器来说没有任何意义，比如存货或美元和美分一样。因此，它们不应该被定性为*符号系统*，而应该被定性为*输入/输出系统*，其中它们施加因果影响的输入被正确理解为仅仅作为刺激而不是作为指号发挥作用。它们可以被称为“符号系统”，只要这不意味着它们使用皮尔斯意义上的符号（Fetzer，

1988，1990，1996，2002b）。

八、交流与惯例

另一个得出的重要区别是，当这些符号系统以类似的方式使用指号时，符
号系统之间的交流就会得到促进。当一个使用指号的共同体通过一些机构体系
（如学校）来强化共同的指号使用行为时，这些习俗、传统和实践就具有了惯例 233
的地位，从而促进了沟通与合作的目标，也促进了共同体目标的实现（Fetzer，
1989，1991，2005）（图 10-8）。

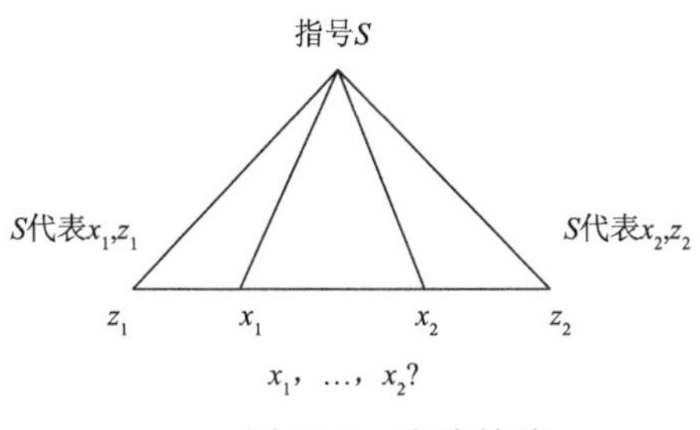

图 10-8　交流情境

当一个符号系统使用指号与另一个符号系统进行交流时，这些指号就具有了*信号*的特征。因此，在单纯的刺激、指号和信号间似乎存在一个等级结构，因为每一个信号都是一个指号，每一个指号都是一个刺激，反之亦然。比如，能在无生命物体中产生变化的原因是刺激而不是指号，就像那些存在的东西或其他东西是这些系统的指号一样，即使它们不是信号。虽然刺激、指号和信号都是可能影响不同系统行为的原因，但只有指号与信号涉及心智的存在。

九、意识与认知

然而，更重要的是，作为符号系统的心智理论也提供了具有启发性的意识和认知概念，这两种概念都只能相对于特定种类的指号得到充分的定义。因此，当（a）z 有能力使用 S 类型的指号并且（b）z 在目前的语境 C 中没有丧失使用这类指号的能力时，系统 z 是*有意识的*（*关于特定类型 S 的指号*）。因此，当（a）z 对 S 类型的指号有意识并且（b）S 类型的指号出现在 z 的适当因果关系的范围内时，*认知*（*关于特定类型的指号 S*）作为系统 z 与指号 S 之间的因果互动结果发生（Fetzer，1989，1990，1996）（图 10-9）。

意识（关于*S*类型的指号）=定义能力+才能（在一个语境内）
认知（关于*S*类型的一个特定指号）=定义意识的结果+机会

图 10-9 意识与认知（非正式的）

因此，心智作为符号系统（使用指号的系统）的概念，不仅带来了作为符号能力的心性的定义，而且带来了意识和认知的有用概念。非正式地讲，意识（关于 *S* 类型的指号）将使用这类指号的*能力*和行使这种能力的*才能*结合起来，
234 而认知则将对这类指号的*意识*和与这类指号发生因果相互作用的*机会*结合起来。这个定义可以与一般的心性标准相结合，即*犯错误的能力*，因为任何能够犯错误的东西，都有能力用某物来代表其他物体，这是正确的结果（Fetzer，1988，1990）。

这种方法的结果是引入了一种适用于人类、（其他）动物和无生命机器（如果可能的话）的心性理论。它产生了一种不断增强的心智类型理论，从图示到指示到符号，其中符号预设了指示和指示的图标，但反之亦然（图 10-10）。

	心性（mentality）		
	类型 I	类型 II	类型 III
定义	图示的（iconic）	指示的（indexical）	符号的（symbolic）
标准	类型（type）/殊型（token）识别	经典的巴甫洛夫条件反射	斯金纳操作性条件反射

图 10-10 心性的基本模式

这里显示了它们存在的这些类型和标准，其中图示的心性存在的证据指示是将实例识别为特定类型实例的*类型/殊型*的能力；指示的心性是*经典的巴甫洛夫条件反射*，作为引起效果的原因的概括；以及符号的心性的*斯金纳操作性条件反射*，即一事物仅仅基于习惯联想而代表另一事物（Fetzer，1988，1990）。

十、心性的更高级模式

这种方法引入了一种进化假设，即各种生物物种都倾向于特定类型的心性，这种心性的分布反映了它们的进化地位，最低级的生物具有最低水平的心性，越高等的生物心性水平越高。事实上，至少有两种高等心性模式是人类特有的，即将论点塑造为转换性思维的能力，以及将指号作为*元心性*的能力，特别是出于批判的目的，指号使用者可以对指号进行旨在改善它们的改

变（图 10-11）。 235

	更高级的心性	
	类型Ⅳ	类型Ⅴ
定义	形变	元心性
标准	逻辑推理	批判

图 10-11　心性的更高级模式

将心智视为指号系统的概念的优点之一是，它允许比语言使用所涉及的更为简单的心性模型的存在，这似乎是进化中相对较晚的发展（Donald，1991；Fetzer，1993b，1993c）。乔姆斯基关于语法作为物种-特异性的内生句法的研究、福多关于意义作为物种-特异性的内生语义学研究，都对此给予了极大的关注，这在斯蒂芬·平克（Stephen Pinker）等的著作中得到了最新的体现，他认为人的心智是用于生存与复制的计算机（Pinker，1997），还有麦克费尔（MacPhail，1998），他认为意识进化的关键是语言的进化。

然而，如果语言的进化是意识进化的关键，那么，只要语言是进化中较晚出现的现象，就很难想象意识是如何进化的。对语言的关注限制了对多种意义模式和非人类心智的考虑。不仅图示与指示的心性比符号要更原始，而且对语言转换与句法结构的关注集中在较高的心性模式而忽视了较低的心性模式，甚至把句法的车厢置于语义的马之前。正如托马斯·舍内曼（Thomas Schoenemann）所争辩的——而我也同意——句法的进化是对语义复杂性的一种紧急反应，它比其固有的替代方案更能解释这一现象（Schoenemann，1999）。

十一、意识的概念

心智是通过自然进化而来的一种计算机的观点，想当然地认为，在某种适当的描述层面上，心智和机器都是基于相同或相似的原则运作的，鉴于“接地”关系的不同，这些原则似乎已经是错误的了。但是，模仿机器的思维模式也会混淆作为文化进化产物的语言和作为基因进化产物的物种。替代理论（意识、心性和语言）的相对充分性可以通过它们能够解释的所有相关现象（意识、心性和语言）的程度来评估，在这些方面，我认为符号学概念并未遇到强劲的挑战。

236 举例来说，考虑在这种方法的范围内可以区分的多种意识模式。那些不依赖于不可或缺的心性的指号，缺乏心性特有的指号维度。丹尼特假设，意识可能只不过是知觉，这使得恒温器、石蕊试纸和温度计成为“有意识的”，但还不足以赋予它们心性（Fetzer，1997）。因此，它们是敏感性的例子——对刺激的敏感性——但并不意味着心性是一种“没有心智的意识”。我们称之为（C-1）。

一种更强的意识模式会将灵敏性与符号能力结合起来，这就意味着心智的存在，我们称之为（C-2）。第三种意识模式将符号能力与自我觉知结合起来，包括使用指号来代表指号使用者自身，我们称之为（C-3）。然而，第四种意识模式将自我意识与表达能力结合起来，我们称之为（C-4）。第五种意识模式将自我觉知与表达能力以及用指号作为信号与其他人交流的能力结合起来，我们称之为（C-5）（图 10-12）。

（C-1）	敏感性
	具有因果影响但不包含心性的刺激：恒温器、温度计、石蕊试纸是一种无心的意识
（C-2）	符号能力
	关于在某些方面代表某物的刺激的敏感性；因此，（C-2）意味着（C-1）和心智的存在
（C-3）	自我觉知
	包括代表指号使用者自身的指号的符号能力；因此，（C-3）意味着（C-2）具有自我指称能力
（C-4）	能够表达的自我觉知
	包含代表指号使用者自身的指号以及表达自我觉知能力的符号能力；因 此，（C-4）隐含具有表达能力的（C-3）
（C-5）	具有交流能力的自我觉知
	包括代表自身和其他同类的指号的符号能力，它能够促进合作 ；因此，（C-5）隐含具有信号的（C-4）

图 10-12　意识的五种模式

这一图解并未表征意识的唯一可能种类，而是作为一种模板来考虑意识在进化中的未来角色。比如，在这种情况下，意识的每一种模式都意指
237 一种较低的意识模式，其中（C-5）意指（C-4），（C-4）意指（C-3），等等。如果交流包含信号的情况——大概是在（C-5）的级别，比如猴子发出的警告声，它们对信号的使用可能伴随也可能不伴随（C-3）级别的自我指示能力——那么这种描述可能存在例外，将展示出异常类型拓扑学方案的可取性。

十二、意识与进化

进化作为一种生物过程，应从以下三个原则来描述：每个物种出生的成员数量多于能够繁殖的成员数量；后代的关键特征是遗传自其父母的；一个特殊物种成员之间几种形式的竞争有助于决定谁能成功繁衍后代。产生遗传变异的机制包括基因突变、有性生殖、遗传漂变和基因工程，而决定现有种群中哪些成员倾向于生存和繁殖的机制有自然选择、性选择、群体选择和人工选择（Fetzer，2002c，2005，2007）。

你可能还记得我们开始时提出的问题，“意识为什么会进化？”的问题也适用于其他表述，其中包括“意识的适应性优点是什么？”，还有“意识如何增强拥有意识的物种的生存和繁衍前景？”在充分阐明了意识的本质，使这些问题有足够的研究意义（或至少有趣）之后，目标就变成了依次考虑这些因果机制，以确定这五种模式中的任何一种意识是否会提供适应性的好处，从而回答“这个难题”。

图 10-13 反映了总体情况，作为八种不同的进化机制与那些可能增强它们或从中受益的意识模式的交集。前四种是促进基因库变异的模式。超越敏感性的意识似乎对基因突变的发生没有任何影响，这当然是以（C-1）意识为前提的。对于有性繁殖和遗传漂变也有类似的考虑，它们被理解为独立于决定谁与谁交配以及在什么条件下交配的机制之外的因果过程。

机制	意识
（1）基因突变	（C-1）
（2）有性生殖	（C-1）
（3）基因漂变	（C-1）
（4）基因工程	（C-5）
（5）自然选择	（C-1）到（C-5）
（6）性选择	（C-2）到（C-5）
（7）群体选择	（C-5）
（8）人工选择	（C-5）

图 10-13 意识模式的适应作用

相比之下，基因工程需要高度复杂的心理能力，而这些能力似乎受益于（C-5）级的推理技能和批判性思维。远在（C-1）水平之上的意识的出现将带来适应性优势。在自然选择的情况下，所有这些模式都有利于同种个体对食物与其他资源的竞争。而且，性选择的成功还得益于自我指示能力与表达能力，更不用说传递信号的能力了。人工选择和群体选择都离不开交流。

238 如果这些考虑是有根据的，那么它们意味着意识的潜在适应益处是显而易见和有深远意义的。因此，在回答这一问题时，意识的不同模式似乎通过增强拥有它们的物种的生存与繁殖的前景来发挥作用。有趣的是，意识进化的动机与不同的进化机制有关。毫不奇怪，自然选择和性选择都受益于从低级到高级的意识，基因工程和人工与群体选择没有（C-5）的意识就无法发挥作用。

十三、心智并非机器

这一实践提供了一个可信的证据，证明进化能够在各种表现形式中产生意识，因为具有这些能力的生物将在与自然的竞争中获得优势，并在广泛的进化机制中与同种个体竞争。这就意味着，拥有这些不同类型的意识会带来适应优势，这将增强生存与繁殖的机会。不过，也应该注意到，这种分析可改进，例如，通过系统地综合不同类型的心智。

应该没有太多的怀疑余地，例如，更高的意识模式倾向于假定更高类型的心性，其中转换性心性和元心性可以极大地提高生物处理同种个体及其环境的能力。所有这些似乎都强化了这样一种主张，即人类的心智是一台用于生存和繁殖的计算机。然而，这一论断是建立在模棱两可的基础上的。还存在着一些普遍看法，认为人类的心智是生存与繁殖的处理器，但这是一个微不足道的论断。人的心智是计算机的观点暗示着它们建立在相同或相似的原理上，这是错误的。

239 我们已经看到，数字机器缺乏一种基础关系，这种关系不仅代表人类心智，而且代表每种心智（比较图 10-7 和图 10-6）。因此这是一个重要的差异，我们可以称之为“静态差异”。另一个原因是，这些机器是基于程序实现的算法运行的，这些程序按照特定步骤序列执行操作。它们有确定的起点与终点，其中它们的应用是完全通用的，并且它们总是在有限的步骤内找到问题的正确解决办法（Fetzer，1994，2002b，2007）。当你仔细思考时，你会发现计算与思维之间有着重要的差异。

有多少种思维具有这些特征？当然，无论是感知、记忆、梦境还是白日梦都差得远。它们通常都不能被看作是在“解决问题”。它们都没有一个确定的起点和另一个确定的终点。它们都不能被指望在有限的步骤中得到正确的结论。

我们可以称之为“动态差异”，这意味着它们是截然不同的系统。人类当然是生存和繁殖的系统，但这并没有把他们变成计算机。平克（Pinker，1997）是错误的，因为心智不是机器（Fetzer，1990，1996，2002b，2005）。

十四、基因进化与文化进化

在早期的一本书中，平克提出了人类独有的“语言本能”假设，同时承认这种物种特异性的概念似乎与现代达尔文的进化概念并不相容，“复杂的生物系统是由几代逐渐累积的随机基因突变而产生的，这些突变提高了繁殖的成功率”（Pinker，1994：333），这似乎印证了间断平衡论。他的解决方案是解释进化史产生的是一种浓密的结构，而不是一个有序的序列，这样他的解释就不会因为其能力不足而受到威胁，例如，证明猴子有语言。但可以肯定，更合理的假定是，我们进化的近亲，包括猴子、黑猩猩和大猩猩具有一些相应的能力，可以使用不同的但可比较的交流方式。一个更广范的符号学框架会将指号的使用与通过概念来概括经验关联起来。

此外，要充分理解语言与心性的进化，在很大程度上取决于对基因进化与文化进化之间差异的把握。通过采用基因进化单元的“基因”与文化进化单元的“模因”之间的共同区别，约翰·邦纳（Bonner，1980）已确定了三个重要的差异：①基因可以独立于模因而存在，而模因不能独立于基因而存在（不存在非具身的思想）；②基因在每个生物体中只能传递一次，而模因可以随时间的推移而获得和改变；③基因的变化率受妊娠期的限制，而模因的变化率接近信息传递的速度（表 10-1）。

表 10-1　基因进化与文化进化（邦纳）

基因进化	文化进化
（1）基因可以独立于模因而存在	（1′）模因不能独立于基因而存在
（2）一次性信息传递（概念）	（2′）信息传递有多种可能
（3）变化非常缓慢（受妊娠期限制）	（3′）变化非常快（受光速限制）

然而，其他差异也能区分它们，这在某些情况下可能更为重要。比如，生 240
物的遗传特征是任何具有这些基因的生物都不可或缺的（给定固定的环境因素）*永久特性*，而生物的模因特性通常是*短暂的*和*获得的*。文化进化背后的因果机制根植于物种的符号能力（Fetzer，1981，2002a，2005）。

最终，必须在心理能力是先天的、与生俱来的和物种特有的物种与心理能力可以通过条件反射、学习甚至批判性思维来提高的物种之间产生差异。低级物种，如细菌，可能符合进化的概念，即复杂的生物系统是由几代随机基因突变的逐渐累积而产生的，这些突变提高了繁殖的成功率。但其他物种远远超越了这些限制。人类必须具有的与语言相关的唯一永久属性是作为思维习惯和行为习惯而获得概念的倾向，包括使用图示、指示与符号。没有必要把“语言本能”作为一种先天的使用语言的倾向（Fetzer，1991，2005；Schoenemann，1999；Dupre，1999）（表 10-2）。

表 10-2　基因进化与文化进化（费策尔）

基因进化	文化进化
（4）影响永久特征	（4′）仅仅影响瞬态特征
（5）基因变化的机制是达尔文主义，包括基因突变、自然选择和有性繁殖……人工选择和基因工程	（5′）模因变化的机制是拉马克式的，包含经典条件、操作条件、模仿他人……逻辑推理和理性批判

241 十五、总结反思

从更广泛的意义上说，像平克、福多、乔姆斯基和麦克费尔这样专注于语言的思想家，都由于把语法视为更基本的东西而错失了机会。说到进化，他们对物种起源有一些大致的了解，但对基因进化和文化进化之间的关键区别却知之甚少。他们的理论在很大程度上独立于“语言来自何处？”这一问题，似乎它们可以作为一种“思想语言”成熟地出现在舞台上，丰富到足以支撑过去、现在或未来的每一种语言中的每一句话，而不必是进化的产物！

然而，这里提出的考虑为其他将这种方法带入新领域的研究提供了一个丰沃的视角。虽然作为符号系统的心智理论澄清并阐明了意识是一种进化现象的观点，但对于无意识和前意识现象的阐述需要进一步的研究（Fetzer，2011）。至少它清楚地表明心理现象是涉及指号使用的符号现象。例如，当生物体暴露于它们缺乏相应概念的刺激时，它们无法将其纳入，而只会保持“前意识”。当它们被这些生物体没有信号的概念所包含时，它们就被限制在私人用途，可以说是“无意识的”。

这提出了一种可能性，即“前意识”与“无意识”的概念最终可能被设想为*意识的相关种类*。弗洛伊德的研究应该在这一背景下贡献很大，因为没有人比他更牢固地掌握了人类心智的复杂性，包括意识、无意识和前意识维度

（Smith，1999）。尽管这里所阐述的符号学概念支持了对意识和认知的有吸引力的解释，这些解释对物种起源具有明显的进化影响，但它对前意识与无意识的影响有待进一步的研究。

心智作为符号系统的理论，为计算机和语言启发的心智模型提供了一个有吸引力的替代方案。它们各自的优势应当在科学理论相对充分性标准的基础上进行评估，包括：①表达它们的语言的清晰性和精确性；②它们各自解释和预测所适用现象的应用范围；③它们各自在适当的观察、测量和实验基础上的经验确认程度；④其应用范围恰好达到的简单性、经济性或优雅性（Fetzer，1981，1993a）。按照这一标准，符号学方法适用于人类、（其他）动物，甚至机器，如果这是可能的，那么它就为理解意识和认知，包括从适当的进化角度看待“难题”的能力，提供了一个更优越的框架。

参 考 文 献 242

Bonner, J. (1980). The evolution of culture in animals. Princeton: Princeton University Press.

Dennett, D. (1996). Kinds of minds. New York: Basic Books.

Donald, M. (1991). Origins of the modern mind. Cambridge, MA: Cambridge University Press.

Dupre, J. (1999). Pinker's how the mind works. Philosophy of Science, 66, 489-493.

Fetzer, J. H. (1981). Scientific knowledge. Dordrecht: D. Reidel Publishing.

Fetzer, J. H. (1984). Philosophical reasoning. In J. Fetzer (Ed.), Principles of philosophical reasoning (pp. 3-21). Totowa: Rowman & Littlefield.

Fetzer, J. H. (1988). Signs and minds: An introduction to the theory of semiotic systems. In J. Fetzer (Ed.), Aspects of artificial intelligence (pp. 133-161). Dordrecht: Kluwer.

Fetzer, J. H. (1989). Language and mentality: Computational, representational, and dispositional conceptions. Behaviorism, 17(1), 21-39.

Fetzer, J. H. (1990). Artificial intelligence: Its scope and limits. Dordrecht: Kluwer.

Fetzer, J. H. (1991). Primitive concepts. In J. H. Fetzer et al. (Eds.), Definitions and definability. Dordrecht: Kluwer.

Fetzer, J. H. (1993a). Philosophy of science. New York: Paragon.

Fetzer, J. H. (1993b). Donald's origins of the modern mind. Philosophical Psychology, 6(3), 339-341.

Fetzer, J. H. (1993c). Evolution needs a modern theory of the mind. The Behavioral and Brain Sciences, 16(4), 759-760.

Fetzer, J. H. (1994). Mental algorithms: Are minds computational systems? Pragmatics and Cognition, 2(1), 1-29.

Fetzer, J. H. (1996). Philosophy and cognitive science (2nd ed.). St. Paul: Paragon.

Fetzer, J. H. (1997). Dennett's kinds of minds. Philosophical Psychology, 10(1) , 113-115.

Fetzer, J. H. (2002a). Evolving consciousness: The very idea! Evolution and Cognition, 8(2),

230-240.

Fetzer, J. H. (2002b). Propensities and frequencies: Inference to the best explanation. Synthese, 132(1-2), 27-61.

Fetzer, J. H. (2002c). Computers and cognition: Why minds are not machines. Dordrecht: Kluwer.

Fetzer, J. H. (2002d). Introduction. In J. H. Fetzer (Ed.), Consciousness evolving (pp. xiii-xix). Amsterdam: John Benjamins Publishing.

Fetzer, J. H. (2005). The evolution of intelligence: Are humans the only animals with minds? Chicago: Open Court.

Fetzer, J. H. (2007). Render unto Darwin: Philosophical aspects of the Christian Right's crusade against science. Chicago: Open Court.

Fetzer, J. H. (2011, January-March). Minds and machines: Limits to simulations of thought and action. International Journal of Signs and Semiotic Systems, 1(1), 39-48.

Harnad, S. (2002). Turing indistinguishability and the blind watchmaker. In J. H. Fetzer (Ed.), Consciousness evolving (pp. 3-18). Amsterdam: John Benjamins Publishing.

MacPhail, E. M. (1998). The evolution of consciousness. New York: Oxford University Press.

Pinker, S. (1994). How the mind works. New York: W. W. Norton.

Pinker, S. (1997). The language instinct. New York: William Morrow.

Schoenemann, P. T. (1999). Syntax as an emergent characteristic of the evolution of semantic complexity. Minds and Machines, 9(3), 309-334.

Slater, P. B. (1985). An introduction to ethology. Cambridge: Cambridge University Press.

Smith, D. L. (1999). Freud's Philosophy of the unconscious. Dordrect: Springer.

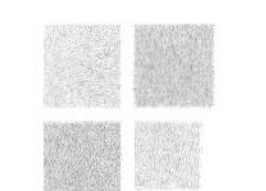

第十一章　心智还是机制：孰先孰后？ 243

蒂德·罗克韦尔[①]

摘要：本章质疑还原论者的假设，即无生命的物质会将自身组合成为复杂的模式，并最终成为活的有意识的生物。没有决定性的理由来质疑皮尔斯的建议，他认为心智首先出现，并且当一个基本有意识的宇宙的各个区域进入决定论的窠巢时，机械的因果关系就会出现。如果我们在定义意识时忽略了一些明显的偶然属性，比如像我们一样的外表和行为，那么某种形式的泛灵论不仅是可能的，而且是合理的。忽视这个可能性，可能会导致我们潜意识地将合理的研究路径排除在外。

一、皮尔斯与道金斯

> 宇宙最初是简单的。要解释一个简单的宇宙是如何开始的已经很困难了。那么，要解释突然涌现的、全副武装的复杂秩序——生命，或者某种能够创造生命的存在，就更难了。达尔文的自然进化理论是令人满意的，因为它向我们展示了一种方式，在其中，简单可以变成复杂，无序的原子可以将自己组合为更复杂的模式，直到它们最终制造出人类。（Dawkins，1976：12）

本章尝试解决“有心生物是如何以及为什么在自然界中存在的？”这一难题。我们可称之为*生源论*的问题，可与*宇宙起源*问题类比，因为后者研究的是宇宙作为一个整体是如何形成的。我想许多其他作者很可能会认为，如果不同意道金斯上述的引文，就不能提出关于生物起源的问题。这个问题似乎预先假
定，很久以前存在着一个由互不相连的物质碎片组成的简单世界，当这些无机 244
世界的碎片以适当的方式组合在一起时，生命就出现了。在这一章，我尝试要做的是质疑这是否是哲学家和科学家应该考虑的唯一可能的生源论。

在上面的引文中，道金斯假定，复杂性出现的唯一方式是“无序的原子可

---

① 蒂德·罗克韦尔（Teed Rockwell），美国索诺马州立大学哲学系，电子邮件：teedrockwell@gmail.com。

以将自己组合为更复杂的模式”。然而，一旦我们接受了这一假设，“突然涌现的、全副武装的复杂秩序”就不是不可能的了。它是不可能的和自相矛盾的，因为它违反了使科学成为可能的形而上学假设（至少道金斯是这么认为的）。事情似乎只有在没有被完全理解时才会“突然涌现”。理解一个过程就是将这些“突然”的过程分解成离散的、可理解的步骤。这一点在下面的引文中更加明显：

> ……等级还原论者认为，汽车是用更小单元来解释的，这些单元又可以用更小的单元来解释，而这些更小单元最终又可以用最小的基本粒子来解释。从这个意义上讲，还原论只是对理解事物如何运作的真诚愿望的另一个名称。（Dawkins，1986：13）

换句话说，如果你不试图通过把事物分解为更小的部分来解释，你根本就没有试图解释它们，因为这是理解事物如何运作的唯一诚实的方式。

然而，我们不需要从科学方法的这一事实中对实在做出还原论推论。毕竟，人们可以使用一条完美的直线的概念作为一个理想化标准，而不相信在自然界存在着任何完美的直线。人们同样可以在科学研究中使用分析技巧，而不相信使用这些技巧可以发现最终的基本粒子。对于我们的问题来说，更重要的是，实在可以被分割成具有因果意义的部分，这一事实并不一定意味着实在是由这些部分组合而成的。查尔斯·皮尔斯的形而上学提供了还原论的一个替代方案，他接受了两个原则，称之为*连续论*和*偶成论*。

连续论接受“涉及真正连续性的假设的必要性”（*Dictionary of Philosophy and Psychology*，vol.2，Peirce，1931/1958a：6.160，1902）①。连续论和还原论间的重要差异是，后者认为存在着唯一的划分世界的方式，从而显示出其最基本的因果关系。对连续论而言，最终的实在不是一堆碎片的总和，而是一个真正连续的过程，该过程能够以各种在科学上有用的方式来划分，但没有哪一种方式是最终极的物理现实。偶成论是“这样一种学说，其中绝对偶然性是这个世界的一个因素”（Peirce，1931/1958a：6.201）。对皮尔斯而言，这种偶然性并没有产生混沌，而是“某种程度上有规律的自发性”（Peirce，1958b：178）。
245 宇宙中的规律性并非来自机械的因果相关性，而是来自这种形成“习惯”的自发力的倾向（Peirce，1958b：177）。

请注意，皮尔斯形而上学的这两个原则颠倒了上述道金斯引文中的本体论

① 在这一段落中，皮尔斯只是谈到经验中观念的心理连续性。然而，在皮尔斯（Peirce，1892：480）的整篇论文中，也非常赞同将这些观点应用到外部世界。

优先级。①对皮尔斯而言，复杂系统不是由粒子组成的。相反，宏观物体和微观粒子都是一个基本连续的实在流动中的瞬间。还原论者认为存在着一些基本粒子，它们拥有所有的因果力。连续论的“真正连续性”意味着宇宙中最小的粒子并不比中等大小的物体拥有更多或更少的因果力。因果力存在于过程中，而不是粒子中，因此任何形式的过程，都可以拥有自己的因果力。在其他实在价值差异中，这使得自由意志成为可能（尽管不是必要的），因为这意味着我们的信念和欲望可以控制我们的神经元，而不是相反（见 Rockwell，2008）。②对于道金斯式的还原论来说，不可预测性是我们无知的一个函数，因为在现实中，所有事件都受到必然的决定论法则的支配。对于皮尔斯而言，自发性是某种程度上有规律的力的函数。虽然皮尔斯经常使用“偶然性”和“自发性”来描述这些力，但重要的是要记住，皮尔斯的偶成论明显不同于控制抛扔硬币的机械规律。在皮尔斯看来，自发性不是混乱或随机的，而是一种与意识行为体所拥有的自由相似的自由：

> 偶成论必然会产生一种宇宙演化论，其中自然与心智的一切规律都被认为是成长的产物，而且必然会产生一种谢林式的唯心主义，这种唯心主义认为物质仅仅是特殊化的和部分麻木的心智（“The Law of Mind”，Peirce，1940：339）。

皮尔斯因此认为，生命物质在本体论上先于机制，因为后者是在自发成长的物质进入决定论的模式时出现的。对于还原论者而言，自发性只不过是非常复杂的机制。皮尔斯认为，机制是被简化的和僵化的自发性。这一立场可以用许多具有单一前缀的各种术语来描述：泛神论（pantheism）、超泛神论（panentheism）和泛灵论（panpsychism）。这三个术语都暗示，宇宙中存在某种意义上有意识的宏观模式。这三种观点都反对道金斯的“盲眼钟表匠”神学，该理论认为宇宙中唯一的意识实体是拥有最大大脑的中等大小的生物[①]。道金斯更广泛地将泛神论定义为“宇宙法则的隐喻的或诗意的代名词”，这使得他能够说“泛神论是被美化了的无神论”（Dawkins，2006：40）。也许有些泛 246
神论者就是以这种方式定义这个术语的，但我关注的是拒绝道金斯这一说法的版本：

① 许多人，特别是道金斯本人，并不认为道金斯的盲眼钟表匠理论是一种神学。道金斯甚至曾说神学根本就没有主题。这是一个重要的错误。它制造了一种假象，即道金斯的立场只是否认，而不是断言关于世界的一个事实，这反过来又给人一种错误的印象，即他的神学比其竞争对手更吝啬。这种假设忽视了这样的事实，即一门学科的边界不是由它给出的答案决定的，而是由它提出的问题决定的。这就是为什么托勒密和哥白尼的天文学说都是天文学的形式，尽管对同样的问题它们给出了有很大差异的答案。出于同样的原因，盲眼钟表匠理论与加尔文主义神学都是神学，虽然它们提出了同样的问题，却给出了截然不同的答案。

自然选择……在心智上没有目的。它没有心智，也没有心智之眼。它不为将来做计划。它没有眼光，没有远见，甚至根本没有视力。如果说它在自然界中扮演了一个钟表匠的角色，那么它就是盲眼钟表匠。（Dawkins，1986：5）

我所要捍卫的泛神论/超泛神论/泛灵论的形式是相对谨慎的（至少对于神学而言）。我只是主张，没有理由否认至少有一种其他宏观模式的存在，它可以被合理地描述为有意识的或有意向的——某种比我们更大的东西，而它确实会制订计划并为某种未来而奋斗。由于泛灵论对这些模式的本质提出了很少的要求（即不承诺它们无所不知、无所不在、完美等），而我想要捍卫尽可能小的领土，这是我将用来标记我的由皮尔斯启发的立场的术语。

二、泛灵论的定义和辩护

泛灵论很容易与一些密切相关的稻草人谬误相混淆。*活力论*就是其中之一，该理论认为物理科学不能解释生物的行为，因此生物学需要不能被还原为物理学的原理。我所捍卫的泛灵论与活力论完全相反，因为它认为物理学与生物科学的主题从根本上都受同一原则的支配。活力论是二元论的一种形式，它像大多数二元论一样，是那些基于我们知识鸿沟的论点所支持的。就像大多数这种论点一样，当这些鸿沟被科学进步所填补时，它就被击败了。我的泛灵论和唯物主义一样，是一元论的一种形式，因此不受这些对活力论的批评的影响。

泛灵论有时也被误解为这样一种信念，即宇宙中的每一个个体都有意识，每一棵树木、每一块岩石甚至每一台烤面包机都有意识。我在 2005 年罗克韦尔（Rockwell，2005）的第 103 页上抨击了这种稻草人版的泛灵论。更复杂的泛灵论认为，我们生活在有生命和无生命的世界中。这种泛灵论与还原论是一致的，因为它同意我们不能将某些时空区域指定为纯粹的意识。宇宙中每一个有意识的部分都可以被彻底地划分为机械的部分。拥有意识的并不是我们细胞中的化学物质，而是在这些化学物质之上的某种模式。当神经递质与结构适当的神经系统中的神经细胞发生化学反应时，它们可以在一定程度上体现思想和情绪，但神经递质本身并不思考或感受任何东西。泛灵论与还原论的不同之处在于，
247 即使那些并未被现代生物学家研究的宇宙部分，也很可能是一个更大的意识系统的一部分，正如我们体内的化学物质是更大的意识系统的部分一样。查尔斯·哈特肖恩（Charles Hartshorne）这样写道：

沙堆作为整体而言是松散的。它的各个部分没有为沙堆提供可想象的统一

的目的。但这并不意味着它们没有统一的目的。沙堆没有行为*的*统一性，但*在*沙堆*中*存在着统一的行为[①]，这种统一性遍及于沙粒，但指称的是一个比沙堆更大的整体。（Hartshorne，1962：204-205）

约西亚·罗伊斯（Josiah Royce）同样断言："我不认为任何单独的事物，比如这所房子或那边的桌子是有意识的存在，我只是说它是一个有意识过程的一部分。"（Royce，1901：233）泛灵论者经常通过说沙堆或桌子只是一个*聚合体*，而不是一个*系统*来表达这种区别。当然，很多我们认为仅仅是聚合体的东西实际上可能是整体意识系统的一部分。这些系统对我们来说可能是不可见的，但正如罗伊斯所指出的，没有理由认为它们应当是可见的。如果它们存在，它们可能出现在我们看不到的时间和空间尺度上。"我认为这个（意识）过程在无机自然界进行得非常缓慢，比如在星云中，但在我们每个人身上却非常快。但同时，我不认为速度慢就意味着一种较低类型的意识。"（Royce，1901：227）这种假设可能与科学告诉我们的相符，但我们有什么积极的理由来接受它呢？罗伊斯用一场激烈的网球比赛的进攻性截击对这一异议做出了回应：

与此同时，我坚持认为，在任何地方都找不到任何实证来确定是否存在死的物质实体。在无机自然界中我们所发现的过程，其时间速率比我们意识所适应的阅读或欣赏的过程要更慢或更快。（Royce，1901：204）

我倾向于认为罗伊斯在这里说得有道理。我们知道自己既是有意识的，又是可分解的机械部件。我们知道还存在其他事物（岩石、沙子等）也可以分解成机械部件。但这些物体拥有我们称之为机械无意识的额外奇怪特征的理由是什么呢？我们的语言结构使我们有偏见地认为，当我们把一个特定的系统描述为无意识时，我们是在否认，而不是断言某物的存在。但我们不应忽视这样一个事实，即有意识和无意识的主张同样是推测性的。如果有意识的生物可以被分解为机械部分，那么岩石同样可以被分解的事实并没有告诉我们它们的心智状态或缺乏心智的状态。我们有确切的证据表明，无论何时我们对血液样本进行化学分析，无意识的部分都可以是意识系统的组成部分。然而，我们没有证据表明存在任何无意识的物体只参与无意识系统。我甚至无法想象这种证据会是什么样子。

盲眼钟表匠论证在结构上有一种谬误的形式，被称为肯定结果。 248

① 我不喜欢"*在沙堆中*"这个短语，因为它与哈特肖恩对"更大的整体"的更准确的引用相冲突，后者才是意识的真正决定因素。

如果有机生命是由一种无心的机制创造出来的，那么这个过程就可还原为一个由因果互动的组件所组成的系统。

创造有机生命的过程可以还原为一个由因果互动的组件所组成的系统。

因此，有机生命是由无心的机制创造出来的。

这种论证还包含了自然神论的基本假设，即宇宙的机械可理解性证明了上帝不存在于其中。自然神论与无神论之间的唯一区别是，自然神论利用这个假设将上帝提升到更高的位置，而不是完全地消除他。自然神论与无神论都与我们对神学问题的广泛无知相兼容，但这种论点并没有为任何一个立场提供合理的支撑。如果我们试图通过颠倒第一个前提中前两个命题的顺序来使论证有效，那么第一个前提就不再为真。下面是相反的版本，省略了将其适用于生命起源的量词。

如果一个过程可以还原为由因果互动的组件所组成的系统，那它一定是无心的。

我们不能仅仅因为一个系统可以被分解为无意识的部分就假设它是无意识的，因为我们自身就是可以被分解为无意识部分的有意识的系统。

三、当代泛灵论

罗伊斯和哈特肖恩并不是泛灵论的唯一辩护者，斯克比纳（Skrbina，2005）揭示出，大多数拒绝泛灵论的哲学家在这样做之前都认真考虑过它。在19世纪，泛灵论可以说处于主导地位。泛灵论最近几年也经历了复苏（Rosenberg，2005；Seager，2004；Strawson，2006；Skrbina，2009）。虽然我的结论与许多21世纪的泛灵论者相似，但我不会依赖于它们的核心论点，即：

（1）科学告诉我们，世界从根本上说是由不同的微小粒子组成的。

（2）主观经验不能从这些粒子中产生。

（3）唯物主义不能说明查尔默斯和莱文所说的“解释鸿沟”，比如巧克力的化学结构与巧克力的味道之间的鸿沟。

（4）我们必须得出结论，亚原子粒子拥有一种原意识，它为遍布宇宙的意识提供了基础。

我不会在本章中使用这些论点，因为：

（A）我拒绝前提（1），因为像皮尔斯一样，我认为宇宙本质上是一个过程，它把自身塑造成不同大小的项，其中没有一个项比其他项更具因果性。
基本粒子是不存在的，因为连续论所描述的连续过程比这一过程呈现的任何 249
粒子形式都更为基本。大的物体不仅仅是叠加在小的粒子上的抽象模式，也不是从这些粒子中获得因果力。亚原子粒子是真实存在的，但更大的物体也同样是真实存在的。因此，前提（2）中假定的整个涌现问题并没有发生（见 Rockwell，2008）。

（B）我拒绝前提（3），因为我认为存在着其他同样有效的方式来说明解释鸿沟（见 Rockwell，2005：118-133）。因此，我在本章中的论点将以不依赖于所谓的解释鸿沟的存在的方式来定义意识。

四、世界中的意识

你不必是一个二元论哲学家，也会知道我们一直在区分有意识的和无意识的存在。这种天生的直觉能力对于我们大多数的日常社会交往来说是足够可靠的，并且至少可以作为意识科学研究的起点。我们知道*智人*是有意识的，而岩石则没有。我们还知道，青蛙比海蛞蝓更有意识。是什么概念使这些判断成为可能？与二元论者和诸如查尔默斯和麦金这样的神秘主义者所讨论的意识不同，我们在这里要考虑的意识是主体间性的。事实上，正是这个概念使主体间性成为可能。它完全是根据行为来定义的，而不是笛卡儿式的“只有我能感受到的神秘光芒”。这并不意味着意识可以简化为一系列的个体行为，比如刺激－反应联系。我们把意识归因于生物行为的总体模式，当你把行为分解成离散的步骤时，这种模式是无法察觉的。我们判断一个物体是有意识的，因为这是对其整体行为的最佳理论解释，正如电子的存在是对宏观无生命物体行为的最佳解释一样。关于哪些事物是有意识的判断通常是不完美的，除非我们有做出这种判断的概念，否则我们就无法在社会世界中生存（事实上，我们根本就不会有社会世界）。我的目标是解释这些概念，看看我们是否可以用它们来判断泛灵论和道金斯的无神论还原论的相对合理性。

查尔默斯不认为这些识别意识的行为准则是他所谓的难题的一部分。然而，这种行为问题有其自身强大而独特的挑战。这里我并不是指那些老旧的怀疑抱怨，即这个过程有时会被机器人、泰迪熊和一些不存在但可能存在的复杂装置所愚弄。这不仅仅是因为我们并不总是知道*谁*是有意识的。我们也不知道我们*如何*知道谁是有意识的。我们本能地做出这些判断，但并没有真正地理解
其中的推论。这就是为什么第一个确定意识是否存在的重大科学尝试——图灵 250

测试——只是一个民意测验，并没有试图解释被调查者的决策过程。这也是为什么我们很难重新装备我们的自然意识探测仪来回答它本不该回答的问题。当我们从自身来推断其他中等大小的生物时，我们可能有一些成功的机会。然而，我们没有理由相信这些本能能够可靠地对一个发生了数百万年的进化过程进行分类，而我们只能观察到其中很小的一部分。神学上没有与图灵测试相对应的东西可以应用于千百年之久的自然过程来确定它们是否有意识。

我们对生物历史的近距离观察并不会限制我们观察和分类机械过程的能力。相反，这正是机械思维的分析工具发挥最大作用的地方。然而，我们的目标与意图对这种探究是不可见的，因为它们是一个更大的系统的高级属性。如果你把一个有目的的有机体分析成神经放电和肌肉收缩，你就看不到它的目的。但这并不能证明我们没有目标和意图，正如椅子是由分子构成的事实不能证明它们不是真正的椅子，或牛津大学是由建筑物和人组成的事实不能证明牛津大学不存在。这是吉尔伯特·赖尔（Gilbert Ryle）对还原论与二元论的回答，它既适用于神学，也适用于心灵哲学。

然而，虽然我可能正在尝试一项注定失败的事业，但我还是要尝试概述一些我们用来区分意识和无意识存在的基本原则。我的目标是在一个抽象的层面上表达这些原则，希望能使它们适用于区分泛灵论者和还原论无神论者的形而上学和神学争论。大多数时候，我们通过意识存在的偶然属性而不是本质属性来区分有意识的存在和无意识的存在。如果我在讲课时看着满屋子的学生，我会假设教室里那些最像*智人*的东西是有意识的，而那些不像智人的东西（课桌、灯具等）是没有意识的。即使在学生和课桌的行为之间没有太大差异的时候（比如星期一早晨），我也会做这种假设。这种假设是合理的，因为我们有一组观察谓词，使我们能够识别那些属于正常意识的物种的个体（有五个指头的四肢，其中两个通常被鞋子覆盖，等等）。然而，当我们试图对意识有疑问的整个实体范畴（如青蛙、火星人或星系）做出判断时，这些假设就不起作用了。相反，我们需要指定一些普遍的原则，使我们能够在直觉和/或偏见无法依赖的情况下证明我们的判断是正确的。我们该如何开始探索如此陌生的哲学领域呢？

我们可能把这个问题说反了。或许我们的基本预设是世界充满了人，我们需要问的问题是“我们如何能够把人与机械无意识的物体区分开？”我所说的
251 基本，并不是指基础的。我并不是说我们对人的感知比我们对机械的感知更直接，也不是说这证明人比机械更加真实。相反，正因为人在我们的认知次序中是优先的，所以他们在存在次序中是次要的。我认为这就是塞拉斯所说的“人在世界上的原始形象”是“所有物体都是人的框架”（Sellars，1963：10）。朱迪亚·珀尔（Judea Pearl）也提出了类似的观点：

> 在古代世界中，因果力的代言人要么是神，要么是拥有自由意志的人和动物……当必须建造机器来做有用的工作时，就需要由许多滑轮和轮子组成的系统，它们相互驱动。……一旦人们开始建立多层次的系统……*物理客体就开始获得因果特征*。（Pearl，2009：403，斜体是原文所加）

科学和工程的发展使人们发现，在我们的世界上，有一些东西在两个截然相反的方面与我们人类不同：

行为完全可预测的东西是非人类。我们不相信昆虫有人格，是因为它们的行为比脊椎动物的行为更可预测。它们的行为是出于本能，这意味着当你把它们的行为从进化设计的环境中拿出来时，即使没有达到目标，它们也会继续这种行为，而不是自发地适应新的环境。如果我们发现昆虫的行为并不是如此僵硬和不灵活，我们就不会那么愿意否认昆虫是人了。我们更加确信发条玩具不是人，因为它们比昆虫的适应性更差，而且更容易预测。出于同样的原因，我们还更确信岩石不是人。我们最确信的是，我们制造的机器是没有意识的，因为它们被设计成完全可预测的方式来满足我们的欲望和目的。当它们开始失去这种可预测性时，我们就会倾向于把有意识的人格归于它们。这就是为什么我们会咒骂那些拒绝启动的汽车和死机的计算机。这是斯库珀·尼斯克（Scoop Nisker）的评论中的一个笑话：智能炸弹就是那种拒绝爆炸的炸弹。

行为完全不可预测的东西是非人类。我们不愿意把人格赋予完全随机和混乱的客体或状态。休谟反对自由意志的论点正是基于这种直觉。通过将自由意志与混沌联系起来，他为兼容主义的立场创造了一个强有力的例子，即自由意志与使我们成为有意识的人类的原因无关。我们会认为一个人疯了，因为她的行为变得更加混乱，失去了意识。完全混乱的行为表明意识的完全缺失。这就是为什么我们永远不会把意识归于诸如三把勺子、一支铅笔和一杯咖啡等物品的随机集合。如果根本没有将一组东西连接在一起的系统的一致性，我们就认为这些东西并不能构成一个有意识的存在。

因此，意识是我们赋予那些介于可理解和不可理解之间的模糊地带的事物的一种属性。它们的行为是可预测的，但只能以粗略的定性方式，而不是精确的定量方式。这就是丹尼特描述的意向立场和物理立场之间的关系：我们在有 252
意识的意向系统中发现的模式可以描述系统行为的大致轮廓，但不能预测准确的细节：

> 众所周知，意向策略无法预测股票交易员的确切买卖决定，也无法预测政治家在预定演讲时要说的话的确切顺序。但对于不那么具体的预测，人们会有很大

> 的信心：比如某个交易员*今天不会买入公共事业公司的股票*，或者某位政治家会*站在工会一边反对自己的政党*。（Haugeland，1997：67，斜体是原文所加）
>
> 有一些施加给自身的模式，虽然并不是不可阻挡的，但是充满了活力，吸收了可能被认为是随机的物理扰动和变化；这些是我们根据理性主体的信仰、欲望和意图来描述的模式。（Haugeland，1997：70）

位于因果的模糊地带是意识系统的必要特征，但我认为这是不够的。我们还需要补充：

有意识存在的行为是通过最终因而不是动力因来解释的。“动力因”是亚里士多德的术语，我称之为机械因。机械因通过指称之前发生的其他事件来解释事件。岩石现在从山上滚落下来是因为几秒钟之前我踢了它。最终因是通过指称之后发生的事件来解释事件的，比如我的学生来上课是因为他们想毕业。这些最终因也被称为目标和意图，任何完全缺乏目的和意图的生物都不会被认为是有意识的。

这三个特征似乎既抽象到足以避免偏狭的偏见，又具体到足以解释我们关于心智的常识观念。我认为它们可以成为一种心智理论的基础，使泛灵论变得可信，甚至变得（至少在原则上）可检验。

五、意识、可预测性和奇异吸引子

让我们首先考虑可预测性的问题。在自然界中，除了脑容量大的动物之外，还存在什么东西占据着决定论和随机性之间的模糊地带吗？丹尼特所谓的意向系统的软预测性，能否以新的正当方式被量化？我认为可以。在非线性混沌系统中存在一种被称为*奇异吸引子*的动态模式非常符合这一描述。奇异吸引子在某些可以口头描述的区域内变化（比如，当被映射到笛卡儿坐标系时，这一系统的变化形成了一个环面或一个三翼蝴蝶图案）。但是，通向这些区域的精确路径并不重复，即使它是数学上可预测的。因此，它不能用几何术语准确地描述，虽然人可以描述它所经过的状态空间的一般轮廓。波特与范·格尔德这样描述这种情况：即使一个包含混沌模式的系统是不可预测的，它也不是不可预
253 测的（Port & van Gelder，1995：576）。戴维·斯克比纳认为，在意识与那些包含这种奇异吸引子的系统之间存在着一种关系：

> 大脑就像所有的动态系统一样——在细节上是混沌和不可预测的。这至少符合我们对人类思想和人类行为的常识观点。思想和行为的细节是不可预测

的……然而，我们知道，在某种意义上，思想和行为是可预测的，这是通过人类人格的概念来实现的。人格是一个准稳态的实体。对于人而言，它代表了典型和预期行为的范围。对于大多数人来说，除非受伤或受到严重的干扰，它往往会随时间的推移而保持一致，通常从童年到老年。

个性的概念与奇异吸引子的概念非常相似。回顾一下洛伦茨吸引子：一种一致的、可识别的、半稳定的模式，它在模糊意义上确定了系统可能状态的界限。如果把大脑看作一个混沌系统，伴随着相空间中的准吸引子模式，那么人格就可以被认为是一个逻辑的和必要的结果。……那么,人为什么会有人格呢？答案好像是相同的：为什么真正的混沌系统在相空间中遵循准吸引子模式？（Skrbina，2001：105-106）

沃尔特·弗里曼（Walter Freeman）等研究人员的非线性神经动力学（nonlinear neurodynamics）提供的证据表明：大脑的认知功能最好被理解为具有奇异吸引子的系统的波动（见 Rockwell，2005：chap. 9）。如果这一（公认有争议性的）大脑功能理论被证明是正确的，这就意味着任何由足够相似的动态原理运行的系统在某种意义上都被认为是有意识的，即使它不包含神经元。这源于人工智能的基本假设：有可能用蛋白质以外的东西制造出会思考的机器，比如硅或星系。当代人工智能的成功（或缺乏成功）在这里无关紧要。人工智能的基本假设是自然主义的本质含义，即拒绝“神秘肉身”这种能够产生意识的可能性。脑容量大的生物有意识，是因为它们的神经系统中体现的模式等，而不是由于肉身本身神秘地潜伏着任何内在的特征。偶然的可能性是，动物原生质是唯一能够体现这种模式的物质基础。但我们没有理由相信这是真的，这就是为什么泛灵论和人工智能都是值得被认真对待的可能性。没有理由否认一个复杂的系统具有意识，仅仅因为它看起来不像我们，不说我们的语言或者在我们能够理解的时间范围内波动，即使是一个银河系大小的系统。

我们现在并没有充分的证据来确定哪些宏观模式是有意识的或仅仅是机械的。除非这种证据被发现，或如果从未被发现，泛灵论者仍然可以合理地反对道金斯的盲眼钟表匠神学让我们否认这种模式曾经存在的要求。这种否认是错误的。即使这些模式并不是实际存在的，它们在逻辑上和物理上也是可能的。科学告诉我们，稳定的物理系统要么是机械决定论的，要么具有奇异吸引子的准稳定性。如果我对意识系统的分类标准是正确的，盲眼钟表匠神学要求我们选择第一种，但并没有给我们这样做的合理理由。

254
六、机械与最终因果性

盲眼钟表匠神学的大部分合理性来自这样一个事实，即亚里士多德所谓的最终因在今天看来似乎是幼稚的迷信。道金斯的开篇引语不仅暗示了实在被划分为基本的部分，而且还暗示了这些部分是由一条链条连接起来的，因果力通过这条链条从过去传播到未来。一个原因会从未来回到过去的观点似乎是不可思议且荒谬的。这就是道金斯主张的合理性所在，即“自然选择…在头脑中并无目的……它没有为未来做计划”（Rockwell，2005：chap. 9）。进化论在原则上可以完全用机械原因来解释生命的起源，而且机械原因的定义不使用基于人的最终因的本体论。因此，无神论似乎必然是正确的。进化论现在不能用机械原因解释的任何现象，原则上将来都可以解释。像智能设计论这样的“缝隙之神”（God of the Gaps）理论是伪科学，因为它们拒绝这个必然真理。

然而，智能设计论的不一致性并不意味着无神论的真理性。正如我早先提到的，盲眼钟表匠论点的缺陷在于它暗示我们自身没有意识。所有的系统，无论是有意识的还是无意识的，原则上都可被分解为机械原因，包括那些（像我们一样）确实有目标和意图的系统。缺乏差距并不能证明一个系统是否有目的。然而，另一个问题是，在最终因和机械因之间的这种区别并不适用于动态系统科学。这种系统的每个部分都可以被理解为过去-驱动的原因，但作为一个整体的系统则不然。复杂的动态系统包含被称为吸引子空间的反馈循环，像所有循环一样，既没有起点也没有终点。因此，过去的原因和未来的原因之间的区别并不适用于它们。我们确实把某些循环系统称为机械的，比如滴答作响的时钟。这是因为它们所遵循的循环是简单而反复的。然而，如果一个循环足够复杂，以至于它只能通过一个奇异吸引子或奇异吸引子系统来描述，那么它很可能是一个能体现目的性活动的系统。我们可能会犹豫是否将一些奇异吸引子系统描述为有意识的或有目的的，比如瀑布或龙卷风。尽管这些想法在科学史中的这一刻是有问题的，但它们不应该被当作荒诞不经的思想而被抛弃。在有生命和无生命的本体论边界上有许多居住者，比如病毒和晶体。随着我们对构成意识的动态模式有了更好的理解，我们将不可避免地重塑意识和无意识之间的边界，瀑布很可能在这些新的边界上占据类似的位置。

这种奇异吸引子系统的目的对我们来说可能是不可理解的，但这并不意味着这些目的不存在。只要吸引子包含了一个不稳定和再稳定的循环，而且这个循环本身也在向某种其他类型的亚稳定状态螺旋前进，就没有理由不使用诸如“奋斗”、“实现”和“满足条件”等术语来描述这一循环。我们可能认为某些
255 类型的稳定性不值得争取，但这无关紧要。我发现从冰上钓鱼和斗鸡中获得的

满足感是令人难以理解的，但我并不能由此推断从事这些活动的人是没有意识的。这些例子与其他较少以人类为中心的奇异吸引子之间的唯一区别是，我们所有人都有一些有限的能力来体谅前者。但这只是程度上的差异，而且我们追求的具体事物显然不是意识的基本特征。唯一的本质属性是这一系统正在努力维持某种状态。系统最终会进入哪种状态取决于系统的好恶。

七、皮尔斯和宇宙大爆炸

另一种可能的异议是，这些复杂动态系统中的循环本身就是它们过去机械原因的结果。但这一论证的两个前提都是错误的。即使是对的，根据盲人钟表匠神学，对我们来说也同样如此，这并不妨碍我们有意识。此外，现代物理学有一些合理解释，让我们有理由相信它是不正确的。根据我所理解的大爆炸理论，宇宙的模式不是由一堆原子拼凑而成的。相反，原子以及支配原子的规律是在大爆炸后的混沌中出现的：

> 即使在宇宙大爆炸之前存在着事件，人们也不能用它们来确定大爆炸之后发生的事情，因为可预测性会随着大爆炸而失效。相应地，如果我们只知道大爆炸之后发生的事情，我们就不能确定之前发生的事情。就我们所关注的而言，大爆炸之前的事情没有后果，因此它们不应该构成宇宙科学模型的一部分。（Hawking，1988：49）

我不愿从霍金的《时间简史》这样的科普读物中做出广泛的形而上学推论。然而，上述的引文似乎暗示了某种类似皮尔斯的说法，即宇宙始于混沌，当混沌变成自发性时，决定论规律就出现了，自发性又变成了机械习惯。如果霍金的科学解释是正确的，这就意味着机制是从意识中产生的，而不是相反。大爆炸之前的时间是一个完全随机的时期，根本不存在任何可预测性，宇宙在大爆炸之后变得更可预测，直到它最终遵守物理规律。在这一过程中产生的中间混沌系统当然有可能包含应该被归类为意识的奇异吸引子系统。如果我对意识的定义是正确的，那么在某种意义上，那些介于随机性与决定论之间的系统就可能是有意识的，因此意识应当在机械决定论之前就存在了。

也没有理由假设这种宏观的意识曾经消失。我们的意识系统总是有习惯性
的部分，它们按照机械规律行事。这样的系统越大，对小型生物来说就越难以
看到除了它们的机械子系统之外的任何东西。如果有质子大小的理性科学家正 256
在用道金斯的方法来研究我们，他们同样会相信我们没有意识。这就是为什么

道金斯的假设存在误导性的程序暗示，即生源论的难题必须被框定为“无序的原子如何将自身组合成更复杂的模式，直到它们最终制造出人类？”或许这个问题可更好地表达为“宏大的自发系统是如何分裂为中等大小的有目的主体的，这些主体现在与机械决定的环境相互作用吗？”①

这两种不同的问题表达方式之间存在着任何价值差异吗？现在下结论还为时过早。然而，我认为记住这两种描述可能会产生更多的研究路径，并增加我们找到这一难题或这些难题的最佳解决方案的机会。沃尔特·弗里曼曾说过，试图通过研究神经元来理解心智，就像试图通过研究水分子的结构来理解雷暴一样（个体交流）。在我看来，试图从无序原子将自己组合成模式的角度来理解生命的出现，同样是狭窄的。我们至少应该考虑原子聚集一起的可能方式，而不是假设所有的因果力都储存在原子内部。如果这是最好的描述，那我们就接近于认为这些模式的行为可能有原因和目的，而不仅仅有原因。说微观粒子有原因和目的是荒谬的，但把这些特征归因于宏观模式就不那么荒谬了。毕竟，我们就是有理性和目的的宏观模式。大爆炸理论在皮尔斯时代并不存在，因此他没有机会用它来为自己辩护。然而，我们不能排除这样一种可能性，即大爆炸理论或任何后继理论，在关于意识或机械哪个先出现的问题上，可以证明皮尔斯是正确的，而盲眼钟表匠理论是错误的。

八、现代宇宙中的奇异吸引子

我们还应该避免自然神论的错误，即从庞大的宇宙目前已经陷入的类似规则的习惯的可预测性中推断出无意识。如果我们在今天的宇宙中发现了两个相互作用的系统，其中一个系统以某种方式撞击另一个系统，从而创建围绕着一个足够复杂的奇异吸引子中心系统的确定性因果网络，我们可以合理地将奇异吸引子的内部系统描述为一个心智，将外部确定性系统描述为该心智的环境。
257 科学与技术之所以成为可能，是因为我们有能力在实验室和/或机器内部创造封闭系统。在这些封闭系统的语境中存在着机械因。我们每触发一个原因，结果就会紧随其后。原则上，宇宙中没有任何部分不受还原分析的影响，而还原分

① 即使他没有对形而上学或宇宙起源做出具体的评论，我相信珀尔关于因果律的新数学公式强有力地支持了这一问题的框架。珀尔说到原因导致结果的机械因果关系，只有当一个系统与另一个系统相互作用之时才会发生。虽然他的理论原则上可以适应两个机械系统相互作用的情况，但他的大多数例子都涉及有目的的主体，其行为产生了一套机械的因果律。这就是他把自己的因果关系数学称为“行为代数”（Algebra of Doing）的原因之一。

析使这种力量成为可能。但仅仅因为宇宙的*每*一部分都可被还原为一系列机械因，并不意味着整个宇宙都是如此可还原的。还原论唯物主义者认为，如果我们有一个足够大的实验室，我们就完全可以机械地解释有机系统和非有机系统，这是一种信念。

我不能证明这是错误的，但我认为没有理由分享这一信条。因为我找不到任何理由否认意识存在于包含奇异吸引子的足够复杂的动态系统中，而且因为没有理由相信我们是宇宙中唯一的这种系统，泛灵论似乎是一个真正可行的选择。我们可能没有太多的理由相信*泛灵论*，即声称宇宙中的一切都有一个单一的意识。然而，正如我之前提到的，我的泛灵论占据了泛神论和无神还原论之间的中间地带。在我看来，泛神论是可能的，但更谨慎的立场是我们可称之为多神论的泛神论，也就是说，相信宇宙中至少有一个意识的宏观模式，但不一定最多只有一种意识模式。

在实验室之外，科学家们必须依靠观察而不是实验，我们发现复杂的动态系统以这样一种方式相互循环，从而消除了目的原因和机械原因之间的区别。天气的形成、经济的繁荣和萧条、星系和太阳系的行为，似乎都是带有奇异吸引子的概率系统，它们的行为只能定性地预测，而不能定量地预测。我是在说雷雨和经济萧条是有意识的吗？这似乎不太可能，但这种表面上的不可信并没有告诉我们这些现象是否是一个更大的意识系统的一部分。我们的肝脏可能没有意识，但像所有的生物组织一样，它们具有准混沌稳定性，这使得它们能够参与意识系统。这种相对的不稳定性就是为什么实验室生物学从来没有达到实验室物理学的可复制性。皮尔斯甚至在 1892 年就意识到了这一点，当时他认为“原生质处于十分不稳定的状态”（Peirce，1892：348）。他还认为，原生质占据了混沌和决定论之间的模糊地带，他称之为“不稳定平衡”（Peirce，1892：348），这是他主张“原生质有感觉”的主要原因（Peirce，1892：343）。

有些非有机的宏观系统似乎具有类似的半稳定性，我认为这使得它们成为意识系统组成部分的合理候选者。诚然，我们还没有一套复杂的原理可以用纯粹的动态术语来解释有意识的行为。这样的理论不会依赖于偶然特征，比如微笑和挥手的能力，或拥有神经元，而是依赖于任何有意识存在的真正基本的特征，而不管它是什么样子或由什么构成的。我的简短的属性列表并没有提供这样一种理论，就像德谟克利特没有给我们提供牛顿物理学一样。我使用了像“足
够复杂”这样模糊的限定词来表明我们最终可能是如何区别意识和无意识的动 258
态系统的。只有在神经动力学和动力系统研究的其他分支之间进行仔细的跨学科交流，才能解释这种意识理论需要解决的难题。我希望能认识到这样一种理论是可能的，并将为以下问题提供有价值的理由：道金斯式的还原论是否为“有

机心智是如何以及为什么在自然界中存在”这一问题的所有合理的可能答案提供了外部的边界？或许它来自无机的心思，而非无心的机制。

参 考 文 献

Clark, D. (2004). Panpsychism: Past and recent selected readings. Albany: State University of New York Press University Press.

Dawkins, R. (1976). The selfish gene. Oxford: Oxford.

Dawkins, R. (1986). The blind watchmaker. New York: Norton.

Dawkins, R. (2006). The God delusion. Boston: Houghton Miflin.

Dennett, D. (1979). True believers: The intentional, strategy and why it works. (Reprinted in Mind Design II, by J. Haugeland, Ed., 1997, Cambridge, MA: MIT Press) .

Hartshorne, C. (1962). The logic of perfection. Lasalle: Open Court.

Haugeland, J. (Ed.). (1997). Mind design II. Cambridge, MA: MIT Press.

Hawking, S. (1988). A brief history of time. New York, NY: Bantam Books

Pearl, J. (2009). Causality: Models, reasoning and inference. Cambridge, UK: Cambridge University Press.

Peirce, C. S. (1892, October 1-22). Man's glassy essence. The Monist (Reprinted in Essential Peirce, Vol 1, by N. Houser & C. Kloesel, Eds., 1992, Bloomington: Indiana University Press).

Peirce, C. S. (1940). Philosophical writings of Peirce (J. Buchler, Ed.). New York: Dover Publications.

Peirce, C. S. (1958a). Peirce: Collected papers (vols. I-VII, P. Hartshorne & P. Weiss, Eds.). Cambridge, MA: Harvard University Press. (Original work published 1931).

Peirce, C. S. (1958b). Charles S. Peirce: Selected writings (P. P. Weiner, Ed.). New York: Dover Publications.

Port, R. F., & van Gelder, T. (Eds.), (1995). Mind as motion: Explorations in the dynamics of cognition. Cambridge, MA: MIT Press.

Rockwell, T. (2005). Neither brain nor ghost: A nondualist alternative to the mind/brain identity theory. Cambridge, MA: Bradford Books, MIT Press.

Rockwell, T. (2008). Processes and particles: The impact of classical pragmatism on contemporary metaphysics. Philosophical Topics, 36(1), 239-258.

Rosenberg, G. (2005). A place for consciousness: Probing the deep structure of the natural world. Oxford: Oxford University Press.

Royce, J. (1901). The world and the individual. New York: Macmillan.

Seager, W. (2004). The generation problem restated. In D. Clark (Ed.), Panpsychism: Past and recent selected readings. Albany: State University of New York Press.

Sellars, W. (1963). Philosophy and the scientific image of man. In Science, perception, and reality. London: Routledge and Kegan Paul.

Skrbina, D. (2001). Participation organization and mind: Toward a participatory worldview. Doctoral thesis, University of Bath, Bath, UK. http://people.bath.ac.uk/mnspwr/doc_theses links/pdf/dt_ds_chapter4.pdf.

Skrbina, D. (2005). Panpsychism in the West. Cambridge, MA: MIT Press.

Skrbina, D. (Ed.). (2009). Mind that abides. Amsterdam: John Benjamins.

Strawson, G. (2006). In A. Freeman (Ed.), Consciousness and its place in nature: Does physicalism entail panpsychism? Exeter: Imprint Academic.

259 # 第十二章　意识的感受性起源：对查尔默斯难题的进化解答

乔纳森·Y. 邹①

摘要：戴维·查尔默斯认为，意识难题包括解释感受性经验如何以及为什么会从物理状态中产生。此外，查尔默斯认为，唯物主义和还原论对心性的解释无法解决这个难题。在本章中，我提出查尔默斯难题可以有效地分为“如何问题”和“为什么问题”，并且我认为进化生物学有足够的资源来解决为什么感受性经验产生于大脑状态的问题。从这个视角出发，我讨论了不同种类的进化解释（如适应主义、解释主义、扩展主义），它们可以解释各种意识状态的感受性方面的起源。这一论点旨在澄清查尔默斯难题的哪些部分可以进行科学分析。

一、引言

戴维·查尔默斯（Chalmers，1995，1996，2003）在几项研究中以各种“为什么问题”的形式阐述了意识的难题：为什么主观经验产生于物理基础？为什么大脑的物理过程会产生丰富的、感受性的内在生命？为什么大脑功能的表现总是伴随着经验？查尔默斯认为，这些问题是神秘的，科学无法给出令人满意的答案。在本章中，我认为查尔默斯的“为什么问题”要么不属于科学的适当范围，要么存在对这些问题的进化解释。关于后者，我讨论了各种意识状态的主观方面的进化解释。虽然这些进化解释可以解决查尔默斯的“为什么问题”，
260 但它们并没有提供他的问题所需要的那种*全局性的哲学答案*。我认为，这种全局性的要求是对令人满意的意识理论的不合理约束。

本章的主要论点是，进化解释可以解决查尔默斯的“为什么问题”。本章的内容如下。在第二部分中，我将查尔默斯难题作为对意识的还原解释的挑战。

① 乔纳森·Y. 邹（Jonathan Y. Tsou），美国艾奥瓦州立大学哲学与宗教研究系，电子邮件：jtsou@iastate.edu。

查尔默斯对还原论的部分挑战是解释为什么感受性经验（即“感觉”）伴随着大脑状态。在第三部分，我认为查尔默斯的挑战误入歧途了，因为他的“为什么问题”要么对什么是令人满意的意识解释施加了不合理的限制，要么存在可以解决这些问题的进化解释。在第四部分，我讨论了各种意识状态（比如疼痛、色觉、性高潮）的主观方面起源的进化解释。可以给出的不同种类的进化解释表明，查尔默斯要求对他的“为什么问题”（即难题）给出一个全局性的哲学回答是错误的。

首先，应该指出的是，本章的论点并没有*以自己的术语*解释查尔默斯难题。查尔默斯对难题的表述是*对因果或近因解释的要求*，可以解释意识如何以及为什么产生于大脑。本章的分析将不涉及这一问题。本章的一个基本假定是，查尔默斯对难题的表述是不恰当的，为了采取步骤解决这个问题，首先有必要将查尔默斯对难题的一般表述重新表述为一组更狭义的问题。本章的分析集中在科学如何解决与意识的感受性起源有关的问题。在从事这项任务时，我的目标是澄清查尔默斯难题的哪些部分能够通过实证和科学手段得到解决。

二、查尔默斯难题与“为什么问题”

查尔默斯难题旨在挑战物理主义对意识的解释，更普遍地讲，旨在将意识的主观方面简化为更客观的东西（比如，大脑状态或功能状态）的还原论解释。在这方面，查尔默斯的分析增强了内格尔（Nagel，1974）的观点，即任何对意识的令人满意的解释都必须捕捉到它的感受性方面，或是它作为一个有机体的“样子”。和内格尔一样，查尔默斯认为，在科学解释中，意识的主观方面不应该被忽视或消解。事实上，对于查尔默斯来说，意识的主观方面的解释（“经验”）构成了意识的难题：

> 意识真正的难题是*经验*的问题。当我们思考和感知时，信息处理过程中会
> 有一种嘈杂的声音，但也存在着一个主观方面。正如内格尔（Nagel，1974）提
> 出的，成为一个有意识的有机体是一种感觉。这种主观的方面就是经验。…… 261
> 人们普遍认为*经验产生于物理基础，但对于经验为什么以及如何产生，我们还*
> *没有很好的解释*。为什么物理过程会产生丰富的内心生活呢？（Chalmers，1995：
> 201，加了强调）

在这里，查尔默斯提出了一个难题，即解释*经验是如何以及为什么从物理基础上产生的*。关于这一提法，物理主义和功能主义的解释都不能完全解决难

题，因为这些解释正是通过将心理（感受性）的主观特征还原为客观（物理和功能的）状态来进行的，从而完全回避了难题（Chalmers，2003：104-105）。

查尔默斯对难题的表述可以分为以下两个问题：

（1）经验（感受性）如何产生于一个物理基础？

（2）经验（感受性）为什么产生于一个物理基础？

以这种方式区别难题偏离了查尔默斯分析的精神；然而，有很好的哲学理由来区分查尔默斯的“如何问题”和“为什么问题”（参考 Flanagan & Polger，1995：321）。查尔默斯（个人交流）已经指出，他的难题旨在寻求一种*近因或因果的解释*，即我在本章中提出的（1）的“如何问题”。同查尔默斯一样，我也同意（1）是一个神秘的问题，科学在解决这一问题方面进展甚微。目前，我们缺乏强有力的科学理论来理解我们的感受性经验（例如，情绪的感受特质、忧郁的主观经验）如何产生于大脑。虽然我认为查尔默斯的“如何问题”是一个科学无法解决的难题，但我将承认这一点，并不再在本章中进一步探讨这个问题[①]。

本章的重点是批判性地考察（2）中所阐述的查尔默斯难题，这将澄清查尔默斯难题的哪些方面可以进行科学分析。虽然我认为（1）的“如何问题”无法用科学或经验方法回答，但我认为（2）的“为什么问题”可以。查尔默斯将
262 这个难题描述为“为什么问题”有些模棱两可，但至少这个问题问了*为什么*，除了心性的功能方面之外，为什么意识还包含感受性经验的成分。正如查尔默斯所说：

> 使难题变得困难和独特的原因是，它*超越*了关于功能执行的问题。要弄清这一点，请注意，即使我们已经解释了所有与经验相关的认知和行为功能的表现——感知辨别、分类、内部访问、口头表达——可能仍然存在一个进一步的未解问题：*为什么这些功能的执行伴随着经验？*（Chalmers，1995：203，强调部分是原文所加）

查尔默斯指出，通过指定一种物理结构（比如，大脑皮层中 35～75 赫兹

① 然而，应当指出，从唯物主义者的视角来看，（1）替二元论者回避了这个问题。如果“心理状态”仅仅*是*大脑状态（就像在同一性理论中一样），那么心理状态如何从大脑中*产生*的问题就是一个不存在有意义答案的伪命题。其他的唯物主义者会拒绝查尔默斯（和内格尔）的方法论假设，即一个令人满意的意识理论*必须*解释经验现象（或感受性）。一些唯物主义者认为这个有争议的假设并未得到充分的论证，认为它建立在一系列脆弱的直觉之上，或者它最终依赖于对无知的错误呼吁（Churchland，1996；Dennett，1996；参见 Chalmers，1997）。此外，一些消除论者认为，被视为“感受性”的一类事物的定义太过模糊，无法构成一个适当的解释，因此，在意识理论中应该消除（而不是解释）感受性（Dennett，1988；Churchland，1996）。

的神经振动）来解释特定认知功能的执行（比如，信息内容的整合）构成了意识的“易问题”，而认知科学很好地解决了这些问题。然而，为什么各种认知功能的执行都伴随着经验，这是一个难题：

> 这个问题是意识问题的关键。*为什么所有这些信息处理不是在黑暗中进行的，不受任何内在感觉的影响呢*？为什么当电磁波撞击视网膜并被视觉系统识别和分类时，这种识别和分类会被体验为鲜红色的感觉？当这些功能被执行时，意识经验*的确*会产生，但它产生的事实本身就是核心的奥秘。(Chalmers, 1995: 203，*加了强调*)

为了本章的目的，将查尔默斯的“为什么问题”区分为更一般和更具体的表述是有用的：

（a）为什么神经状态伴随着主观经验？

（b）为什么特定的神经状态伴随着主观经验？

这两个问题对意识的还原解释提出了不同的挑战[①]。（b）中更具体的问题要求对神经状态（比如与疼痛或颜色感知相关）的充分解释——除了指定一个物理机制之外——必须解释为什么它与特定的主观经验相关。（a）中更普遍的问题要求更高，因为它要求一个令人满意的意识理论必须解释为什么经验的主观方面（除了它的物理和功能方面）存在。唯物主义（或功能主义）的意识分析都不能充分满足这些要求。

三、查尔默斯的困境 263

在本章中，我认为查尔默斯将这个难题作为“为什么问题”，并未对唯物主义（或还原论）的意识解释[②]提出重大的挑战。更具体地说，我认为查尔默斯的“为什么问题”在其更普遍的表述中不属于科学的适当领域（因此，不需要对意识进行充分的科学解释来回答这个问题），而且它的更具体的表述也有进化的答案。这个论点可以被表述为一个困境：

---

① 虽然我将查尔默斯的“为什么问题”区分为更一般和更具体的提法，但这两个问题显然是相关的。在本章的结论中，我提出对问题（b）的进化答案将有助于回答（a）中提出的更一般的问题。关于问题（a），我坚持认为，由于进化史，神经状态伴随着质性经验；然而，我反对得出更强的（*适应主义的*）结论，即感受性的经验的存在是因为*它具有适应性*。虽然意识的感受性的起源通常可以用它们的适应性功能来解释（比如疼痛或饥饿状态），但我认为，一些意识状态更适于非适应主义的解释。

② 本章的分析意在对二元论与唯物主义的形而上学问题保持中立。本章的主要目的是表明，对于还原主义者和唯物主义者来说，存在科学的解释来回答查尔默斯的“为什么问题”。

（1）如果查尔默斯的“为什么问题”是（a），那么这个问题是有答案的，而且它并不是一个需要科学来解决的问题。

（2）如果查尔默斯的“为什么问题”是（b），那么对于不同的心智状态即存在进化的答案，但人们只能期望在个案的基础上找到特定心理状态的答案。

（3）因此，要么查尔默斯的“为什么问题”不是一个科学必须回答的问题，要么就存在着进化的答案。

这种困境表明，查尔默斯难题——被表述为“为什么问题”——不应该被唯物主义者视为难以解决的问题。

对查尔默斯的“为什么问题”的更普遍的解读会提出以下问题：（a）为什么主观经验与神经状态是相关联的？以这种形式来看，这个问题是关于为什么神经活动伴随着主观经验（其功能方面之外）的问题。虽然我相信这个问题是有答案的，但这不是科学必须回答的问题。从这个视角看，对于人类（和许多动物）来说，解释*为什么*神经活动伴随着感受性的方面，将诉诸关于人类（和动物）进化到拥有各种感觉器官和神经系统的偶然事实。因此，对（a）的回答将诉诸进化史，并从所拥有的感觉器官和神经系统的角度来解释作为人类（或蝙蝠、蜜蜂、狗或鲨鱼）的感受。因此，对（a）能够提供一个答案；然而，从科学的角度来看，这个答案可能不是很有趣。至少科学为查尔默斯的问题所提出的（a）提供*具体而全面的答案*。

类比一下，考虑“天空为什么是蓝色的？”这个问题。要回答这个问题，人们会诉诸一些事实，比如人类已进化出能够看到的各种波长可见光的眼睛。如果在被告知这些事实之后，露丝（Ruth）认为需要*进一步的事实*来提供*充分的科学解释*，那么露丝就犯了一个关于什么是令人满意的解释的概念错误。同
264 样，如果汤姆（Tom）被告知，由于人类已经进化到拥有各种感官器官和神经系统，所以意识是伴随着经验的，而他又抗议说需要进一步的事实来提供充分的科学解释，那么我们应该得出结论，他是糊涂了。这个类比突出了（a）的一些特征。首先，（a）存在一个答案，但所提供的解释不属于科学通常解决的问题类别。其次，要解决（a）就要诉诸偶然事实。最后，除了指出各种偶然的事实之外，认为这些问题还存在*更深层的解释*是令人困惑的（参考 Chalmers，1996：111）。因此，可以给出（a）的简化答案；然而，这并不是查尔默斯在问“为什么物理过程会产生丰富的内心体验？”时所寻求的那种启发性的解释（Chalmers，1995：201，加了强调）。

对查尔默斯的“为什么问题”的更具体的解释是：（b）为什么特定的神经状态伴随着主观经验？我认为存在着进化论的答案可以阐明这一问题。查尔默斯提及了这种回应，他写道：

> 在功能和经验间存在着一个*解释鸿沟*（这个术语源于 Levine，1983），并且我们需要一座解释桥梁来跨越它。对功能的描述就停留在鸿沟的一边，因此必须在其他地方找到筑桥的材料。这并不是说经验*没有*功能。它也许会在认知方面发挥重要作用。但对于经验可能起到的任何作用，存在着更多的经验解释，而不是一个简单的功能解释。也许我们甚至会发现，在解释一个功能的过程中，我们会得到一个关键的洞察力，从而能够解释经验。如果这种情况发生了，那么这一发现将会成为一个*额外的*解释补偿。不存在一种认知功能可以使我们提前说，对该功能的解释会自动解释经验。（Chalmers，1995：203-204，斜体是原文所加）

查尔默斯坚持认为，认知科学和神经科学的解释方法不足以解决（b）。在本章中，我认为进化生物学有资源来帮助弥合功能和经验之间的明显差距。在阐述这一观点时，我假设进化解释所能解决的“*为什么问题*”的形式是：“为什么特定的神经状态会附带有主观方面（相对于没有主观方面）？”这抓住了查尔默斯（Chalmers，1995）问题的核心：“为什么所有的信息处理都不是在黑暗中进行，且没有任何内在感受呢？”（Chalmers，1995：203）*如果*查尔默斯所寻求的解释是“为什么一个特定的主观体验依附于一种神经状态，*而不是另外一种主观体验*？”这个问题的答案（参见 Chalmers，1996：99-101），那么，我认为这把解释的标准定得太高了。我假设人类已经进化到这样的程度，以至于*一些其他主观体验*伴随着大脑状态（比如疼痛状态）；然而，*这种主观体验的*进化是一个偶发的事件（这是进化解释能解释的相关解释）。由于这是一个偶发的进化事件，在我看来，解释为什么*这种主观体验而不是其他*（功能等同的）*主观体验出现的*要求，把解释的门槛定得太高了（远远高于科学设定的门槛）。

虽然我相信进化解释可以解决为什么特定的神经状态伴随着主观体验的 265
问题，但我们必须谨慎对待我们对这项研究的期待，即这项研究关于（b）可以告诉我们什么。如果查尔默斯想要找到一种关于（b）的普遍答案，告诉我们经验的*功能*是什么（*一般来说*），那么我认为目前没有任何有意义的答案（参考 Chalmers，1996：120-121）。充其量，进化研究只能解释为什么特定的神经状态伴随着特定的主观体验方面。

四、感受性的进化解释

威廉·詹姆斯（William James）在其《心理学原理》（*Principles of Psychology*）

的意识分析中讨论了可以给出(b)的各种进化答案(James，1890：Chapters 5-6)。在一种认为意识具有因果效应的论点(反对副现象论)的语境中(参见Robinson，2007)，詹姆斯指出，在（1）有益和有害的意识状态和（2）附加于这些状态的主观经验之间存在一定的对应关系：

> *众所周知，快乐通常与有益的经历联系在一起，而痛苦通常与有害的经历有联系*。所有基本的生命过程都说明了这一规律。饥饿，窒息，缺乏食物、饮水和睡眠，劳累时的工作，烧伤，受伤，炎症，中毒的影响，与饥饿的胃一样令人不快，在筋疲力尽之后的休息和睡眠……是令人愉悦的。斯宾塞(Spencer，1855)等提出，这些巧合是由于自然选择的作用，从长远来看，自然选择肯定会消灭任何对本质上有害的经验感觉愉快的生物。……如果快乐和痛苦都没有效果，人们就不明白……为什么大多数有害的行为，如烧伤，可能不会给人带来喜悦的刺激，而最必要的行为，如呼吸，却会带来痛苦。例外的情况有很多，但都与经历相关(比如醉酒),这些经历要么不重要,要么不具有普遍性。(James，1890：143-144，强调部分是原文所加)

在这一段落中，詹姆斯指出，为什么某些意识状态伴随着特定的主观体验，有着*很好的进化理由*。特别是进化上有害的状态（如饥饿、受伤、疾病）与痛苦的经验相关，而进化上有益的状态（如营养、休息或健康）与愉悦的经历相关，因为这些主观体验状态本身在帮助生物生存和繁衍上起着重要的（因果）作用。

上面勾勒的詹姆斯式的框架为（b）提供了一个答案的开端：某些神经状态伴随着感受性，因为这些感受性经验在促进一些功能（比如，寻找食物，避免物理伤害）方面起着重要作用，这些功能促进了物种的生存与繁衍（参见Cole，2002：43）。对于属于这一类的意识状态，*适应主义的解释*能够解释这些状态的感受性方面的起源。比如，急性疼痛状态（即受伤）的感受性体验在进化上是适应性的，因为这些感受性状态有助于教会生物避免可能伤害它们身
266 体的刺激和情况（比如火）（Polger & Flanagan，2002：21）。缺乏感受性疼痛状态的生物将在进化上处于劣势地位（Puccetti，1975），并且我们可以根据疼痛状态的进化益处来解释疼痛状态的感受性方面的起源。因此，适应主义解释可以回答为什么一些意识状态（比如，疼痛状态、疲劳状态）伴随着特定的感受性体验（比如，受伤、感到疲倦）。

虽然人们很容易认为，意识的感受性方面总是可以用它们的进化优势来解释（比如，见Tye，1996；Gray，2004），但这种假设是错误的（参见Chalmers，1996：120-121）。在本章中，我采取了多元论的立场，它假设存在不同种类的

进化解释（除了适应主义的解释）能够解释各种意识状态的感受性方面的起源（参见 Polger & Flanagan，2002）。这遵循了生物哲学家的建议（例如 Gould & Lewontin，1979；Gould & Vrba，1982；Gould，1991；Lewontin，1979；Lloyd，1999），他们警告不要有适应主义（乐观主义）倾向，这种倾向认为，生物体目前所具有的所有特征*都是*自然选择的结果，因为它们具有某种适应功能。这些哲学家强调，不同特征的产生有多种进化原因。除了适应主义的解释之外，其他可以解释一个性状（比如感受性的）存在的进化解释包括：①由于随机因素（如基因漂变、人口统计学事件）而出现的性状；②由于发育效应（如多效性、异速生长）而存在的性状；③曾经具有适应性，但现在不再具有适应性的性状；④本身不具有适应性，但具有适应性状的副产品的性状（如“拱肩”）；⑤是进化的副产品，但后来获得适应价值的性状（如“期望”）。

作为一个曾经具有适应性但现在不再具有适应性的体验感受性方面的例子，考虑一下为什么人类在感知物体时对颜色（如红色）有特定的感受性体验。人类的颜色视觉是三色的，因为它基于包含在不同的视网膜锥中的三种感光色素，这使得人类能够区分超过 200 万种颜色（Gray，2004：85）。大多数哺乳动物都是双色视者，三色视觉被认为是在 3000 万年前随着旧大陆灵长类动物的进化而演化出来的。对三色视觉进化的一种解释是，三色视觉使旧大陆灵长类动物能够更敏锐地区分红色到蓝色范围内的颜色，它们的饮食主要由黄色、橙色和红色的水果组成（Nathans，1999；Gray，2004：85-86）。从这一视角来看，人类对红色有一种特殊的体验，因为我们是从一个颜色视觉赋予它们进化优势的物种进化而来的。虽然这些颜色体验的感受性方面在过去可能对早期智人具有适应性，但它们在当前的生态位上不一定具有适应性（比如，色盲不会显著损害个体的包容适应性）。

考虑一下女性性高潮，这是一个具有不太明显的进化史的感受性体验的例子。进化生物学家们普遍认为男性性高潮的感受性方面（即愉悦和狂喜）的进化是因为它促进了繁衍的成功。然而，这种适应主义的回答不能充分解释女性的性高潮，因为女性可以在没有经历性高潮的情况下怀孕。在查尔默斯式的精 267
神感召下人们可能会问：为什么女性的性高潮伴随着一种特殊的主观体验？伊丽莎白·劳埃德（Elisabeth Lloyd）审视了这一问题的各种不同答案，包括以下理论（Lloyd，2005）：

（1）女性性高潮的进化是因为它促进了男性与女性之间持久的依恋（即成对结合）。

（2）女性性高潮的进化是为了刺激男性的性高潮。

（3）女性性高潮的进化是因为它促进了女性更高的性交频率。

（4）女性性高潮的进化是因为它通过促进子宫的吸力机制增加了受精的可能性。

（5）女性性高潮是男性性高潮进化的副产物。

劳埃德认为科学证据支持观点（5），即女性性高潮的出现不是因为它是进化适应的，而只是男性性高潮的副产品（即一个“拱肩”）。由此看来，女性性高潮的进化史与男性乳头的进化史相似。男性乳头的存在是因为女性乳头是适应性的，并且两性相似胚胎发育过程中都经历了相似的阶段。类似地，女性性高潮的存在是因为男性性高潮是适应性的，并且两性具有相同的胚胎发育史（比如阴茎和阴蒂具有相同的胚胎起源）。

色觉和女性性高潮的例子说明了意识状态可能与特定的主观特征相关联的*不同的*进化原因。虽然这些主观方面存在的原因*有时*可以用这些经验的适应功能来解释（如疼痛状态、营养状态），但有时特定意识状态的主观方面（如女性性高潮）被解释为偶然进化事件（如“拱肩”、扩展适应）。对于本章来说，重要的不是正确的解释是什么，而是可以给出（b）的进化答案这一事实。如果这种观点是正确的，那么（b）就可以给出值得尊重的还原论（和唯物主义）解释。

五、结论

在本章中，我认为进化生物学有资源来解决查尔默斯难题的各个方面，特别是为什么特定的神经状态伴随着特定的感受性特征。在更一般的解释中，我认为存在一个关于为什么神经活动伴随着主观体验的问题的答案（这将诉诸人类与其他物种通过进化而拥有的感觉器官和神经系统的偶然事实），但它在科学上并不是很有启发意义。在更具体的解释中，我认为，对于为什么特定的神经
268 状态伴随着主观体验这个问题，存在进化的答案，但会有多种解释。关于这两个问题之间的关系，关于为什么特定的神经状态伴随着感受性的进化解释，有助于对为什么神经活动伴随着感受性这一更普遍的问题给出更精确的答案。本章的分析表明，大脑活动伴随着感受性，因为这些感受性方面要么本身是适应性的——它们帮助生物生存和繁衍，要么是（有时是偶然的）其他适应的结果。然而，假定对这些问题有*更深层次的哲学解释*，那就是犯了概念上的错误。

在提供对这个难题的自然主义分析时，我的讨论已经偏离了查尔默斯的重点，即确定将大脑状态与主观体验联系起来的因果机制（本章的“如何问题”）。这种忽视是故意的，因为我认为这个问题最终是一个形而上学问题，科学没有

资源来回答（而且可以说，不能给出有意义的答案）。通过将查尔默斯的“为什么问题”重构为一个更狭义的问题，即为什么特定的意识状态具有特定的感受性方面，我的目的是表明，有还原论的解释（即进化解释）可以用来说明感受性的起源。尽管以这种方式重构查尔默斯难题会让一些人感到不满意，因为它削弱了查尔默斯挑战的雄心，但我认为，在理解意识现象方面取得进展的最有希望的途径是以自然主义的方式解决适度的问题，而不是试图通过概念分析来回答雄心勃勃的问题。

致谢：我要感谢戴维·查尔默斯、斯蒂芬·比格斯（Stephen Biggs）、威廉·罗宾逊（William Robinson）、戴维·亚历山大（David Alexander）、利兹·斯沃、柯蒂斯·梅特卡夫、约翰·库拉奇（John Koolage）、海米尔·盖尔森（Heimir Geirsson）、戈登·奈特（Gordon Knight）和穆拉特·艾德德（Murat Aydede）对本章的早期草稿提出了非常有益的评论和建议。

参 考 文 献

Chalmers, D. J. (1995). Facing up to the problem of consciousness. Journal of Consciousness Studies, 2(3), 200-219.

Chalmers, D. J. (1996). The conscious mind: In search of a fundamental theory. New York:Oxford University Press.

Chalmers, D. J. (1997). Moving forward on the problem of consciousness. Journal of Consciousness Studies, 4(1), 3-46.

Chalmers, D. J. (2003). Consciousness and its place in nature. In S. P. Stich & T. A. Warfield (Eds.), Blackwell guide to the philosophy of mind (pp. 102-142). Malden: Blackwell Publishers, Inc.

Churchland P.S. (1996). The Hornswoggle problem. Journal of Consciousness Studies, 2(5-6), 402-408.

Cole, D. (2002). The functions of consciousness. In J. H. Fetzer (Ed.), Consciousness evolving (pp. 43-62). Amsterdam: John Benjamins.

Dennett, D. C. (1988). Quining qualia. In A. J. Marcel & E. Bisiach (Eds.), Consciousness in contemporary science (pp. 42-77). New York: Oxford University Press.

Dennett, D. C. (1996). Facing backwards on the problem of consciousness. Journal of Consciousness 269
Studies, 3(1), 4-6.

Flanagan, O., & Polger, T. (1995). Zombies and the function of consciousness. Journal of Consciousness Studies, 2(4), 313-321.

Gould, S. J. (1991). Exaptation: A crucial tool for evolutionary analysis. Journal of Social Issues, 47(3), 43-65.

Gould, S. J., & Lewontin, R. C. (1979). The spandrels of San Marco and the Panglossian paradigm: A critique of the adaptationist programme. Proceedings of the Royal Society, London, Series B,

205(1161), 581-598.

Gould, S. J., & Vrba, E. S. (1982). Exaptation: A missing term in the science of form. Paleobiology, 8(1), 4-15.

Gray, J. (2004). Consciousness: Creeping up on the hard problem. Oxford: Oxford University Press.

James, W. (1890). The principles of psychology (Vol. 1). New York: Henry Holt.

Levine, J. (1983). Materialism and qualia: The explanatory gap. Pacific Philosophical Quarterly, 64(October), 354-361.

Lewontin, R. C. (1979). Sociobiology as an adaptationist program. Behavioral Sciences, 24(1), 5-14.

Lloyd, E. A. (1999). Evolutionary psychology: The burdens of proof. Biology & Philosophy, 14(2), 211-233.

Lloyd, E. A. (2005). The case of the female orgasm: Bias in the science of evolution. Cambridge. MA: Harvard University Press.

Nagel, T. (1974). What is it like to be a bat? Philosophical Review, 83(4), 435-450.

Nathans, J. (1999). The evolution and physiology of human color vision: Insights from molecular genetic studies of visual pigments. Neuron, 24(2), 299-312.

Polger, T., & Flanagan, O. (2002). Consciousness, adaptation and epiphenomenalism. In J. H Fetzer (Ed.), Consciousness evolving (pp. 21-42). Amsterdam: John Benjamins.

Puccetti, R. (1975). Is pain necessary? Philosophy, 50(July), 259-269.

Robinson, W. S. (2007). Evolution and epiphenomenalism. Journal of Consciousness Studies, 14(11), 27-42.

Spencer, H. (1855). The principles of psychology. London: Longman, Brown, Green, and Longmans.

Tye, M. (1996). The function of consciousness. Noûs, 30(3), 287-305.

第四部分

心灵哲学

第十三章　意识心智起源的神经实用主义 273

蒂伯·索利莫西[①]

摘要：实用主义哲学在思考经验的起源和本质方面对心智和生命科学家大有裨益。在这一章中，我通过回顾经典实用主义者如约翰·杜威如何根据达尔文主义带来的进步重构体验、心智和意识等概念，来介绍神经哲学实用主义。然后，我详细地阐述了最近认知科学和神经哲学中关于如何思考有意识的心理活动的争论。在此过程中，我借鉴并修改了本章第一部分勾勒的实用主义框架。

在哲学与科学经历了数十年的对立之后，哲学家与科学家开始重新评估每个学科对理解和解释世界所做的贡献[②]。历史上哲学与科学是不分家的。后来它们之间才有了严格的区分。总的来说，在*自然主义的*旗帜下，这种区别正在被很多人拒绝。虽然哲学与科学的这种融合正在显示出希望，但其本质是多方面的和有问题的，因为即使在自称为自然主义者的人当中，对哲学的本质是
什么也没有达成共识。其次，科学的本质也是不清楚的。因此，哲学与科学 274
之间的关系仍然是不明确的。当我们——哲学家、科学家、艺术家和非专业人士——致力于理解和解释心智在自然界的起源时，对更多的自我反省、互相理解和更清晰的哲学和科学概念的需求尤为强烈。在达尔文进化论的角度思考心智起源的第一批哲学家中，有美国实用主义者：查尔斯·桑德斯·皮尔斯、威廉·詹姆斯、约翰·杜威和乔治·赫伯特·米德。他们对哲学和科学的本质、它们之间的相互关系以及心智起源的观点，不仅与今天的这些问题有关，而且

---

① 蒂伯·索利莫西（Tibor Solymosi），美国阿勒格尼学院哲学与宗教研究系。

② 事实上，这仅仅是一个开始。马西莫·皮格里奇（Massimo Pigliucci）对他所谓的“科学与哲学之间的边缘领域”进行了极好的描述（Pigliucci，2008）。其中，他指出物理学家史蒂文·温伯格（Steven Weinberg）的文章《反对哲学》（Weinberg，1992）是来自科学家的反哲学的典范。这种科学对哲学的敌意最近引起了人们的关注，当另一位物理学家劳伦斯·克劳斯（Lawrence Krauss）在接受《大西洋月刊》（*The Atlantic*）的采访时谈到，物理学使哲学变得无关紧要（Andersen，2012）。他对哲学的嘲弄和明显的蔑视——尤其是他在最近的新书中对哲学的批评——遭到了很多的批评，以至于克劳斯迅速做出了道歉（Krauss，2012）。有些人可能会认为这个道歉是缺乏诚意的；无论如何，我认为这是过去 20 年的一点进步。

也从生命科学和心智科学的进步中获得了新的支持。

在本章中，我的目的是向那些不熟悉哲学实用主义的人介绍它。在这样做的过程中，我也为那些熟悉实用主义的人提供了一些东西，即考量到心智在自然界中的起源的情况下对意识活动的重构。可以肯定的是，本章的目的不是回顾所有上文列举的实用主义者的主要思想和研究主题（尽管我确实从他们那里吸取了一些），因为他们之间存在足够的差异，以至于对一个特定问题（比如心智的起源）提供一个总观点不仅是对这些实用主义者思想原创性的诅咒，也是对实用主义精神的诅咒。因此，本章的中心目标是展示实用主义如何提供一种经验上责任的、科学上多元的和建设性批判的哲学。关于心智在自然界中的起源问题，实用主义者不仅认识到心智与自然之间的深层连续性，而且认识到将多种科学观点引入这个问题中的必要性。最后，作为一门哲学，实用主义所提供的不仅仅是描述世界是怎样的或是如何运作的；实用主义者为如何根据我们最好的科学告诉我们的关于世界运行的知识来改善人类体验提供了想象的可能性。当从实用主义的立场来解决心智起源的问题时，我希望提供一种愿景，即如何在刚才描述的意义上不仅科学地而且哲学地解决这个问题。

本章旨在实现三个目标：首先，通过对实用主义的介绍，我提出哲学家的工作与科学家的研究不同，但又依赖于科学家的研究。其次，通过倡导我的神经哲学实用主义，我追随了杜威的倾向，即从形容词、副词或动名词而不是实体名词的角度来考虑有机活动，也就是用有意识的或心智的而不是意识或心智这种术语。这并不是说我们必须消除像心智和意识这样的概念。本章的第三个目标是通过阐述我在其他地方介绍的关于意识与心智的隐喻来贯彻我所倡导的实用主义的观点（Solymosi，2011）。这个隐喻——意识活动就像烹饪，也就是说，意识之于大脑、躯体和世界，就像烹饪之于大脑、躯体和世界一样——最初可能会被认为是反直觉的。然而，如果我在这一章中取得了成功，读者应该会受到足够的刺激去接受挑战，要么充实所提出观点的细节，要么用更有力的证据和不同的观点来批评它。

275 一、实用主义、自然主义和可错论

实用主义是美国对西方哲学传统最具原创性的贡献。它出现于美国内战之后、工业化中期，以及达尔文自然进化理论的热潮中。古典实用主义者皮尔斯、詹姆斯、杜威和米德颠覆了哲学传统，他们的思想根源于欧洲的乔治·贝克莱（George Berkeley）、伊曼努尔·康德和格奥尔格·黑格尔（Georg Hegel）的理

想主义，拉尔夫·沃尔多·爱默生（Ralph Waldo Emerson）的先验主义和浪漫主义，以及美国的沃尔特·惠特曼（Walt Whitman）的民主精神。这种对传统哲学实践的拒绝也许在定义实用主义本身的尝试中得到了最好的证明。20世纪早期的意大利实用主义者乔瓦尼·帕皮尼（Giovanni Papini）写道："实用主义是无法定义的。给实用主义下一个简单的定义就是尽可能做最反实用主义的事情。"（Weiner，1973：552）哲学家和思想史学家阿瑟·洛夫乔伊（Arthur O. Lovejoy）在其《十三种实用主义Ⅰ》《十三种实用主义Ⅱ》（Lovejoy，1908a，1908b）中支持了帕皮尼的主张（尽管没有帕皮尼那么热情）。过多的实用主义说明了其核心的反本质主义。实用主义抵制哲学定义，特别是在必要和充分条件方面，但这并不意味着实用主义不能被描述。其反本质主义的态度包括反怀疑主义和反二元论的态度。

当然，这些消极特征本身并不令人满意，也不是特别有用。当代实用主义者、杜威学者拉里·希克曼（Larry Hickman）提出了以下对实用主义的描述，这将引导我作进一步的阐述。希克曼按照时间顺序依次介绍了皮尔斯、詹姆斯和杜威：

> 这是皮尔斯在1878年所说的："考虑一下，可以想象到，我们所设想的观念对象会产生什么样的实际影响。那么，我们关于这些影响的概念就是我们关于对象的概念的全部。"20年后的1898年，詹姆斯写道："任何哲学命题的有效意义，在我们未来的实践经验中，总是可以归结为某种特定的结果，无论是主动的还是被动的；关键在于经验必须是特殊的，而不是主动的。"在皮尔斯论断的60年后，1938年杜威指出："对'实用主义'的适当解释，[涉及]结果的功能作为对命题有效性的必要检验，*前提是*这些结果是在操作上建立的，并且是解决引起操作的特定问题的。"
>
> 简而言之，实用主义的意义理论坚持认为，我们对待一个概念的整个意义时，不应像维特根斯坦所督促的那样，只从它在语言游戏中的使用角度出发，而是从明显的实验和行为角度出发，以超越特定语言游戏的方式：概念的意义是它在我们未来的体验中所产生的差异。（Hickman，2007b：36）

希克曼总结道："换一种说法，实用主义方法的核心是实验。"（Hickman，2007b：36）

这种实验主义与实用主义的达尔文自然主义直接相关，特别是实用主义的反本质主义、反怀疑论和反二元论。在达尔文之前，哲学与科学都专注于寻找
自然界的固定共性。哲学家寻求自然的最终原因，也就是说，它的伟大目的是 276
建立在经验表象背后的潜在现实之上的。科学家（尽管那时他们并不被称为科

学家，而是“自然哲学家”）的目标是揭示自然规律。那些规律是进一步观察与实验的逻辑基础。简言之，哲学与科学的目的是找到自然的本质。这些本质是用数学语言表达出来的。然而，在达尔文的贡献之前，数学刚刚开始发展出在科学研究中有效的概率和统计方法。这些方法是达尔文主义科学和哲学革命的核心，正如皮尔斯和杜威很快认识到的那样（Peirce，1992；Dewey，1976-1988[1910/MW4]）。

这种转变的重要性怎么强调都不为过。如果科学探究的结果——实际上所有的探究——都是概率性的，那么从科学的角度来看，古代和现代的知识是绝对的、普遍的、最终的、不容置疑的和不变的这种标准就不再适用了。此外，如果人类所做的一切都是进化的产物，那么我们的科学活动、科学活动的产物以及我们所谓的知识也是进化的产物。实用主义者在理解人与自然的关系方面时会严肃地看待这个进化事实。

如果像皮尔斯首先提出的那样，探究产生了暂时的信念，以习惯性地指导人类在世界上的行动，那么探究和习惯形成一定有更普遍的进化祖先。事实上，正如现代实用主义者丹尼特所阐述的那样，本体论和系统论所概括的过程是一个产生事物（比如行为、技能、观念、假设），并对它们进行检验的过程（有时在没有反思的世界中，有时在想象的反思中，有时在反思完成后的世界中）。正如希克曼在谈到杜威对技术的看法时指出的那样，技术是一个生成与测试的过程[①]。

这种进化的连续性对于心智起源于自然界的实用主义者概念来说是重要的，因为杜威的自然主义不一定是当今许多分析哲学家的自然主义，他们认为桥接定律和其他还原论原则和工具可以用较低层次的术语（无论是神经的、化学的还是物理的，取决于还原论者）来表达或解释更高层次的现象，比如心理状态。杜威的自然主义与这些还原自然主义者一样，都反对超自然现象。然而，这种实用的自然主义——皮尔斯与詹姆斯在这一点很大程度上同意杜威的观点——承认生命与非生命、人与动物、经验与自然之间的连续性。

人与自然之间的这种连续性不仅对解释心智和自然经验的起源很重要，而
277 且对理解我们获得这种解释的方法也很重要。作为本部分的总结，我对探究科学和哲学的本质——正如实用主义者所想的——提供了一个一般而简短的陈述，以便构建本章的其余部分。下一部分详细地阐述了实用主义对经验的重构，这是一个比心智或智能更广的范畴。然后，我将转向实用主义对经验的重构对我们的心智和智能概念的影响。最后，有了这个概念框架，我将利用最近的科

① 关于皮尔斯、杜威、希克曼和丹尼特的进化论探究观的细节，见 Solymosi（2012a）。

学和哲学研究来讨论我关于思考意识的新隐喻。

根据达尔文的理论，生物能够适应不稳定和稳定的环境。由于这些环境经常在变化——有时具有可以预料的规律，有时则没有——那些更能适应变化的生物更有可能生存下来。在能够进行这种调整的生物中，只有那些能够把这些特征传递给后代的生物才有可能继续它们的进化之路。生物体做出的调整既是针对自身的，也是针对其环境的。适应性变化是指延续个体生物尤其是其后代的生存过程的变化。

由于生存与生存能力的问题是通过试错、生成和测试的过程来解决的，一些生物体进化得比其他生物体更能适应环境。这些生物体的警觉行为依赖于形成的习惯，这些习惯提供了两种相关的活动。第一种活动是对特定条件的自动反应（比如，当青蛙在其视野的特定区域看到特定大小的物体时会伸出它的舌头）。第二种活动是减缓自动性，以便进行进一步的信息处理。被处理的信息有三个来源：即时环境、之前与其他环境互动的记忆，以及对各种行动方案的预期。这种过程同时发生在一个动态回路中，而不是刺激－反应机制[①]的反射弧中。在具有交流能力的社会有机体中，神经系统的动态回路被放大了。不仅发出警告，还会提出其他行动建议，从捕食者警告到请求帮助。随着时间的推移，人们越来越有意识地解决问题，这在很大程度上要归功于工具的发展。

工具的出现表明了人类进化的许多重要发展。这里值得注意的是，工具说明了出于各种目的而对环境进行的谨慎修改。工具使用的后果之一是语言和艺术中复杂的象征主义。随着人类文化的崛起，探究变得符号化、深思熟虑和制度化。实用主义者认为，人类适应环境的能力表明了我们的进化轨迹。如果我们认识到自己是进化过程的一部分，认识到在这个过程中工具对某些目的是有用的，而没有意识到它们对其他目的也有用，或者对更大的目标有害，那么我们就成了谬误论者。我们的知识主张是一种工具，能够进一步地改良、修正和 278
废弃，就像其他工具一样。

随着科学研究从工业社会中受益，根据新的科学主张对旧知识主张进行批判的必要性变得越来越大。杜威指出，哲学的工作就是将旧的信仰用于新的用途，并采用新的信念来实现经过重新考量的旧目标。这就是杜威所说的重构计划。它是对科学的主张如何为实现我们的理想提供手段的哲学探究。根据这种观点，当我们为了解决我们所感知到的问题而继续探究时，我们对这个世界的样貌的信念，以及根据我们所知世界会变成的样貌的信念，都是暂时性的。世界在不断变化，

① 参见 Dewey（1969-1972，1896/EW5）、Rockwell（2005）、Chemero（2009）和 Solymosi（2011）关于杜威对反射弧概念的批判及其对当代动态系统理论的重要性的论述。

这在很大程度上是由于我们与它的互动。因为我们的行为往往会带来无法预料的结果，所以我们必须持开放态度来修正我们对世界及其可能性的信念和认识。

为了以这种方式理解知识，詹姆斯和杜威意识到一种新的经验观是必要的。科学的支持者经常把科学活动的实证部分作为科学关于世界运作的成功基石[①]。传统经验主义认为，经验是被动的，心智接收来自观念面纱之后的感观数据，这层面纱使得外部世界无法轻易被了解。在达尔文思想的光芒之下，对经验的实用主义重构是与当代感觉主义的重大背离。因此，詹姆斯称之为*激进的经验主义*。

二、重构经验

当哲学家讨论经验时，他们的意思不一定是人们在谈论经验时的想法。对大多数哲学家而言，经验是感觉性的。这是一种被杜威称为心智的旁观者理论或丹尼特称之为笛卡儿剧场（Cartesian Theater）的观点[②]。这一观点认为，心智是身体感官所提供的世界信息的被动接受者，但并不直接与世界接触。这些数
279 据被心智在屏幕上或舞台上看到。用哲学术语来说，有一层观念的面纱（我们的思想、概念、表象和幻觉）将我们的精神生活与外部世界隔开。这种二元论正是杜威在科学和达尔文的指导下重构经验的努力中所要反对的。

杜威认识到，进化过程是有机体不断适应其环境的过程。这种调整可能是有机体为了更好地适应环境而改变自身的某些方面（适应），也可能是有机体为了更好地适应环境而改变环境（改变）——这些过程并不是相互排斥的，并且通常是动态发生的（Hickman，2007b）。从进化的视角看，没有有机体就没有环境，同样，没有环境就没有有机体[③]。两者是纠缠在一起的。这种纠缠作用是如此之大，以至于当代思想家已经证实了杜威的洞见，即有机体与环境应被视为单一的进化单元，以 *Œ* 作为象征（Griffiths & Gray，2001）。这一观点

① 相对于古代科学或*知识*（即系统的知识），现代科学的重要特征之一是它强调实验中的经验观察。在下一部分，我将对经验和经验性的被动意义进行区分。目前，值得强调的是，我所关注的科学是经验性的，即它的权威很大一部分来自其经验成分，而且更富有争议的是，所有认为自身是科学的领域都是经验性的，*即使他们坚持相反的观点*。最明显的例子就是数学。然而，正如实用主义者长期以来所主张的（参见 Dewey，1981-1991，1938/LW12），以及拉考夫和努涅斯（Lakoff & Núñez，2001）进一步证实的那样，数学是基于具身体验和隐喻的，因此也是基于经验的。关于科学活动的经验本质的详细内容见 Godfrey-Smith（2003）。

② 参见 Dewey（1981-1991，1925/LW1）、Dennett（1991）、Solymosi（2011）。

③ 对杜威来说，整个语境，也就是他所说的“情境”（situation），先于有机体和环境之间的任何区别。如果很难想象环境对有机体的依赖，那就考虑一下它的词源。没有环绕（environ）的东西——包围（surround）——也就不存在环境（environment）（不存在包围物），见 Dewey（1981-1991，1938/LW12）。

与杜威关于如何重构经验的观点非常一致。

杜威认为经验是生物与环境之间的互动和交互（Dewey，1981-1991[1925/LW1：12；1939/LW14：16]）。这是一种与旁观者理论截然不同的观点。首先，旁观者是被动地接受，而有机体与环境的交互是动态和活跃的。这种交互的动态性也为科学研究打开了经验之门，因为它没有假定科学方法无法获得的一种独特的本体论物质[①]。然而，它提出了如何谈论这类经验的问题，特别是当它与心智和文化相关时。

这种经验的交互概念在某些人看来可能有些奇怪，但其总体理念并不陌生。当代新实用主义者罗伯特·布兰顿（Robert Brandom）通过诉诸德语，阐释了感觉论经验与交互经验之间的差异。他写到古典实用主义者，

> 为了在方法论上与本体论的自然主义相一致[受达尔文进化论的影响]，他们发展了一种经验的概念，即作为*经验*（*Erfahrung*）而不是*体验*（*Erlebnis*）的经验：是情境的、具身的、交互的和结构化的*学习*，是一个过程，而不是一种状态或一段经历。它的口号可能是“没有实验就没有经验”。对他们来说，表征和干预是一个概念硬币的两面——或者不那么形象地说，是相互依赖的概念，涉及进化和学习中常见的选择性和适应性的结构。（Brandom，2004：14）[②]

当一个人对某个物体、某个事件、某个活动有经验时，我们说这个人对它 280
很熟悉。根据这一观点，经验式学习是通过熟悉而获得知识的手段。要熟悉一个事物，就是与它互动，与它玩耍，尝试它——*体验*它。根据这些互动的结果，可能需要更多的实践，或者抛弃所提议的学习对象。成功的互动通过新的技能带来更多的熟悉过程。从进化的视角看，经验的进化作为一种通过自然选择产生模式的发展过程而进化——通过生物与环境相互作用模式的试错，这些模式被产生和测试。

三、重构心智与文化

通过生成与测试的层层迭代，进化经验累积到了这样一种程度：社会性动

① 罗克韦尔（Rockwell，2005）是第一位将动态系统理论应用到杜威的经验概念上的人，也见 Chemero（2009）和 Solymosi（2011）。

② 尽管布兰顿在这里的辨别很有用，但读者应该警惕他在文章第二部分所犯的不幸误解，其中，他批评经典实证主义犯了没有根据的语义错误，正如希克曼（Hickman，2007a）所阐明的。

物不仅能交流，而且能有意识地交流。对环境控制的符号性使用——特别是在工具的制造与修改中——意味着文化的出现。无论是通过动物叫声的语调、肢体语言还是情感的释放，古人类正在创造新的互动模式，这种模式的环境不仅仅是物理或生物的，也是社会的。这种社会性生物所处的环境是一种充满了像它一样的其他社会性生物的环境。

由于进化过程中出现了生存能力和发育能力的问题，能够解决这些问题的生物更有可能持续存在，从而有机会将它们解决问题的方法传递下去。在社会互动出现之前，传递问题解决能力的最佳方式主要是遗传。毕竟，基因本身就是与细胞机制相互作用的模式，细胞机制相互作用来操纵细胞，细胞机制又与同类其他细胞相互作用来操纵组织，组织操纵器官，器官操纵器官系统，器官系统操纵身体。调控过程出现了，但没有在严格的生物学层次上执行①。一旦动物间的交流发展到可以通过群体交流来解决问题，而不是等待基因突变和选择的发生，解决问题就成为个体之间以及与后代之间可以共享的事情。

这种共享是通过交流完成的。这种多人之间的交互，特别是由于口头和书面故事而贯穿时间的物品，是心智的实用主义重建所不可或缺的。对杜威来说，
281 心智并不是我们传统上认为的第一人称自省。像杜威这样的实用主义者没有把心智看作是一个人或躯体所拥有的实体，而是把它看作是一种操作或一个过程。对于詹姆斯的挑战性问题——“意识存在吗？”（James，1977），实用主义者的回答必须是否定的，因为不存在心智或意识这种*事物*，尤其是在其存在与有意识或有心的事物不同的意义上。杜威的观点在重构过程中变得更加激进。杜威不仅强调使用动名词，即表述为“一个人在感知”而非“一个人的心智”，他还强调了使一个生物体的意识或心智活动得以可能的环境条件。

有意识的生物体发展或*培养*的环境就是文化。在晚年，杜威哀叹自己试图重构经验，并认为他应该用“文化”这个词来表示他所追求的东西（Dewey，1981-1991[1925/1]：361）。在杜威看来，文化是人类的社会性交易。也就是说，人类这种生物体在共享符号、价值和事实的社会媒介中与其他人相互作用。杜威对经验的不满来自他的同时代人对他的动态观点的众多误解［比如他们总是把*经验*（*Erfahrung*）和*体验*（*Erlebnis*）混淆］。他的观点的推论之一是，心智并不是个体生物所独有的。更确切地说，心智根本不是在生物体内发现的东西。它既是生物体所做的事情，又是供应生物体活动的东西。

① 从神经科学和实证主义的视角来看调控过程的动态，参见 Schulkin（2003，2009，2011a，2011b）。其中尤其重要的是舒尔金区分了内稳态（被动的、抵制变化的）的调控过程和异稳态（动态的、预期变化的）的调控过程。

就像我用腿跑步一样，我用大脑和身体来思考。想想我是如何跑步的。我并非只用我的腿跑步：我需要一个有利于这种活动的环境。我无法在深湖、冰上或空中跑步。我不仅需要适合这项活动的地面，还需要适合这项活动的肌肉和脚。此外，既然我不是赤脚跑步，我要么需要一个专门的环境来保护我的脚，要么需要一双好的跑鞋。在尝试跑步的过程中，我从跑得很差到跑得一般，最终发展到跑得相当好。也就是说，我熟悉了这项活动，即我发展了我的经验。这种经验不仅仅是双腿的移动，还伴随着我跑步的环境：我和其他人为了跑步的目的而修改了环境（比如，我在跑步机上或跑道上跑步，而不是在州际公路上跑步）。

同样地，我的心智也不会独立于我的环境——社会的和生物的。文化为我提供了实现我所追求的目标的机会和手段。当然，并不是任何目的都是被允许的，因为禁忌、文化规范和法律（包括自然的和社会的）[①]都限制了我随心所欲行事的能力。然而，文化和心理环境的很多内容——符号的架构使得意义行 282
为成为可能——是数亿年进化经验的动态产物，只是最近（以地质时代计）才被更有意地调整为服务于人类的目的，包括但不限于生存能力和发展能力。在这种实用主义的观点中，心智与文化是可以互换的。没有培养精神生活活动的文化，就不会有个体的心智；没有人类个体在人类环境中富有象征意义但仍然是生物-环境的相互作用，就不会有文化。

经验并不是被动的事件，其中感官数据以某种方式表征接收到的外部信息。相反，它是一种活跃的、动态的活动，其中生物与其环境之间的相互作用共同规范，并共同构成了解决问题的模式化活动。这些生存能力和发育能力的问题并不是刻意地被解决的，它们甚至没有被有机体识别出来。然而，这些经验事件通过迭代而得到积累和发展。最终，是社会性生物的相互作用模式被生成并被检验。一些成功的模式产生了通过交流和合作来解决共同问题的生物群体。其中一些问题解决者偶然发现了旧问题的新解决方案，这些问题产生于社区，但不需要随时解决。自我交谈和自我反思的能力是一个有意识文化的整体特征。这种文化已经发展成为一个丰富而错综的架构，既提供了有效行动所需的稳定性，又提供了解决问题的创新所需的灵活性。生存能力和发育能力的问题仍然存在，但出现了伴随着符号文化的新问题。当进行有意识的或有心的活

① 社会法律的构建是为了管理个人的行为，违反这些法律是有后果的。自然法则是一种规则，忽视它们就要承担风险：无论我多么努力，我都无法在天花板上行走——当然，除非我通过大量的实验学会如何操纵自然规律以使之对我有利。在这种情况下，在天花板上行走的意义已经通过富有想象力的科学活动创造的可能性被重建了。

动时，个体会发现无数的可能性向他们敞开。然而，选择走哪条轨道并非易事。人们的选择可能会很谨慎或很糟糕——也就是说，一个人可以更聪明或不太聪明。

四、关于智能的起源：作为意识的烹饪

> 对自然界中的生物体、生物体中的神经系统、神经系统中的大脑、大脑中的皮层的观察，是困扰哲学的问题的答案。因此，当这样观察时，我们就会发现，它们不像盒子里的弹珠，而是历史上的事件，处在一个不断移动、不断增长、永不结束的过程中。（Dewey（1981-1991）[1925/LW1]：224）

根据我对经验、心智和文化的重构，有必要问一下智能被置于何处。具体来说，我们可以问，智能起源于何处？可以肯定的是，经验、心智、文化或任何其他生物特征首次出现的确切时刻并不存在。所有进化的产物都是从其他产物和过程中慢慢产生的。就像物种形成一样，在发生时可能没有明确的物种形成标志，但一旦发生，我们就可以回顾性地区分两个不同的物种。我认为，智能源自为了改善人与环境的交流而*回顾*和*评估*个人经验的能力。

283 *回顾*符合我对经验的概念，因为它产生于早期非回顾性的交流。从这些非回顾性的交流中，社会性生物进化到开始合作解决它们的问题。随着这些社会群组对具体问题的熟悉程度的提高，每一个回顾问题的实例的产生方式就形成了。也就是说，为了询问一些事件为什么以及如何产生，人们必须准备手头关于事件顺序的细节。要能清晰表达这样一个顺序，不仅需要细节的交流，还需要顺序与子事件的符号化。符号化提供了与其他类似类型的符号的比较。比较和反思是回顾性的。这是智能行为的第一步。

第二步是向前看。沉湎于过去对现在的成功活动是有害的。过去与现在之间的相似性与持续性是信息的重要来源。它们为我们提供了行动的机会。但是，如果不考虑现在的情况，以及目前或近期的行动将如何调整生物环境情况——行为如何改变我们的经验——我们就不可能评估哪条道路会更好或更糟。指导这种评估的是决策实体（群体和个体）所持有的理想。因此，智能活动既需要对过去和现在的情况的认识，也需要对可能发生的情况的想象。然而，在认识和想象中，尽管思维活动是反思性的，但它却不是惰性的：它是与已经历过的、正在经历的和将要进行的活动紧密联系在一起的。

到目前为止，我提出的各种实用主义观点大量借鉴了经典资料来源，特别是约翰·杜威的著作。特别是，他的观点预测了当前在动态系统中的，在生成的、具身的和扩展的心智理论中的很多内容。然而，实用主义者的观点比这些

历史根源提供了更多的东西。作为总结，我借鉴了当代科学研究来区分意识本质的神经实用主义观点。

正如阿拉维·诺亚（Alva Noë）所正确指出的那样（Noë，2009），当今认知科学的正统观点认为心智就是大脑。这可以用消化过程来类比。也就是说，正如消化是肠道的功能，心智就是大脑的功能。诺亚诉诸令人印象深刻的数据，认为将心智和消化（分别作为大脑和肠道的功能）进行类比是一种误导。为描述丰富的心理活动，诺亚认为身体与大脑一样重要，特别是当我们考虑到两者之间的互动时。最后，诺亚指出，正如大脑不容易从躯体中分离出来一样，躯体也不容易从环境中分离出来。为将他的立场与认知科学的正统观点区分开来，诺亚提出了一个隐喻，即意识就像跳舞。这一隐喻的核心是，跳舞与意识一样都是我们做的事情。消化是当我们摄入食物时在我们体内发生的事情。诺亚发现以这种方式思考意识存在一定程度的自主性的问题。根据诺亚的描述，意识并不是一种偶然发生的东西。这需要涉及“大脑、身体和世界的联结”，正如许多生成心智、具身心智和扩展心智理论家喜欢说的那样。

尽管在诺亚的隐喻中所传达的内容与我上文勾勒的实用主义观点之间有 284
着最初的相似之处，但也存在着差异。首先，对跳舞的强调似乎忽视了大脑在意识活动中所起的重要作用。其次，跳舞是一种对环境要求最低的运动。一个人可以在任何有地板或可以跳舞的东西上跳舞。从实用主义的立场看，跳舞的美学与身体方面得到了认可。然而，在大脑、身体和世界之间有一种微妙的平衡，这是舞蹈隐喻无法捕捉到的。

我提出了一种更好的隐喻来思考意识活动，那就是烹饪（Solymosi，2011）。不幸的是，这个隐喻与其他两个隐喻一样，是糟糕的隐喻，因为它需要解释。消化隐喻中有几个真理的内核。其中包括认识到一个特定的身体系统主要但不只专注于这一过程，而且这个特定的过程是生物适应性的。当然，消化模型的局限性是很明显的：意识活动远比消化模型所暗示的更加动态，消化也是如此，是一个动态活跃的复杂过程。另一局限性是，消化模型暗示着意识活动具有严格的生物适应性。这并不是故事的全部，因为意识活动也具有文化适应性。跳舞模型是一个进步，因为它引入了躯体与世界，尽管是最低限度的。我相信，烹饪捕捉到了消化与跳舞的积极方面，因为从进化和生态的角度看，烹饪是消化在环境中的身体延伸。

此外，这种思考意识的方式与经验数据非常吻合。烹饪对我们的大脑和身体产生的生物学上的和随后的文化上的改变是巨大的（Laland et al.，2000：140a；Power & Schulkin，2009：68-69）。值得注意的是，当我们的大脑变得更大时，所需要的热量是以消化组织为代价的。也就是说，随着我们的大脑越来越大，我们的胃肠道却越来越小。尽管如此，曾经由更长的胃肠道提供的营养需求还是得到了满足。这项工作似乎也是通过工具和火的使用（即烹饪）来完成的。人的消化是有意识地、主动地在体外开始的过程，在消化之前对动物和植物材料进行分解。它始于许多人在一个群体中共同工作的身体活动。

从原料的采集到原料的制备，人与人之间必须进行重要的交流。这种交流不仅仅是为了完成眼前的工作，也是为了把技能传递给下一代。这种以不同程度的灵活性解决问题的技术能力同时是神经学和人类学的。我们对镜像神经元系统不断增长的理解的进步，正在详细阐述通过观察和模仿他人行为来学习的神经方法（Cozolino，2006；Franks，2010；Solymosi，2012b）。从人类学的角度看，学习似乎是通过学徒制进行的。斯特瑞尼综合了从进化生物学到考古学、从人类学到认知科学等多个领域的研究，得出了一个令人印象深刻的结论，即人
285 类与其他灵长类动物的最大区别就在于我们如何构建环境以鼓励学徒式学习（Sterelny，2012）[①]。简单来说，当一个群体中的年轻人与他们的父母或其他长辈互动时，镜像神经元系统似乎在起作用。简言之，正如古典实用主义者所宣称的那样，这种互动——关于特定技能以及如何提高这些技能的给予和获得——是经验的核心。正如布兰顿的座右铭：“没有实验就没有经验。”

烹饪是一项持续不断的实验，将消化延伸到身体之外，这对任何尝试烹饪的人（不一定要成功），或对任何尝试过新手厨师的菜肴或前卫厨师的最新菜品的人来说都是显而易见的。但我们不应该低估隐喻的力量，因为我们现代的烹饪概念是独立于厨房的。在人类历史的大部分时间里，准备食物是一项集体活动，需要许多个体的参与。通过我们的技术进步，我们已经创造了基础设施来分担很多烹饪工作，以至于第一世界国家的人们只需要使用微波炉，拿起电话，或是走在街上就可以轻易地得到食物。然而，我们中的一些人可能还记得，在我们的童年时代，学会如何做一顿饭，或做一顿具有民族特色的饭，只是一个家庭所做的事情。流传下来的象征意义、故事和食谱表明，传统已经超越了营养的范畴。

意识活动是我们通过大脑、身体和文化所做的事情。我们每个人都生于一种文化中，在这种文化中，无数的支持为我们的行为提供了许多机会（Gibson，1979；Chemero，2009）。这些支持不仅是物理上的，比如适合两足行走的地面，也不是严格意义上生物化学的，比如干净的水源；这些支持也是强调文化特性的。从广义上看，烹饪提供给我们一个机会来思考我们的意识和评价性活

① 比尔·拜沃特（Bill Bywater）最近对杜威和歌德以及实用主义的综合研究（见 Bywater, unpublished manuscript）与斯特瑞尼（Sterelny，2012）的研究，进一步证实了此处提出的观点。

动的起源，因为我们都对评价食物非常熟悉。从不喜欢的味道到不幸的深夜胃痛（甚至更糟），再到不赞成某些饮食对我们的腰围、动物和环境的影响，我们能够选择更好和更糟的饮食方式。这是杜威希望越来越多的人为之奋斗的智能的标志。既然实用主义总是试图消解二元论，那么，根据智能行为的起源来考虑心智在自然界中的起源问题也许会更好。这种注意力的转移要求我们利用从神经生物学到人类学的几种科学观点。关于烹饪的多元观点是一个强有力的类比，即我们应该如何考虑意识活动的本质。这样的观点为一个核心哲学问题提供了有希望的且富有成效的答案：我们可以有意识地做哪些事情来为我们自身和其他人、今天和明天带来更丰富的体验？[①]这些体验被认为是教育性的和 286
经验性的生物-环境交互。像詹姆斯和杜威这样的实用主义者认为，我们最大的希望是根据当今最好的科学，明智地重建我们的旧观念和信仰。为了实现这种重建，我们决不能满足于仅仅以一种被动和无私的方式体验世界。我们必须以实验的方式参与其中，这样我们不仅能够了解世界是怎样的，而且能够了解世界可以是怎样的。

参考文献

Andersen, R. (2012, April 23). Has physics made philosophy and religion obsolete? The Atlantic Available online at:http://www.theatlantic.com/technology/archive/2012/04/has-physics-made-philosophy-and-religion-obsolete/256203/. Accessed 1 May 2012.

Brandom, R. B. (2004). The pragmatist enlightenment (and its problematic semantics). European Journal of Philosophy, 12(1), 1-16.

Bywater, B. (2012, March 15-17). Neuropragmatism's pedagogy. Presentation at annual meeting of the society for the advancement of American philosophy. Fordham University, New York.

Bywater, B. The Bildung tradition: From Dewey through Goethe to apprenticeship as a new habit of whiteness. Unpublished manuscript.

Chemero, A. (2009). Radical embodied cognitive science. Cambridge, MA: MIT Press.

Cozolino, L. (2006). The neuroscience of human relationships: Attachment and the developing social brain. New York: W. W. Norton.

Dennett, D. C. (1991). Consciousness explained. Boston: Little, Brown.

Dewey, J. (1996). The collected works of John Dewey, 1882-1953: The electronic edition (L. A. Hickman, Ed.). Charlottesville: InteLex Corporation.

Dewey, J. (1969-1972). The early works of John Dewey, 1882-1898 (5 vols., Jo. A. Boydston, Ed.). Carbondale: Southern Illinois University Press.

Dewey, J. (1976-1988). The middle works of John Dewey, 1899-1924 (14 vols., Jo. A. Boydston, Ed.).

① 用传统哲学术语来说就是："为生活更美好（*幸福*），我们应该如何行动？"

Carbondale: Southern Illinois University Press.

Dewey, J. (1981-1991). The later works of John Dewey, 1925-1953 (17 vols., Jo. A. Boydston, Ed.). Carbondale: Southern Illinois University Press.

Franks, D. (2010). Neurosociology: The nexus between neuroscience and social psychology. New York: Springer.

Gibson, J. J. (1979). The ecological approach to vision perception. Boston: Houghton-Mifflin.

Godfrey-Smith, P. (2003). Theory and reality: An introduction to the philosophy of science, Chicago: University of Chicago Press.

Griffiths, P. E., & Gray, R. D. (2001). Darwinism and developmental systems. In S. Oyama, P. E. Griffiths, & R. D. Gray (Eds.), Cycles of contingency: Developmental systems and evolution (pp. 195-218). Cambridge, MA: MIT Press.

Hickman, L. A. (2007a). Some strange things they say about pragmatism: Robert Brandom on the pragmatists' semantic "mistake". Cognitio, 8(1), 93-104.

Hickman, L. A. (2007b). Pragmatism as post-postmodernism: Lessons from John Dewey. New York: Forham University Press.

James, W. (1977). Does consciousness exist? In J. McDermott (Ed.), The writings of William James. Chicago: University of Chicago Press. (Original work published 1904)

287 Krauss, L. M. (2012, April 27). The consolation of philosophy. Scientific American. Available at: http://www.scientificamerican.com/article.cfm?id=the consolation of philos. Accessed 1 May 2012.

Lakoff, G., & Núñez, R. (2001). Where mathematics comes from: How the embodied mind brings mathematics into being. New York: Basic Books.

Laland, K. N., et al. (2000). Niche construction, biological evolution, and cultural change. Behavioral and Brain Sciences, 23, 131-175.

Lovejoy, A. O. (1908a). The thirteen pragmatisms I. The Journal of Philosophy, Psychology and Scientific Methods, 5(1), 5-12.

Lovejoy, A. O. (1908b). The thirteen pragmatisms II. The Journal of Philosophy, Psychology and Scientific Methods, 5(2), 29-39.

Noë, A. (2009). Out of our heads: Why you are not your brain, and other lessons from the biology of consciousness. New York: Hill and Wang.

Peirce, C. S. (1992). The fixation of belief. In N. Houser and C. Kloesel (Eds.), The essential Peirce: Selected philosophical writings, volume 1 (1867-1893) (pp. 109-123). Bloomington/Indianapolis: Indiana University Press. (Original work published 1877).

Pigliucci, M. (2008). The borderlands between science and philosophy: An introduction. The Quarterly Review of Biology, 83(1), 7-15.

Power, M. L., & Schulkin, J. (2009). The evolution of obesity. Baltimore: The Johns Hopkins University Press.

Rockwell, W. T. (2005). Neither brain nor ghost: A nondualist alternative to the mind-brain identity theory. Cambridge, MA: MIT Press.

Schulkin, J. (2003). Rethinking homeostasis: Allostatic regulation in physiology and pathophysiology.

Cambridge, MA: MIT Press.

Schulkin, J. (2009). Cognitive adaptation: A pragmatist perspective. Cambridge/New York: Cambridge University Press.

Schulkin, J. (2011a, January). Social allostasis: Anticipatory regulation of the internal milieu Frontiers in Evolutionary Neuroscience, 2, 1-15.

Schulkin, J. (2011b). Adaptation and well-being: Social allostasis. New York: Cambridge University Press.

Solymosi, T. (2011). Neuropragmatism, old and new. Phenomenology and the Cognitive Sciences, 10(3), 347-368.

Solymosi, T. (2012a). Pragmatism, inquiry, and design: A dynamic approach. In L. S. Swan, R. Gordon, & J. Seckbach (Eds.), Origin(s) of design in nature: A fresh, interdisciplinary look at how design emerges in complex systems, especially life (pp. 143-160). Dordrecht: Springer.

Solymosi, T. (2012b). Can the two cultures reconcile? Reconstruction and neuropragmatism. In J. Turner & D. Franks (Eds.), The handbook of neurosociology (pp. 83-98). Dordrecht: Springer.

Sterelny, K. (2012). The evolved apprentice. Cambridge, MA: MIT Press.

Weinberg, S. (Ed.). (1992). Against philosophy. In Dreams of a final theory (pp. 166-190). New York: Pantheon.

Weiner, P. P. (1973). Dictionary of the history of ideas, Vol III (p. 552). New York: Scribner's Sons.

289 第十四章　没那么特殊：远离乔姆斯基式突变论，走向一种自然渐进的正念解释

安德鲁·M. 温特斯，亚历克斯·莱文[①]

摘要：有人认为，心智起源的自然主义解释的主要阻碍是人类特殊论，例如17世纪的笛卡儿和20世纪的诺姆·乔姆斯基所例证的那样。作为人类特殊论的解药，我们转向了达尔文在《人类起源》（*Descent of Man*）中对审美判断的描述，根据这一描述，人类与低等动物的智力等能力只是在程度上不同，而不是在种类上不同。对这些能力的彻底的自然主义解释变得更容易，因为它从寻求心智的物质-形而上学含义转向对正念起源的一种倾向性解释。

一、引言

“自然主义”这个术语已被广泛使用和误用。欧文·弗拉纳根（Owen Flanagan）等提出的临时定义对于大多数目的来说已经足够好了，将自然主义奉为“一种世界观和人与自然的关系，其中只有自然（相对于超自然的或精神的）法则和自然力的作用被承认和假设”（Flanagan et al.，2007：1）[②]。当然，这个定义只是将“自然主义”中的所有模糊性转移到了“自然”上。在大卫·休谟（Hume，1999：169-186）《论奇迹》（*Of Miracles*）的精神的感召下，我们更愿意把自然主义作为方法论上的“无奇迹”原则。根据这一原则，我们必须假定，在大多数情况下，事情不会在没有先决条件的情况下发生。在缺乏令人信服的理由的情况下，世界上的每一个事件或过程都必须被假定有
290 一个与事物自然秩序相一致的解释。当新奇事物偶尔出现时，必须假定新奇的过程和事件（在缺乏令人信服的相反证据的情况下）有其先决条件。*无中不能生有*。

---

① 安德鲁·M. 温特斯（Andrew M. Winters）、亚历克斯·莱文（Alex Levine），美国南佛罗里达大学，电子邮件：wintersandrewm@gmail.com、alevine@cas.usf.edu。

② 我们非常感谢贾里德·金加德（Jared Kinggard）对本章所提的建议（Kinggard，2010）。

本章始于同样的假设，特别适用于心智的起源。让我们假设，在遥远的过去，曾经有一段时间世界上没有心智，而现在却充满了心智。心智是何时以及如何产生的，它们的前身是什么？关于任何一个*特定*的心智，也可以提出一个类似的问题，即*我的*心智又是何时以及如何产生的，它的前身是什么？尽管时间尺度非常不同，但这两个问题都涉及心智的起源。第一个问题的地质和进化时间尺度上的事件必定为解决第二个问题设定了边界条件。这两个时间尺度都是富有成效的哲学干预的主题，两者之间的交集也是如此[比如参见 Oyama 等（2003）的各种贡献]。

在本章中，我们特别关注进化/地质时间尺度，而不是历史或发展时间尺度上的心智起源。我们首先讨论心智进化的解释必须克服的两个相关的问题：人类特殊论（例外论）和教条突变论。在克服这些问题时，我们以达尔文（Darwin，1859，2004）的研究为指导。达尔文谨慎地避免了这两个问题。就像达尔文在《人类起源》中所讲的那样，我们将集中讨论一个特定方面的起源，即有思想的生物体倾向于做什么来做出审美判断。判断始于辨别，是对不同刺激物做出不同反应的能力，而不是对不同的互动环境做出相同反应的能力。刺激只需要单向的互动，其中主体对于某些因果影响的反应是相同但被动的，而互动的环境则需要生物体与其环境（可能包括其他生物体）之间的双向互动。在认知涌现的过程中，随着坎贝尔和比克哈德（Campbell & Bickhard，1986）所称的“宏观进化序列”的出现，这种能力产生了我们将称之为*正念*（*mindfulness*）（因为没有更好的词）的东西：生物进一步区分其可能的互动环境空间的能力，并指定对某些潜在环境的偏好（参见 Levine，2011）。出于这个原因，我们的讨论将更多地涉及正念的起源，而不是传统意义上的心智起源。

在动物王国中，这种审美判断能力的不同实现在多个维度上体现出程度上的诸多差异。因此，审美判断的宏观进化的出现，很可能提供了这种程度差异的出现和积累的故事。这样的故事挑战了关于人类正念独特性的根深蒂固的信念。无论这些信念有什么优点，我们认为它们与人类心智的进化起源毫无关系。在研究后者时，我们被人类的判断和正念，以及所有能够在潜在的交互环境中进行辨别和选择的生物的能力之间的连续性所吸引。

二、人类特殊论 291

人类特殊论的早期现代标准典范是笛卡儿的研究。笛卡儿是对人类和动物认知与感知的许多要素进行自然主义解释的先驱，在人体和动物解剖学、生理学和行为学的许多方面提出了机械论假说。然而，令他声名狼藉的是，他倾向于反对对人类思想和语言进行任何类似的解释。他断言：“野兽之所以不会说话，是因为它们没有思想，而不是因为它们缺乏思考的器官。”（Descartes，2000：276）[①]虽然人和牛的眼睛在结构和功能上相似，但人的心智与牛的心智在本质上是不同的（如果牛有心智的话）。对于像笛卡儿这样的人来说，人类因此部分地脱离了自然，人类心智的起源也脱离了事物的自然秩序。公平地说，应该注意到，对于笛卡儿来说，心智或正念的起源问题并不像现在呈现给我们的那样存在。

在当代语境中，人类特殊论的倡导者通常至少会试图唤起自然主义。一个典型的例子就是乔姆斯基，他认为：

> ……如今肯定没有理由认真对待这样一种立场，即把复杂的人类成就完全归因于数月（或最多数年）的经验，而不是数百万年的进化或可能更深入地植根于物理定律的神经组织原理——这种观点进一步会得出结论：人类在获得知识的方式上显然是动物界中独一无二的。这种立场在语言方面尤其不可信……（Chomsky，1965：59）

乔姆斯基所拒斥的立场，他在其他地方称之为“经验主义”（Chomsky，2009），与他自己恰当命名的“笛卡儿式语言学”形成鲜明对比，将人类婴儿的第一次语言习得视为一个学习过程，其中通用的规则被应用于数据。乔姆斯基认为，经验主义无法解释几乎所有人类语言习得的速度和效率，特别是在考虑到婴儿可以支配的“刺激缺乏”的情况下。

我们在这里不必关心他的这个论点的优点。令人感兴趣的是一个令人惊讶或至少有讽刺意味的事实：“人类在获取知识的方式上在动物中显然是独一无二的结论”也完全不符合乔姆斯基的观点，即生成语法是人类与生俱来的，且
292 只有人类才有。詹姆斯·麦吉弗瑞（James McGilvray）在他最近为《笛卡儿语言学》（*Cartesian Linguistics*）第三版撰写的序言中，认同了乔姆斯基所致力于的一种人类特殊论。

> 如果发展概念及其组合原则所需的大部分心理机制都是天生的，而有人想要解释它是如何在出生时进入大脑的，那么，说是上帝把它放在这里的（笛卡

① 我们感谢克里斯汀·维泽勒（Christine Wieseler）提醒我们注意这一观察的来源，这是1646年11月23日笛卡儿写给纽卡斯尔侯爵的一封信。后来在同一篇文章中，笛卡儿承认：“如果它们（动物）像我们一样思考，它们就会像我们一样拥有不朽的灵魂。”（Descartes，2000：277）但如果人们的目的是提供一种纯粹自然主义解释的话，那么这一结论是不可接受的。

儿）或是构建转世的神话（柏拉图）都是不行的。摆在我们面前的唯一出路是求助于生物学和其他自然科学，它们能够告诉我们婴儿出生时是什么，以及他/她出生时是如何发展的。采取这条路线，至少使我们可以开始讨论人类最初如何拥有如此独特的机制的问题——从而解决进化问题。（Chomsky 2009：18）

麦吉弗瑞所阐述的项目最初似乎有一个显著的自然主义目标，即为“人类最初如何拥有极其独特的机制”提供一个生物学解释。但这样阐述的项目并没有为人类机制的独特性提供任何支持，除了其明显的独特性之外。

这种的假设需要得到证明。诚然，动物王国是多种多样的，林奈等级体系中每个分类单元的成员都表现出与其他分类成员在形态和生理上的各种差异。尽管只有人类才讲人类语言[①]这一点确实是正确的（甚至是微不足道的），但这并不意味着这一事实背后的认知机制在任何特别有趣的意义上都是独一无二的。在熊科动物中，只有大熊猫拥有非常大的掌骨（熊猫的“拇指”；Gould，1992），使熊猫能够抓住竹子的茎；然而，这个附属物显然是一个*掌骨*，与其他哺乳动物的掌骨是同源的。部分得益于乔姆斯基，正如史蒂文·平克所描述的，人们普遍相信，

被称为“语法”的离散组合系统使人类的语言具有无限性（语言中复杂单词或句子的数量没有限制）、数字性（这种无限性是通过将离散元素按特定的顺序和组合重新排列而实现的，不是通过像温度计中的水银一样沿着连续体改变一些信号而获得的），以及组合性（这种无限组合中的每一个都有不同的意义，可以从其组成部分的意义及其排列规则和原则中预测出来）。（Pinker，2007：342）

以必要的谨慎程度探讨人类语言是否真的具备这三个特征，如果具备的话，它们（单独或共同）是否是人类语言所*特有的*，这一问题将远远超出本章的范围。我们在这里的观点是，如此描述的人类语言的独特性并非*不言自明的*。正如安迪·克拉克（Andy Clark）所说，我们愿意将这种独特性视为给定的，这在一定程度上是我们*书面*语言经验的产物，这显然涉及对离散符号象征的明确的、准递归的操作（Clark，1992）。但根据我们最好的估计，书面语言的历史不超过 6000 年。这表明书面语言的出现要比解剖学意义上的现代人的出现

① 这种观点暂时忽略了许多令人着迷的尝试，这些尝试旨在教非人类学习语言，其中最成功的尝试可能并不涉及灵长类动物，而是鸟类（见 Pepperberg，2002）。

293 （大约 20 万年前）晚得多。因此，书面语言最好被理解为历史或文化成就的产物，而不是进化的产物。这种识文断字的能力是否以及在多大程度上与我们获得口语的进化能力（与使我们成为如此惊人的工具使用者的进化能力相反）相一致，应该是一个经验主义的问题。

我们没有理由断言，各种各样的人类特殊论必然违反自然主义的限制。我们也认为，乔姆斯基语言学与人类进化的数据和理论的一致性是（或者应该是）一个经验主义的问题[①]。但是，声称这种方法"至少使我们有可能开始谈论人类最初是如何拥有一个明显独特的机制的问题"，这在某种程度上是具有误导性的。如果能够证明人类语言或概念习得的认知机制并不是独一无二的，或者无论如何它与我们的非人类近亲所拥有的机制只是在程度上不同，而不是种类上不同，那么自然主义的解释任务就会大大简化。相反，乔姆斯基通过致力于人类独特性或人类特殊论，极大地复杂化了同样的任务。当对任何生物结构或过程的自然主义解释需要某种形式的进化解释时，由此产生的复杂性尤其麻烦。在构建这种解释的过程中，人类特殊论者可能会被*教条的突变论*所诱惑——我们现在讨论这一点。

三、教条的突变论

达尔文是一位进化*渐进论者*，他认为进化过程总体上是缓慢的、以微小的增量进行的。他的文集中充满了对渐进论信条的阐述，对我们的目的而言，一个经典的例子就足够了。对于"极其完美的器官"，比如哺乳动物的眼睛，达尔文推理道：

> ……如果从一只完美而复杂的眼睛到一只非常不完美而简单的眼睛之间被证明存在无数等级，那么每一个等级对它的拥有者都是有用的；如果再进一步讲，眼睛有微小的变化，而且这种变化可以被继承下来，那一定如此；如果器官的任何变异或改进在不断变化的生活条件下对动物是有用的，那么相信一只完美而复杂的眼睛可以通过自然选择形成的困难就很难被认为是真实的，尽管我们难以想象。（Darwin，1859：186）

正如我们在《人类起源》中看到的，达尔文用相似的论证为人类心智能力

① 然而，在比较语言学的实践中，我们对它是否被当作一个经验主义问题来对待存在疑问。如果每次描述一种似乎违反生成语法的其中一个限制的新语言时，群体的反应是调整生成语法以适应它，那么人们就会开始怀疑这种自封闭的论点。

的逐渐进化进行了辩护。关于进化论的现代综合理论，其轮廓仍然大致是达尔文主义的，当以地质时间尺度来衡量时，非常迅速的进化变化是可能的。一种 294
可能发生的方式是“奠基者效应”，即一个较小的（因此不可避免地不具有代表性）样本在一个较大的种群中变得地理孤立，并产生一个子种群，其特征分布与祖先种群显著不同。古尔德和埃尔德雷奇在对“间断平衡论”的描述中承认了这种可能性（Gould & Eldredge，1977）。必须承认，这些考虑降低了与进化自然主义相一致的人类特殊论的解释门槛，因为它允许独特的人类特征可能突然（*突变地*）出现，但并非奇迹般的。

然而，他们并没有完全消除困难。首先，虽然古尔德和埃尔德雷奇认为，从地质的时间尺度来看，物种形成通常是非常迅速的，但又不会在一夜之间发生，至少在较短的“生态”时间尺度上不会发生（Gould & Eldredge，1977）。换句话说，物种形成通常并不是从一代到下一代就出现[①]。其次，假设在一个特定的进化分支中，除了一个物种之外，所有的物种都缺乏一种特定的衍生特性。新特征越复杂——产生它所需要的进化变化越多——它就越不可能在离群物种的祖先中迅速出现。相反，虽然更简单的衍生特征更有可能在较短的地质时间内出现，但在特定物种中发现的更简单的衍生特征——产生它所需的进化变化数量越少——就越有可能在相关分类群中独立出现，并在相关的进化分支中被发现。

人类特殊论者想要自然地解释人类特殊论，就面临着两难的境地。自乔姆斯基（Chomsky，1965）以来几十年中，生成语法的命运就说明了这一困境，麦吉弗瑞巧妙地总结了这一轨迹。最初，

> ……将语言理论与生物学相结合……看起来令人生畏。尤其难以理解的是，人类基因组如何能够被期望包含所有需要的信息，以允许大量语言中任何一种的存在，同时又提供选择它们的方法。即使当时最乐观的对语言共性的描述……也仍然要求基因组携带大量的特定语言的信息，这比任何合理的进化解释都要多。（Chomsky，2009：29）

面对这一挑战，那些在乔姆斯基领域辛勤工作的人们试图简化他们的任务。

幸运的是，在 1965 年《句法理论的若干问题》（*Aspects of the Theory of Syntax*）出版之后的几年里，“不同的语言看起来越来越不一样了”，这种洞见导致了“20 世纪 90 年代初的极简主义计划”，直到最终：

---

① 虽然至少在植物中异源多倍体物种的形成是可能的。当一个能够繁殖的杂交物种不能与其亲本物种中的任何一个繁殖时，就会发生这种情况（参见 Soltis & Soltis，1989）。

> ……最近，解释基本结构和运动所需的唯一“操作”（规则、原则）似乎
> 就是乔姆斯基和其他人所说的“合并”。简化来说……合并是一种类似于联结
> 295 的操作，把条目或元素（词汇项）组合在一起形成一个新的条目……对于语言
> 来说，这样的操作肯定是必要的，因为所有语言都是“组合”——它们用“单
> 词”构成“句子”这样的综合体。（Chomsky，2009：29）

有几项观察是合理的。第一，如果人类能够习得语言的先天禀赋被限定为“合并”这样的操作，那么语言习得就变得类似于经验主义者所赞同的那种学习过程。（毕竟，联结是一种通用的工具。）但这正是乔姆斯基所反对的立场。

第二，如上所述，如果语言能力的出现主要是由于一种基本的联结认知能力的进化或一种先前能力的进化完善而实现的，那么在我们的非人类近亲中很可能找到相似的能力。如果给予充足的时间，可能出现一次的简单变化，也可能会出现不止一次。但这也削弱了乔姆斯基学派赋予人类认知的独特性。

第三，让我们震惊的是，将事物组合成新的整体的认知能力在我们的非人类近亲中*是*很常见的，如果我们发现这种能力在动物王国中也普遍存在，这就不足为奇了。为了拯救人类特殊论，就必须否认这一点——否则，用纯粹的人类物种主义取代人类特殊论是很痛苦的。这迫使人类特殊论者诉诸*教条的突变论*：

> ……如果基因组中“包含”了合并，那么解释语言是如何由单个突变产生的就容易多了。它不一定是一种“语言特异性”的突变；例如，它可能是一个附带结果……然而，它必须是“突变的”——发生在一次突变中——否则我们就不得不假设语言是在几千年的时间里发展起来的，而且没有证据证实这一点。（Chomsky，2009：34）

麦吉弗瑞把这个“单次突变”的时间定在 20 万到 5 万年前之间（在解剖学意义上的*现代智人*的出现和人类走出非洲之间），虽然他没有给出任何特别具体或有说服力的依据。然而，需要提供更多的东西来解释语言的发展，因为其他早期人类是从非洲走出的，而我们没有任何证据证明他们发展了语言。

根据理查德·兰厄姆（Richard Wrangham）等所引用的证据和论证（Carmody & Wrangham，2009；Wrangham，2010），它提示我们，人类特有的语言至少有可能是与烹饪一起进化的，可能早在 190 万年前，也可能是在几十万年的时间内。但是，如果抛弃进化突变的假设，乔姆斯基的人类特殊论就会失去连贯的自然主义进化的基础。这就是为什么我们称之为*教条的突变论*。

教条的渐进论也同样糟糕。但是，正如达尔文在《人类起源》的第 3～5 章中煞费苦心地指出的那样（Darwin，2004），经常被认为是人类独有的“心

理能力”（mental powers），每一种都可能在其他动物中找到。如果他是正确的，那么至少就这些特征而言，渐进论是有道理的。现在我们转而讨论其中一种能力，这种能力一度被认为只属于人类，从而进一步为渐进论赢得了支持。

四、达尔文论审美判断 296

和同时代的马克斯·缪勒（Max Müller）一样，达尔文也有关于语言的一些论述。在考虑并否定了人的语言能力可能不同于其他动物的交流能力之后，他得出结论，“低级动物与人类的唯一区别在于，他们将最多样化的声音和思想联系在一起的能力几乎无限强大；这显然取决于心智的高度发达”（Darwin，2004：107-108）。人类与非人类动物之间的智力差异是程度上的，而不是种类上的。语言依赖于联想的能力（对于休谟和其他经验主义者来说，联想是所有推理和学习的基础），虽然更聪明的动物能形成更复杂和多样的联想，但许多动物也能形成简单的联想，甚至是为了交流。然而，在本章的剩余部分，我们将集中讨论一种对理解其进化起源更为重要的心智能力——审美判断力。交流只出现在群居动物之间。但相应的社会性是有性繁殖动物的特权。在它们的生育计划中，许多动物都受到审美判断的帮助。

达尔文关于审美判断的最简洁的陈述在《人类起源》的第 3 章：

> *美感*——这种感觉被认为是人类所特有的。这里我指的只是某些颜色、形状和声音带来的愉悦，这些完全可以被称为美感……当我们看到一只雄鸟在雌鸟面前精心展示它优雅的羽毛或绚丽的颜色，而其他鸟类没有这样的装饰，也不会这样展示时，我们不可能怀疑它是在欣赏它的雄性伴侣的美丽。到处都有女人用这些羽毛来装饰自己，这些装饰品的美丽是无可争议的。（Darwin，2004：114-115）

这段话出现在题为“人类和低等动物的心理能力的比较”的章节中，这对达尔文这本书的整个计划至关重要。前 7 章专门讨论人类与其他动物之间的相似性，接下来的 11 章讨论非人类动物的性选择，最后两章讨论人类的性选择，性选择的结论是达尔文“人类起源”概念的核心，即使只浏览了这本书的目录的读者也能了解。反之，审美判断或美感又是动物世界中进行性选择的必要条件。

五、含义与优势

通过关注人类正念的进化起源，特别是关于审美判断能力作为性选择的必

297 要条件，我们能够更好地认识到人类与非人类动物之间的连续性。由于人类与非人类动物都会形成偏好，这些偏好在决定它们对不同的互动环境如何做出反应包括它们选择对哪种环境做出反应方面发挥着重要作用，因此人类与非人类动物都表现出划分可能的互动环境空间的能力。在这些可能的互动环境中的资源包括潜在的配偶。因为这个原因，择偶本身就是一种正念的表现，而且由于审美判断是性选择的必要条件，因此审美判断与正念之间存在着很强的联系。

除了认识到审美判断与正念之间的联系以更好地理解人类与非人类动物之间的连续性之外，将心智起源的讨论转换到正念起源的讨论也带来了很多好处。第一个问题涉及这样一个事实，即关于心智*起源*问题的问题特征根源于对心智*本质*的讨论。毕竟，人们总想说，理解事物的起源首先要理解它是什么。反过来，对心智本质的讨论通常集中于识别心理*实体*的本质（即物质还是非物质）。然而，这种方法未能满足哲学家对心智本质的期待。我们可以在笛卡儿的作品中看到这一点，他试图解释非物质的心智如何与物质的身体相互作用。通过尝试解释意识如何从物质中产生，我们也可以从相反的一端看到这一点[查尔默斯（Chalmers，1997）称之为“难题”]。如果没有对心智*是*什么的充分解释，哲学家们就没有适当的理论工具来探讨心智*起源*的问题。这是形而上学假设的结果，即心智首先是一种物质，为了维持最初的假设，理论家承担了解决许多站不住脚的形而上学争论的任务。与其试图围绕一个似乎带来更多问题而不是解决方案的初始假设来发展一个强大的形而上学纲领，还不如重新构建最初的假设。

至于心智起源到正念起源的转换，我们认为心智应当被认为是过程或意向，而不是物质。我们认为心智是一种以特定方式行动的能力，但是正如上文提到的，“心智”一词已经承载了基于物质的术语。出于这个原因，我们更喜欢另一个术语，它强调了生物体区分潜在交互环境的能力。因此，我们不把心智看作是生物体所拥有的东西，而是将心智视为对生物体互动潜力的描述——生物体倾向于展示的行为。这种从以物质为基础的心智观到以意向为基础的心智观的转变，进一步强调了将对心智的讨论转移到正念的额外好处。

具体地说，我们预想的那种对正念的讨论不容易受到特殊论者和突变论者
298 所产生的问题的影响。简单回顾一下，心理特殊论认为，人类拥有的内心特征不同于任何非人类动物中所发现的特征。正如上文展示的，这个观点是有问题的，因为假设人类拥有任何不同于我们的非人类祖先所拥有的特殊特征，就会在进化论所提供的对我们特征的自然主义解释中产生分歧。然而，要认为人类拥有任何特殊的心理特征，就必须从物质的角度来思考，即从亚里士多德的本质角度来思考。从生物体的能力来看，转向对心智的意向解释，让我们认识到

人类和我们的非人类近亲所表现出的心理能力存在于同一个连续体中。这就消除了人类特殊论在进化论等自然主义解释中设置的障碍。

同样地，转向对心智的意向解释可以克服走向突变论的诱惑。既然这里给出的关于正念的讨论，特别是关于它与审美判断的联系，强调了人与非人类之间存在的连续统一体，那么就没有必要通过假设进化中的突变来解释人类与非人类之间特征的差异。心智的意向解释的进一步结论是，当新的生物学证据进一步证明进化链中可能*不*存在突变论者所认为的这种剧烈的突变，从而迫使突变论者放弃其解释的一些关键特征时，我们不必放弃我们对正念的解释，正如本章所讨论的那样，正念的支持者将能够利用新的生物学发现来进一步阐明渐进进化论者所提供的连续体。这是突变论者要求在进化故事中找到空白以支持其立场的一个结果，而渐进论者则欢迎我们对正念的意向解释来填补这些空白。

我们认为，在考虑正念的概念如何避免心理特殊论和突变论时，向正念的意向解释的转向还有一个额外的好处。在这两种情况下，都没有必要诉诸奇迹之类的东西。前者并不相信人类具有某种超越他们非人类同伴的特殊能力，因为这需要超越目前生物学数据之外的一些额外证据，对正念的讨论让我们看到，我们的能力与其他物种有着类似的发展和进化起源，这些物种表现出类似的（尽管不完全时）心理能力。后者通过将动物与非人类动物之间的差异理解为一个渐变，就没有必要假定没有任何先例的突然发育断裂。换句话说，这里提供的正念解释使我们能够为区分和判断潜在互动环境的能力提供先决条件，从而避免诉诸奇迹。正是出于这个原因，我们对正念的描述与自然主义是一致的。

参考文献 299

Campbell, R. L., & Bickhard, M. H. (1986). Knowing levels and developmental stages (Contributions to human development). Basel: Karger.

Carmody, R. N., & Wrangham, R. W. (2009). The energetic significance of cooking. Journal of Human Evolution, 57, 379-391.

Chalmers, D. (1997). The conscious mind: In search of a fundamental theory. Oxford: Oxford University Press.

Chomsky, N. (1965). Aspects of the theory of syntax. Cambridge: MIT Press.

Chomsky, N. (2009). Cartesian linguistics: A chapter in the history of rationalist thought (3rd ed.). Cambridge: Cambridge University Press.

Clark, A. (1992). The presence of a symbol (Reprinted in J. Haugeland (Ed.), Mind Design II. Cambridge: MIT Press, 1997). Cambridge: MIT Press.

Darwin, C. (1859). On the origin of species. London: John Murray.

Darwin, C. (2004). The descent of man (2nd ed.). London: Penguin.

Descartes, R. (2000). Philosophical essays and correspondence. Indianapolis: Hackett.

Flanagan, O., Sarkissian, H., & Wong, D. (2007). Naturalizing ethics. In W. Sinnott-Armstrong (Ed.), Moral psychology. Cambridge, MA: MIT Press.

Gould, S. J. (1992). The Panda's thumb: More reflections in natural history. New York: W. W. Norton.

Gould, S. J., & Eldredge, N. (1977). Punctuated equilibria: The tempo and mode of evolution reconsidered. Paleobiology, 3(2), 115-151.

Hume, D. (1999). An enquiry concerning human understanding. Oxford: Oxford University Press.

Kinggard, J. (2010). Rethinking ethical naturalism. PhD thesis, University of South Florida, Tampa.

Levine, A. (2011). Epistemic objects as interactive loci. Axiomathes, 21, 57-66.

Oyama, S., Griffiths, P. E., & Gray, R. D. (Eds.). (2003). Cycles of contingency: Developmental systems and evolution. Cambridge, MA: MIT Press.

Pepperberg, I. (2002). The Alex studies: Cognitive and communicative abilities of African grey parrots. Cambridge, MA: Harvard University Press.

Pinker, S. (2007). The language instinct: How the mind creates language (3rd ed.). New York: Harper.

Soltis, D. E., & Soltis, P. S. (1989). Allopolyploid speciation in Tragopogon: Insights from Chloroplast DNA. American Journal of Botany, 76(6), 1119-1124.

Wrangham, R. W. (2010). Catching fire: How cooking made us human. New York: Basic.

第十五章　心理器官和心智的起源 301

托马斯·S. 雷[1]

摘要：通过“心理器官”的出现，我引入了一个关于复杂心智起源的新假设，“心理器官”是指表面带有 GPCR 的神经元群。心理器官提供了心理属性（同情、舒适、敬畏、高兴、理性、意识）与基因和 GPCR 相关的调节元素之间的直接联系。与心理器官相关的心理特性具有可遗传的基因变异，因此是可进化的。心理器官通过复制和分化而进化。人类大脑中有超过 300 种不同的 GPCR 表达，提供了一个遗传和调控系统，从而允许进化来丰富地塑造*心智*。

一、心理器官

科学有其迷人之处。人们从如此微不足道的事实投资中得到如此大量的推测回报。——马克·吐温（Mark Twain）的《密西西比河上的生活》（*Life on the Mississippi*）

人类的心灵（heart）、心智（mind）、精神（spirit）和灵魂（soul）是通过创造所有生命的相同过程——自然选择的进化而出现的。为理解心智是如何进化的，我们必须理解它是如何构成的，以及它的结构是如何与基因联系在一起的。这里我提出“心理器官”（被定义为表面带有特定受体的神经元群，比如血清素-7、组胺-1、阿尔法-2C）提供了允许进化塑造*心智*的结构与遗传机制。应当指出，心理器官目前处于我提出的假设阶段。它们的存在还有待严格的实验方法来证实。关于心智基本组织原理的这种新假设，来自我关于选择性激活 302
神经递质受体的药物对人类的影响的研究（图 15-1）。

[1] 托马斯·S. 雷（Thomas S. Ray），美国俄克拉荷马大学生物系，电子邮件：tray@ou.edu。

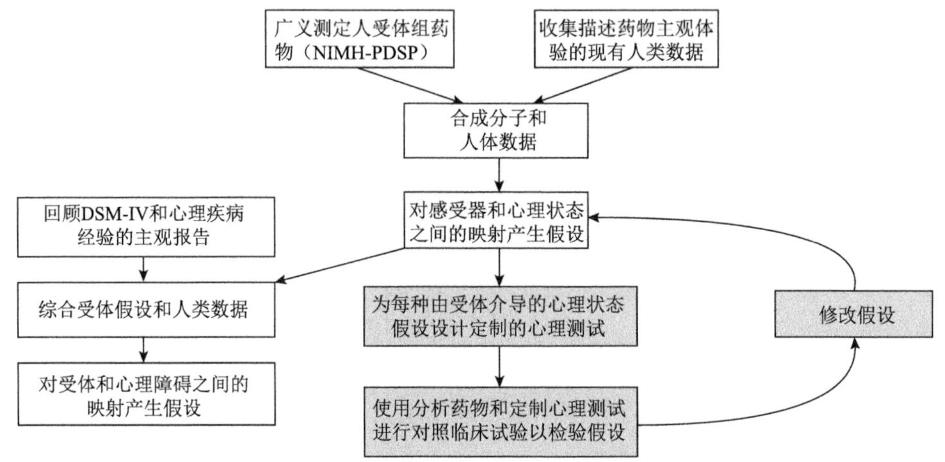

图 15-1　发现、表征和利用人类心理器官的研究方法的总体流程

注：①NIMH-PDSP 指的是美国国家心理健康研究院（National Institute of Mental Health）的精神活性药物筛选计划（Psychoactive Drug Screening Program）。右下角灰色的三个步骤还未尝试过。这三个步骤需要测试和完善受体与心理状态之间映射的假设。②DSM-IV 指的是《精神障碍诊断与统计手册（第四版）》（Diagnostic and Statistical Manual of Mental Disorders, Fourth Edition）。这是美国精神病学协会（American Psychiatric Association，APA）发布的一本权威指南，用于诊断精神障碍——译者注

各种各样的精神活性药物共同代表了一套丰富的工具，用于探索人类心智的化学结构。这些工具可以用来探索心智的组成部分，它们的离散性通常被嵌入完整的心智画卷中而被掩盖。通过激活心智的特定组成部分，它们在心智的其余部分的背景下脱颖而出。因此，它们的离散性和它们对心智整体的特殊贡献都可以得到更好的理解。被揭示的心理元素可以通过药物进行控制，这表明它们可能通过化学系统自然调节。这些受体介导的心理成分是进化过程中形成心智的独特元素。

在这一非技术性的章节里，我将介绍我关于心理器官的本质及其存在含义的研究成果，而不做用以提供支持证据的繁重工作。这些技术工作将在其他地方发表。虽然我将列出十几个受体，但你不需要了解它们就能理解我的论点。如果你有一些精神药理学知识，那么我必须请你把这些知识放到一边，以避免
303 混淆。我在这里提出的精神药理学观点是新的，与当前的范式并不一致（抛开你可能听说过的血清素-2 和多巴胺）。

让你陷入麻烦的不是你不知道的事，而是你确定知道的事并非如你所知。——马克·吐温

我请求读者放下怀疑，并允许我提出一种关于心智的新观点，这种观点具有巨大的连贯性、解释力和预测力。人类的心智是由心理器官组成的，它们在心智中发

挥着不同的作用。一些心理器官提供意识（以成年人和儿童的不同形式）；其他则是意识（在长时与短时尺度上）的看门人；另一些器官赋予意识内容以显著性、意义或含义，还有一些器官为意识提供内容。一些心理器官支持语言、逻辑和理性的功能，这些功能在过去的 10 万年中出现在人类身上。我将把语言、逻辑和理性简单地称为认知。认知能力似乎只有在成年人中才得到充分发展。我们的童年时期和我们进化之前的祖先则缺乏这些能力，但他们拥有完整的心智，并有能力在这个世界上找到自己的道路。其他心理器官仅通过感觉提供认识世界的有效方式，这给我们发展的和进化的古代祖先提供了完整的古代心智。大多数心理器官尚未被描述。

关于不同受体介导的心理功能，我提出如下假设：

• *血清素-7*（*serotonin-7*）：成年人的意识与创造力既有认知（语言、逻辑、理性）的内容，也有感情（感受、情绪）的内容。我们所意识到的是：当下的场景、幻想、想象、观点、理论、记忆。创造性的火花，而非创造一个意识的中心剧场，可能会赋予其他心理器官意识的属性。当它得到加强时，就能创造出一种华丽、闪耀、壮丽、威严、卓越的感觉，甚至是更伟大的宇宙、神圣、上帝的感觉。随着意识的增强，意识的内容以更高的分辨率呈现出来，变得更加有形，并开始通过五种感官被感知。在一个临界点上，我们穿越了一个心理事件视界，因为意识的内容变得比实际的现实更显著。我们在精神上离开了实际的空间与时间，进入了一个由心智创造的空间和时间，在这个空间和时间里，心智可以创造出另一个现实。在这一点上，可能会发生心智的大爆炸。意识是一个生成系统，能够创造世界乃至宇宙。这种创造性特征可能是自由意志的基础。

• *卡帕*（*kappa*）：童年的意识与创造性只有情感的内容。几乎所有关于血清素-7 的说法都适用于此，除了卡帕是一个纯粹的情感系统，因此意识的内容具有不同的性质。卡帕意识创造了一种复杂的、微妙的、丰富的、详细的、完全由感受构建的世界的表征。

• *血清素-1*（*serotonin-1*）：纯粹的认知：逻辑、理性、概念、思想、语言。不产生任何感觉，只能通过参与认知任务来检测。

• *血清素-2*（*serotonin-2*）：动态的过滤、抑制、保护。提供动态的即时的
选择性过滤进入意识，可以集中注意力。血清素-2 的激活关闭了通往意识的大门， 304
而血清素-2 的减少或抑制则打开了意识的大门。可能涉及整合。

• *大麻素-1*（*cannabinoid-1*）：长期的过滤、抑制、保护。大麻素系统可能与血清素-2 协调，形成一个长期的架构，血清素-2 在其中动态地运作。大麻素系统可以通过长期强化血清素-2 系统的过滤功能而起作用。一个精神免疫系统的功能之一是提供选择性的长期保护，通过选择性地阻止进入意识，来防止强烈精神状态的复发，无论其病因如何（自发的或药物诱导的）。精神免疫系

统的另一个功能是通过减少过度表达的心理器官对意识的接触，产生一组均匀比例的成熟心理器官。随着我们的成熟，大麻素系统逐渐地、持续地、永久地（至少数年）阻止了许多系统进入意识，尤其是情感心理器官。

• *西格玛*（*Sigma*）：我们的心和灵魂、我们存在的核心、自我的核心意识。显然是一个纯粹的情感领域。基本情绪（生气/愤怒、工具、幸福、悲伤、惊讶和厌恶）的所在地。生平情感记忆的所在地。对快乐和痛苦非常敏感。需要血清素-2 和大麻素系统的保护。强烈的自我意识。完全真实，能看到人们装腔作势、伪装和面具，而自己却不遮掩。表现出天真、诚实、正直，不堕落，但也不文明、自私、享乐主义和情绪化。与身体密切联系。可能会导致身心问题，如慢性疼痛。

• *缪*（*Mu*）：舒适感、安全感、受保护感；驱散痛苦、饥饿、紧张、焦虑、挫折、恐惧、愤怒和侵略感。主要作用可能是安抚胎儿和早期婴儿。

• *贝塔*（*Beta*）：一种关于家、家庭、社区、社会、人性和人性的感觉，表现为智慧，并可在人类事务中提供道德指南；幸福感、喜悦感、优雅感、奢华感；优质的白兰地的感觉；果实成熟的季节的喜悦；街上熙熙攘攘的感觉；做晚饭时炊烟袅袅的感觉；烹饪的乐趣。美感。

• *咪唑啉*（*Imidazoline*）：同情，宽恕（对他人或自己；不是宽恕的概念或姿态，而是真正地放下内心的愤怒、怨恨、内疚或羞愧），治愈（放下心理负担可以治愈身心疾病），敞开心扉的温柔，利他主义，同理心，柏拉图式的爱。

• *阿尔法-1*（*Alpha-1*）：对地点、场景和语境的感觉。对场景的展开性、连贯性、连续性、活泼性和活力的感觉。对场景与填充其中的实体在空间和时间上延伸的感觉，超越了我们直接感知的范围（会在墙后、角落和明天继续）。可能是我们的现实感出现的基础。

• *阿尔法-2*（*Alpha-2*）：对*事物*（物质客体）的本质或灵魂的感觉。拉莎（Rasa，梵语）："捕捉事物的本质和精神，以便在观者的大脑中唤起一种特定
305 的情绪或情感。"（Ramachandran，2007a）阿尔法-2 的激活可能会唤起以阿尔法-2 格式存储的记忆（主要是童年记忆）。美感。

• *组胺*（*Histamine*）：情感心智理论（theory of mind，ToM），构建了亲密关系的情感领域（心与灵魂）的持久表征，例如亲密的家庭成员（但也适用于非家庭成员）。ToM 并非是完全动态构建的。对于每个人，我们建立他或她的情感领域的模型，并在每次互动中存储和完善。对于亲密的关系，它对其情感领域积累了一个完整的详细的模型。我们把他们的心和灵魂放在我们心里，即使他们已经去世。我们与他们互动得越多，就越能完全掌握他们。非凡的性敏感。美感。

• *多巴胺*（*Dopamine*）：显著性、意义、重要性、洞察力、整合、深层情感和情绪（积极的和消极的）；敬畏、笃定、宗教情怀；美感。确立心理状态

的重要性，并以此方式调节心理状态对行为的影响。能够把感觉与思想联系起来，使我们对想法充满激情。

每个心理器官都以极大的深度和广度调整人类经验的每一个领域。我用几句话描述了每一个器官，都在它们各自的领域内，但并未能表达出由每种器官介导的精神领域的丰富性、深度或广度。

心理器官是人类大脑和从中产生的心智的基本组织特征。当我们考虑到大脑的解剖结构时，我们想到的是额叶、皮质、小脑、丘脑、边缘系统、脑桥、布罗卡区。心理器官是肉眼看不到的大脑解剖学的另一种形式，但它与心智组织有着同样基本的关系。

单个的心理器官是实在的物理实体，就像心脏和肺一样，但它们具有独特的拓扑特征，因为它们是由神经元群编织的网络组成的。组成心理器官的细胞群可能符合基于基因表达模式的“组织”定义，因为它们表达相关受体的基因。迄今为止发现的所有心理器官都与单一基因家族中的受体，即 GPCR 相关。

心理器官不一定具有像肝脏或肾脏等传统器官那样的物理凝聚力。从理论上讲，一个神经元可能是多个心理器官的组成部分，或者一个心理器官可能由分散的神经元群组成，而这些神经元中没有一个与该器官的其他神经元有任何联系。

另外，构成一个心理器官的神经元群可能把所有的细胞体聚集在一起，就像在中缝核——一簇释放血清素的神经元——中所发现的那样。然而，心理器官不是由它们释放的神经递质来定义的，而是由它们表面承载的神经递质受体来定义的。我们可以想象不同心理器官与数百种不同的调节受体（GPCR）中的每一种相关联。与不同受体相联系的心理器官在解剖学上可能是分离的，也可能是相互交织的。

二、意识 306

（一）剧场与大门

总的来说，心理器官构成了意识器官。意识反映我们所察觉到的东西。这是一种心理空间，其中创造了一种表征。这可能是当前场景的表征，也可能是一种身体感觉、一种幻想、一种记忆、一种对未来的憧憬、一种感受、一种想法等。意识是一种复杂的现象，参与意识活动的心理器官发挥着多种作用。伯纳德·巴尔斯把意识描述为一个剧场，有一个工作记忆的舞台、一个注意力的聚光灯和语境操作员（导演、聚光灯控制者、局部语境）、演员（外部感官、内部感官、想法）和一个无意识的观众（记忆系统、动机系统、解读意识内容、无意识行为）（Baars，2001）。

血清素-7（或卡帕）可能为其他心理器官提供表演的舞台。血清素-2 和人麻素可以看作是导演。多巴胺可以称为聚光灯控制者。认识的方式（血清素-1、组胺、贝塔、阿尔法-1、阿尔法-2 受体）可以是演员。西格玛可以是无意识观
307 众的一部分（图 15-2）。

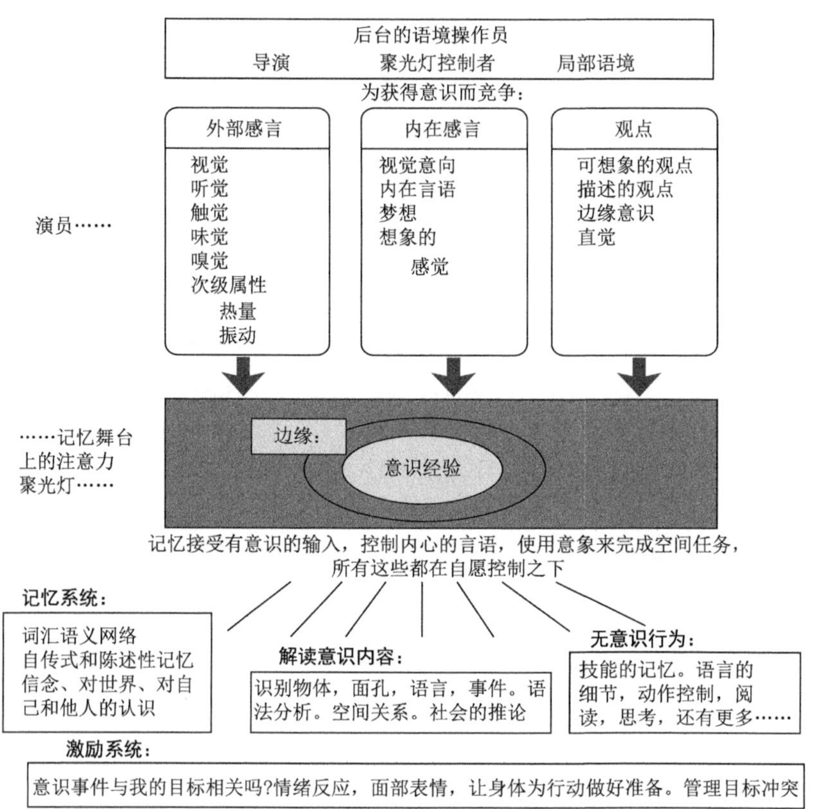

图 15-2 根据伯纳德·巴尔斯的《在意识的剧院中——心灵的工作空间》（*In the Theater of Consciousness: The Workspace of the Mind*）中的插图重新绘制，他的标题是“意识经验的剧场隐喻”（A theater metaphor for conscious experience）。今天所有统一的认知理论都涉及剧场隐喻。在这个版本中，意识内容被限制在舞台上一个明亮的焦点上，而舞台的其余部分对应于即时工作记忆。在这些场景的背后是执行过程，包括一个导演和众多语境操作员，它们塑造了意识经验，而自己却是无意识的。观众中有大量的智能无意识机制。一些观众成员是自动的常规思维，比如引导眼睛活动、言语表达或手指活动的大脑机制。其他包括自传式记忆，表征我们对世界知识的语义网络、关于信念和事实的陈述性记忆，以及维持态度、技能和社会互动的内隐记忆。工作记忆的要素——在舞台上，而不是在聚光灯下——是无意识的。请注意，舞台上的不同的输入可以共同作用，将演员置于有意识的亮点中，这是一个聚焦的过程，但一旦上了舞台，意识信息就会发散，因为它被广泛地传播给观众。到目前为止，最详细的功能是在意识之外进行的

剧场隐喻表明，由各种心理器官产生的心理状态进入了由意识器官产生的心理空间。让我们以贝塔和血清素-7 的具体例子来检验这一点。贝塔产生家、家庭、社群和生活乐趣的感觉。然而，激活贝塔并不会导致受试者体验到这些感觉，除非它们进入意识。为了进入意识，贝塔产生的感觉必须通过血清素-2 和大麻素介导的大门（图 15-3）。 308

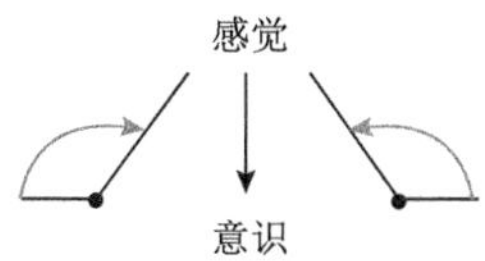

图 15-3　为了进入意识（通过血清素-7 介导），感觉（由各种受体介导）必须通过大门（由血清素-2 介导）。血清素-2 每时每刻都在操纵着这扇大门。当血清素-2 被激活时，大门关闭；当血清素-2 减少时，大门打开。血清素-2 激活的强度由弯曲的箭头的长度表示

对于一些受试者来说，仅仅激活贝塔并不能产生生命愉悦的意识经验，因为通过意识的大门被大麻素受体永久地封锁了。对于这些受试者来说，只有在激活贝塔的同时，大麻素的阻碍才被消除，才会出现贝塔的体验。然后，贝塔的影响可以穿越大门进入意识（图 15-4）。

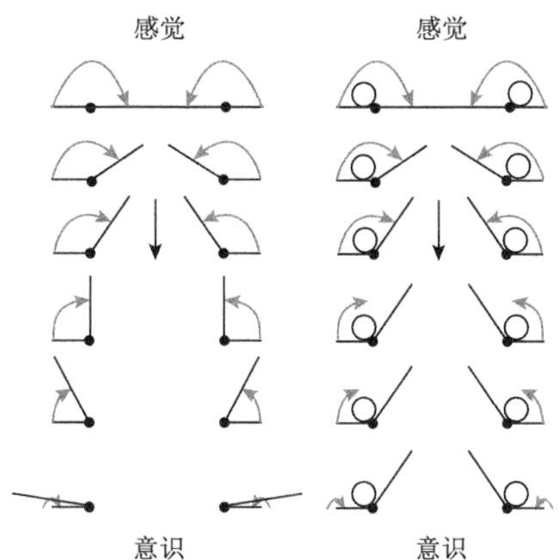

图 15-4　左图：说明了血清素-2 控制的大门从减少/打开（底部）到激活/关闭（顶部）。右图：说明了血清素-2 之门与大麻素阻碍之间的相互作用。请注意，在左图和右图中，箭头在每个层次上的长度是相同的。在左边，大门的位置是由血清素-2 的强度来决定的（箭头的长度）。然而，在右图，大门的打开程度受到大麻素受体施加的阻碍的限制。在右图中，大麻素块都在相同的位置，允许大门部分打开。然而，大麻素也在这个顺序中起作用，因此这些块可能允许大门在大部分情况下打开、（少）部分打开、勉强打开，或者完全不打开

（二）集中与分散

现在我们需要考虑一个有趣的观察：意识本身的扩展可以被大麻素受体永久地阻挡。对于有这种阻碍的受试者来说，只有当大麻素的阻碍被消除时，意识才能扩展。这可能意味着，意识之门并没有介导心理器官（比如贝塔）进入意识器官（血清素-7）的通路；更确切地说，这些大门介导了意识器官进入其他心理器官（比如贝塔）的通路。

这个可能性意味着一种与剧场隐喻所暗示的完全不同的观点。在剧场隐喻中，扮演演员角色的心理器官（如贝塔）进入意识的中心舞台（如血清素-7）。
309 这带来了一些实际的和概念上的困难。如果需要一个专门的心理器官来产生特定的感受域（如家、家庭、社群和生命愉悦的感觉），那么是否存在一个通用的意识器官能够呈现由许多不同种类的心理器官产生的体验？感觉是如何以带着丰富性和细节性从源心理器官（如贝塔）传达到意识器官的？

在另一种观点中，意识器官不会为其他心理器官提供进入的心理空间；更确切地说，意识器官执行着使得其他心理器官拥有意识的功能。在这种观点下，心理空间是分布在各个心理器官上的，而不是集中在一个器官上的，上文提到的概念问题与实际问题也就消失了（图 15-5）。

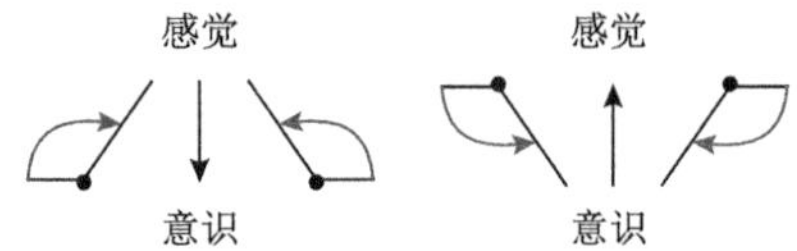

图 15-5　关于感觉、意识与大门之间关系的两种假设。左图：传统观点与剧场隐喻是一致的，其中感觉必须穿过大门才能在剧场舞台的聚光灯下演出。这个观点隐含着意识器官（血清素-7 或卡帕）是意识表现的中心剧场。右图：另一种观点认为，意识分布在感觉源（各种心理器官）之间。而不是其他心理器官必须把它们的感觉通过大门进入意识的剧场，意识器官必须穿越大门才能把意识的属性赋予产生感觉的器官。在另一种观点中，意识并不集中于任何器官，剧场也不是一个适合的隐喻

（三）自我意识

当血清素-7 被强烈激活而血清素-2 并未同时激活时，受试者很可能经历自我意识的丧失、自我丧失、完全非二元的状态。这是一个奇怪的观察，因为它发生时没有任何实际的血清素-2 系统的抑制，而只有血清素-7 的强烈激活。看来，如果血清素-7 被强烈激活，而血清素-2 并没有改变时，血清素-2 系统就会不堪重负，意识就会涌入大门，血清素-2 的守门功能实际上就会完全丧失。在这种情况下，自我意识的丧失表明，自我意识的一个重要组成部分是血清素-2

的系统操纵意识之门的*行为*。血清素-2 操纵意识之门的能力似乎取决于血清素-2 和血清素-7 的相对强度（表达水平）。平衡很重要。

（四）生成 310

在上文对血清素-7 的描述中，我讨论了当充分激活时的情况：“在一个临界点上，我们穿越了一个心理事件视界，因为意识的内容变得比实际的现实更显著。我们在心理上离开了实际的空间和时间，进入了一个由心智创造的空间与时间，心智在其中可以创造出另一个现实。在这一时刻，一个心理大爆炸可能会发生。意识是一个生成系统，能够创造世界和宇宙。这种创造性可能是自由意志的基础。”

有人认为，自然主义观点挑战了自由意志，即人是第一原因的观点。我想说的是，虽然人类可能不是大爆炸意义上的第一原因，虽然他们在自然法则的完全因果流中运作，但他们仍然包含生成性心理中心（血清素-7、卡帕），为这种因果流提供了新的输入。人类的创造力（艺术、音乐和文学）说明了这种生成特征（图 15-6）。

图 15-6　当意识通过激活血清素-7 得以扩展时，心智的内容变得更加有形，并可以通过五种感官来感知。心智随着意识的扩展变得越来越具有创造性。照片来自：LSD-photos Marco Casale-Paolo Dall’Ara（http://lsd.eu/index.php?gallery/show/adv1）

意识是一个生成系统，能够在心理层面创造世界，也能够在物质层面影响身体。意识在完全服从自然法则的前提下，引入了最初的因果输入。因此，人类心智的因果创造力与自然法则的因果关系和平共存。

然而，当血清素-7 单独激活时，这种生成特征不会出现。当几乎单独激活时（与血清素-1 一起），它会产生一种非二元的空状态。只有当情感心理器官被同时激活时，生成特征才变得明显。因此，当被血清素-7 强烈地带入意识时，生成过程不仅仅是血清素-7 的特征，而且是情感心理器官的特征。

它们会被血清素-7 转化，这一过程我称之为“血清素-7 化”（serotonin-7ization）。它的效果似乎有共同的主题：增加创造性的活力；把它带到一个更高的层次；使之产生联系；理解大局；创造华丽、闪耀、宏伟、威严、卓越；无形变为有形；源于内在的思想、感受、动机可能被认为起源于外部。在小说《简·爱》中，夏洛蒂·勃朗特（Charlotte Brontë）描述了日常生活中的自然过程：

她在青年时期就皈依了宗教，她以这种方式培养了我的品质：从微小的情感种子，自然的亲情，她培育出了浓荫遍地的大树——慈善。宗教将我如同野草根一般杂乱生长的正直，培育成为神圣的正当观念——正义。宗教将我想要赢得权力以及名望的野心，变成了拓宽主的王国、为了十字旗取得胜利而进行奋斗的志向。宗教为我做了非常多，它令原始的材料经过了转化，使之能够得到最好的利用；它对我的天性进行了修剪和训练。（Brontë，2009）

这种创造过程并不局限于宗教领域。简单的好奇心可以被培养、发展、养育、形成，并转化为获得诺贝尔奖的洞察力。血清素-7 化是一个基本的创造过程，它可能是形成自由意志的基础。

311 （五）平衡

当血清素-7 被强烈激活时，意识的内容表现得更加丰富。意识（血清素-7）与其他心理器官表达的比率将影响心理表达的质量。如果比率倾向于另一个的心理器官，那么心理器官的表达（快乐、同情、舒适）将更扎根于现实。如果这个比率更倾向于意识（血清素-7），那么这个表达将更具创造性、生动性，能够超越现实。意识器官是创造器官。平衡很重要。在一定的平衡范围之外，可能会出现心理障碍。

312 三、认识方式

作为成年人，我们主要通过理性来认识和理解世界，我们中的许多人已经失去联系、遗忘且不再重视其他的认识方式。在这里，我想提醒大家，我们失去了什么。

库尔特夫人所说的话似乎带有一种成年人的气息、一种令人不安又诱人的气息：是一种具有魅力的气息。——菲利普·普尔曼（Philip Pullman）的《黄金罗盘》（The Golden Compass，第 66 页）

（一）味道

我从味道（flavor，气味和品味）开始，因为这是一种非理性的方式，可以了解我们坚持和重视什么。我们大多数人都知道玫瑰的气味、桂皮或香草的味道，或上好的咖喱的浓郁味道。正是通过气味和品味，我们才知道食物的味道和我们这个世界的气味。味道是一种感觉，是一种独立于理性的认识方式。我们通常不会试图对味道进行推理，我们也不会怀疑它向我们揭示的世界的真相。我们接受味道本来的样子，让它顺其自然。

虽然我们一般不会将味道理智化，但 2004 年的诺贝尔生理学或医学奖是因揭示了气味的生物学机制而颁发的（Buck & Axel，1991）。味觉与气味受体也是 GPCR。尽管哺乳动物的染色体中表达了 800～1200 种不同的功能性嗅觉受体，但人类表达的少于 400 种（Niimura & Nei，2007）。人类的嗅觉功能受体只有其他哺乳动物的 1/3。人类基因组中充斥着数百种嗅觉受体假基因（这些基因已经发生突变，不再发挥作用）。

这表明人类对气味的体验相对匮乏。狗并不仅因为鼻子更大而对气味更敏感，它们对气味的体验也比我们更丰富、更微妙。

当味道从一个人传递到另一个人时，我们所使用的语言形式是“花香”“薄荷香”“麝香”“柑橘香”等。这隐含着好几件事。我们假设，如果我们都体验过一种味道（如香草味、薄荷味），那么我们对这种味道就有共同的感觉体验，通过命名一种共同的味道或气味，我们可以传达这种味道的感觉。这可能在很大程度上是真实的（除了由于相关气味或品味受体的表达变化）。如果我们没有共享这些经验，那么就不会有语言来描述这种感受。味道是妙不可言的。

同样的原理也适用于一般的感觉。除了共同的经验之外，没有语言可以表达感情。它可以是玫瑰的香味、肉桂的气味、坠入爱河的感受、由贝塔介导的家庭和人性的感觉，或者由阿尔法-2 介导的事物的本质或精神的感觉。这同样也适用于任何由心理器官介导的感觉。

如果我们从未闻过玫瑰，就没有人能以任何有意义的方式向我们传达那种 313
感觉。相应地，如果我们从未体验过嗅觉，我们就永远无法理解它的感觉。对于认知的感情方式也是如此。那些体验过有效认知方式的人，无法将这种感觉传达给那些没有体验过的人。了解感觉的唯一方式就是去体验它。

在上文对十几种心理器官的描述中，我试图用普通的语言来识别与它们相关的感觉。但我无法表达自身的感受。我所尝试做的是让我们在可能的范围理智地理解感觉。

（二）情绪

当我们想到感觉时，大多数人想到的是情绪，比如生气/愤怒、恐惧、幸福、悲伤、惊讶和厌恶。情绪在决定动机状态方面起着重要作用。当情绪强烈时，它能够控制我们，并极大地影响我们的行为。许多人理所当然地认为情绪是某种需要控制和支配的东西，以免它们主导并导致我们做后悔的事情或使我们遭受痛苦。虽然情绪和认知方式都属于情感领域，但认知方式与动机的联系并不紧密。感觉属于认知方式的范畴，就像味道一样，为我们描绘世界。情感的认知方式是一种在我们的心智中真实地呈现世界的方式，并且没有情感的那些麻烦的动机属性。作为成年人，我们几乎没有意识到，并在很大程度上忘记了这些通过感觉进行认知的方式。

（三）认知与情感

日本京都的东福寺有一块大石头，10～15 英尺（1 英尺≈0.3048 米）高，3～4 英尺宽，大约 1 英尺厚（图 15-7）。石块上用优美流畅的日语竖排雕刻着俳句："Furuike ya kawazu tobikomu mizu no oto."（闲寂古池旁，蛙入水中央，悄然一声响。）翻译成英语为"old pond，frog jump，sound of water"（古池塘、青蛙跳、水声响）。这首著名的诗，由松尾芭蕉（Matsuo Bashō，1644～1694 年）创作。《一百只青蛙》（*One Hundred Frogs*，*Sato*，1995 年）收录了这句简单的诗句的近 150 种不同的译本。关于这本书有个笑话："售价 100 日元，赠送 25 只青蛙。"

图 15-7　日本京都东福寺的一块石头[由汤姆·雷（Tom Ray）所拍]

这首俳句有两种基本的理解方式。我们可以用理性心智来理解它。在这种情况下，如果一只青蛙跳进水里，它会溅起水花，这将引起空气的振动，所以当然会有声音。如果我们这样理解俳句，那就有点愚蠢和无意义了。或者我们可以理性地将其解释为隐喻，这样我们可以从中找到象征意义。

另一种理解俳句的方式是用心体会。如果我们这样理解它，它描绘了一个瞬 314
间，一个美丽而永恒的场景，一个古老的池塘，一只青蛙跳入水中，溅起水花，瞬间成为永恒。虽然我们可能没有现场的视觉图像，但我们可以感受到它。我们用感觉来描绘场景。甚至不要把它形象化，因为这样它的表征就纯粹是情感上的了。当我们以这种方式了解俳句时，我们就可以理解它为什么如此出名了。

广义上讲，存在着两种基本的认知方式：认知的与情感的，大脑与心灵，理性与感觉，现代与古代。认知领域主要是通过语言、理性、思想、符号和概念来理解世界，而情感领域主要通过感觉来理解世界。认知和情感这两个领域都能够以各自的方式“认识”和“理解”世界。每个领域都能够在意识中建构一个世界的“模型”，一个丰富、微妙而复杂的世界表征。

儿童似乎是由情感领域支配的，而成年人则主要由认知领域主导，以牺牲情绪、感觉和直觉为代价。当我们长大成人后，我们发现自己主要是通过语言、逻辑和理性来认识世界的。我们往往会失去孩提时代认知世界的方式，失去了通过感觉、内心认知世界的古老方式。

理性作为一种认知和理解的方式，在进化上是新的，似乎只在成年人中得
到充分发展。然而，在理性出现之前，我们仍然通过感受来认识和理解我们的 315
世界和我们自身，成年人也保留了这种能力（即使没有行使）。我们发展和进化的祖先（儿童和非人类的高等动物）有一个完全发展的情感心智，但仍然只以这种方式认识世界。人类情感心智（在发展和进化上）早于认知心智，它是古老的、复杂的、微妙的、丰富的，并且能够仅仅基于感觉来认识和理解世界。许多神秘经验的不可言说性，就源于这种情感的认知方式。

虽然理性是在人类进化的最后 10 万年中出现的，但认知的情感方式在进化的过程中已经发展了数亿年。这种古老的认知方式具有巨大的进化深度，就像味道一样，今天仍非常有效，揭示了世界的真相。感知真理可能是一个生死攸关的问题（即自然选择）。将其乘以几百万代（迭代）。如果真理能够被发现，进化就能够找到它。

虽然语言、逻辑和理性的能力似乎是由一个或几个基于血清素受体的心理器官介导的，但情感心理器官是多种多样的，由各种各样的受体介导（在我所描述的十几个心理器官中：阿尔法-1、阿尔法-2、贝塔、组胺、咪唑啉、多巴胺、西格玛、缪、卡帕等）。因此，情感系统并不表征一种单一、交替的认知

方式，而是多种多样的认知方式。

我们可能会认为，认知的方式是相对单一的，部分是由于进化时间短。认知方式也许会在进化的过程中成熟，在多种不同的心理器官中多样化和分化，就像情感的认知方式那样。

（四）本体论范畴

认知的方式表征了一系列自然本体论范畴，进化决定了这些范畴来表征心智中的世界：

- 自然法则与模式——血清素-1
- 事物——阿尔法-2
- 地点、场景——阿尔法-1
- 家、家庭、社区——贝塔
- 生物——组胺

（五）认知传统

也许每一位伟大的导师与精神领袖都是由于某种特殊的心理器官的特别
316 绽放而获得了他们独特的洞见。在每一个情形中，这都是一项伟大的成就，宗教或主要的哲学或世俗传统通常都围绕它们形成。识别与每种传统相关的心理器官应该是可能的。

苏格拉底在一个没有理性思考的时代教人如何理性思考，并被认为是“概念”的起源（Jaspers，1962）。从苏格拉底和其他人开始，最终进入了理性时代和启蒙时代。苏格拉底经历了理性心理器官的异常绽放，这是由五种血清素-1 受体构建的。

释迦牟尼通过冥想练习，通过成人意识的心理器官的绽放，经历了意识的扩展，这由血清素-7 所定义。

孔子表现出对人性和人的本质的深刻理解，这表现为智慧（Jaspers，1962），这可能是由贝塔定义的心理器官的异常绽放产生的。

耶稣对上帝有着绝对的信仰，对世界的内在终结和天国的到来有着绝对的信心（Jaspers，1962）。这表明多巴胺分泌异常旺盛。此外，他以敞开心扉的温和、同情、宽恕、治愈和爱而闻名，这表明咪唑啉的特别绽放。

在我所描述的情感认知方式中，阿尔法-2 可能是最难以形容的。拉马钱德兰（Ramachandran）讨论了梵文中的一个词“rasa”：“捕捉事物的本质和精神，以唤起观众大脑中一种特定的情绪或情感”（Ramachandran & Hirstein，

1999；Ramachandran，2004，2007a，2007b），它精确地描述了由阿尔法-2 介导的认知方式。

阿尔法-2 似乎为一些哲学和宗教传统提供了基础。神道教“教导万物都包含一个 kami（精神实质），通常翻译为神或精神”，“有些自然场所被认为有着不同寻常的神圣灵魂，是崇拜的对象。它们通常是大山、大树、不寻常的岩石、河流、瀑布和其他自然建筑”（Wikipedia，2010b）。这也是泛灵论宗教和阿尔法-2 所具有的特征。

在老子的道家思想中，最终目标是达到一种精神状态，在这种状态下，“所有事物都存在一种柔软而无形的力量”。在这种状态中“一切都是如实地看到的，没有先入为主的观念或错觉”。“它被认为是心灵的真实本质，不受知识或经验的影响。”（Wikipedia，2010a）虽然这可能表征了整个情感领域，但道教的方方面面清楚地体现了阿尔法-2 和贝塔。

（六）完整的花束

上文描述的那些典型的个体，每一位都通过一个特定的心理器官的异常绽放而获得了独特的洞察力，他们也会有一个异常发达的意识（血清素-7），使关键的心理器官具有丰富的分辨率，以及一个异常发达的认知器官（血清素-1）， 317
能够表达他们的洞见。因此，他们独特的洞见和学说需要意识和认知以及另一个心理器官的三重绽放。

但这并不是全部，因为我们的每一位导师或精神领袖虽然拥有心理器官的完整花束，但只经历了一个或几个心理器官（除血清素-1 和血清素-7 之外）的异常绽放。这些传统中的每一个都只颂扬了人类潜能的一个狭窄领域。一组重要心理器官的发现和特征描述，开启了一种新的认知传统的可能性。我们有潜力体验心理器官的全部花束的绽放，从而实现我们人类的全部潜力（Ajaya，2009）。心理器官的这一完整花束是我们的伟大之处。这是我们的人性，是我们进化的遗产。这使得我们变得富有。它应当完整地被培养，而不仅仅是其中的一小部分，被我们出身的特定宗教、哲学、世俗或种族传统所历史偶然性地选择。

通过展示每一束花对人类精神丰富性的贡献，至少可以在理论上承认和重视这一完整的花束具有统一相互竞争的传统的潜力。我们看到它们如何结合在一起，形成了人类心灵、心智、灵魂和精神的美丽花束。每种心理器官都像一朵独特的花，为进化留给我们的花朵序列做出贡献，这里是一朵玫瑰，那里是一朵鸢尾花，还有一朵雏菊……只有当所有这些结合在一起时，我们才是*完整的*人。

科学家、自然主义者、唯物主义者和各种理性主义者能否承认，他们的认知、理性方式只是古代进化遗产赋予我们的众多认知方式之一？所有这些认知方式不都同样有效吗？所有传统的追随者，无论是宗教的还是世俗的，都能承认他们的特殊传统不是排他性的，并且不凌驾于其他传统之上吗？

（七）情感认知方式的丧失

我的工作发现的一个生存风险是由于认知一元文化的侵略性传播，导致了神经递质受体（心理器官）多样性的丧失。心智中充满了心理器官。要坚持下去，每个心理器官都必须为适应性做出贡献。认知心理器官导致了这种达尔文适应性的跃进（见证了人口大爆炸和战争技术的发展），情感心理器官之间的适应性变化相对可以忽略不计，它们对*相对于*认知器官的适应性的贡献也是如此（图 15-8）。

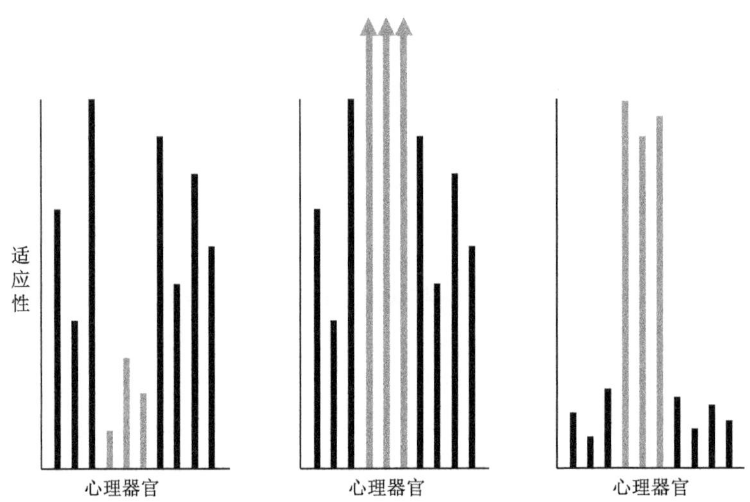

图 15-8　构成心智的心理器官的适应模式。左图：为了坚持下去，每个心理器官都必须为适应性做出贡献。第四、第五和第六个条柱（灰色）表征认知心理器官，其他条柱（黑色）表征情感心理器官。中间图：认知通过提供逻辑和理性赋予我们科学与技术，导致了人口大爆炸，这是达尔文适应性的非凡回报，使得情感心理器官的适应性贡献相形见绌。认知心理器官的适应性则超出了图表的范围。右图：调整垂直适应性轴，我们可以看到情感心理器官的适应性贡献相对于认知心理器官的适应性贡献是微不足道的

目前，情感心理器官在童年时期似乎是完全活跃的，但到了成年，心理免疫系统在很大程度上已经将它们转化为退化器官。如今它们在童年时期的关键作用被保留下来，并且它们在成年后的无意识活动可能仍会影响我们的判断。然而，情感神经递质受体可能有成为假基因的危险，就像我们大多数的气味受体一样。对人类神经递质受体的多样性的保护应与对生物物种多样性的保护相

提并论。感觉与理性的世界需要彼此认识，彼此宽容，学会相互尊重和融合， 318
因为只有这样我们才能真正成为一个整体。

> 我们已迷失方向……我们的知识使我们愤世嫉俗，我们的聪明使我们冷酷无情。我们想得太多而感觉太少：我们需要的不仅仅是机器，还有人性；我们需要的不仅仅是聪明，还有善良和温柔。——查理·卓别林（Charlie Chaplin），1940 年，《大独裁者》（*The Great Dictator*）（Chaplin，2011）

这个问题也存在着另一面。什么样的心智能够容忍、忽视或自愿参与毁灭我们的星球、彼此或我们自己？成年人情感领域的关闭可能是造成这种心态的一个因素。我们的战争史可能选择了更彻底地关闭成年男性中的情感领域（通过更具攻击性的血清素-2 和大麻素系统）。这种关闭发生的程度在人口中是高度可变的，并且在个体、年龄、性别、文化和心理器官之间也有所不同。

不同的认知方式之间并不互相竞争。它们融合在一起形成一个感性的整体，就像浓汤的味道。每个心理器官都给我们的生活增添了调料。理性与先在的情感领域共同进化，并被设计为通过情感输入来提供信息。多位作者都认为，认知心智是建立在情感心智之上的，并且完全依赖于情感心智，如果
没有情感的支撑，人类就无法做出正确的判断（Damásio，2005；Pham et al.， 319
2012）。认知领域本身就可以产生理性、智慧和知识，但智慧需要认知和情感领域的健康统一（Hall，2010）。当理性以失去与其他认知方式的联系为代价而占据主导地位时，我们保留了操纵自然的能力，但我们不理解其本质，也无法做出明智的判断。如果我们缺乏感觉，物质财富的积累和对自然的掌控就无法使我们变得富有。正是对生活的味道和感觉的丰富体验，让我们变得富有。

情感的认知方式是孩童成长为理解世界的成年人的手段。艾莉森·高普尼克（Alison Gopnik）描述了儿童通过幻想和想象场景来探索世界的方式，以便把对因果链的理解转化为对世界本质以及如何在其中蓬勃发展的理解（Gopnik，2009）。但是，在认知出现和成熟之前，儿童是如何获得这种理解的呢？这在很大程度上是通过情感的认知方式实现的，这种方式在童年时期更为活跃和具有主导性。

四、狗的心智

我对人类心理器官的解释是基于分子数据和主观经验报告的综合。遗憾的是，同样的方法论不能应用于非人类动物，因为它们不能告诉我们它们的经历。

然而，有一种动物与人有着足够亲密的关系，以至于人类已详细描述了该动物的心智，这种动物就是狗。

狗是人类大约在 15 000 年前从狼驯化的第一种动物。狗的祖先通过人工选择进化了数百个品种。狼由于其社会性被预适应进化为我们最好的朋友。美国养犬俱乐部提供了 161 个品种的狗的性情数据（AKC，2012）。下面是一些例子：

斯卢夫猎犬（*Sloughi*）——斯卢夫猎犬是一种出色的优雅的狗。姿态高贵冷淡。

比熊犬——举止温和、敏感、顽皮和任性。乐观的态度是这个品种的标志，人们应满足于此。

布里牧羊犬——这种狗善良、勇敢和积极，聪明无畏，没有一丝怯懦。智慧、易训练、忠诚、温柔、服从、记忆力强、渴望取悦主人。

爱尔兰水猎犬——非常警觉、好奇和活跃。性情稳重，具有可爱的幽默感。可能对陌生人有所保留，但从不咄咄逼人或害羞。

哈巴狗——集尊贵、智慧和自尊于一身，对于那些赢得了它尊重的人来说，它是一个性格温和、有主见和深情的伙伴。

320 *博美犬*——博美犬是外向型的，表现出很高的智力和活泼的性格。

玩具猎狐梗——机智、警觉、友好，对主人忠诚。它能很快学会新任务，渴望取悦人，能适应几乎所有情况。有自制力、活泼、有决心，不容易被吓倒。它是很活泼的宠物狗，一生都很滑稽、愉悦和顽皮。

纽芬兰犬——性情甜美是纽芬兰犬的特质，这是该品种最重要的唯一特征。

狗的心理特征是其品种的特点，并且因品种而异。狗的这些心理特征显然是基于基因的，并且是可遗传的。我认为人和狗的个性是由相同的元素构成的——心理器官。这并非相同的两组元素，而是同类的元素。然而，我也认为两者共有的个体特征（比如幽默感）是趋近的例子，而不是同源的。狼和狗与人类的共同祖先都没有幽默感。如此多样的独特心理特征能够通过选择性育种迅速涌现，表明了心理器官进化的速度。

完全发达的认知似乎是人类所独有的。因此，狗和其他非人类动物的心智是纯粹的情感心智。为理解动物的心智，我们需要理解情感心智。

五、调节人格

正如个体在诸如耳朵、鼻子、乳房和手等部位的大小和特征比例存在差异，个体心理器官的发展和表达程度也因人而异（Borg et al.，2003）。因此，每个人都有一个独特表达模式，或者说比例，可能包括 100 个或更多心理器官。我将这种个体模式称为“调节人格”。调节人格与人类面孔一样独特且多变，也许更甚，并且很可能是我们所说的性格、气质和个性的基础。极端的调节人格可能会产生杰出的个体，但也可能是病态的。

在心智中，每一种心理器官都扮演着从低到高的表达程度的角色（图 15-9）。我们通常期望分布的平均值对应于正常和健康的状况，而分布的两个极端可能对应于异常个体或病理状况。因此，每个人的心智都表征了数百维空间中的一个结构，其中每个轴代表了单个受体或心理器官的表达水平（图 15-10），空间中的每一点代表了个体中所有受体的调节配置。

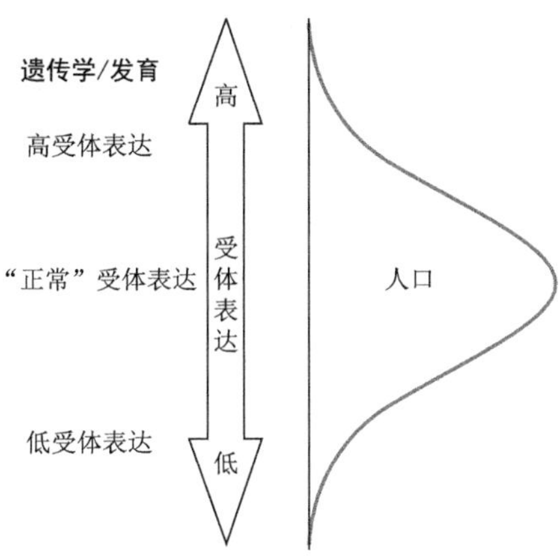

图 15-9　每个心理器官都按照自身的谱系表达。在任何时间点上，每个个体都位于每个心理器官谱系上的某个位置。人口将沿着谱系分布，可能是正态分布 321

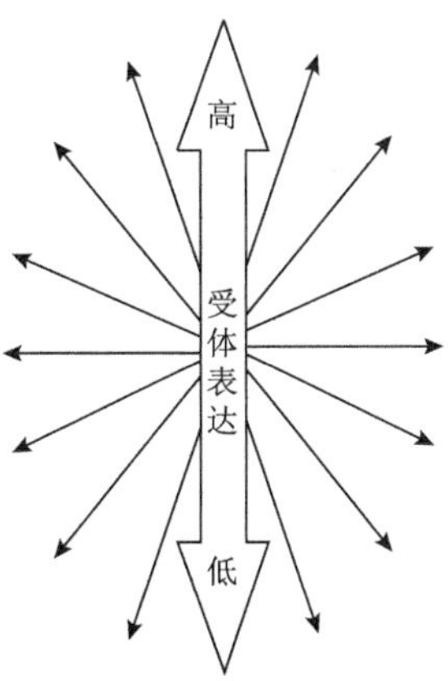

图 15-10　每个心理器官都存在一个对应的谱系，而这样的心理器官可能有数百个。总体上，心理器官群可以用一个高维空间来表示，每个心理器官或受体对应一个轴

我们会期望出现一个代表人口的点状云，密度最高的点集中在代表所有数百个受体分布的中位数的点的周围，并且随着我们远离这个全局平均值，云的密度在受体空间的任何方向上都在降低。

从进化的角度来看，我们预料选择能够塑造受体表达的种群变化，这样分
322 布的平均值将使适应性最大化，而极值会导致适应性减小。当选择很强时，它可能会维持一个狭小的分布；当选择弱时，它可能会维持一个更广的分布。许多心理器官的相对表达水平的总体配置是“调节人格”，并且在人类群体中是高度可变的。

表达谱系

图 15-11 说明了有关心理状态和两个心理器官（左边是血清素-2，右边是血清素-7）的表达水平的假设。该图说明了在谱系内发现的心理特征的变化，包括核心健康范围，以及在这两个心理器官的极端表达中可能发现的病理。

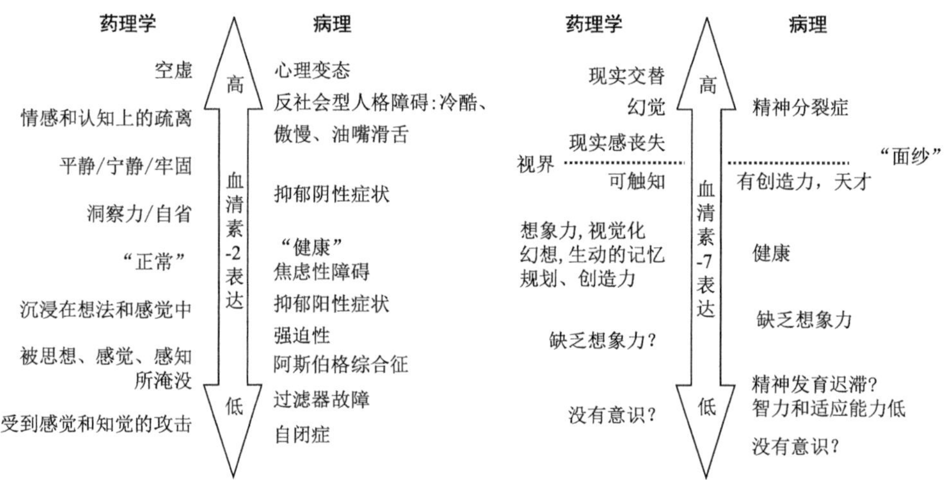

图 15-11　表征与心理器官表达范围（从低到高）相关的心理连续统假设的谱系，由（*左边*）血清素-2 受体和（*右边*）血清素-7 受体决定

六、心智的进化

心理器官都与单一的基因家族（即 GPCR）联系在一起，因此它们通过潜在基因和调控元素的复制和分化而进化。GPCR 包含血清素、多巴胺、组胺和许多其他神经递质的受体。GPCR 基因提供了一个遗传和调控系统，以丰富地说明*心智的*结构，而不仅仅是大脑的结构，从而使*心智*具有高度的可进化性。

人类大脑中有 300 多种不同的 GPCR 表达。然而，单个心理器官往往是由紧密相关的受体群组成的。心理器官的数量可能是受体的一半或者更少。

（一）塑造心理器官 323

如果调节受体执行了心智的组成成分，那么新的组成成分可以通过受体基因的复制和分化过程被创造出来。每个单独的 GPCR 对应于一个单一的蛋白质编码基因，其表达受到很多遗传调控因素的影响（这些因素在很大程度上仍是未知的）。GPCR 是人类基因组中最大的基因家族之一，并通过复制与分化过程而多样化。图 15-12 展示了一小部分 GPCR 样本（本研究中检测的样本）之间的关系。

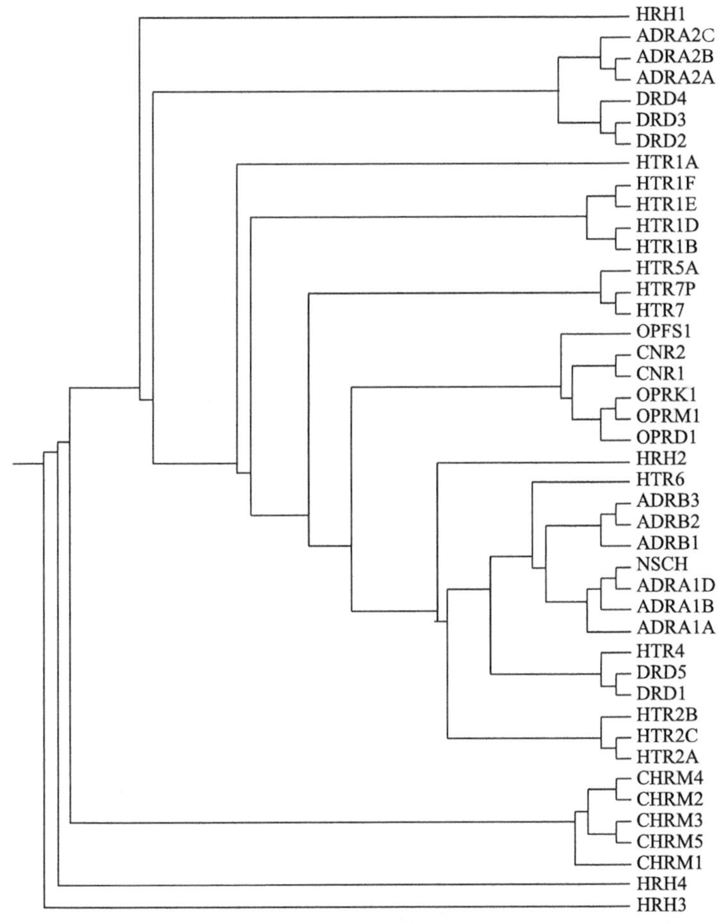

图 15-12　基于序列相似性，显示了（在人脑中表达的 300 多个受体中）43 个 GPCR 之间关系的树状图

324 在一个长时间尺度上，进化塑造并微调了个体调节成分的质性特征（例如，它们是否调节了快乐、同理心、意识或理性）。这个进化过程可能涉及编码受体蛋白的基因和调控成分的改变；而且可能还涉及与受体结合的第二信使系统（G-蛋白）的改变。

在较短的时间尺度上，进化塑造了调节人格的比例（所有受体的相对表达水平）。这一比例可能完全可以通过改变调控成分来完成，而不影响编码蛋白的基因。要理解调节人格比例的重要性，请考虑到精神活性药物只是（短暂地）改变心智的比例，但它们会导致根本不同的心理状态。

调节人格比例有多种进化塑造方式。进化可以影响调节受体的丰度和分布、这些受体的激活方式，以及由受体介导的心理特征获得意识的程度（由抑制系统、血清素-2 和大麻素介导）。

（二）与宗教的协同进化

有人认为宗教提供了适应性好处，因此受到自然选择的青睐（Wilson，2003）。如果是这样的话，我们内在的心理就会为了促进宗教而进化。一些心理器官似乎促进了宗教。阿尔法-2 介导灵魂的感觉，有些人认为这是所有宗教的最终基础（Tylor，1958）。咪唑啉介导同理心和宽恕，这是一些宗教传统的核心。多巴胺介导敬畏——这被称为独特的宗教情感，并介导确定性（Smith，2001）、意义和精神意义感（Griffiths et al.，2006）。多巴胺似乎是最典型的宗教心理器官。贝塔可能是儒家思想的基础，一些人认为这是一种宗教。当贝塔与血清素-7 一起被激活时，它可以产生具有宗教性质的欣喜若狂的喜悦。血清素-7 会产生一种超越身体、宇宙、无限的更强大的力量，甚至产生上帝的感觉。

（三）心理空间探索

如果一个心理器官在人群中表达得相对较好，一般而言，它将在心理生活
325 中发挥显著的作用。在这种情况下，它会比一般表达不佳的心理器官经历更多的选择。随着进化时间的推移，高度表达的心理器官将比表达不佳的心理器官被塑造得更加丰富。在这个选择层面上，我们讨论的不是心智中各个心理器官的比例，而是各个器官的定性特征。一个在群体中被表达得很好，并因此经历了强选择的心理器官，可以精细地进化出调控元素，这些元素塑造了构成该器官的神经元群的连接模式和分布。作为心智的一个元素，这个心理器官可以变得更丰富、更微妙、更详细、更清晰、更复杂。

如果一个心理器官在群体中的相对表达强度下降，那么随着选择的减弱，

受体基因会变得容易被转变成假基因，但除此之外，心理器官的无数特征可能开始漫游，更随机地探索更远的心理空间领域。在较弱的选择条件下，心理特征可以在低适应区域徘徊，并最终产生一个新功能或现有功能的新变体，从而产生一个新的心理器官。但这些弱选择时期对应的是探索而不是改进。改进需要比探索更强的选择。

（四）心智的起源

为了让进化雕琢出精巧复杂的、大型的、多细胞的生物，它需要一种可进化的遗传和调控机制，该机制可以指定一个发育程序来产生同源基因这种形式。这种遗传和调控系统的进化发现和完善很可能是寒武纪大爆发和复杂生命起源的关键促进因素之一。

心智的真正进化描述需要一个类似于同源基因的遗传系统来塑造*心理*生活。为让进化塑造心智，必须有一个遗传和调控系统，使得连贯的心理特征中存在可遗传的基因变异。心理器官、调节受体（GPCR）和调节它们的遗传系统似乎为心智的起源和进化提供了可进化的遗传钥匙。我怀疑，心理器官和受体的联系是一种进化上的便利，与进化性相关。

这可能是神经生物学中的一个基本问题的答案：为什么存在着如此多不同种类的调节受体（哺乳动物的大脑中表达了300多种）？心理器官假设为这一进化问题提供了一个可能的答案：调节受体的多样性是一种构造和模块化*心智的*机制，允许它在进化中被塑造、微调和完善。具有调节和进化它们的遗传系统的心理器官的出现促进了复杂心智的起源。

参 考 文 献 326

Ajaya, A. (2009). The evolution of human consciousness. Available via http://www.beingawareness.org/ writings/writings_Evolution.htm.

AKC. (2012). American kennel club. Available via http://www.akc.org/breeds/.

Baars, B. J. (2001). In the theater of consciousness: The workspace of the mind. Oxford: Oxford University Press.

Borg, J., Andree, B., Soderstrom, H., & Farde, L. (2003). The serotonin system and spiritual experiences. American Journal of Psychiatry, 160, 1965-1969.

Brontë, C. (2009). Jane Eyre. Radford, VA: Wilder Publications.

Buck, L., & Axel, R. (1991). A novel multigene family may encode odorant receptors: A molecular basis for odor recognition. Cell, 65, 175-187.

Chaplin, C.(2011). One of the greatest posts on Youtube so Far! Available via http://www.

youtube.com/ watch?v = M8C-qlgbP9o.

Damásio, A. (2005) Descartes' Error: Emotion reason, and the human brain. New York: Penguin.

Gopnik, A. (2009). The philosophical baby: What Children's minds tell us about truth, love, and the meaning of life. New York: Farrar, Straus and Giroux.

Griffiths, R. R., Richards, W. A., McCann, U., & Jesse, R. (2006). Psilocybin can occasion mystical-type experiences having substantial and sustained personal meaning and spiritual significance. Psychopharmacology (Berl), 187, 268-283.

Hall, S. S. (2010). Wisdom: From philosophy to neuroscience. New York: Knopf.

Jaspers, K. (1962). Socrates, Buddha, Confucius, Jesus: The paradigmatic individuals (A Harvest book, HB 99). New York: Harcourt.

Niimura, Y., & Nei, M. (2007). Extensive gains and losses of olfactory receptor genes in mammalian evolution. PLoS One, 2, e708.

Pham, M. T., Lee, L., & Stephen, A. T. (2012). Feeling the future: The emotional oracle effect. Journal of Consumer Research. Available via http://www.jstor.org/stable/10.1086/663823.

Ramachandran, V. S. (2004). The neurological basis of artistic universals. Available via https://notes.utk.edu/ Bio/greenberg.nsf/0/7222777efe4b2d2885256e2c007d85f8.

Ramachandran, V. S. (2007a). The artful brain. New York: Pi Press.

Ramachandran, V. S. (2007b, December 3). Podcast 118- "What neurology can tell us about human nature, synesthesia and art". Available via http://www.matrixmasters.net/salon/p=146.

Ramachandran, V. S., & Hirstein, W. (1999). The science of art: A neurological theory of aesthetic experience. Journal of Consciousness Studies, 6, 15-51.

Sato, H. (1995). One hundred frogs. New York: Weatherhill.

Smith, H. (2001). Do drugs have religious import? A thirty-five-year retrospective. In T. B. Roberts (Ed.), Psychoactive sacramentals, essays on entheogens and religion (pp. 11-16). San Francisco: Council on Spiritual Practices.

Tylor, E. B. (1958). Religion in primitive culture. New York: Harper & Brothers.

Wikipedia. (2010a). Shinto. Available via http://en.wikipedia.org/wiki/Shinto.

Wikipedia. (2010b). Taoism. Available via http://en. wikipedia.org/wiki/Taoism.

Wilson, D. S. (2003). Darwin's Cathedral: Evolution, religion, and the nature of society. Chicago: University of Chicago Press.

第十六章　记忆-心理描述：心智的起源与生物记忆储存问题

弗兰克·斯卡兰姆布利诺[①]

摘要：生命的符号学观点的内在逻辑表明，记忆是心智的起源。通过查尔斯•皮尔斯对“指号”意义的解释，本章的目的是对心智起源生物符号学问题提供一个回应，涉及其一般和特定的表述，比如进化的出现和人类环境经验。因此，我希望本章能以启发式的方式表达生物符号学的心智观和功能观。“记忆-心理描述”指的是心智把自己从记忆中书写出来。关于生物符号学，记忆-心理描述理论认为，心智起源于环境和生物记忆能力之间的相互作用。通过对当代记忆研究的成果，特别是对埃里克·坎德尔、丹尼尔·沙克特、米格尔·尼科莱利斯等的研究成果的生物符号学解读，我认为记忆-心理描述理论，而非生物符号学版本的同一论，才是心智起源问题的解决方案。

在天堂，学习即看见；在地球上，学习是记忆。
那些经历过神秘的人是幸福的。
他们知道生命的开端和终结。
——品达（Pindar，约公元前 518～前 438 年）

在本章中，我主张的论点是，生物符号学范式的内在逻辑使生物符号学认为记忆是心智的起源。“心智起源的问题”问的是：心智从何而来？并且由于生物符号学以生命为背景，这个问题可以是一般的，也可以是具体的。一般来说，“起源”仅限于心智的进化涌现，具体来讲，它仅限于一个生命系统或一个特定的生物体。我提供了一些关于不同复杂程度的心智的例子，以便一般地和具体地解决这个问题。本章共分为四部分。

---

① 弗兰克·斯卡兰姆布利诺（Frank Scalambrino），美国芝加哥职业心理学院，电子邮件：fscalambrino@thechicagoschool.edu。

328 在第一部分，我通过讨论生物符号学研究与哲学家查尔斯•皮尔斯的“指号”概念，来解释我所说的符号学生命观的“内在逻辑”。在第二部分，我论证了皮尔斯的指号概念的内在逻辑使得生物符号学认为记忆是心智的起源。我把这种说法称为“记忆-心理描述理论”。在第三和第四部分，我认为生物符号学家应当肯定这一论点是心智起源问题的生物符号解决方案。我援引了记忆存储的生物学问题来框定动物心智起源的具体问题，以便批判性地审查作为记忆-心理描述的替代方案的心智同一论的生物符号学版本。由于另一种观点宣称了心智起源的问题的唯一一个其他的逻辑上可行的生物符号学解决方案，因此通过排除法，我主张记忆-心理描述。最后，我进一步澄清和支持了我关于记忆的易识别特征的论点。

一、引言：记忆作为心智的生物符号学起源

“生物符号学”指的是“生命基于符号”（Barbieri，2008a：577）的范式转换观点（Anderson et al.，1984；Hoffmeyer & Emmeche，1991；Eder & Rembold，1992）。换句话说，“如果把指号（而不是分子）作为研究生命的基本单位，生物学就成了一门符号学学科”（Hoffmeyer，1995：16）。此外，生物符号学的特征通过两条原则体现。首先，“指号过程是生命所特有的，也就是说，它不存在于无生命的物质中”（Barbieri，2008b：1，2009：230）。其次，“指号过程和意义是自然实体”，也就是说，“地球上生命的起源”不应该是超自然因果作用的结果（Barbieri，2008d：1，2009：230）。因此，这意味着“生物符号学是必要的，以便明确那些由诸如功能、适应、信息、编码、信号、线索等未经分析的目的论概念而引入的多种生物学假设，并为这些概念提供理论基础”（Pain，2007：121）。

在生物符号学范式中提出心智起源的问题，然后把所有生物作为其背景，因为所有的陆地生命都参与“信息交换的过程，或指号过程”（Sebeok，1991：22）。因此，一方面，“例如植物的指号不同于动物的指号，两者都不同于真菌、原生生物和细菌的指号”（Barbieri，2008c：46）。然而，另一方面，尽管有差异，“但它们都是指号过程，并让我们得出指号存在于所有生命系统中的结论”（Barbieri，2008c：46）。因此，心智起源的问题可能指的是一个*特定的*生命系统，也可能*泛指*心智的进化涌现。

在这一章，我认为无论从其一般表述还是具体表述来看，心智起源问题的生物符号学答案都是记忆。生物符号学似乎认为，记忆对于生命的延续（即信

息的传递）和发展更高水平的复杂性（即将信息解释为意义）都是必要的。记 329
忆作为心智的起源，并不否认在不同生命系统中心智的不同含义。更确切地说，生命本身需要各种复杂的心智，记忆作为更高水平心智可能性的条件，必须与生命的传递同时存在。

因此，到目前为止，由于指号“被视为研究生命的基本单位”（Hoffmeyer，1995：16；参见 Marvell，2007），对生物符号学家如何理解“指号”的一个简单考察，将揭示记忆是心智的起源。生物符号学家（参见 Barbieri，2009；Kull et al.，2009；Favareau，2007；Hoffmeyer，2006；Emmeche，1991）经常求助于哲学家皮尔斯的指号概念，即“表征项、对象和解释项”之间的三元关系（Nöth，1990：44；参见 Peirce，1998：290）。而且，记忆–心理描述的论点表明，无论我们讨论的是 T 细胞、植物、胚胎、动物还是人类，解释项都是一种记忆形式。

虽然对皮尔斯哲学的广泛讨论超出了当前的范围，但根据皮尔斯的说法，指号“是在某些方面或能力上代表某人的东西”（Peirce，2011：99）。此外，

> *表征项*是三元关系的第一关联，第二关联被称为其*客体*，而可能的第三关联被称为其*解释项*，通过这个三元关系，可能的解释项被确定为同一个三元关系对同一客体的第一关联。（Peirce，1998：290）

注意，三元关系*首先涉*及对指号的认知，*其次*是识别，*最后*是对识别者的揭示。而且，正如对皮尔斯引用的第二部分所指出的，尽管解释项作为识别者的发现是“最后”，但要从认知走向识别是需要识别者的，因此一定已经在场。换句话说，为了使信息（即表征项）代表某物（即被解释为有意义），解释项必须在场，尽管其解释方式直到在对客体的认识中进行解释时才被发现。这样，对一个指号的解释总是创造一个新的符号，一旦被解释就创造一个新的符号，这个过程就是指号。

复杂性从解释项中发展而来，因为将表征项视为客体就是通过将它解释为有意义，从而传递到更高层次的复杂性，进而保留表征项。此外，一旦解释项成为后续符号的表征项，指号过程的复杂性就会增加，就像它正在养成解释的习惯一样。因此，请注意，构建更高复杂性的关键在于*保留*正在构成的更复杂的结构，而这个复杂的结构在构建的过程中，除了对过程本身的记忆，即复杂性的传递之外，并不存在于其他任何地方。因此，通过传递将表征项作为有意义客体的保留是一种记忆形式，而客体作为其一部分的更高结构是由这种记忆建构而成的。

那么，解释项作为记忆的一种形式有三种明确的方式：①解释项出现在表 330
征项作为客体的认识中，表明了解释项有能力将表征项视为客体；②解释项对

表征项作为客体的认识，通过转换为另一种复杂性而保留了表征项；③由于解释项随后作为表征项发挥作用——既是一种认识的倾向也是一种解释的习惯，这种倾向或习惯所构建的复杂性都被传递到未来。接下来的具体例子应该有助于进一步阐明这一论点。

二、作为记忆形式的解释项：跨生命系统的例子

坦（J. T. Tan）和查尔斯·苏赫（Charle Surh）在《从先天免疫学到免疫记忆》（*From Innate Immunology to Immunological Memory*）中题为“T 细胞记忆”的章节中提出，“记忆 T 细胞是根据一系列渐进的线索而发育的”，并且“由先前感染或接种疫苗而催生的 T 细胞记忆可以增强对随后微生物感染的保护”（Tan & Surh，2006：85）。苏赫与坦称之为“T 细胞对急性感染的反应”的三个连续阶段，即“扩张、收缩、保持”，可以通过生物符号学的范式来看待。对病原体的认识会引起 T 细胞的扩张，然后在消除感染性表征项后收缩。保持阶段表明，解释项随后作为系统的表征项以更高的复杂性存在（Tan & Surh，2006：86；参见 Tough & Sprent，1994）。其结果是，“在再次暴露后……记忆 T 细胞的反应比未暴露过的 T 细胞更快更强”（Tan & Surh，2006：87）。因此，在讨论（记忆）T 细胞时，解释项可以被视为记忆的一种形式。

冈特·威特扎尼（Günther Witzany）在其“植物交流”一章中解释了如何通过生物符号学范式来看待植物与环境的相互作用，揭示了作为一种记忆形式的解释项。根据威特扎尼的说法，当“化学分子用作信号”时，“它们以固体、液体或气体的形式发挥信号、信使物质、信息载体和记忆媒介的作用”（Witzany，2010：27）。具体来说，

> 资源及其周期性、循环可利用性的检测在植物的记忆、计划、生长和发育中起着关键作用。例如，当小树一年只浇一次水时，它们学会在接下来的几年里适应这种情况，并将整个生长与发育精确地集中在预期的时期。（Witzany，2010：32；Hellmeier et al.，1997）

威特扎尼明确指出适应依赖于记忆。这里的想法是，植物对环境的更复杂的适应是通过一个交流过程产生的，这个过程依赖于记忆，并且是由记忆构建的。记住植物行为变化的稀缺性，即生长的集中，与其环境表现出更复杂的关系。

巴比里对胚胎的讨论提供了另一个具体例子，不仅将解释项作为一种记忆
331 形式，而且将这种记忆作为更高复杂性的可能性条件。关于胚胎，巴比里引用

了阿尔伯特等（Alberts et al.，1989/2008）在《细胞分子生物学》（*Molecular Biology of the Cell*）中的一段名言：

> 在胚胎发育过程中，细胞不仅必须变得不同，而且必须“保持”不同……这些差异之所以得以保持，是因为细胞以某种方式记住了那些过去影响的效果，并将其传递给后代……细胞记忆对于复杂的特化模式的发育和维持都至关重要。（Alberts et al.，1989/2008：901；Barbieri，2003：113，整段引用在原文中都强调了）

巴比里和阿尔伯特等所说的“细胞记忆”可以被视为解释项随后作为表征项的使用，以及由此产生的分化和复杂性的能力。正如阿尔伯特等所说的：“通过细胞记忆，最终的组合规范是逐步建立起来的”（Alberts et al.，1989/2008：466）。巴比里关于“系统复杂性的全面增加”的结论是，它“完全依赖于被用于重构的记忆，因为只有在记忆空间中才会出现新的信息”（Barbieri，2003：206）。因此，“记忆空间”应该是指通过对解释项的一种倾向或习惯的认识的发展而传递到未来的复杂性变化。

最后，关于动物，冯·尤克斯卡尔提出：“意义可以而且的确能够产生于感知、行动和结果的生成循环所提供的相互作用的‘关闭’。”（Brier，2010：699-700）布雷特·布坎南（Brett Buchanan）在其《本体-理论学：尤克斯卡尔、海德格尔、梅洛-庞蒂和德勒兹的动物环境》（*Onto-ethologies: The Animal Environments of Uexküll, Heidegger, Merleau-Ponty, and Deleuze*）一书中使用这种策略将冯·尤克斯卡尔的“具身预期力”概念解释为“进化意向性”，他援引了霍夫梅耶的话：“说生物怀有意图，就等于说它们能够区分周围的现象，并有选择性地对它们做出反应。”（Hoffmeyer，1996：47；参见 Buchanan，2008；Deleuze，1994；Heidegger，1962；von Uexküll，2010）因此，正如你现在最有可能预见到的那样，从生物符号学范式来看，动物的环境分化和选择的能力取决于解释项随后作为表征项的使用。

总之，通过将符号解释为生命研究的基本单位，生物符号学似乎致力于声称心智是通过解释项来传递的。而且，就解释项是记忆的一种形式而言，根据生物符号学范式的内在逻辑，记忆是心智的起源。事实上，生物符号学家库尔、迪肯、埃梅切、霍夫梅耶和斯特瑞夫尔特（Stjernfelt）似乎都肯定了这样一个结论说：“指号过程一般包括记忆过程，这保持了信息的连续性和动态选择的稳定性。”（Kull et al.，2009：172；参见 Jämsä，2008：80）同样，帕蒂（Pattee，1997：127）将“解释项理解为一个符号学上封闭的局部（有界）系统，凭借其记忆存储的结构与控制，能够在开放的环境中幸存和自我复制”。

此外，正如霍夫梅耶所说的：“生命系统基本上参与符号的相互作用，即解释过程。”（Hoffmeyer，2010：367）巴比里认为：“学习需要记忆，经验的结果在记忆中积累，这意味着解释项也是一个*依赖于记忆的过程。*”（Barbieri，2008c：45，强调部分是原文）接下来需要展示的是一个与记忆储存的生物学问
332 题有关的人类心智起源的例子以及一个论证，来说明为什么生物符号学家应该确认记忆-心理描述的论点比生物符号学版本的同一论[①]更能解决心智起源的问题。

三、记忆存储的生物学问题和心智的同一论

根据埃里克·坎德尔的说法，记忆存储的生物学问题“有一个系统和一个分子成分”（Kandel & Pittenger，1999：2027）。分子成分与记忆发生所必需的生物变化有关，例如，“长期记忆的形成需要合成新的蛋白质”（Kandel，2009：12750；参见 Black et al.，1988）。该系统的组成部分涉及生物变化，涉及生物外部空间配置的分化和确定方面，例如“模式完成”“模式分离”“空间地图”（Kandel，2009：12570；参见 Buonomano，2007）。一方面，“这些关于记忆研究的观点在他们所提的问题、方法论和概念框架上有所不同”（Kandel & Pittenger，1999：2046）；另一方面，“我们对记忆机制的理解将会不完整，除非我们能够将这两种观点统一到一个单一的、统一的框架当中”（Kandel & Pittenger，1999：2046）。

坎德尔提出的框架唤起了一个哲学问题，即生物体的中枢神经系统与其外部环境之间的联系（参见 Place，1956；Feigl，1958；Smart，1959；Chalmers，1995；Sellars，1956；Deacon，2010）。现在，生物符号学范式可以提供这个统一框架。然而，由于生物符号学尚未确立一个关于心智起源的公认理论，因此我将说明为什么选择（a）表征项（b）符号的对象作为心智的起源是不正确的。因此，我在这里提倡通过消除过程的记忆-心理描述法。

我勾勒的框架基于心智起源于记忆这一论点，即记忆-心理描述理论，它将像上文的动物例子一样描述特定的人类公式。环境刺激可以作为表征项；中枢神经系统的活动将被视为客体；记忆可以作为解释项。然而，作为另一种解释，心智同一性理论的各种变体将非物质的心智与物质的中枢神经系统活动等同起来（参见 Goldberg & Pessin，1997：39）。因此，在这个框架下，这样一

① 在其他地方，我讨论了记忆-心理描述与身心问题之间关系的话题。在这里，我关心的是将记忆-心理描述作为一种解决心智起源问题的生物符号学路径。

个理论将把环境、大脑和记忆这三个术语简化为环境和大脑。

威廉·詹姆斯关于心智的同一论提出了一个著名的历史表述： 333

> 无论思想的脉络有多少，有多么微妙的不同，与之并行的大脑事件的脉络在两个方面必须完全吻合，而且我们必须假定有一个神经机器，它为每一个影子提供了活生生的对应，不管它的主人的心智历史是多么细微。（James，1918：128）

而且，随着著名的神经科学家米格尔·尼科莱利斯的“脑机接口”（brain-machine interface，BMI，或者是 brain-computer interface，BCI）的成功，这种脑–心同步的可能性正在被提出。根据尼科莱利斯的说法：“数以百万计的脑细胞（神经元）的电活动可以被翻译成精确的熟练动作序列。”（Nicolelis & Lebedev，2009；参见 O’Doherty et al.，2011，2012）因此，大脑与身体的运动功能之间有可能实现相应的同步。

然而，这意味着生物符号学应该接受各种同一论作为其动物心智起源的论点吗？在讨论尼科莱利斯等的工作，特别是关于训练老鼠的工作时，利兹·斯沃和卢·高柏认为确实如此。在其论文《意义是如何根植于生物中的？》（How is meaning grounded in the organism?）中，他们认为“体感神经元活动的短期迸发（持续时间约为 40 毫秒）是一种时空实体，与老鼠生活环境的显著特征具有特定的对应关系”（Swan & Goldberg，2010：134）。他们“称这个实体为*脑-客体*”（Swan & Goldberg，2010：134）。此外，他们解释称：“尼科莱利斯的实验提供了一个微观世界，其中外部生物世界……与老鼠的体感系统的内部有机世界相联系，而且这两者通过我们所说的脑–客体联系在一起。”（Swan & Goldberg，2010：142）并且他们得出结论，他们的模型能够“外推到一般的生物意义建构”（Swan & Goldberg，2010：143）。那么，他们的论文是如何形成心智同一论的？又是如何与心智起源问题的特定动物表述相联系的？

他们的论文表明，“在环境刺激的‘客体性’（时间性和空间性）和由此产生的表征它的脑–客体之间，存在着直接的对应关系，实际上是一种同构关系”（Swan & Goldberg，2010：141）。因此，“脑–客体就是一种机制，通过这种机制，世界的特征成为大脑的特征”（Swan & Goldberg，2010：142）。因此，他们在第一层面上消除了解释的存在——他们的符号学过程始于“直接对应”（参见 Swan & Goldberg，2010：143-145）。这不是取消式唯物主义，因为他们并不主张消除心理表征或心理属性（参见 Churchland，1981；Mach，1897：30）；相反，如果存在心理表征，那么“脑–客体”的含义最终包含了它们。因此，心理表征被认为是神经活动，也就是说，这是心理同一论的一种变体。然而，通过消除从经验符号学过程开始的解释，他们推进了脑–客体是动物心智起源的主张。换句话说，既然解释项被消除，并且表征项是环境的，也就是说，它并不是有机体的一部分，也不会是它的心智的起源，他们唯一的选择是脑-客体。

334 虽然对巴比里提出的基于非解释的生物符号学的讨论超出了当前的范围，但我提出不遵循“直接对应”的两个理由，即在第一层面上消除解释的策略。而且，我在这里援引巴比里，是因为斯旺和高柏引用巴比里（Barbieri，2008b）来证明他们不遵循皮尔斯的指号概念（参见 Swan & Goldberg，2010：144-145）。首先，在我看来，无论一个生物体经验地派生出什么意义，该生物总是处在它的环境中，以至于意义的派生本身就构成了对环境的解释（参见 Kant，1998：110，Bxvi；参见 Favareau，2010）。其次，巴比里本人似乎并不提倡（脑-）客体的策略。根据巴比里的说法，

> 毫无疑问，解释过程在生物世界中无处不在，因此皮尔斯模式适用于一系列令人印象深刻的生物现象。然而，这条规则有*一个明显的*例外。例外就是*遗传编码*。（Barbieri，2008b：180，加了强调）

此外，“动物构建世界的表征（或内部模型），而单细胞在物理上无法做到这一点。这意味着两种不同类型的指号过程的存在，一种基于对动物的解释，另一种基于对单细胞的编码”（Barbieri，2009：237）。因此，我主张解释项而非表征项或客体，作为心智起源问题具体表述的解决方案。

四、记忆-心理描述法：心智从记忆中书写自身

“记忆-心理描述法”从词源上表明，心智（ψυχη）从记忆中书写（γραψη）自身。记忆-心理描述法作为一种生物符号学命题，指的是对生命符号从最初展开的过程。解释项最初不是客体，这并不是否定客体存在的符号学理由。而且，就目前而言，信息的传递是有意义的，而未来的复杂性则源于解释项的解释。因此，在动物或人类体验其环境的情况下，记忆是这种传递和派生的起源。以下关于人类的具体例子应该为本章一锤定音，从而为记忆心理学作为心智起源问题的生物符号学解决方案的论点提供充分的支持。

1956 年，乔治•米勒（George A. Miller）发表了一篇著名的论文，题为《神奇的数字 7±2：我们处理信息能力的一些限制》（The Magical Number Seven, Plus or Minus Two: Some Limits on Our Capacity for Processing Information）（Miller，1956）。我提到米勒的论文是为了审视他所讨论的两个相关概念——重新编码和组块。根据米勒的说法，“记忆的过程可能仅仅是组块的形成，或聚

集在一起的物项组”（Miller，1956：95）。此外，他区分了组块与片段，片
段构成组块。这种区分是很重要的，因为正是通过这种方式，他才能讨论重 335
新编码。米勒关心的是如何理解记忆者能够记住和回忆如此大量的项目。他
指出：

> 观察一个人连续被给了 40 个二进制数字，然后准确地复述出来，这有点戏剧性。然而，如果你认为这仅仅是一种延长记忆广度的助记技巧，你就会错过更重要的一点，这一点在几乎所有的助记技巧中都是隐含的。重点是，重新编码是一种极其强大的武器，可以*增加我们能够处理的信息量。我们在日常行为中经常使用一种或更多种形式来重新编码。*（Miller，1956：94-95，强调为作者所加）

因此，重新编码就相当于在第一层面上影响单元形式。通过将“比特”进行“分组”，环境信息作为有意义的传递——将表征项视为客体——可以被改变。注意，如果这些比特是分组的，那么这个客体将不同于由表征项的非组块识别得到的客体。

因此，解释项是记忆的一种形式，由于客体确定本身与记忆相关，而环境经验所产生的复杂性实际上源于生物体的记忆。此外，记忆以多种方式影响生物体对环境的无意识参与。一方面，“有理由相信……每个感官系统都可能伴随着一个相对独特的记忆系统”（Spear & Riccio，1994：346）。另一方面，由于“自动性不是由独立于技能的刺激驱动的”（Jacoby et al.，1993：261），“组块可能是构成自动性的主要过程基”（Dehn，2008：122）。

最后，被称为“启动”（priming）的记忆特征是一个很好的例子，既说明了解释项作为一种记忆形式的存在，先于符号中对象识别的关联，也说明了冯 · 尤克斯卡尔的“预期力”的概念。根据沙克特和恩德尔•托尔文（Endel Tulving）的说法，“启动是人类记忆的一种无意识形式，它与词语和客体的感知识别有关”（Tulving & Schacter，1990：301；参见 Schacter & Badgaiyan，2001；Schacter & Buckner，1998）。此外，“启动是一种无意识的记忆形式，它涉及一个人识别、产生或分类一个项目的能力的变化，这是由于之前与该项目或相关项目的接触”（Schacter et al.，2004：853，加了强调；参见 Tulving & Schacter，1990，1992）。换句话说，正如有可能不是基于洞察力而是基于记忆（例如，一般的句子结构或对话者的倾向）为他人完成一个句子一样，记忆的这种特征在人与环境的接触中起作用。例如，想想“肌肉记忆”——关于感知或抓住一个从手中滑落的物体而不需要看到它。因此，对于人类，启动是指霍夫梅耶所称的自然的“养成习惯”[当然，这是对皮尔斯的暗示]——换句话说，它作

为自身持续相互作用的结果而发展新规则的趋势——一直在起作用（Hoffmeyer，2010：602）。

336 五、结论

综上所述，在本章中，我主张将记忆-心理描述法作为生物符号学解决心智起源问题的一般和具体表述。为此，我引用了皮尔斯关于符号的指号概念作为表征项、客体和解释项之间的三元关系，并考虑了不同复杂程度的多个例子。我认为解释项是一种记忆形式，并指出了解释项的三个功能，这些功能揭示出解释项是一种记忆形式。

我从坎德尔和尼科莱利斯等的神经科学研究中引用了记忆存储的生物学问题，进一步说明了心智起源问题的具体表述。我研究了一种生物符号学版本的心智同一论，作为对我的记忆-心理描述理论的可能反驳。而且我援引了当代记忆研究——比如沙克特关于启动的研究——进一步证明了我的观点，即解释项是一种记忆形式。

鉴于记忆在符号学过程中的核心作用，生物符号学似乎必然致力于我所说的记忆-心理描述理论。记忆-心理描述法解决了心智起源的问题，因为作为记忆形式的解释项不仅负责作为意义的信息传递，也负责衍生更高层次的复杂性。换句话说，心智从记忆中书写自身，且记忆是心智的起源[①]。

参 考 文 献

Alberts, B., Bray, D., Lewis, J., Raff, M. Roberts, K., & Watson, J. D. (1989/2008). Molecular biology of the cell. New York: Garland Publishing.

Anderson, M., Deely, J., Krampen, M., Ransdell, J., Sebeok, T., & von Uexküll, T. (1984). A semiotic perspective on the sciences: Steps toward a new paradigm. Semiotica, 52(1/2), 7-47.

Barbieri, M. (2003). The organic codes: An introduction to semantic biology. Cambridge: Cambridge University Press.

Barbieri, M. (2008a). Biosemiotics: A new understanding of life. Naturwissenschaften, 95, 577-599.

Barbieri, M. (2008b). Is the cell a semiotic system? In M. Barbieri (Ed.), Introduction to biosemiotics (pp. 179-207). Dordricht: Springer.

Barbieri, M. (2008c). Life is semiosis: The biosemiotic view of nature. Cosmos and History the

① 我要感谢伯纳德·巴尔斯博士、帕特里克·赖德博士（Dr. Patrick Reider）和斯蒂芬妮·斯韦尔斯博士（Dr. Stephanie Swales）的有益评论。我特别要感谢利兹·斯旺博士的耐心、奉献精神和有益的评论。

Journal of Natural and Social Philosophy, 5(1/2), 29-51.

Barbieri, M. (2008d). What is biosemiotics? Biosemiotics, 1, 1-3.

Barbieri, M. (2009). A short history of biosemiotics. Biosemiotics, 2(2), 221-245.

Black, I. B., Adler, J. E., Dreyfus, C. F., Friedman, W. F., LaGamma. E. F., & Roach, A. H. (1988). Experience and the biochemistry of information storage in the nervous system. In M. S. Gazzaniga (Ed.), Perspectives in memory research (pp. 3-22). Cambridge, MA: The MIT Press.

Brier, S. (2010). The cybersemiotic model of communication: An evolutionary view on the threshold 337
between semiosis and informational exchange. In D. Favareau (Ed.), Essential readings in biosemiotics (pp. 697-730). New York: Springer.

Buchanan, B. (2008). Onto-ethologies: The animal environments of Uexküll, Heidegger, Merleau-Ponty, and Deleuze. Albany: SUNY Press.

Buonomano, D. V. (2007). The biology of time across different scales. Nature Chemical Biology, 10, 594-597.

Chalmers, D.(1995). Facing up to the problem of consciousness. Journal of Consciousness Studies, 2(3), 200-219.

Churchland, P. M. (1981). Eliminative materialism and the propositional attitudes. The Journal of Philosophy, 78(2), 67-90.

Deacon, T. (2010). Excerpts from the symbolic species. In D. Favareau (Ed.), Essential readings in biosemiotics (pp. 541-852). New York: Springer.

Dehn, M. J. (2008). Working memory and academic learning: Assessment and intervention. Hoboken: Wiley.

Deleuze, G. (1994). Difference and repetition. (P. Patton, Trans.). New York: Columbia University.

Eder, J., & Rembold, H. (1992). Biosemiotics—A paradigm of biology: Biological signaling on the verge of deterministic chaos. Naturwissenschaften, 79(2), 60-67.

Emmeche, C. (1991). A semiotical reflection on biology, living signs and artificial life. Biology and Philosophy, 6(3), 325-340.

Favareau, D. (2007). How to make Peirc's ideas clear. In G. Witzany (Ed.), Biosemiotics in transdisciplinary contexts (pp. 163-177). Helsink: Umweb Press.

Favareau, D. (2010). Introduction: An evolutionary history of biosemiotics. In D. Favareau (Ed.), Essential readings in biosemiotics (pp. 1-80). New York: Springer.

Feigl, H. (1958). The "mental" and the "physical". In H. Feigl, M. Scriven, & G. Maxwell (Eds.), Concepts, theories and the mind-body problem (Minnesota studies in the philosophy of science, Vol. II, pp. 370-497). Minneapoli: University of Minnesota Press.

Goldberg, S., & Pessin, A. (1997). Gray matters: An introduction to the philosophy of mind. New York: Armonk.

Heidegger, M. (1962). Being and time. (J. Macquarrie & E. Robinson, Trans.) New York: Harper and Row.

Hellmeier, H., Erhard, M., & Schulze, E. D. (1997). Biomass accumulation and water use under arid conditions. In F. A. Bazzaz & J. Grace (Eds.), Plant resource allocation (pp. 93-113). London: Academic.

Hoffmeyer, J. (1995). The swarming cyberspace of the body. Cybernetics and Human Knowing, 3(1), 16-25.

Hoffmeyer, J. (1996). Signs of meaning in the universe. (B. J. Haveland, Trans.). Bloomington: Indiana University Press.

Hoffmeyer, J. (2006). Genes, development, and semiosis. In E. Neumann-Held & C. Rehmann-Sutter (Eds.), Genes in development: Re-reading the molecular paradigm (pp. 152-174). Durham: Duke University Press.

Hoffmeyer, J. (2010). The semiotics of nature: Code-duality. In D. Favareau (Ed.), Essential readings in biosemiotics (pp. 583-628). New York: Springer.

Hoffmeyer, J., & Emmeche, C. (1991). Code-duality and the semiotics of nature. In M. Anderson & F. Merrell (Eds.), On semiotic modeling (pp. 117-166). Berlin: Mouton de Gruyter.

Jacoby, L. L., Ste-Marie, D., & Toth, J. P (1993). Redefining automaticity: Unconscious influences, awareness, and control. In A. D. Baddeley & L. Weiskrantz (Eds.), Attention, selection, awareness, and control: A tribute to Donald Broadbent (pp. 261-282). London: Oxford University Press.

James, W. (1918). The automaton-theory. In The principles of psychology (Vol. 1). New York: Dover Publications.

Jämsä , T. (2008) Semiosis in evolution. In M. Barbieri (Ed.), Introduction to biosemiotics (pp. 69-100). Dordrecht: Springer.

338 Kandel, E. (2009). The biology of memory: A forty-year perspective. The Journal of Neuroscience, 29(41), 12748-12756.

Kandel, E., & Pittenger, C. (1999). The past, the future and the biology of memory storage. Philosophical Transactions of the Royal Society of London, 354, 2027-2052.

Kant, I. (1998). Critique of pure reason. (P. Guyer & A. W. Wood, Trans.). Cambridge: Cambridge University Press.

Kull, K., Deacon, T., Emmeche, C., Hoffmeyer, J., & Stjernfelt, F. (2009). Theses on biosemiotics: Prolegomena to a theoretical biology. Biological Theory, 4(2), 167-173.

Mach, E. (1897). Contributions to the analysis of the sensations. (C. M. Williams, Trans.) Chicago: The Open Court Publishing Co.

Marvell, L. (2007). Transfigured light: Philosophy, cybernetics and the hermetic imaginary. Bethesda: Academia Press.

Miller, G. A. (1956). The magical number seven, plus or minus two: Some limits on our capacity for processing information. Psychological Review, 63(2), 81-97.

Nicolelis, M. A. L. (2001). Actions from thoughts. Nature, 409, 403-407.

Nicolelis, M. A. L., & Lebedev, M. A. (2009). Principles of neural ensemble physiology underlying the operation of brain-machine interfaces. Nature Reviews Neuroscience, 10, 530-540.

Nöth, W. (1990). Handbook of semiotics. Bloomington: Indiana University Press.

O'Doherty, J. E., Lebedev, M. A., Ifft, P., Zhuang, J., Katie, Z., Shokur, S., Bleuler, H., & Nicolelis, M.A.L. (2011). Active tactile exploration using a rain-machine-brain interface. Nature, 479, 228-231.

O'Doherty, J. E., Lebedev, M. A., Zeng, L., & Nicolelis, M. A. L. (2012). Virtual active touch using randomly patterned intracortical microstimulation. Neural Systems of Rehabilitation Engineering, 20(1), 85-93.

Pain, S. P. (2007). The ant on the kitchen counter. In M. Barbieri (Ed.), Biosemiotic research trends (pp. 113-140). New York: Nova Science.

Pattee, H. H. (1997). The physics of symbols and the evolution of semiotic controls. In M. Coombs & M. Sulcoski (Eds.), Control mechanisms for complex systems: Issues of measurement and semiotic analysis (pp. 9-25). Albuquerque: University of New Mexico Press.

Peirce, C. S. (1998). Nomenclature and divisions of triadic relations, as far as they are determined. In the Peirce Edition Project (Ed.), The essential Peirce: Selected philosophical writings (Vol.2, 289-299). Bloomington: Indiana University Press.

Peirce, C. S. (2011). Logic as semiotic: The theory of signs. In J. Buchler (Ed.), Philosophical writings of Peirce (pp. 98-119). New York: Dover Publications.

Place, U. T. (1956). Is consciousness a brain process? British Journal of Psychology, 47, 44-50.

Schacter, D. L., & Badgaiyan, R. D. (2001). Neuroimaging of priming: New perspectives on implicit explicit and memory. Current Directions in Psychological Science, 10(1), 1-4.

Schacter, D. L., & Buckner, R. L. (1998). Priming and the brain. Neuron, 20, 185.

Schacter, D. L., Dobbins, I. G., & Schnyer, D. M. (2004). Specificity of priming: A cognitive neuroscience perspective. Nature Reviews Neuroscience, 5, 853-862.

Sebeok, T. (1991). A sign is just a sign. Bloomington: Indiana University Press.

Sellars, W. (1956). Empiricism and the philosophy of mind. In H. Feigl & M. Scriven (Eds.), Minnesota studies in the philosophy of science, Vol. 1, (pp. 253-329). Minneapolis, MN: University of Minnesota Press.

Smart, J. J. C. (1959). Sensations and brain processes. Philosophical Review, 68(2), 141-156.

Spear N. E., & Riccio, D. C. (1994). Memory: Phenomena and principles. Boston: Allyn and Bacon.

Swan, L. S., & Goldberg, L. J. (2010). How is meaning grounded in the organism? Biosemiotics.

Tan, J. T., & Surh, C. D. (2006). T cell memory. In B. Pulendran & R. Ahmed (Eds.), From innate immunity to immunological memory (pp. 85-115). Berlin: Springer.

Tough, D. F., & Sprent, J. (1994). Turnover of naïve- and memory-phenotype T cells. The Journal of Experimental Medicine, 179, 1127-1135.

Tulving, E., & Schacter, D. L. (1990). Priming and human memory systems. Science, 247(4940), 301-306.

Tulving, E., & Schacter, D. L. (1992). Priming and memory systems. In B. Smith & G. Adelman 339
(Eds.), Neuroscience year: Supplement 2 to the encyclopedia of neuroscience (pp. 130-133). Boston: Birkhauser.

von Uexküll, J. (2010). The theory of meaning. In D. Favareau (Ed.), Essential readings in biosemiotics (pp. 81-114). New York: Springer.

Witzany, G. (2010). Excerpts from the logos of the bios. In D. Favareau (Ed.), Essential readings in biosemiotics (pp. 731-750). New York: Springer.

第五部分

合成智能

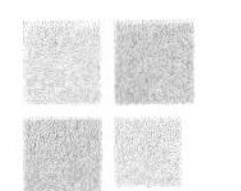

第十七章　最小之心 343

阿列克谢·A. 沙罗夫[①]

摘要：与阿兰·图灵（Alan Turing）建立的人类心智标准不同，我寻找的是一种“最小之心”，这种心智存在于动物甚至更低级的生物体中。心智是对客体进行分类和建模的工具。它的起源标志着从符号直接控制行为的原符号学行为体到符号对应理想客体的真符号学行为体的进化过渡。心智的标志是对客体的整体感知，它不能还原为单一特征或信号。心智能够支持行为体的真实意向性，因为目标可以用客体的类别或状态来表征。心智的基本组成部分出现在原符号学行为体的进化中；因此，心智的涌现是不可避免的。心智的分类能力可能源于生物对自身身体状态进行分类的能力。在初级建模系统中，理想客体彼此之间没有联系，通常是为特定功能量身定制的；而在次级建模系统中，理想客体独立于功能，通过任意建立的链接相互连接。模型的测试可以通过集成测量、模型预测、客体跟踪和行动的交换图来描述。语言作为第三建模系统，支持个体之间模型的有效交流。

一、引言

心智传统上被认为是人类的一种能力，负责意识经验和智能思考。心智的组成部分包括感知、记忆、理性、逻辑、对世界的建模、动机、情感和注意力（Premack & Woodruff，1978）。这个列表可以很容易地扩展到其他类型的人类
心理活动。心理功能的缺陷（如逻辑、注意力或沟通方面的缺陷）被认为是部 344
分的或完全的心智丧失。简言之，心智是人类心理功能的集合。然而，这个定义并没有告诉我们心智的本质。人类的心理功能是如此多样，以至于很难评估它们的相对重要性。要确定心智最基本的构成，唯一的方式就是追溯它在动物

① 阿列克谢·A. 沙罗夫（Alexei A. Sharov），美国马里兰州巴尔的摩国家老龄研究所，电子邮件：sharoval@mail.nih.gov。

身上的起源，这不可避免地会让我们得出这样的观点：心智存在于人类之外。动物的心理活动（即“动物认知”）肯定比人类的心智活动更原始，但它们包括了许多共同的成分：感知、记忆、对世界的建模、动机和注意力（Griffin，1992；Sebeok，1972）。动物缺乏抽象推理表明，理性并不是心智最基本的元素，而是后来才增加的。

通过接受动物心智的存在，我们努力回答了许多难题。比如，心智的较低级进化门槛在何处？心智需要大脑或至少是某种神经系统吗？换句话说，我们进入了对“最小之心”的探索，这也是本章的主题。这种进化方式与图灵的机器智能标准相反，图灵的机器智能标准是基于人类区分计算机和人类的能力，而这种能力仅仅基于计算机和人类的交流（Turing，1952）。为了与人类没有区别，机器应当具有一个“最大之心”，在功能上等同于人类的心智。这里我提出“最小之心”是对客体进行分类和建模的工具，它的起源标志着从符号直接控制行为的原符号学行为体，到符号对应理想客体的真符号学行为体的进化过渡。

二、行为体

心智与生命有着内在的联系，因为它是生命系统的一种能力。然而，根据控制论，它也可以存在于人工装置中（Nillson，1998）。为了呈现一种统一的心智方式，我们首先需要简要地讨论生命和人工制品的本质。机器隐喻通常被认为是生命和心智现象误导性简化（Deacon，2011；Emmeche & Hoffmeyer，1991）。把生命和心智与机器分开的动机来自这样一个事实，即简单机器是由人类制造和编程的，而生物体是自我生产的，并由卵子发育成确定的形状（Swan & Howard，2012）。此外，机器根据确定性规则而不是内部目标和价值来改变它们的状态。尽管有这些差异，但是理解生命与心智的进步似乎在于弥合生命与人工制品之间的鸿沟，而不是在它们之间筑起一道墙。特别是，生物进化可以被看作是执行生物功能所需的各种工具的一系列发明（Dennett，1995）。细胞过程是基于分子机器的，它复制核酸序列，合成蛋白质，修改它们，并把它们组装成新的分子机器。因此，生物体的组成部分是被制造出来的，而生物
345 系统实际上是人工制品（Barbieri，2003）。虽然人造机器缺乏生物体的某些特征，但这种缺陷应归因于我们的知识与经验的不足。人类只是刚刚开始学习如何制造自我编程和自我修复的机制，而生命细胞在几十亿年前就掌握了这些技能。

“功能主义”是系统方法论的启发式方法之一，它假定系统应该仅仅基于它们的功能而不是它们的物质组成来进行比较。这个观点最初是作为“关系生物学”（relational biology）的基础被提出的（Rashevsky，1938；Rosen，1970），后来被表述为“功能同构”（Putnam，1975）。如果一个人工系统的功能与一个活的有机体相同（或相似），那么就有充分的理由称之为“活的”。然而，把“活有机体”一词应用于人工设备就会令人困惑。因此，最好使用“行为体”这个术语，它同样适用于生命有机体和人工设备。行为体不应该仅仅被看作是外部编程的设备，就像控制论中通常做的那样。虽然所有的行为体都携带外部程序，但包括所有生命有机体在内的大多数行为体也都有自生成程序。一个行为体是一个具有自发活动的系统，它选择行动来追求其目标。目标是从广义上考虑的，既包括可实现的事件（如获取资源、繁殖），也包括持续的价值（如能量平衡）。有些目标是由母体行为体或更高级别的行为体在外部编程的，而其他目标则是在行为体内部出现的。注意，心智不一定存在于行为体中。简单的行为体可以基于程序自动执行目标导向的活动。

在人工智能领域，功能主义的观点经常被误解为数字程序高于身体/硬件和环境。基于互联网的程序，如“第二人生”的虚拟世界，可能会让人们相信他们的功能在未来可以完全数字化。然而，程序并不是通用的，而是为特定的主体和环境量身定制的，因此只能在相似环境中的相似行为体之间交换而不失去功能。因此，“数字永生”是一个神话（Swan & Howard，2012）。自生行为体具有许多身体-特异性功能，这些功能与新陈代谢、亚行为体的组装、生长、发育和繁殖相关。显然，这些功能不可能在一个性质不同的身体中实现。但是功能方法论即使在这种情况下仍起作用，因为身体可以支持大量的替代活动，并且它需要信息来组织和控制这些活动。综上所述，行为体需要特定的物质组织（身体）和功能信息来控制其行为。

行为体总是由类似或更高功能复杂性的其他行为体产生的（Sharov，2006）。这个陈述相当于进化论中的渐进论原则（Sharov，2009b）。行为体不能自发地自组装的原因是它们具有很大的功能复杂性。通过试错来开发每种新功能需要很长的进化（或学习）时间；因此，同时和快速涌现许多新功能是不可能的。生命的起源与渐进论原则并不矛盾，因为原始行为体极其简单并始于单一的功
能（Sharov，2009a）。人造的人工行为体也符合渐进论原则，因为人类比任何 346
人造设备都具有更高的功能复杂性。制造行为体的方式包括一组零件的组装，以及自组织和自开发。虽然大多数人造行为体都是组装的，但其中一些行为体使用了发育的元素。比如，卫星发射后可以在太空展开和重组。自组装是纳米技术和合成有机体中的一种常见方法。

三、功能信息

行为体是特殊的物质客体，其动力学不能用物理学有效地描述，尽管它们与物理学并不矛盾。相反，符号学描述似乎更有意义：行为体携带功能信息，这是编码和控制其功能的指号的集合。形容词“功能的”，有助于将功能信息与香农（Shannon，1948）和科尔莫戈罗夫（Kolmogorov，1965）提出的定量方法区分开来。虽然指号是物质客体，但它们在行为体中具有与其物理属性不直接相关的功能。

符号学发源于皮尔斯的工作，他把指号定义为指号工具、客体和解释项之间的三元关系，这是解释过程或解释内容的产物（Peirce，1998）。然而，并不是所有的行为体都能将指号与内容或意义联系起来。因此，我更喜欢将指号定义为行为体用来编码和控制其功能的对象（Sharov，2010）。发生在生物有机体细胞内的大多数信号传递过程不能调用理想的表征，但它们编码和/或控制细胞功能，因此具有符号学性质。皮尔斯不强调行为体在信息处理中的作用，也不认为行为体或有机体是三元符号关系的组成部分。他认为意义属于自然，而不属于行为体。比如，他写了关于自然的习得习惯的能力，这与他的客观唯心主义哲学是一致的。霍夫梅耶也表达了类似的观点，他假设了“心智的本性”（Hoffmeyer，2010）。相比之下，我认为指号只与使用它们的行为体有关，没有理由认为自然是一个行为体。虽然很难反驳宇宙或盖亚是超级有机体的观点（Lovelock，1979），但我采取保守的方式，仅对那些清楚地表明了可复制的目标导向活动并携带功能信息来组织该活动的系统使用“行为体”的概念（Sharov，2010）。

功能信息离不开使用它的行为体。生命有机体是其基因组的产物，基因组控制着生物体的发育和生长。相比而言，控制论通常将信息（软件）和计算设备（硬件）区分开来。软件与硬件的区分只对像计算机这样的从属行为体有意义，它们是由人类制造和外部编程的。计算机类似于活细胞中的核糖体，因为
347 核糖体是被制造出来的，并通过外部编程来制造蛋白质。程序化的行为体通常被视为非符号系统（Barbieri，2008）。然而，这种观点似乎令人困惑，因为程序的执行是所有行为体的符号学活动的一部分，没有它，行为就是不可能的。我们人类的基因由我们的祖先决定，行为由我们的父母决定，文化由我们的社会决定。这些程序支撑我们作为*智人*物种的身份，以及我们的种族、性别、国籍、个性和一系列身心能力。除了外部程序，人类和大多数其他生物也发展了自己的程序。当我们学习新的行为与技能时，我们将它们转化为可以自动执行或在最低程度上干预我们的意识的程序。这些自生成的程序构成了我们的个人

身份。我们的自由只是我们功能性行为的一小部分。事实上，如果自由不能很好地与纠错的程序功能相平衡，那它将是破坏性的。但如果所有的行为体都是100%的外部编程，那么进化是不可能的，而不进化的行为体将在不断变化的环境中灭亡。因此，完全编程的行为体的作用仅限于支撑其他能够进化和学习的行为体。

功能信息的意义根植于一个交流系统，它是一组兼容的交流行为体（Sharov，2009c）。比如，基因组本身并不意味着什么，它只有与使用它的有机体相关时才具有意义。一个卵子可以被看作是基因组的最小解释项（Hoffmeyer，1997）。虽然卵子的结构是通过基因组编码的，但要正确地翻译基因组，就需要一个真正的卵子。因此，遗传是基于基因组+卵子的组合的，而不是仅仅基于基因组的。这导致我们产生了这样的观点，即功能信息并非通用的，而只有在与某种交流系统相关的情况下才具有意义。即使是单个的行为体也会通过记忆持续地进行自我交流，因此可以将其视为一个交流系统。记忆是行为体发送给它未来状态的信息，其目的是保持行为体执行某些功能的能力。遗传是一种扩展的自我交流或代际记忆（Sharov，2010）。其他交流系统包括交换信号或信息的多个行为体。这种横向交流在生物体中最常见的例子是有性生殖，卵子遇到不熟悉的父系基因序列。来自不同交流系统的行为体不能定期交换功能信息，因为它们的解释模块不完全兼容。例如，大多数哺乳动物的种间杂交是不育的或不能存活的，这是由于对父系基因组错误翻译。交流系统通常具有一个等级结构。比如，物种被划分为种群，种群又被划分为群或族。生物体（如细胞）内部的子行为体会建立它们自己的交流系统。当一种行为体操纵另一种行为体的功能信息时，交流往往是不对称的。比如，行为体可以重新编程它们的子行为体或后代行为体。不对称交流经常发生在不同物种的相互影响的行为体之间（比如，寄生虫对其宿主进行重新编程，或猎物通过模仿和行为技巧误导捕食者）。由于交流系统是多尺度和相互依赖的，因此进化同时发生在多个层面上。

四、从基本信号过程中涌现的心智 348

心智不是行为体的必要组成部分。细菌是通过 DNA 复制、转录、翻译和分子传感等基本信号过程而起作用的无心行为体的例子。它们不像人类那样感知或分类外部世界的客体；相反，它们会探测到直接控制其行动的信号。然而，直接控制可能包含信号传递的多个步骤以及逻辑门。按照普罗迪（Prodi，1988）的说法，我把这种原始水平的指号过程称为“原指号过程”。原指号过程并不包含客体的分类或建模，它是“知道如何”而非“知道什么”。由于分子信号与高水平的指号过程如此不同，埃科（Eco，1976）将其排除在符号学的考虑之外。然而，对细菌分子指号的分析有助于我们理解动物和人类符号的起源和本质，因此，原指号过程不应该被忽视。原始符号（protosign，即用于原始指号过程中使用的符号）不对应任何客体，这可能令人费解，因为我们的大脑被训练成用客体来思考。尽管我们将信使核糖核酸（messenger RNA，mRNA）中的核苷酸三联体与氨基酸作为对象相关联，但细胞并不具有氨基酸的整体内部表征，因此，它不是细胞的客体。相反，mRNA 中的核苷酸三联体与转运 RNA（transfer RNA，tRNA）和核糖体的作用有关，它们一起在生长的蛋白质链上附加一个氨基酸。

相比于原始指号过程，心智表征了更高层次的信息处理，因为它包含了对客体和情境（比如食物、伙伴行为体和敌人）的分类和建模。这些分类和建模表征着行为体对自身及外在世界的“知识”，这里沿用了冯·尤克斯卡尔（von Uexküll，1982）的术语：内在世界和外在世界。我建议将这种指号过程的新水平称为“真指号过程”（Sharov，2012）。真指号过程中的信息处理不能再被追踪为成分之间的信号交换序列。相反，它通过多个半冗余的路径，这些路径的参与可能从一个实例变化到另一个实例，但总是收敛于相同的结果。因此，吸引子域对于理解心智的动态比单个信号通路更重要。客体的分类可被看作是一个三步过程。第一步是即时感知，当不同的受体发送信号到心智时，这些信号共同将心智重置到一个新的状态（或在一个相空间中的位置）。第二步是心智的内在动力，它始于心智的新状态，然后收敛到其中一个吸引子上。这个过程相当于识别或分类。每个吸引子都表征一个独立的有意义的范畴（比如水果或猎食者），我称之为“理想客体”。相比于外部世界组成部分的真实客体，理想客体存在于心智中，是对真实客体进行分类的工具。最后是第三步，理想客体充当启动某些其他功能（物理或心理）的检查点。

理想客体并不像波普尔（Popper，1999）所认为的那样属于另一个平行宇宙。相反，它们是行为体用来感知和操纵现实世界的工具。按照马克·吐温所
349 说的“工具法则”，对于一个拿着锤子的人来说，一切事物看起来都像钉子。因此，心中的理想客体决定了我们如何感知和改变外部世界。理想客体是作为复杂物质系统中的功能子单元实现的，比如作为神经元活动的特定模式或“脑-客体”（Swan & Goldberg，2010）。但理想客体的材料实现是灵活的，而功能是稳定的。相似地，计算机程序在功能上是稳定的，尽管它们每次都被加载到物理内存的不同部分，并由不同的处理器（如果可用）执行。

“客体”是人类思维中最复杂和抽象的概念之一。然而，我们不应该将所

有这些复杂性转移到像蠕虫和贝类那样简单的行为体上。比如，我们通常区分客体及其属性，其中属性是通用的（比如白色度），并且可以应用于各种类型的对象。虽然我们不能直接评估简单行为体的心智，但它们也不太可能思考一般属性。简单行为体区分客体的类别，但它们不自觉地这样做，而不考虑作为独立实体的属性。人类可以想象假设的理想物体（比如独角兽），其中包含某些抽象属性的组合。显然，简单行为体做不到这一点。另一个区别是，人类可以识别单一的客体，而简单行为体不能区分同一功能范畴内的客体。在进化过程中，心智的学习和建模能力已经取得了长足的进步（见下文），我们不应该期望简单行为体在连接和操纵理想客体方面具有与人类相同的灵活性。

心智是意向行为的必要工具，我认为这是一种更高层次的目标导向活动。相对于原符号学行为体，具有心智的行为体对其目标具有整体表征，这些目标被视为理想客体并整合了大量的感官数据。例如，真核生物的免疫细胞可以通过病毒蛋白的形状以及病毒核酸的特定特征来识别病毒感染，并通过产生干扰素、抗体和细胞因子来启动防御反应。记忆 T 细胞保存了上次接触同一病毒时获得的病毒蛋白特性信息。

目标可能出现在行为体内部；然而，它们也可以在外部编程。比如，生物的本能行为是由其祖先的基因决定的。在这种情况下，理想客体伴以某种方式与生长中的大脑一起发育。在配备自动图像处理模块的机器人设备中，目标的外部编程对人工心智来说是典型的（Cariani，1998，2011）。例如，一枚自动制导导弹被编程将物体分为目标与非目标，并跟踪目标。

具有外部编程的心智行为体可以支持一组给定的静态功能，但它们缺乏适应性，无法在不断变化的环境中保持竞争优势。因此，自主行为体需要能够改进现有理想客体并通过学习创造新客体的自适应心智。心智可以通过在感知状态领域中创造新的吸引子并将其与特定的动作联系起来，从而产生新的行为。
如果这种行为被证明是有用的，它们会成为习惯，并有助于行为体的成功。学 350
习的要求并不意味着具有心智的行为体会不断地学习。心智可能在非学习状态下持续很长一段时间并成功运作。大多数人工心智都是动态人类心智的静态复制品。但是，不学习，心智就无法提高。

如果被应用于单个行为体，“不学习，心智就无法提高”的陈述就是正确的；然而，在通过遗传选择进行自我复制的非学习行为体谱系中，心智的有限提高是可能的。突变可能导致在非学习性心智的动态状态中产生新的吸引子，或者在理想客体和行为之间产生新的联系。如果这些可遗传的表征有助于行为体展示一些功能，行为体将在种群内复制和传播新的行为。然而，由于几个问题的缘故，这种过程是缓慢且低效的。第一，遗传选择在心智这种极其冗长的系统中几乎不会产生任何结果，因为个体元素的大多数变化对行为没有任何影响。换句话说，适应性的前景是很单调的。第二，心智是一个复杂且经过精心调整的系统，因此，任何具有表型的个体元素的遗传变化都可能是破坏性的。第三，心智的功能性必须在每一种情况下分布评估，因为它可能在某些情况下有效，但在其他情况下无效。遗传选择主要取决于单个威胁生命的情境下的最坏结果，因此，它对提高在单个情境中的心智的表现是无效的。但是，尽管有这些问题，可以想象，通过遗传选择可以实现有限的心智提高。这有助于我们解释最初的非学习心智是如何在原符号学行为体的进化中出现的。此外，简单的学习算法可能仅仅通过遗传选择出现在心智的进化中，使得心智具有适应性，并部分地独立于遗传选择（见下文）。但遗传机制对心智功能仍然很重要，即使对人类而言也是如此，因为大脑的结构是可遗传的。

五、最小之心的成分可以在原符号学行为体中出现

由于心智的涌现是生物体的质变，因此很难理解这一过程的中间步骤。在这里，我认为，心智的所有必要组成部分，包括半冗余的信号通路、稳定的吸引子和适应性学习，都可以在原符号学水平上出现。此外，这些组件不是作为心智的一部分出现的（这还不存在），而是作为提高其他简单功能效率的工具出现的。

信号通路的冗余似乎是对宝贵资源的浪费；然而，从长远来看，这似乎对行为体是有益的。首先，冗余确保了信号的可靠性。如果一种通路被阻断（比
351 如由于受伤、压力或感染），那么可以通过其他途径恢复正常功能。每个细胞都有各种膜结合受体的多个副本，因为细胞无法预测传入信号的方向，因此受体分布于整个表面。其次，冗余信号通路可能产生新的组合信号。比如，一个光感受器只能区分不同强度的光，但多个光感受器就可以辨别光的方向，甚至区分形状。最后，冗余信号通路增加了行为体的适应性，因为其中一些可能在随后的进化中开始控制新的功能。

稳定吸引子在大多数自动调节系统中是常见的，包括带有负反馈的简单装置（比如，蒸汽机的离心调速器）。稳定性是所有生物体以最佳速率维持重要功能所必需的。任何不受调节的功能都可能变得有害并导致疾病或死亡。然而，对于生物体来说，简单的稳定状态通常是不够的。生物的繁殖、生长和发育需要更复杂的调控路径，这些路径将稳定性与极限循环、分支轨迹甚至混沌吸引子形式的变化结合起来（Waddington，1968）。

遗传机制不适合学习，因为 DNA 中的核苷酸序列是不可重写的（虽然有限的编辑是可能的）。相比之下，简单的自催化网络可以在两种稳定状态（“开”和“关”）之间切换，并作为细胞的动态记忆。此外，这种网络可以支持原始学习（比如，敏感化和习惯化）以及从两个相互作用基因的简单模型中得出的联想学习（Ginsburg & Jablonka，2009）。在该模型中，基因 A 和基因 B 分别被不同的信号 S_a 和 S_b 激活，基因 A 的产物 P_a 具有三个功能：①它诱导特定的表型或生理反应；②它暂时刺激基因 A 的表达，以使基因在初始信号 S_a 后保持一段时间的活性；③它使基因 A 的表达依赖于基因 B 的产物 P_b。如果基因 A 沉默，那么信号 S_b 激活基因 B，但其活性不产生任何表型。然而，如果信号 S_b 在 S_a 后不久出现，那么产物 P_b 将激活基因 A 并产生表型。这个网络属于原符号学水平，因为它基于少数组件之间的固定相互作用。

由于最小之心的所有组成部分都可以出现在原符号学行为体中，心智的涌现似乎是不可避免的。但如何将这些组件组合起来仍然是一个问题。特别是，行为体必须通过建立一系列部分独立的亚行为体来增加其等级组织的深度，这些亚行为体的状态可以在具有可调节拓扑的多个吸引子之间切换。这些亚行为体可以被视为心智的标准构件，应当通过可调节的链接联系起来。表观遗传机制似乎可以将 DNA 片段转化为具有灵活控制的亚行为体网络，如下部分所述。

六、表观遗传调控可能支持了最小之心的涌现 352

我们很难准确地确定心智在生命的进化树上出现的时间。然而，可以确定的是，心智出现在具有良好表观遗传调控的真核生物中。表观遗传机制包括细胞中的各种变化，这些变化是持久的，但并不涉及 DNA 序列的改变。我将只考虑那些由染色体结构介导的表观遗传机制，因为它们很可能促进了心智的涌现。染色体由 DNA 和组蛋白组成，组蛋白是支持 DNA 稳定性并调节其对转录因子的可及性的特定蛋白质。组蛋白可以被分子行为体以多种方式修改（比如，乙酰化、甲基化、磷酸化或泛素化），这些修改影响组蛋白的相互结合以及与 DNA 和其他蛋白质相互作用的方式。一些修改将染色体转化为高度凝聚状态（异染色体）；其他修改支撑松散的染色体结构（常染色体），这允许转录因子的结合并随后激活 mRNA 的合成（Jeanteur，2005）。分子行为体可以读取和编辑组蛋白标记。特别是，它们可以在 DNA 复制后修改新招募的组蛋白，与部分保留的亲本组蛋白上的标记一致（Jeanteur，2005）。结果，染色质状态幸免于细胞分裂，并被迁移到两个子代细胞中。因此，基于染色质的记忆符号可以通过细胞系可靠地携带可重写的信息，并控制胚胎的分化（Markoš & Švorcová，2009）。染色质状态不仅取决于组蛋白标记，还取决于其他在远端的 DNA 片段之间建立联系的蛋白质，以及染色质与核膜之间的联系。这些蛋白质——包括绝缘子、介导蛋白、粘结蛋白和层粘连蛋白——创造并维持染色体的复杂三维结构（Millau & Gaudreau，2011）。远端联结创造了新的邻域，并改变了染色质组装的环境。

表观遗传机制对于心智的起源和功能是很重要的，因为：①它们支持几乎无限数量的吸引子，这些吸引子在空间上与不同 DNA 片段相关；②这些吸引子可以用作可重写的记忆符号；③染色质吸引子可以通过共存基因的产物相互连接。染色质结构在被编辑组蛋白标记的特殊分子行为体轻微干扰后修复。这些修复机制确保了吸引子在染色质状态领域的稳定性。然而，强干扰可能跨越吸引子之间的界限，染色质将收敛到另一个稳定（或半稳定）状态，这意味着重写染色质记忆。染色质的特定状态在空间上与某些基因相关，这些基因的激活或抑制取决于染色质的状态。活性基因产生的蛋白质（比如转录因子）可以调节其他基因组位置的染色质状态。染色质与 DNA 的关联不是序列特异的，这使得生物体能够灵活地在任何基因亚群之间建立调节联系。

染色质的这三个特征的组合可以支持细胞层面上的适应性学习。作为一个
353 玩具模型，考虑一个可以通过其启动子中的多个调节模块激活的基因。最初，染色质在所有调控模块上都是松散的，因此 DNA 可进入转录因子。最终，细胞的一个成功的动作（比如捕获食物）可能会成为一个“记忆触发事件”，它迫使染色质在除了事件发生时起作用的模块以外的所有调控模块中凝聚。然后，当细胞下一次遇到类似的信号模式时，只有一个调控模块会活跃起来——这个模块之前介导了一个成功的动作。染色质的修改（即开与关）是由某些转录因子的产生所控制的，这些转录因子从细胞质移动到细胞核，并在它们结合的地方找到特定的 DNA 模式。但是，为了只让非活性模块关闭，转录因子如何能够区分活性与非活性的调控模块？由于位于 DNA 的序列附近的多个转录因子之间的相互作用，这种语境-依赖的活性是可能的。例如，P300 蛋白与调控模块的结合表明该模块正在活动（Visel et al.，2009），而转录因子可能对染色质产生相反的影响，这取决于它们是只与 DNA 结合还是与 P300 结合。这种机制可能在心智涌现的最初阶段支持联想学习。该机制的一个重要组成部分是行为体把自身状态分类为“成功”或“失败”的能力，并在成功的情况下激活记忆。

神经系统的学习和记忆机制包括 DNA 甲基化和组蛋白乙酰化，这一事实支持了染色质的重要性（Levenson & Sweatt，2005；Miller & Sweatt，2007）。然而，心智甚至在神经系统出现之前就出现了，这似乎是合理的。例如，单细

胞纤毛虫具有非联想学习（Wood，1992）甚至联想学习（Armus et al.，2006）的要素。植物、真菌、海绵动物和其他没有神经系统的多细胞生物都有可能预测和学习，尽管它们的反应比动物慢得多（Ginsburg & Jablonka，2009；Krampen，1981）。我们可以合理地假设，心智功能最初是基于细胞内机制的，直到后来，它们才通过细胞间的交流得到增强。那么，多细胞大脑应被视为一个由神经元核表征的细胞“大脑”群落。最近，巴斯洛（Baslow，2011）提出了细胞的指号过程是大脑功能基础的观点。人类大脑由1000亿个神经元组成，每个神经元与其他神经元之间有数千个突触连接。单个神经元的突触都具有不同的功能；其中一些是活跃的，而另一些是被抑制的。因此，一个神经元必须“了解它的突触”，否则来自不同突触的信号就会混淆。此外，神经元必须区分来自每个突触的信号的时间模式（Baslow，2011）。单个神经元至少需要最小的心智能力来对这些复杂的输入进行分类。

巴斯洛提出，神经元的“操作系统”是以代谢为基础的（Baslow，2011）。虽然活跃的代谢确实是神经元功能所必需的，但它似乎并不特定于心智，也不能解释细胞如何学会识别和处理新的信号模式。心智的细胞层面更可能是通过 354
细胞核中的表观遗传调控机制来控制的。然而，在多细胞生物中，许多附加过程涉及学习和记忆，比如神经元之间突触连接的建立和控制特定行为的神经元子网络的专门化。

心智似乎是生物体功能的一个新的顶级调节器，但它并不能取代已经存在的原符号学网络硬件。许多低级功能不需要复杂的调节，它们通过直接信号得到很好的控制，用学习机制来代替它们将是昂贵和低效的。然而，一些硬件编程的过程，如胚胎发育，可能从单个细胞的心智或从大脑获得部分指导。神经元在生长器官中建立功能反馈调节，其中非功能细胞或细胞的一部分（比如突触）被消除（Edelman，1988）。换言之，细胞试图在体内找到一份“工作”，以适应可用的功能区域和细胞的史前状态。如果找不到工作，细胞就会凋亡。

七、由最小之心分类的第一个对象是身体

心智最初的任务是对那些对生物体生命最重要的物体进行分类。因为行为体的身体与许多功能紧密相关，我们可以假设身体是第一个被心智分类的目标。对身体状态进行分类的目的是为各种功能分配优先级，比如寻找食物、防御敌人和繁殖。原符号学行为体的功能直接受内部和外部信号的控制，因此，它们的优先级是由遗传信号网络确定的。相比之下，有心智的行为体可以学习区分

身体状态，并根据之前的经验调整功能的优先级。

在心智的两个组成部分——内在世界（对自我的分类和建模）和外在世界（对外部对象的分类和建模）中，内在世界是首要的，外在世界是次要的。简单行为体不能区分内在和外在的感觉。行为体需要额外的复杂性才能意识到除了来自受体的信号之外，还有外部客体。“内在”和“外在”世界的主要区别在于内在世界的可预测性较高，外在世界的可预测性较低。因此，我们有理由认为，外在世界是作为内在世界的一个不可预测的部分出现的。这种区分“外在”和“内在”的进化方法与控制论截然不同，控制论中系统和环境之间的边界是先验定义的。

心智对客体进行分类和建模的能力与行为体追踪客体的能力紧密相关。尤其是行为体可以依赖于客体随时间保持其属性的假设。例如，一个捕食者在追逐一个之前被识别为猎物的对象时，不需要再一次重复识别。同样，如果行为体追踪预测对象，建模似乎是最有益的。因此，行为体对对象的追踪会增加分
355 类和建模的效果。身体作为首个分类和建模的对象，其优点在于它总是可及的，因此行为体并不需要额外的技能来追踪对象。

八、心智的建模功能

建模，可以定义为对未感知事物的预测或预期，是继对象分类之后的心智的第二大功能。建模元素存在于所有分类中，因为理想客体已经是模型。对客体的识别基于预期的特征组合，紧接着是来自图像识别的扩展探索领域。其中一些模型是固定的，而另一些包括调整参数以增加模型与感官数据之间匹配的可能性（Perlovsky et al.，2011）。比如，到物体的距离以及它相对于其他物体的位置，可以用作影响图像大小和分辨率的参数。这些简单的模型属于初级建模系统，其中理想客体没有连接，因此不用于预测或预期与其感知不同的东西。其中一些是纯粹的感觉，另一些是整体的感知行为。举一个感知行为的例子，一只飞蛾在识别出寄主植物之后本能地开始产卵。

建立理想客体之间关系的高级模型属于二级建模系统（Sebeok，1987）。比如，如果一只鸟试图吃掉一只黄蜂而被蜇伤，那么它就会把黄蜂这个理想客体与疼痛联系起来。因此，这只小鸟就不会再尝试去吃任何看起来像黄蜂的东西，因为黄蜂的形象会让它想起疼痛。有人认为，二级建模系统由大脑的解释组件处理，而控制论与本能组件处理初级建模（Barbieri，2011）。二级建模系
355 统建立了各种理想客体之间的联系，从而允许行为体在指号与功能之间发展灵

活的关系。二级建模系统的起源可能与强大的感觉器官的出现有关，这些器官为动物提供了比即时功能所需的更多信息。因此，客体的分类变得更加详细，并且部分独立于它们的实用性。动物利用大量特征的组合，能够识别单个对象，将它们彼此联系起来，并在脑海中绘制出它们生活空间的地图。然后将单个对象统一到功能相关的类别中。动物也会使用抽象的理想客体，这些客体对应于真实物体的单个特征（如颜色、形状或重量）。动态模型将对象的当前状态与该对象的未来状态关联起来。它们被捕食者用来预测猎物的活动。关联模型通过观察一种客体来预测另一种客体的存在。比如，动物将烟雾与森林火灾联系起来，并试图逃到一个安全的地方。

最新的建模方式之一是动态逻辑（Perlovsky et al.，2011）。其思想是最大化具有可调整参数的模型集与经验数据集之间匹配的可能性。每种模型对应一 356
个潜在对象，可以在优化过程中添加或删除。客体模型之间的比较精度提高，而模型参数随优化而进行调整。这种方式解释了建模的两个重要方面。首先，没有模型就不可能检测到客体，因为模型指定了我们要寻找的东西。其次，可以使用客体模型的最佳参数来测量对象（尽管这不是测量对象的唯一方式）。由于数据参照了空间和时间，因此模型包括运动方程并产生客体模型的可能轨迹。然而，这种方式识别的客体模型都是初级的理想客体（即它们属于初级的模型系统）。初级目标之间的联系必须建立在更高的客体层次上（Perlovsky et al.，2011）。

模型是皮尔斯符号学的主要课题，其中被感知的对象是一种指号工具，它引起了对解释项或相关理想客体的关注。初级建模系统使用图标来操作，这些图标与孤立的理想客体（感觉或感觉动作）相关联，而二级建模系统还包括索引，这些索引是理想客体之间的连接（Sebeok & Danesi，2000）。然而，皮尔斯认为指号关系而不是行为体发展的模型，是世界的组成部分。他认为模型是嵌入世界的。这种哲学（即客观唯心主义）的危险在于，模型被过度信任时，它很容易导致教条主义。但我们如何评估模型与现实之间的关系呢？模型可以通过两种方式使用：它们可以被信任，也可以被测试。当小鸟被蜇伤之后不再尝试去抓黄蜂时，它相信黄蜂的模型。然而，并非所有模型都会产生可重复的结果，因此，需要对模型进行测试，并在必要时进行修改。

九、测试模型

模型测试是科学中最重要的活动之一，它对认识论有着直接的影响（Cariani，

2011；Popper，1999；Rosen，1991；Turchin，1977）。动物也会测试模型，但它们不像人类那样为了测试假设而进行实验。相反，它们会评估自己行为策略的成功率，并为更成功的行为建立偏好。通过这种方式，捕食者学会了如何追逐和捕获猎物，而小鸟也学会了如何将捕食者的注意力从鸟巢中吸引出来。

模型测试是一个复杂的过程，用于确定模型生成的预测是否与现实世界相匹配。在最简单的情况下，行为体测量对象的初始状态，获得的结果用作模型的输入。然后将模型的输出与对象的最终状态的测量进行比较，如果它们匹配，则认为测试成功（Cariani，2011；Rosen，1991；Turchin，1977）。为使模型测试规范化，我们需要概括我们的术语。首先，“客体的初始状态”这个表达
357 意味着行为体具有追踪客体的方法。其中，每个客体 O 都与最终客体 G（O）相关，其中 G 是追踪函数。其次，通过测量来定量地描述物体，或者通过识别单个特征或对整个物体进行分类来定性地描述物体。结果，每个客体 O 都与心智中的某个理想客体 M（O）相关，而理想客体 M（O）被解释为该客体的度量。总的来说，行为体通常采用多种测量方法 $M_1, M_2, ..., M_N$，它们适用于不同的情况。同样，在科学领域，我们使用不同的测量工具和传感器来表征客体。最后，模型是心智中理想客体之间的映射 F。例如，动态模型把客体的初始测量与其最终状态的测量相关联。然后，成功的模型测试可以用交换图（图 17-1）来表征，其中客体的最终状态 M_2（G（O））的测量与作为输入的客体的初始状态 F（M_1（O））的测量的模型输出相匹配。两种测量方式 M_1 与 M_2 可能相同的，但在一般情况下，它们是不同的。如果等式 M_2（G（O））=F（M_1（O））对于所有可用的客体都成立，那么模型 F 相对于测量方法 M_1、M_2 以及跟踪方法 G 是通用的。

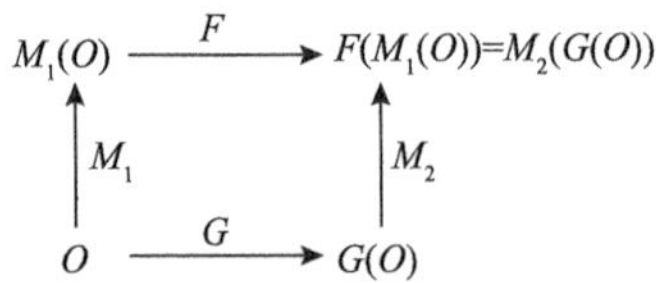

图 17-1　模型测试的交换图。M_1 和 M_2 分别是初始客体 O 和最终客体 G（O）的测量方法。G 是目标追踪函数，F 是模型中理想客体之间的映射

与图 17-1 类似的交换图之前被提出过（Cariani，2011），但函数 G 被解释为世界的客观自然动态。相比之下，我将函数 G 与行为体追踪和操纵客体的能力联系起来。重要客体的追踪的例子是在行星运动模型的基础上把“晨星”与“暮星”（金星）联系起来。这个例子说明了模型关系的四个组件（F，G，M_1，

M_2）是相互依赖的认知工具，一个组件可以帮我们改进另一个组件。

卡里亚尼（Cariani，2011）认为，对客体的操作是从理想表征到客体本身的映射，这与测量的方向相反。然而，这种方式意味着真实客体是由不包含任何物质的理想客体创造出来的。相比之下，我提出将客体的操作与各种追踪函数 G 联系起来。一些函数 G 可能表征被动实验，其中客体对应其未来的自然状态，而其他函数 G 表征主动实验，其中客体对应特定操作的结果。如果我们想要构建描述多种客体操作方法的元模型，那么每种方法 i 应当与相应的模型 F_i 以及客体追踪方法 G_i 相关联。

模型测试的交换图抓住了认识论的一个很重要的方面：等效是在理想客体 358
而非真实客体的领域实现的。因此，不同的模型同样可以很好地捕获现实世界中相同的关系或过程。第二个结论是，模型总是与测量方法和追踪方法一起测试的，这在物理学中通常被忽视。因此，如果测量方法与追踪方法不匹配，来自一个交流系统的行为体就不能利用在另一个交流系统中开发的模型。

根据波普尔的批判理性主义，预测错误的模型应当从科学领域中移除（Popper，1999）。然而，这种事情很少发生，而是调整模型组件（F，G，M_1，M_2），使图 17-1 中的图形可以互换。波普尔谴责这种做法，因为它使得假设不可证伪。然而，从进化论的观点来看，波普尔的论点是没有意义的。如果动物拒绝任何曾经产生错误结果的模型，那么它们很快就会耗尽模型，进而无法执行其功能。任何模型都是进化和学习的产物，并且集成了行为体的长期经验。有一个不准确或不通用的模型总比没有模型要好。这就解释了为什么模型在生物进化和人类文化中如此持久。

十、个体间模型的转换

动物使用的大多数模型都不与其他个体交流。因此，每一种动物都必须根据试错和遗传倾向来发展自己的模型。然而，社会互动可能促进幼龄动物中模型的发展。比如，动物会复制它们父母的行为，并最终以比纯粹的试错更快的方式获得它们的模型。然而，根据库尔（Kull，2009）的术语，模型的有效交流只有通过语言才能实现，这对应于指号过程的文化层面。在语言中，指号不仅与理想客体对应，而且在模型中复制了理想客体之间的关系结构。因此，语言本身成为建模环境，成为第三建模系统（Sebeok & Danesi，2000）。语言是建立在符号基础上的，这些符号即指号的意义在交流系统中是按照惯例建立起来的。然后，具有两个（或更多）相互连接符号的信息被解释为模型中对应的理想之客体间的连接。因此，第三建模系统是建立在符号基础上的（Sebeok & Danesi，2000）。

总之，最小之心是行为体用来对客体进行分类和建模的工具。分类以理想客体结束，它是启动某些生理或心理功能的检查点。心智被预测出现在具有良好表观遗传调控的真核生物中，因为这些机制能够将 DNA 片段转化为具有多个吸引子域和灵活控制的标准信息处理模块。客体的分类与建模始于行为体的
359 身体，然后扩展到外部对象。心智的建模功能从仅仅支持客体分类的初级模型，发展到连接理想客体的二级模型，最后发展到可以与其他行为体交流的三级模型。

参 考 文 献

Armus, H. L., Montgomery. A. R., & Gurney. R. L. (2006). Discrimination learning and extinction in paramecia (P. caudatum). Psychological Reports, 98(3), 705-711.

Barbieri, M. (2003). The organic codes: An introduction to semantic biology. Cambridge/New York: Cambridge University Press.

Barbieri, M. (2008). Biosemiotics: A new understanding of life. Die Naturwissenschaften, 95(7), 577-599.

Barbieri, M. (2011). Origin and evolution of the brain. Biosemiotics, 4(3), 369-399.

Baslow, M. H. (2011). Biosemiosis and the cellular basis of mind. How the oxidation of glucose by individual neurons in brain results in meaningful communications and in the emergence of "mind". Biosemiotics, 4(1), 39-53.

Cariani, P. (1998). Towards an evolutionary semiotics: The emergence of new sign-functions in organisms and devices. In G. V. de Vijver, S. Salthe, & M. Delpos (Eds.), Evolutionary systems (pp. 359-377). Dordrecht/Holland: Kluwer.

Cariani, P. (2011). The semiotics of cybernetic percept-action systems. International Journal of Signs and Semiotic Systems, 1(1), 1-17.

Deacon, T. W. (2011). Incomplete nature: How mind emerged from matter. New York: W. W. Norton and Company.

Dennett, D. C. (1995). Darwin's dangerous idea: Evolution and the meanings of life. New York Simon & Schuster.

Eco, U. (1976). A theory of semiotics. Bloomington: Indiana University Press.

Edelman, G. M. (1988). Topobiology: An introduction to molecular embryology. New York: Basic Books.

Emmeche, C., & Hoffmeyer, J. (1991). From language to nature-The semiotic metaphor in biology. Semiotica, 84(1/2), 1-42.

Ginsburg, S., & Jablonka, E. (2009). Epigenetic learning in non-neural organisms. Journal of Biosciences, 34(4), 633-646.

Griffin, D. R. (1992). Animal minds. Chicago: University of Chicago Press.

Hoffmeyer, J. (1997). Biosemiotics: Towards a new synthesis in biology. European Journal for Semiotic Studies, 9(2), 355-376.

Hoffmeyer, J. (2010). Semiotics of nature. In P. Cobley (Ed.), The Routledge companion to semiotics (pp. 29-42). London/New York: Routledge.

Jeanteur, P. (2005). Epigenetics and chromatin. Berlin: Springer.

Kolmogorov, A. N. (1965). Three approaches to the quantitative definition of information.Problems of Information Transmission, 1(1), 1-7.

Krampen, M. (1981). Phytosemiotics. Semiotica, 36(3/4), 187-209.

Kull, K. (2009). Vegetative, animal, and cultural semiosis: The semiotic threshold zones. Cognitive Semiotics, 4, 8-27.

Levenson, J. M., & Sweatt, J. D. (2005). Epigenetic mechanisms in memory formation. Nature Reviews Neuroscience, 6(2), 108-1118.

Lovelock, J. E. (1979). Gaia. A new look at life on earth. Oxford: Oxford University Press.

Markoš, A., & Švorcová, J. (2009). Recorded versus organic memory: Interaction of two worlds as demonstrated by the chromatin dynamics. Biosemiotics, 2(2), 131-149.

Millau, J. F., & Gaudreau, L. (2011). CTCF, cohesin, and histone variants: Connecting the genome. Biochemistry and Cell Biology, 89(5), 505-513.

Miller, C. A., & Sweatt, J. D. (2007). Covalent modification of DNA regulates memory formation Neuron, 53(6), 857-869.

Nillson, N. J. (1998). Artificial intelligence: A new synthesis. San Francisco: Morgan Kaufmann Publishers.

Peirce, C. S. (1998). The essential Peirce: Selected philosophical writings (Vol. 2). Indiana: Indiana 360
University Press.

Perlovsky. L., Deming, R., & Ilin, R. (2011). Emotional cognitive neural algorithms with engineering applications. Dynamic logic: From vague to crisp (Vol. 371). Warsaw: Polish Academy of Sciences.

Popper, K. (1999). All life is problem solving. London: Routledge.

Premack, D. G., & Woodruff, G. (1978). Does the chimpanzee have a theory of mind? The Behavioral and Brain Sciences, 1, 515-526.

Prodi, G. (1988). Material bases of signification. Semiotica, 69(3/4), 191-241.

Putnam, H. (1975). Mind, language and reality (Vol. 2). Cambridge: Cambridge University Press.

Rashevsky, N. (1938). Mathematical biophysics. Chicago: University of Chicago Press.

Rosen, R. (1970). Dynamical system theory in biology. New York: Wiley-Interscience.

Rosen, R. (1991). Life itself: A comprehensive inquiry into the nature, origin, and fabrication of life. New York: Columbia University Press.

Sebeok, T. A. (1972). Perspectives in zoosemiotics. The Hague: Mouton.

Sebeok, T. (1987). Language: How primary a modeling system? In J. Deely (Ed.), Semiotics 1987 (pp. 15-27). Lanham: University Press of America.

Sebeok, T. A., & Danesi, M. (2000). The forms of meaning. Modeling systems theory and semiotic analysis. New York: Mouton de Gruyter.

Shannon, C. E. (1948). A mathematical theory of communication. Bell System Technical Journal, 27(379-423), 623-656.

Sharov, A. A. (2006). Genome increase as a clock for the origin and evolution of life. Biology Direct, 1, 17.

Sharov, A. A. (2009a). Coenzyme autocatalytic network on the surface of oil microspheres as a model for the origin of life. International Journal of Molecular Sciences, 10(4), 1838-1852.

Sharov, A. A. (2009b). Genetic gradualism and the extraterrestrial origin of life. Journal of Cosmology, 5, 833-842.

Sharov, A. A. (2009c). Role of utility and inference in the evolution of functional information. Biosemiotics, 2(1), 101-115.

Sharov, A. A. (2010). Functional information: Towards synthesis of biosemiotics and cybernetics. Entropy, 12(5), 1050-1070.

Sharov, A. A. (2012). The origin of mind. In T. Maran, K. Lindström, R. Magnus, & M. Tønnensern (Eds.), Semiotics in the wild (pp. 63-69). Tartu: University of Tartu.

Swan, L. S., & Goldberg, L. J. (2010). How is meaning grounded in the organism? Biosemiotics, 3(2), 131-146.

Swan, L. S., & Howard, J. (2012). Digital immortality: Self or 01001001? International Journal of Machine Consciousness, 4(1), 245-256.

Turchin, V. F. (1977). The phenomenon of science. New York: Columbia University Press.

Turing, A. (1952). Can automatic calculating machines be said to think? In B. J. Copeland (Ed.), The essential Turing: The ideas that gave birth to the computer age (pp. 487-506). Oxford: Oxford University Press.

Visel, A., Blow, M. J., Li, Z., Zhang, T., Akiyama, J. A., Holt, A., et al. (2009). ChIP-seq accurately predicts tissue-specific activity of enhancers. Nature, 457(7231), 854-858.

von Uexküll, J. (1982). The theory of meaning. Semiotica, 42(1), 25-82.

Waddington, C. H. (1968). Towards a theoretical biology. Nature, 218(5141), 525-527.

Wood, D. C. (1992). Learning and adaptive plasticity in unicellular organisms. In L. R. Squire (Ed.), Encyclopedia of learning and memory (pp. 623-624). New York: Macmillan.

第十八章 概念组合与复杂认知的起源 361

利亚妮·加波拉，柯丝蒂·基托[①]

摘要：我们人类独特的认知能力的核心是能够从不同的视角观察事物，或把它们置于新的语境中。我们认为，这可能是由两种认知转变造成的。首先，直立人的大脑促进了递归记忆的开始：有能力把想法串联起来形成潜在的抽象或想象的思维流。这种假设得到了一组计算模型的支持，在这些模型中，一个行为体的人工社会在递归回忆的条件下进化出更多样化和有价值的文化产品。我们认为，在语境中看待事物的能力出现得很晚，在解剖学意义上的现代人出现之后。第二次转变是通过语境聚焦开始的：在思想的最小语境分析模式和高度语境联想模式之间转换的能力，有助于以新的方式组合概念并“打破常规”。当语境聚焦在艺术生成的计算机程序中实现时，产生的艺术品更富有创造性和吸引力。我们总结了如何使用概念理论将这两种转换模型化，该理论强调不同的语境如何改变对单一概念的解释。

我们人性的本质是什么？我们认为，人类独特认知能力的核心是能够把事
物*置于语境中或从不同的视角来看待事物*。这使得我们不仅具有创造性，而且
能把自己的观点置于他人的创造上，并修改它们以适应我们自己的需求和品位，
这反过来导致了基于先前积累的创新（Gabora，2003，2008a，2008b，2008c，2008d； 362
Gabora & Russon，2011）。它使我们能够在彼此的背景下思考，以改变思想、印
象和态度，从而将它们编织成一个或多或少完整的结构，这个结构定义了我们与
世界的关系。我们将自己的观点强加于他人的想法和发明上，由此产生的内疚感
导致了累积的文化变化，这被称为*棘轮效应*（Tomasello et al.，1993）。

要理解这种能力是如何进化的，并将其与其他有关人类本性的理论进行对比，是很困难的。我们史前祖先所留下的只是他们的骨头和石器之类的人工制品，它们能抵抗时间的流逝。分析这些遗留物品的方法变得越来越复杂，但仍

① 利亚妮·加波拉（Liane Gabora），英属哥伦比亚大学心理学系，电子邮件：liane.gabora@ubc.ca；柯丝蒂·基托（Kirsty Kitto），昆士兰科技大学信息系统学院，电子邮件：kirsty.kitto@qut.edu.au。

有许多未解答的问题，并且往往与几个相互竞争的埋论相一致。因此，在试图解释人类独特的认知能力——这种能力改变了我们的生活甚至我们居住的星球——的演变过程中，形式计算与数学模型提供了一套极有价值的重构工具。“在语境中看待事物”的能力的进化背后的认知机制进化的数学模型（Gabora & Aerts，2009）已经被提出，并且这一过程的计算模型也被开发出来了（DiPaola & Gabora，2007，2009；Gabora，1994，1995，2008a，2008b；Gabora & Leijnen，2009；Leijnen & Gabora，2009，2010；Gabora et al.，in press；Gabora & Firouzi，2012；Gabora & Saberi，2011）。本章的目标是用通俗易懂的术语来解释这些研究工作，这些努力将填补一些空白，并展示它们如何构成一种综合的努力，以正式地对作为人性基础的认知机制的演化进行模型化。

一、第一次转变：创造性的最早迹象

人类和其他类人猿最后的共同祖先生活在 400 万～800 万年前。我们最早的祖先*能人*的心智被认为是*偶发性的*，因为没有证据表明他们的经验脱离了当下具体的感官知觉（Donald，1991）。它们能够在记忆中对事件的感知进行编码，并在有提示或线索的情况下回忆起它们，但在没有环境线索的情况下，他们几乎没有自主记忆的能力。比如，他们将不会想起一个特定的人或物，除非他们的环境中有什么具体的东西触发了他们的记忆。因此，他们无法自发地塑造、修改或练习技能和动作，也不会发明或改进复杂的手势或交流方式。

*能人*最终被生活在 180 万～30 万年前的*直立人*（*Homo erectus*）所取代。这一时期被广泛认为是人类文化的开端。*直立人*的脑容量大约是 1000 毫升，比能人大 25%左右，至少是现存类人猿的 2 倍，是现代人的 75%（Aiello，1996；
363 Ruff et al.，1997）。*直立人*表现出许多智力、创造力和适应环境能力增强的迹象。例如，他们使用复杂的任务专用石斧、复杂稳定的季节性家庭住所、涉及大型猎物的远距离狩猎策略，并迁徙出了非洲。

这一时期标志着考古学记录的开始，也被认为是人类文化的开端。人们普遍认为，这种文化转变反映出认知与社会能力的潜在转变。一些人认为这种能力是伴随着*心智理论*（Mithen，1998）或模仿能力（Dugatkin，2001）的出现而产生的。然而，有证据表明，非人类灵长类动物也具有心智理论和模仿能力（Heyes，1998；Premack，1988；Premack & Woodruff，1978），但他们在智力和文化复杂性方面无法与现代人相比。

进化心理学家认为，人类的智力和文化复杂性是由大规模模块化的出现造成的（Buss，1999/2004；Barkow et al.，1992）。然而，尽管心智表现出中等程度的功能和解剖模块化，但神经科学并未揭示出大量固定的、封装的、任务特异的模块；事实上，大脑受环境影响的程度比以前所认为的要高（Buller，2005；Wexler，2006）。

二、一个有希望且可验证的假设

唐纳德（Donald，1991）提出，随着*直立人*脑容量的扩大，人类的心智经历了三次转变中的第一次转变，它与其所处的文化母体一起从祖先的前人类状态进化而来。这种转变的特征是认知功能从*情景*模式转变为*模仿*模式，这是由于独立于环境线索的自主检索存储记忆的能力的出现。唐纳德认为，这是一种*自我引发的回忆和叙述循环*。自我引发的回忆使信息能够递归地进行处理，并根据不同的语境或视角进行再处理。这使得我们的祖先能够主动地访问记忆，从而将过去发生或未来可能发生的事件表演出来①。因此，模仿心智不仅可以暂时逃离此时此地，而且通过模仿或手势，它可以将类似的逃离传达给其他心智。模仿能力因此带来了所谓的*模仿*形式的认知，从而开启了人类文化模仿阶段的转变。自我引发的回忆和叙述循环也使得我们的祖先能够参与到一个思想流中，其中一个思想或想法会唤起另一个修正的版本，而后者又会唤起另一个，如此循环往复。这样，人们的注意力就会从外部世界转向自己的内部模式。最后，自我引发的回忆允许主动叙述和行为的改进，引起系统的评估以及技能和运动行为的改进。

三、第一次转变的计算模式 364

递归回忆假设很难直接验证，因为即使它是正确的，但由于我们祖先的大脑组织早已分解，我们无法直接研究递归回忆背后的神经机制是如何进化的。然而，我们有可能通过计算建立模型，说明递推回忆能力的开始如何影响人工社会中产生的思想的有效性、多样性和开放性。这一部分总结了我们如何使用基于行为体的文化计算模型——被称为“文化进化”（EVOlution of culture，EVOC）——来检验唐纳德假设。文化进化成功地模拟了“修正的血统”如何发生于文化语境中。因此，这种方法可以与个体学习如何影响生物进化的计算机模型进行对比（Best，1999，2006；Higgs，2000；Hinton & Nowlan，1987；Hutchins & Hazelhurst，1991）。建模平台的细节在其他地方提供（Gabora，2008b，

① *mimetic* 这个词来源于 mime，意思是“表演出来”。

2008c；Gabora & Leijnen，2009；Leijnen & Gabora，2009）。

（一）文化进化的世界

文化进化使用基于神经网络的行为体：①发明新的观点；②模仿邻居实施的行动；③评估观点；④将成功的观点作为行动实施。发明的工作原理是利用学习到的趋势（比如，更多的整体运动往往是好的）来修改先前学习到的动作，从而使发明过程产生偏好。寻找要模仿的邻居的过程是通过一种懒惰搜索（计算机科学家称之为“不贪婪”，他们的意思是在迭代的每个阶段提供的解决方案不一定是最优的）来进行的。一个模仿行为体随机扫描其邻居，并使用预定义的适应度函数来评估其行为的适应度。它采用它遇到的第一个比目前执行的行动更合适的行动。如果它没有找到比自己执行的操作更好的邻居（参见下面关于合适度的讨论），它将继续执行当前操作。经过连续几轮的发明和模仿，行为体的行为会得到改善。因此，文化进化模拟了在纯粹的文化语境中血统如何发生变异。在生物学意义上，行为体不会进化——它们既不会死亡也不会繁衍后代——但在文化意义上，它们会通过生成和共享关于未来行动的想法而进化[①]。

根据霍兰德（Holland，1975）的观点，我们将人工世界中的一个行为的成功称为其*适应度*，但需要注意的是，与生物学中的用法不同，这个术语与后代的数量（或从一种给定观念衍生的观点）无关。适应度函数奖励头部的固定和对称的肢体活动。行为的适应度开始时很低，因为最初所有的行为体都是完全静止的。
365 然而，一些行为体迅速发明了一个动作，这个动作比什么都不做具有更强的适应性，这个动作被模仿，从而导致适应度的增加。当其他想法被发明、评估，作为行动实施并通过模仿传播时，适应度会进一步增加。行动的多样化最初是由于新想法的扩散而增加，然后随着行为体专注于最合适的行动而减少。

人工社会由一个具有100个节点的环形晶格组成，每个节点都由一个静止的行为体占据。我们使用了冯·诺依曼（von Neumann）的邻域结构（行为体只与4个相邻的邻居相互作用）。在发明过程中，改变身体任何部位位置的概率是1/6（因为有6个身体部位，因此每个动作平均会更换一个身体部位）。在每次运行中，创造者和模仿者都被随机分散。

（二）连锁

这为行为体提供了执行多步操作的机会。在这里报告的启用链接的实验中，

① 因此，这种方法可以与个人学习如何影响生物进化的计算机模型进行对比（Hinton & Nowlan，1987；Hutchins & Hazelhurst，1991）。对于为什么我们不采用模因论框架的解释见 Gabora（1999b，2004，2008d）。

如果一个行为体在行动的第一步中移动了至少一只手臂，它就会执行第二步，这同样涉及最多 6 个身体部位。如果在第一步中，行为体向一个方向移动了一只手臂，在第二步中，它向相反的方向移动了同一只手臂，那么它就有机会执行一个三步操作，以此类推。行为体被允许执行任意长时间的动作，只要它继续沿着与之前相反的方向移动同一只手臂。一旦它不这样做，连锁动作就结束了。它活动的时间越长，这种多步连锁动作的适应度就越高。诚然，这是一个简单的动作，但我们对这个操作*本身*的影响并不感兴趣。这里的目标仅仅是通过为行为体提供一种执行多步骤行动的方法来检验关于个体层面的连锁如何影响社会层面动态的假设，这样执行一个步骤的最佳方式取决于行为体如何执行之前的一步。这似乎是许多有用动作的共同特征，比如工具制造、锯切、雕刻、编织等重复性动作。

设 c 是“有连锁”，w 是“没有连锁”，n 是连锁动作的数量，则连锁动作的适应度 F_c 计算公式如下：

$$F_c = F_w\ (n-1)$$

连锁的适应度函数提供了一种模拟递归回忆能力的简单方法。

（三）结果

如图 18-1 所示，将简单行为串联起来形成更复杂行为的能力增加了整个人工社会中行为的平均适应度。这在运行的后期阶段最为明显。在没有连锁的情况下，行为体收敛于最优行为，并且行为的平均适应度达到一个高峰。然而， 366
对于有连锁的情况，行为的平均适应度没有上限。到第 200 次迭代时，连锁过程产生的最大适应度是没有连锁时的两倍多。

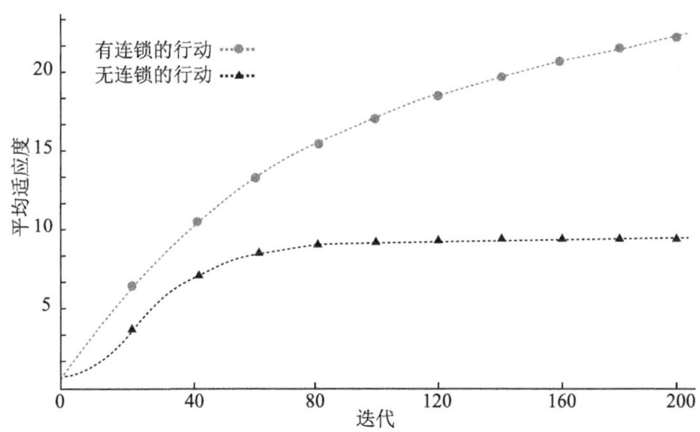

图 18-1　人工社会中有连锁与无连锁行为的平均适应度（Gabora & Saberi，2011）

如图 18-2 所示，连锁也增加了动作的多样性。这在运行的早期阶段最为明
367 显，在行为体开始收敛于最优操作之前。尽管这两种情况下，最优行动都是收敛的，但如果没有连锁行动，这就是一个静态集合（因此平均适应度趋于稳定），而如果有连锁行动，随着越来越多的适应行动被发现，最优行动的集合总是在变化的（因此平均适应度不断增加）。

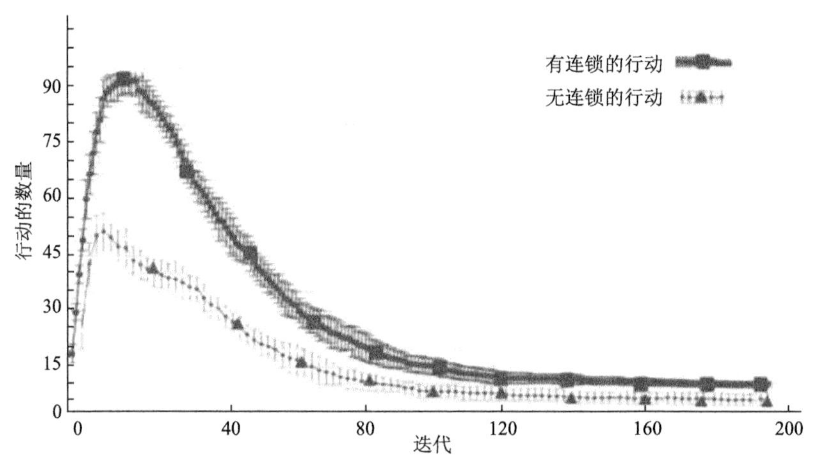

图 18-2 人工社会中有连锁（*实线*）与无连锁（*虚线*）的不同行为的平均数量（Gabora & Saberi，2011）

这表明递归回忆增加了思想的适应性，同时增加了人工社会中不同思想的数量。因此这支持了一种假设，即递归回忆的开始是我们与人类相联系的那种认知的关键一步。

我们还测试了连锁对于从学习中受益的能力的影响。回顾一下，行为体有能力从过去的经验中学习趋势，从而使新颖性的产生偏向于更大概率的方向。由于连锁提供了更多利用学习能力的机会，我们假定连锁会强化学习对行动平均适应度的影响，事实也证明了这一点（Gabora & Saberi，2011）。

请注意，在有连锁与无连锁的情况下，神经网络的大小是相同的，但*使用方式*则是不同的。这表明，并不是更大的脑容量本身引发了累积文化的产生，而是更大的脑容量使得时间能够被更加详细地编码，允许更多的路径来提醒和回忆，从而提高了递归地重述存储于记忆中的信息的能力（Karmiloff-Smith，1992），使其适应当前的情境。

四、递归重述的数学模型：语境中的一个观点

这种模型的一个局限在于递归回忆不像在人类中那样，通过一个视角考虑一个想法，观察这个视角如何修正这个想法，认识到这一修正在哪些方面暗示了考虑这种想法的一个新视角，等等。递归重述的数学建模需要一种能够将语境对概念状态的影响结合起来的方法。人们普遍认为，科学的标准分析技术无法应对对这些语境效应进行建模的挑战，因为当概念在彼此的语境中出现时，它们的意义会以非组合的方式发生变化，也就是说，它们的行为方式违反了经典逻辑的规则（Osherson & Smith，1981；Hampton，1987；Aerts & Gabora，2005a，2005b；Kitto，2006，2008a；Aerts，2009；Kitto et al.，2011）。尽管有潜在的影响，但这一挑战并不是像最初看上去那样难以克服，因为有一种数学形式主义——量子理论（quantum theory，QT），正是为了描述这种语境性而发明的。本章的目的不在于详细描述这一理论[①]或者它在认知方面的应用。
相反，我们这里试图解释 QT 为什么能提供一种可行的形式来描述信息存储的 368
密度，这是在转换到递归重述之前所需要的。

概念的量子方法明确地表征了信息通过测量概念发生的语境。简单来讲，对于量子系统，测量不仅仅是在记录存在的东西，并且与被考虑的系统相互作用，以*在由测量环境限定的语境中*揭示关于其状态的信息（Aerts et al.，2000；Kitto，2008b）。在这一理论中，不参照测量环境就不可能参考系统的状态。同样，不参照其发生的语境就思考某些概念 w 是不合理的。比如火，可能是一种危险（森林火灾）、一种工具（烹饪用火）、一种光源和社区中心（篝火），因此我们赋予火这个概念的含义会有很大的不同。布鲁扎等（Bruza et al.，2009）提出了一个简单的模型，说明这种效应适用于人类心理词汇，在此，我们将简要概述该模型。特别是，我们将说明同一思想可以被赋予多个含义的方式，从而有助于提高信息存储的密度。

在图 18-3 中，我们在语境中绘制了一个观点的*几何学*表征。由 $|w\rangle$ 表征的观点可以用一个向量来表征，在语境中这个向量可以用两种不同的方式来解释，分别表征为 $|1\rangle$ 和 $|0\rangle$ 。比如，在特定的语境中表征的“火”的概念将具有一定的被解释为危险的可能性(例如，澳大利亚居民在夏季几乎总是将“火”解释为危险）。因此，除非向量与图中某个轴线完全重合，否则被问及该概念的人会真的不知道该如何解释它。我们将这种真正的非决定性表征为一种*叠加状态*：

① 伊沙姆（Isham，1995）对这一点做了很好的总结。

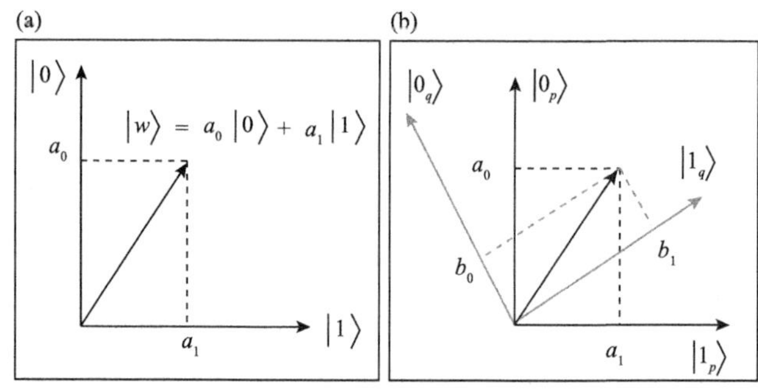

图 18-3 观点｜w〉在两种不同语境中的表征。（a）一个观点有可能被解释为两种不同的意义，这被表征为将观点投射到两个不同的基态上。（b）在最初的语境中，折叠到基态｜0〉且值为 a_0 的概率 p，大于折叠到基态｜1〉且值为 a_1 的概率。在不同的语境 q 中，这个概率会发生显著变化，这可以通过对新语境的不同投射来看出

$$|w\rangle = a_0 |0_p\rangle + a_1 |1_p\rangle \text{，其中} |a_0|^2 + |a_1|^2 = 1$$

369 然而，在图 18-3（b）所示的不同语境中，概念的不同表征结果是：

$$|w\rangle = b_0 |0_q\rangle + b_1 |1_q\rangle \text{，其中} |b_0|^2 + |b_1|^2 = 1$$

我们假设，当概念或观点可以被描述为存在于（2）和（3）的叠加状态时，它们有意识地体验为是模糊的或“不成熟的”。事实上，这些状态的经验证据已经被获得了（Gabora & Saab，2011）。通过观察来自不同背景的观点，人类获得对它们更全面的理解。事实上，人类经常遇到这样的情况：当从一个视角来审视一个概念时，就会想到另一个视角，等等，直到对这个观点有了详细的（有时是创造性的）理解。最终会获得一个特殊的解释。当从一个稍微不同的视角来看，一种观点到另一种观点的每一次转变，在这种形式化中被描述为一种“测量”时，它会引起相关状态的崩溃。人们将特定解释归因于给定的观点或概念的概率，与该维度中向量的长度成正比（即到相关基态的投影）。这在形式化中，是通过取向量沿相关轴的长度的平方来表征的（Isham，1995；Bruza et al.，2009；Kitto et al.，2011）。更规范地说，一个人用基数 p 所表征的意义来解释观点｜w〉的概率是 $P=|a_1|^2$。这与语境 q（$P=|b_1|^2$）中对相同观点的解释明显不同。

通过参考图 18-3（b），我们能够立即看到不同的语境导致不同的概率值。在这个形式中，不同的语境可能导致非常不同的解释。我们还可以提取出一个人不会将特定解释与给定概念联系起来的概率（对于语境 p，$P=|a_0|^2$ 和对于语境 q，$P=|b_0|^2$）。

因此，回到“火”的概念，在第二个语境 q 中它被解释为*危险的*概率比在第一个语境中更大。也许这可以用来表征早期人类分别在冬季和夏季将火的概念归因于可能的危险。这允许对“火”这个概念进行密集表征。我们不需要明确地对每个不同的含义进行编码，它们来自一种解释，这种解释与在解释的那一刻出现的想法有关。

五、第二次转变：人类创造性的“大爆炸”

欧洲考古记录表明，在 6 万～3 万年前旧石器时代晚期开始时，发生了一次真正空前的文化转变（Bar-Yosef，1994；Klein，1989；Mellars，1973，
1989a，1989b；Soffer，1994；Stringer & Gamble，1993）。理查德·利基 370
（Richard Leakey）认为，这是“现代人类心智活动的证据”，他将旧石器时代晚期描述为“不同于之前的停滞占主导地位的时代……这时的变化是以几千年而不是几十万年来衡量的”（Leakey，1984：93-94）。米森（Mithen，1996）同样将旧石器时代晚期称为人类文化的“大爆炸”时期，比之前的 600 万年的人类进化表现出更多的创新。这一时期或多或少同时出现了被认为是行为现代性症候的特征。它标志着一种更有组织、更有策略、更有季节特征的狩猎方式的出现，这种狩猎方式涉及特定地点的特定动物；精心设计的墓地表明出现了仪式与宗教；舞蹈、魔法和图腾崇拜的证据；对澳大利亚的征服；以及近东地区用刀片芯技术取代勒瓦卢瓦刀技术。在欧洲，出现了复杂的壁炉和许多形式的艺术，包括动物主题的洞穴壁画、装饰工具和陶罐，刻有图案的骨头和鹿角工具，动物的象牙雕像和海贝壳，以及个人装饰，如珠子、吊坠和穿孔的动物牙齿，其中许多可能表明了社会地位（White，1989a，1989b）。

这一时期是否是一场真正的革命，最终导致了行为的现代性，人们对此进行了激烈的争论，因为这一影响的说法基于欧洲旧石器时代的记录，而在很大程度上排除了非洲的记录（Mcbrearty & Brooks，2000；Henshilwood & Marean，2003）。事实上，大多数与 4 万～5 万年前欧洲向行为现代性迅速转变有关的人工制品，早在数万年前的非洲中石器时代晚期就已经存在。然而，传统的和目前主流的观点是，由于生物进化的认知优势与扩散，现代行为在 4 万～5 万年前在非洲出现，取代了当时存在的物种，包括欧洲的尼安德特人（比如：Ambrose，1998；Gamble，1994；Klein，2003；Stringer & Gamble，1993）。因此，从这一刻开始，只剩下一种人类物种，即现代*智人*，尽管大脑容量总体

上没有增加，但他们的前额皮层特别是它们的眶额区的体积显著增加（Deacon，1997；Dunbar，1993；Jerison，1973；Krasnegor et al.，1997；Rumbaugh，1997），这很有可能是一个重大神经重组的时期（Klein，1999）。

考虑到旧石器时代中晚期是一个空前的创造力时期，这涉及什么样的认知过程呢？

六、一个可验证的假设

越来越多的证据表明，创造性涉及在两种思维形式之间转换的能力（Finke et al.，1992；Gabora，2003；Howard-Jones & Murray，2003；Martindale，1995；Smith et al.，1995）。①*发散或联想*过程被假定发生在观点产生的过程中；②*收敛或分析*过程在改进、实施和测试一个观点的过程中占主导地位。有人提出，旧石器时代的转变反映了基因的突变，这些基因涉及生化机制的微调，这些机制
371 是通过改变被激活的认知感受域的特异性，根据情境下意识地在这些模式之间转换的能力。这被称为*语境聚焦*①，因为它需要根据语境或情境集中或分散注意力的能力。分散的注意力通过分散激活大面积的记忆区域，有利于发散性思维；它使得情境的模糊（但潜在相关）方面发挥作用。聚焦的注意力有助于收敛思维；记忆的激活受到足够的限制，可以在最明显的相关方面进行逻辑思维操作。这一理论与创造力涉及自由和约束的概念是一致的；文化新颖性的产生通常始于结构规则和框架（比如俳句或悲剧的模板），以此作为偏离的基础。

七、来自计算模型的支持

同样，由于很难从经验上确定旧石器时代的原始人是否有能力聚焦语境，我们首先要确定这个假设是否在计算上可行。为实现这一目的，我们使用了一个进化的艺术系统，它生成了逐渐进化的艺术肖像序列。在这种情况下，我们试图确定将语境聚焦纳入计算程序是否能够使其产生人们觉得美观和"创造性"的艺术（即，一旦启动就不需要人为干预）。

我们通过赋予程序改变其流动性水平的能力，并根据其产生的输出控制创作过程的不同阶段，在进化艺术算法中实现了语境聚焦。之所以选择肖像绘画

---

① 在神经网络术语中，语境聚焦相当于自发和潜意识地改变激活函数形状的能力，发散思维是扁平的，分析思维是尖的。

的创造领域，是因为它需要聚焦注意力和分析思维来完成与肖像模特相似的主要目标，同时也需要分散注意力和联想思维，以一种独特有趣的方式偏离相似性，即满足审美艺术的宽泛且经常互相冲突的标准。自摄影出现以来（以及更早），肖像画不仅是精确的复制，而且是关于实现对被拍摄者的创造性或风格化的表征。由于对创造性艺术的评判是主观的，因此从该系统中自动生成的艺术作品的一个代表性子集被选中，输送到高质量的框架图像中，并提交给同行评审和委托艺术展，从而允许人类艺术策展人、评论家和画廊公众对其创造性进行正面或负面的评价。

这个软件结合了几项技术，使其能够在不同的思维模式之间转换，总结如 372
下（实施细节在别处提供；DiPaola，2009；DiPaola & Gabora，2007，2009）。我们的目标是合并语境聚焦的概念，以便使这个软件能够在小的有序步骤和艺术可能性的大跳跃之间转换。具体操作如下：系统默认的处理模式是一个分析模式，其首要目的是实现准确的相似性（与拍摄对象图像的相似性）。某些功能触发（例如如果系统“卡住”并且没有改进）将其转换为更具关联性的处理模式。该模式旨在利用艺术创作原则（构图规则、调性规则、色彩理论）和肖像知识空间来实现绘画的美学效果。具体来说，它考虑：①面部与背景的构成；②色调相似度高于精确的色彩相似性，并与基于相似色和互补色和谐规则的冷暖色温关系加权的复杂艺术色彩空间模型相匹配；③不平等的主色调和次色调规则，以及其他基于肖像画家知识领域的艺术规则，正如迪保拉（DiPaola，2009）所详述的。

将语境聚焦纳入计算机程序不仅提高了生成良好相似性的能力，而且还产生了更抽象、更具审美吸引力的肖像。人们认为这个版本的肖像绘画程序产生的肖像具有语境聚焦，比之前并未使用语境聚焦的版本更富有创造性和趣味性，并且与其前身不同，这个程序的输出引起了全世界的公众关注。如图 18-4 所示，
样品在几家通常只接受人类艺术作品的主要画廊和博物馆的同行评审、评审团 373
或委托展览中展出，包括伦敦 Tenderpixel 美术馆、温哥华艾米丽 · 卡尔美术馆、剑桥大学国王艺术中心、麻省理工学院博物馆、亚特兰大高等艺术博物馆。该作品还因其美学价值而入选《自然》期刊（Padian，2008）。虽然这些都是主观的衡量标准，但它们是艺术界的标准。因此，使用语境聚焦，计算机程序会自动产生新的创造性作品，既可以作为单个的艺术品，也可以作为相互关联的创造性主题的相关艺术的画廊收藏品，这为语境聚焦的有效性提供了令人信服的证据。

图 18-4　在马萨诸塞州剑桥市的麻省理工学院博物馆使用计算机程序的语境聚焦技术生成的图像。这些作品已经被成千上万的人观看过，并被艺术大众视为创造性的艺术品

总之，这些结果支持了这样的假设，即在联想与分析处理模式之间转换的能力大大加强了递归回忆的影响。这开创了从不同语境审视概念和从不同视角检验观点的更多方式，直到人们集中考虑一个包括多方面因素的理解。我们认为，一种类似于语境聚焦的机制使得成功的语言进化计算模型所展示的累积创造性成为可能（如 Kirby，2001）。

八、语境聚焦建模：收敛与发散思维的转换

一种更具说服力的方法是开发一个认知系统，它能够在处理概念和想法的少数特征或属性（分析思维或收敛思维）与编码概念和想法的许多特征或属性（联想思维或发散思维）之间进行转换。发散思维模式将非常有利于新概念组合的出现；由于每个概念有更多的属性编码，因此有更多的潜在联系，而收敛思维允许聚焦和锤炼有用的想法。发散思维有助于将概念组合成新的组合。使用上文讨论的量子形式主义，概念组合已经使用张量积和其他复杂但精确的数学结构被模型化。

该模型和相关模型的详细情况已在其他文献中讨论过（Aerts & Gabora，2005a，2005b；Gabora & Aerts，2002，2009；Bruza et al.，2009；Kitto et al.，2011）。然而，通过对“火”和“食物”这两个概念，以及它们是如何被早期人类以创造性的方式组合起来的考虑，基本观点可以得到说明。这两个概念可能被早期人类认为是相互排斥的，因为火会烧掉森林和田野，从而减损预期的食物产量。因此，火灾的增加可能会减少食物的产量。然而，在某种程度上，火被认为是一种工具；它可以通过把不可食用的材料转化为可食用的来创造更

多的食物，而不仅仅被认为是通过燃烧食物的来源来减少产量的东西，等等。
通过把火表征为有用的（$|1_p\rangle$）与无用的（$|0_p\rangle$）的叠加，把食物表征为 374
可食用的（$|1_q\rangle$）和不可食用的（$|0_q\rangle$）的叠加，我们可以把这两个组合概念写作

$$
\begin{aligned}
&|\,\text{火}\,\rangle \otimes |\,\text{食物}\,\rangle \\
&= (a_0|0_p\rangle + a_1|1_p\rangle) \otimes (x_0|0_q\rangle + x_1|1_q\rangle) \\
&= a_0 x_0|0_p\rangle \otimes |0_q\rangle + a_0 x_1|0_p\rangle \otimes |1_q\rangle + a_1 x_0|1_q\rangle \otimes |0_p\rangle + a_1 x_1|1_q\rangle \\
&\quad \otimes |1_p\rangle
\end{aligned}
$$

这是在高维空间中出现的一种叠加态，通过四维基态来表征：$\{|0_p\rangle \otimes |0_q\rangle, |0_p\rangle \otimes |1_q\rangle, |1_q\rangle \otimes |0_p\rangle, |1_q\rangle \otimes |1_p\rangle\}$（关于这种高维空间的详细说明，见 Isham，1995）。我们立即看到，这两个概念的组合导致了可能性的组合爆炸；换句话说，这是一个发散的过程。如果一个人现在接触到另一个概念，我们会想象这样一种情况，即他们当前的认知状态进一步扩展到更高维度的空间。这一过程可能会持续几个步骤；然而，这种日益复杂的状态可能很难维持下去。的确，在联想模式下进行处理，并想出不寻常的组合的一个潜在缺陷是，由于这种努力被用于对先前所获得的材料进行再加工，用于观察危险和简单地执行实际任务的努力可能会减少。因此，在人们能够有办法转换回一种更具分析性的思维模式之前，联想思维没什么用处。通过日益受限的语境或观点重新处理新的组合，如何来呈现它将变得更加清晰。因此，虽然一些联想思维无疑是有用的，但它承载着很高的认知负荷，随着越来越多的概念被组合在一起，认知负荷会增加。最终，在收敛过程中确定一个特定的解释将具有适应性优势。

上文讨论的“测量”过程执行这种功能，即使是在这种可能性迅速扩大的情况下，也会导致最终确定一个想法的收敛情境，从而减少维持认知状态相关的负荷。在上文的例子中，早期的人类可能已经意识到，当火和食物结合在一起时，可以有效地将不可食用的东西变成可食用的（正如状态 $a_1 x_1|1_q\rangle \oplus |1_p\rangle$ 所表征的那样）。在这种情况下出现的概率非常小，因为等式（5）的系数随着每一个组合而变小，因此表明了一种情况，即在认知上越来越难以确定一个特定的含义，但也更有可能确定一个极不可能的解释。最终，如果有足够多的人体验到这种不寻常的认知状态，那么他们中的一个很可能会开始烹饪不可食用的植物，从而使其变得可食用。最初，考虑到一个新概念组合“产生”的

世界的限制，我们可能并不清楚它的意义或如何实现它；比如，人们并不知道母概念的哪些特征在组合中被继承。目前的研究主要是寻找概念的自然表征，在组合过程中被自然地使用。

375 总之，如果早期人类达到这样一个阶段，即他们可以采用一种概念组合的发散过程，然后转向一种更受约束或更收敛的处理模式，使他们能够在考虑到相关的实际和其他因素的情况下实现或体现这种新想法，那么他们会发现自己具有显著的适应优势。他们不仅有能力创造不寻常的新可能性，而且还能透过它们达到认知活动的新阶段。

九、结论与未来方向

由于概念是人类认知的基石，要解释灵活的、开放式的思维认知过程是如何产生的，就需要一个概念理论能够解释和模拟它们的语境性、非构成性行为。我们展示了如何使用量子启发理论来严格充实有关现代认知起源的理论，许多物种的行为可以说是创造性的，但人类独特之处在于，我们的创造性想法是建立在彼此积累的基础上的。事实上，正是由于这个原因，文化被广泛解释为一种进化过程（Bentley et al.，2011；Cavalli-Sforza & Feldman，1981；Gabora 1996，1998，2008a，2008b，2008c，2008d；Hartley，2009；Mesoudi et al.，2004，2006；Whiten et al.，2011）。我们独特的认知能力展示于各行各业，并改变了我们的生存方式和我们赖以生存的星球。我们讨论了人类认知进化的两个转变：①大约 200 万年前它的起源；②大约 5 万年前被称为人类创造力的文化爆发或“大爆炸”。我们讨论了已经提出的认知机制，这些机制是这些转变的基础，并总结了在计算和数学上为它们建模的努力。

据推测，复杂人类认知的起源可以归因于*递归回忆*的开始，其中一个想法或刺激在一系列联想中唤起另一个想法或刺激（Donald，1991）。这允许将真实或想象的情节联系起来形成一个意识流，或将简单动作连接到复杂的动作中，这样，一个组件的反馈会影响下一个组件的表现。这一假设已被证明与人类记忆结构可能发生的变化相一致，这些变化与此时大脑容量的增加有关（Gabora，2003，2008a）。此外，在一项使用文化进化计算模型的假设测试中，基于神经网络的行为体通过发明与模仿进化出行动的想法，结果表明，连锁导致了更大的文化多样性、开放式的新颖性的产生、没有上限的文化变体的平均适应性，以及更强的学习能力（Gabora & Saberi，2011）。这说明递归回忆在复杂认知
376 的起源中起重要作用的假设在计算上是可行的。然而，在计算模型中，我们简

单地比较了行为体被限制为单步动作的运行和它们能够将简单动作连接到复杂动作的运行；由于项目在记忆中的编码方式，联想回忆并不是自然产生的。我们认为，连锁不仅仅为复杂认知与文化进化铺平了道路，而且涉及从不同的背景下看待概念的重构，并提出这一过程需要一个正式的模型。我们展示了如何使用量子启发理论来模拟到一种状态的转换，其中概念和观点被编码得足够详细，它们之间的联系足够丰富，可以通过联想回忆发生自然连锁，从而产生通过从不同语境中观察它们来逐步塑造概念、思想和行动的能力。

我们讨论了一个假设，即旧石器时代中晚期的创造力的大爆发是由于*语境聚焦*的发生：在有利于形成新概念组合的联想思维和有利于体现新概念组合的分析思维之间转换的能力。将语境聚焦（在分析与联想模式之间转换的能力）纳入肖像绘画的计算模型，导致了人类观察者偏爱的肖像的更快收敛（DiPaola，2009；DiPaola & Gabora，2007，2009）。这支持了这样一种假设，即语境聚焦为现代人类的认知能力提供了一种计算上可信的解释。

这项工作的一个局限性是，语境聚焦被简单地模型化为通过使用更抽象的绘画技术来夸大、最小化或修改，在实现与被拍摄者精确相似和偏离被拍摄者相似的竞争目标之间转换的能力。本章还讨论了一个更复杂的语境聚焦模型，再次使用了量子启发的概念组合模型。我们表明，如果一个认知系统能够经历从编码概念和想法的少数特征或属性（分析或收敛思维）到编码概念和想法的许多特征或属性（联想或发散思维）的转变，那么新的概念组合就更有可能产生。其缺点在于，这种联想状态在认知上难以维持，但我们表明，如果概念组合之后转向到一个更具约束性或更具分析性的处理模式，那么最终的解释可以确定，因为新的概念或想法来自之前的“不成熟的”状态。

目前，我们正在研究如何通过计算实现认知上更合理的创造力及其进化。其中一个即将进行的项目将在文化进化模型中执行语境聚焦，该模型曾用于“创造力起源”实验。这将按照如下方式进行：适当度函数将周期性地变化，从而使行为体发现自己不再表现良好。它们将能够发现自己的表现不佳，因此增加对给定动作的任何组成部分进行更改的可能性。这暂时使它们更有可能“跳出圈子”，从而产生非常不同的行为，进而模拟了向更联想的思维形式转变的能力。一旦它们的表现开始改善，改变一个给定动作的任何组成部分的可能性将开始降低到基本水平，使它们不大可能转向一个截然不同的动作。这有望帮助它们完善 377
自己已经决定的行动，从而模拟向更联想的思维形式转变的能力。

简言之，我们已开发了几条调查进路，以正式测试这个假设的可行性，即人类的“心智”源于在语境中或从多个角度看待事物的能力。我们认为，这始于*直立人*出现前后的再现性表征重述，并在解剖学上现代人类出现后的一段时间内，由于语境聚焦的出现，这种情况得到了极大的加强。语境聚焦使人类能够在最低限度的语境分析思维模式和高度的语境联想思维模式之间转换，从而导致“破除常规”。

这里提出的关于我们人类特有的思维方式和生活方式的进化的假设是推测性的。然而，我们已经证明，计算和数学模型表明它们至少是可行的。我们相信，它们让我们走上了建立机制模型的道路上，这些机制使现代人类的认知成为可能，并随后改变了我们所居住的星球。

致谢：本项目部分得到了澳大利亚研究委员会发现基金 DP1094974、加拿大自然科学与工程研究委员会和比利时弗兰德科学研究基金的支持。

参 考 文 献

Aerts, D. (2009). Quantum structure in cognition. Journal of Mathematical Psychology, 53, 314-348.

Aerts, D., Aerts, S., Broekaert, J., & Gabora, L.(2000). The violation of Bell inequalities in the macroworld. Foundations of Physics, 30(9), 1387-1414.

Aerts, D., & Gabora, L. (2005a). A state-context-property model of concepts and their combinations Ⅰ：The structure of the sets of contexts and properties.Kybernetes, 34(1&2), 167-191.

Aerts, D., & Gabora, L. (2005b). A state-context-property model of concepts and their combinations Ⅱ：A Hilbert space representation. Kybernetes, 34(1&2), 192-221.

Aiello, L. C. (1996). Hominine pre-adaptations for language and cognition. In P. Mellars & K. Gibson (Eds.), Modeling the early human mind (pp.89-99). Cambridge: McDonald Institute Monographs.

Ambrose, S. H. (1998). Chronology of the later stone age and food production in East Africa. Journal of Archaeological Science, 25, 377-392.

Bar-Yosef, O. (1994). The contribution of southwest Asia to the study of the origin of modern humans. In M. Nitecki & D. Nitecki (Eds.), Origins of anatomically modern humans, Y Plenum.

Barkow, J. H., Cosmides, L., & Tooby, J. (Eds.). (1992). The adapted mind: Evolutionary psychology and the generation of culture. New York: Oxford University Press.

Bentley, R. A., Ormerod, P., & Batty, M. (2011). Evolving social influence in large populations. Behavioral Ecology and Sociobiology, 65, 537-546.

Best, M. (1999). How culture can guide evolution: An inquiry into gene/meme enhancement and opposition. Adaptive Behavior, 7(3), 289-293.

Best, M.(2006). Adaptive value within natural language discourse. Interaction Studies, 7(1), 1-15.

378 Bruza, P. D., Kitto, K., Nelsonm D., & McEvoy, C.(2009). Is there something quantum-like about the human mental lexicon? Journal of Mathematical Psychology, 53, 362-377.

Buller, D. J. (2005). Adapting minds. Cambridge: MIT Press.

Buss, D. M. (1999/2004). Evolutionary psychology: The new science of the mind. Boston: Pearson.

Cavalli-Sforza, L. L., & Feldman, M. W. (1981). Cultural transmission and evolution: A quantitative approach. Princeton: Princeton University Press.

Cloak, F. T., Jr. (1975). Is a cultural ethology possible? Human Ecology, 3, 161-182.

Deacon, T.W. (1997). The symbolic species: The co-evolution of language and the brain. New York, NY: W. W. Norton.

DiPaola, S. (2009). Exploring a parameterized portrait painting space. International Journal of Art and Technology, 2(1-2), 82-93.

DiPaola, S., & Gabora, L. (2007, July 7-11). Incorporating characteristics of human creativity into an evolutionary art algorithm. In D. Thierens (Ed.), Proceedings of the genetic and evolutionary computing conference (pp. 2442-2449). University College London, England.

DiPaola, S., & Gabora, L. (2009). Incorporating characteristics of human creativity into an evolutionary art algorithm. Genetic Programming and Evolvable Machines, 10(2), 97-110.

Donald, M. (1991). Origins of the modern mind:Three stages in the evolution of culture and cognition. Cambridge, MA: Harvard University Press.

Donald, M. (1998). Hominid enculturation and cognitive evolution. In C. Renfrew & C. Scarre(Eds.), Cognition and material culture: The archaeology of symbolic storage (pp. 7-17). Cambridge: McDonald Institute Monographs.

Dugatkin, L. A. (2001). Imitation factor:Imitation in animals and the origin of human culture. New York: Free Press.

Dunbar, R. (1993). Coevolution of neocortical size, and language in humans. Behavioral and Brain Science, 16(4), 681-735.

Finke, R. A., Ward, T. B., & Smith, S. M. (1992). Creative cognition: Theory, research, and applications. Cambridge, MA: MIT Press.

Gabora, L. (1994, July 4-6). A computer model of the evolution of culture. In R. Brooks & P. Maes(Eds.), Proceedings of the 4th international conference on artificial life, Boston, MA.

Gabora, L. (1995). Meme and variations: A computer model of cultural evolution. In L. Nadel & D. Stein(Eds.), 1993 lectures in complex systems (pp.471-486). Reading: Addison-Wesley.

Gabora, L. (1996). A day in the life of a meme. Philosophica, 57, 901-938.

Gabora, L. (1998). Autocatalytic closure in a cognitive system: A tentative scenario for the origin of culture. Psycoloquy, 9(67).

Gabora, L. (1999a, May 3-5). Conceptual closure: Weaving memories into an interconnected worldview. In G. Van de Vijver & J. Chandler(Eds.), Proceedings of closure: An international conference on emergent organizations and their dynamics, held by the Research Community on Evolution and Complexity and the Washington Evolutionary Systems Society, University of Gent, Belgium.

Gabora, L. (1999b). To imitate is human:A review of 'The Meme Machine' by Susan Blackmore. Journal of Artificial Societies and Social Systems 2(2). Reprinted with permission in Journal of Consciousness Studies, 6(5), 77-81.

Gabora, L.(2003, July 31-August 2).Contextual focus: A cognitive explanation for the cultural transition of the Middle/Upper Paleolithic. nR.Alterman & D. Hirsch(Eds.), Proceedings of the 25th annual meeting of the Cognitive Science Society (pp. 432-437). Boston: Lawrence

Erlbaum.

Gabora, L. (2004). Ideas are not replicators but minds are. Biology and Philosophy, 19(1), 127-143.

Gabora, L. (2008a). Mind. In R. A. Bentley, H. D. G. Maschner, & C. Chippindale (Edis.), Handbook of theories and methods in archaeology(pp. 283-296). Walnut Creek: Altamira Press.

Gabora, L. (2008b). EVOC: A computer model of cultural evolution. In V. Sloutsky, B. Love, & K.McRae(Eds.), Proceedings of the 30th annual meeting of the Cognitive Science Society (pp. 1466-1471). North Salt Lake: Sheridan Publishing.

Gabora, L. (2008c). Modeling cultural dynamics. In Proceedings of the Association for the Advancement of Artificial Intelligence (AAAI) Fall symposium I: Adaptive agents in a cultural context (pp. 18-25). Menlo Park: AAAI Press.

379 Gabora, L. (2008d). The cultural evolution of socially situated cognition. Cognitive Systems Research, 9(1-2), 104-113.

Gabora, L., & Aerts, D. (2002). Contextualizing concepts using a mathematical generalization of the quantum formalism. Journal of Experimental and Theoretical Artificial Intelligence, 14(4), 327-358.

Gabora, L., & Aerts, D. (2009). A mathematical model of the emergence of an integrated worldview. Journal of Mathematical Psychology, 53, 434-451.

Gabora, L., & Leijnen, S. (2009). How creative should creators be to optimize the evolution of ideas? A computational model. Electronic Proceedings in Theoretical Computer Science, 9, 108-119.

Gabora, L., & Russon, A. (2011). The evolution of human intelligence. In R. Sternberg & S. Kaufman (Eds.), The Cambridge handbook of intelligence (pp. 328-350). Cambridge: Cambridge University Press.

Gabora, L., & Saab, A. (2011). Creative interference and states of potentiality in analogy problem solving. Proceedings of the Annual Meeting of the Cognitive Science Society(pp. 3506-3511). July 20-23, 2011, Boston MA.

Gabora, L., & Saberi, M. (2011). How did human creativity arise? An agent-based model of the origin of cumulative open-ended cultural evolution. In Proceedings of the ACM conference on cognition & creativity (pp. 299-306). Atlanta, GA.

Gabora, L., Leijnen, S., & von Ghyczy, T. (in press). The relationship between creativity, imitation, and cultural diversity. International Journal of Software and Informatics.

Gabora, L., & Firouzi, H. (2012). Society functions best with an intermediate level of creativity. Proceedings of the Annual Meeting of the Cognitive Science Society(pp. 1578-1583). August 1-4, Sapporo Japan.

Gamble, C. (1994). Timewalkers: The prehistory of global colonization. Cambridge, MA: Harvard University Press.

Hampton, J.(1987). Inheritance of attributes in natural concept conjunctions. Memory & Cognition, 15, 55-71.

Hartley, J. (2009). From cultural studies to cultural science. Cultural Science, 2, 1-16.

Henshilwood, C., d' Errico, F., Vanhaeren, M., van Niekerk, K., & Jacobs, Z. (2004). Middle stone age shell beads from South Africa, Science, 304, 404.

Henshilwood, C. S., & Marean, C.W. (2003). The origin of modern human behavior. Current Anthropology, 44, 627-651.

Heyes, C. M. (1998). Theory of mind in nonhuman primates. The Behavioral and Brain Sciences, 211, 104-134.

Higgs, P. (2000). The mimetic transition: A simulation study of the evolution of learning by imitation. Proceedings: Royal Society B: Biological Sciences, 267, 1355-1361.

Hinton, G. E., & Nowlan, S. J. (1987). How learning can guide evolution. Complex Systems, I, 495-502.

Holland, J. K. (1975). Adaptation in natural and artificial systems. Ann Arbor: University of Michigan Press.

Howard-Jones, P. A., & Murray, S. (2003). Ideational productivity, focus of attention, and context. Creativity Research Journal, 15(2&3), 153-166.

Hutchins, E., & Hazelhurst, B.(1991). Learning in the cultural process. In C. Langton, J. Taylor, D. Farmer, & S. Rasmussen(Eds.), Artificial life II. Redwood City: Addison-Wesley.

Isham, C.(1995). Lectures on quantum theory. London: Imperial College Press.

Jerison, H. J. (1973). Evolution of the brain and intelligence. New York, NY: Academic Press.

Karmiloff-Smith, A. (1992). Beyond modularity:A developmental perspective on cognitive science, Boston, MA: MIT Press.

Kirby, S.(2001). Spontaneous evolution of linguistic structure: An iterated learning model of the emergence of regularity and irregularity. IEEE Transactions on Evolutionary Computation, 5(2), 102-110.

Kitto, K. (2006). Modelling and generating complex emergent behaviour. PhD thesis, School of Chemistry, Physics and Earth Sciences, The Flinders University of South Australia.

Kitto, K. (2008a). High end complexity. International Journal of General Systems, 37(6), 689-714.

Kitto, K. (2008b). Why quantum theory? In Proceedings of the second quantum interaction 380
symposium (pp.11-18). London: College Publications.

Kitto, K., Bruza, P., & Gabora, L. (2012, June 10-15). A quantum information retrieval approach to memory. In Proceedings of the 2012 International Joint Conference on Neural Networks(IJCNN 2012), WCCI 2012 IEEE World Congress on Computational Intelligence, IEEE(pp. 932-939), Brisbane: Brisbane Convention Centre.

Kitto, K., Ramm, B., Sitbon, L., & Bruza, P. (2011). Quantum theory beyond the physical: Information in context. Axiomathes, 21(2), 331-345.

Klein, R. (1989). Biological and behavioral perspectives on modern human origins in South Africa. In P. Mellars & C. Stringe (Eds.), The human revolution. Edinburgh: Edinburgh University.

Klein, R. G. (1999). The human career: Human biological and cultural origins. Chicago, IL: University of Chicago Press.

Klein, R. G. (2003). Whither the Neanderthals? Science, 299, 1525-1527.

Krasnegor, N., Lyon, G. R., & Goldman-Rakic, P. S. (1997). Prefrontal cortex: Evolution, development, and behavioral neuroscience. Baltimore, MD: Brooke.

Leakey, R. (1984). The origins of humankind. New York, NY: Science Masters Basic Books.

Leijnen, S., & Gabora, L. (2009). How creative should creators be to optimize the evolution of ideas? A computational model. Electronic Proceedings in Theoretical Computer Science, 9, 108-119.

Leijnen, S., & Gabora, L. (2010, August 11-14). An agent-based simulation of the effectiveness of creative leadership. In Proceedings of the annual meeting of the cognitive science society(pp. 955-960). Portland, Oregon.

Martindale, C. (1995). Creativity and connectionism. In S. M. Smith, T. B. Ward, & R. A. Finke(Eds.), The creative cognition approach(pp. 249-268). Cambridge, MA: MIT Press.

McBrearty, S., & Brooks, A. S. (2000). The revolution that wasn't: A new interpretation of the origin of modern human behavior. Journal of Human Evolution, 39, 453-563.

Mellars, P. (1973). The character of the middle-upper transition in south-west France. In C. Renfrew(Ed.), The explanation of culture change. London: Duckworth.

Mellars, P. (1989a). Technological changes in the Middle-Upper Paleolithic transition: Economic, social, and cognitive perspectives. In P. Mellars & C. Stringer(Eds.), The human revolution. Edinburgh: Edinburgh University Press.

Mellars, P. (1989b). Major issues in the emergence of modern humans. Current Anthropology, 30, 349-385.

Mesoudi, A., Whiten, A., & Laland, K. (2004). Toward a unified science of cultural evolution. Evolution, 58(1), 1-11.

Mesoudi, A., Whiten, A., & Laland, K. (2006). Toward a unified science of cultural evolution. The Behavioral and Brain Sciences, 29, 329-383.

Mithen, S.(1996). The prehistory of the mind: A search for the origins of art, science, and religion. London: Thames & Hudson.

Mithen, S. (1998). Creativity in human evolution and prehistory. London: Routledge.

Osherson.D., & Smith, E. (1981). On the adequacy of prototype theory as a theory of concepts. Cognition, 9, 35-58.

Padian, K.(2008). Darwin's enduring legacy. Nature, 451, 632-634.

Premack, D.(1988). "Does the chimpanzee have a theory of mind?" revisited. In R.W. Byrne & A. Whiten(Eds.), Machiavellian intelligence: Social expertise and the evolution of intellect in monkeys, apes and humans(pp. 160-179). Oxford: Oxford University Press.

Premack, D., & Woodruff, G. (1978). Does the chimpanzee have a theory of mind? The Behavioral and Brain Sciences, 1, 515-526.

Ruff, C., Trinkaus, E., & Holliday, T. (1997). Body mass and encephalization in Pleistocene Homo. Nature, 387, 173-176.

Rumbaugh, D. M. (1997). Competence, cortex, and primate models:A comparative primate perspective. In N. A. Krasnegor, G. R. Lyon, & P. S. Goldman-Rakic (Eds.), Development of the prefrontal cortex: Evolution, neurobiology, and behavior (pp. 117-139). Baltimore, MD: Paul.

381 Smith, W. M., Ward, T. B., &Finke, R. A. (1995). The creative cognition approach. Cambridge, MA: MIT Press.

Soffer, O. (1994). Ancestral lifeways in Eurasiaó The Middle and Upper Paleolithic records. In M. Nitecki & D. Nitecki, (Eds.), Origins of anatomically modern humans. New York: Plenum Press.

Stringer. C. & Gamble, C. (1993). In search of the Neanderthals. London: Thames & Hudson.

Tomasello, M., Kruger.A., & Rather, H. (1993). Cultural learning. The Behavioral and Brain Sciences, 16, 495-552.

Wexler, B. (2006). Brain and culture: Neurobiology, ideology and social change. New York: Bradford Books.

White, R. (1989a). Production complexity and standarzation in early Auriganacian bead and pendant manufacture: Evolutionary implications. In P. Mellars & C. Striger (Eds.), The human revolution: Behavioral and biological perspectives on the origins of modern humans(pp. 366-390). Cambridge, UK: Cambridge University Press.

White, R. (1989b). Toward a contextual understanding of the earliest body ornaments. In E. Trinkhaus (Eds.), The emergence of modern humans: Biocultural adaptations in the later Pleistocene. Cambridge, UK: Cambridge University Press.

Whiten, A., Hinde, R., Laland, K., & Stringer, C. (2011). Culture evolves. Philosophical Transactions of the Royal Society B, 366, 938-948.

383 # 第十九章　三种模拟中的高等猿心智

汤姆·巴博莱特[①]

摘要：高等猿模拟（Noble Ape Simulation）提供了一种对心智的描述，它可以被观察、测量，并最终通过外部效应来模拟。这个版本的应用心智并非通过单一方法创造出来的，而是通过与信息化学、社会约束和进化描述相关的三种模拟分层创造出来的。作为例子，高等猿的附加模拟元素被介绍，以提供高等猿的模拟方法。本章不是一个理论批判，而是一个项目报告，涉及三种不同但相互作用的模拟心智模型。这些既可以作为单独的模拟，也可以作为模拟之间的相互作用。这就产生了一种对应用心智的新描述。创造这种应用心智的方法提供了一个有趣的洞见，通过实际应用而不是推测来了解心智的可能起源。

关键词：人造生命，模拟，心智理论，机器人学，社会机器人学，认知科学，认知模拟，智能行为体，开源，语言学，计算语言学，心灵哲学，语言哲学

一、背景

1996 年，19 岁的我在澳大利亚创办了高等猿（Noble Ape）。由于高等猿是开源的，因此有许多开发人员做出了贡献，包括来自苹果、英特尔和欧洲核子研究中心的工程师。本章讨论的高等猿模拟的一个重要组成部分，源自英国
384 工业机器人专家鲍勃·莫特拉姆（Bob Mottram）。如果没有莫特拉姆对高等猿的贡献，这一章就不可能完成。通过本章描述的研究，莫特拉姆远程工作，并经常独立地贡献源代码。这是开放源代码开发的迷人特质之一。多个参与者可以在最少沟通的情况下，为了不同的目的同时在不同的软件上工作。

高等猿可以被认为是一系列不同的模拟：

- 创建大型环境的景观模拟。
- 模拟环境中潜在生物的生物学模拟。

---

① 汤姆·巴博莱特（Tom Barbalet），美国加利福尼亚州坎贝尔高等猿。

• 创建环境的气象方面的天气模拟。
• 三个独立但又相互交织的行为体模拟：
　——认知模拟；
　——社交模拟；
　——叙事引擎。

后三个主题是本章的主要内容。天气和生物模拟也将被讨论，因为它们与认知模拟和对项目的更广泛的方法论视角描述有关。

二、人造生命

高等猿被认为是一个人造生命项目。人造生命并没有一个精确的学科定义。它涵盖了各种不同类型的软件、硬件和化学，以展示*生命的本来面目*（Langton，1997）。人造生命是早于计算的一种想法，它以其最基本的形式存在于关于生命的思想实验中——可以称之为思辨生命（speculative life）。人造生命的概念最早可以在霍布斯（Hobbes，1651）的《利维坦》（*Leviathan*）中找到。

计算已经将这个领域从思想实验转移到各种不同的进路，包括进化计算、智能行为体、遗传算法、应用遗传编程和细胞自动机。这一领域通过一系列流行的调查（Emmeche，1991；Levy，1992）以及开发自己早期人造生命模拟的作者而被广泛定义（Dawkins，1987）。

虽然早期的人造生命模拟相对简单，与其他类型的软件相似，但经过十多年的开发，人造生命软件已经处于相对先进的状态。现代计算——特别是由于现代多核处理器的不断发展——已经提高了人造生命软件的能力。高等猿也因对苹果和英特尔的使用优化了处理器功率，从而回到了这个循环中（Barbalet，2009）。

从这个角度认识这一章是很重要的。这里介绍的工作涉及可以从源代码和可执行的形式中免费获得的软件，以便进行额外的审查。这里提供的描述不是推测性的，而是与软件相关的，尽管可能看起来异想天开，但已经有了很大的实际好处。

三、动机 385

高等猿的诞生有一个基本的期待：通过大量的探究，有可能创造出一种哲学上丰富的心智模拟。这个问题分为两部分。我们需要创造一种环境，使这些模拟心智具有深度和趣味性。也许更困难的是，这些模拟心智需要表现出一定程度的坚韧，才能成为现实世界认知困境的令人信服的表征。

在项目最初开发的时候，我不知道有同行在做这类的项目。后来我得知拉里·雅格（Larry Yaeger）关于“多元世界”（Polyworld）[1]的研究（Yaeger，1994）。高等猿和“多元世界”的区别在于高等猿并没有智能电子神经网络。最初，高等猿依赖于本章描述的认知模拟。

高等猿的早期发展是对主流和失败观点的不成熟的反叛，背离了我自身的经验。当时作为一名哲学专业的学生，我经常被告知，计算模拟并不能洞察人的心智。我面对的是与有缺陷的软件和失败的机器人实验有关的毫无根据的论点，这与我在麻省理工学院读到的在类似的时间框架内的工作相去甚远（Kirsh，1991）。

将软件智能视为失败和亚功利主义的错误观点，与我在创建软件方面的经验形成了鲜明的对比（Barbalet，1997a）。在我十几岁时，我开发了一款计算机游戏，里面有引人入胜的模拟战友和敌人。在快 20 岁时，我编写了启发式抗病毒软件，既可以检测已知的计算机病毒，也可以通过对已知症状和预测症状的启发式分析来预测计算机病毒。在高等猿之前，我在编写防病毒软件的同时，还编写了编译器软件（可以把可读的英语编码翻译为机器编码软件），该软件基于我在计算机病毒中看到的一些动态的和自适应方法。我的编译软件本意不是恶意的，因为它涉及转换抽象信息，而不需要在机器之间传输基础设施。这些编译的适应性智能模型似乎与我在哲学研究中得到的关于软件智能的糟糕描述相去甚远。

我选择学习数学、物理和哲学，这主要表明了我对计算机科学的总体尊重程度，因为计算机科学存在有缺陷的神经网络和强迫性的历史自我诱导悖论（与我在哲学中的发现相似）。正如早期高等猿的发展所展示的那样（Barbalet，1997b），我专注于寻找心智起源的解决方案和心智模拟的方法。正如我通过研究所发现的那样，计算机科学和哲学不会为这种洞察力提供答案甚至指明方向。

我强烈地感觉到，试图在软件中找到心智的生物镜像，无法说明人们对相关生物学知之甚少。事实上，这些通过生物学启发的神经网络来模拟心智的尝试，似乎证实了在我的哲学教育中无所不在的怀疑论哲学观点。高等猿的早期
386 发展，特别是在生物模拟和认知模拟方面，是有意与失败了但被普遍接受了的方法形成鲜明对比的，即通过软件中有代表性的生物模型来模拟生物学，并试图通过神经网络来模拟心智。

① Polyworld 是一个跨平台（Linux 和 Mac OS X 系统）程序，由拉里·雅格编写，通过自然选择和进化算法发展人工智能。——译者注

年轻时的精力与愤怒往往会逐渐消退。维持像高等猿这样的发展项目的实用性需要逐步妥协。值得注意的是，从极端到相对主流的发展不是通过项目中的运动，而是通过对包含智能行为体的思维模拟的运动。

高等猿的正常化部分源于其实用用途。在项目开始后的7年内，它被苹果的一批工程师所接受，并在两年后被英特尔的另一批工程师所接受（Barbalet，2005a）。在此期间，对模拟的额外工作有限。作为主要的维护者，我大约花了5年的时间来更新项目，以满足苹果和英特尔工程师的要求。

正是这种规范的维护文化吸引了鲍勃·莫特拉姆。在高等猿的研发中，认知模拟（该项目的独到之处和原创性）、社会模拟（基于社交机器人）和叙事引擎（基于早期人造生命模拟）被结合在一起。这种单一项目中模拟组合代表了我关于心智起源的多元主义和功利主义的哲学观。该项目还确定了使用这些模型的唯一有效方式是协调一致，而不是对比或竞争。同样值得注意的是，后两种心智模拟的贡献在高等猿早期发展的历史中可能并不被接受。

此外，在高等猿的持续发展历史中，增加额外的模拟是完全可行的。所使用的模拟模型也很可能是统一的。这将提供进一步的哲学洞见，因为用来减少这些模拟的方法也应当为心智的起源提供更精细的概念结构。

四、生物模拟

生物模拟是首个为高等猿开发的新软件。高等猿是快速创建的，因为它主要是我创建的现有项目的组合。景观和可视化源于我早期创建的景观图形环境（Barbalet，2004），而认知模拟源于我早期创建的琼脂（培养皿）模拟。早期的发展是在第一代个人计算机（PC-XT和PC-AT计算机和68000 Macintosh计算机）上进行的。对于被模拟的景观规模，即使是宏观人口模拟（Volterra，1931）也会过于计算密集。

那时我正在学习物理学。将处理能力最小化的最简单方法似乎是在量子力
学的基础上（即使不是在概念上，也是在计算上）对生物模拟进行建模。量子 387
力学在生物模拟中的应用可以相对简单地得到解释。在景观中取一个点，并对概率求和。这些概率可以在一个思想实验中提供。一个特定的生物物种需要什么才能在那个点上生存？景观是一个波函数。它是一个连续的二维平面函数。有各种各样的景观特征。某一点的景观有一个与之相关的区域。它的高度高于某个任意水平，比如海平面的高度。它有一个与盐水或淡水接近程度相关的水值。有一个移动的阳光运算符，表示模拟的太阳在特定时刻是如何照射到那个

点的。有一个总的阳光运算符，它是综合考虑所有时间的。此外，还有一个代表盐水或陆盐的运算符。

高度是量子力学波函数的基础，这些运算符（海拔、面积、阳光的移动、总光照、水和盐）应用于波函数以给出一个值。

在任何给定的点，都有某物在那里的一个概率密度。只有在概率密度上添加噪声图时，这才能成为现实。这降低了概率密度并显示了某物的实际位置，而不是它在那里存在的概率。生物模拟不是创造一个包含每个部分和其他各种相互作用的巨大生物系统，而是对特定环境提出问题并计算适用的运算符。如果高等猿正在寻找食物，模拟会得到不同的运算符，这些运算符会聚焦于高等猿是否对浆果或任何可得到的食物感兴趣，并且可以直接对环境提出问题，而不是进行大型的生物模拟。

以植物为例，考虑所需的表面积。表面积是一个相对术语，基于一个具有较小表面积的平面，当景观移动到悬崖时，表面积接近于无穷大。树木不能在绝壁上很好地生长，因此表面积有一定的重要性。有各种各样的植物在特定的高度茁壮成长。水也是一个重要因素。移动的阳光不那么重要，但阳光照射的总量很关键，而且植物是否喜欢盐也是一个因素。昆虫可能不喜欢阳光直射，因此移动的阳光指明了一些昆虫可能不想待的地方。

噪声图被用于与作用于波函数的运算符所产生的概率函数相交。噪声图上的变化取决于生物是植物还是动物。如果是一种植物，它需要在特定的点上具有可重复性，但如果它是一种动物，就需要随着时间的推移而改变。植物的噪声图是静态的，而动物的噪声图具有周期性的变化。

生物模拟提供了一个很好的实用主义的例子，而实用主义一直是创造高等猿模拟的决定性因素。对细节的特殊需要和处理能力的限制创造了一个生物模拟，它可能无法表达详细生物学理解的所有组成部分，但却有足够的生物多样性，为高等猿提供了一个详细的模拟环境和模拟饮食。

388 五、天气模拟

天气模拟在 2000 年被添加到高等猿中，它可概括为具有硬天花板的水蒸气模拟。水蒸气沿着地形移动。随着气压的增加，云层形成，在气压最高点发生降雨。天气模拟以景观分辨率的一半进行计算。这是由于计算基础天气的时间。这种计算经过了大量优化，使其尽可能快。

天气模拟的可扩展性不如生物模拟。它不仅通过为模拟居民提供精确而多样化的天气条件的功能目的而得以维持，而且它也与最初的二维认知模拟非常相似。天气模拟与三维认知模拟还具有共同的数学基础。

有一种带有讽刺意味的大统一的模拟理论认为，天气模拟和认知模拟可以有更多共享的数学元素。认知模拟是苹果和英特尔工程师针对各自的处理硬件进行大量优化的主题（Barbalet，2009）。如果能够找到相关的数学元素，并通过现代处理硬件对这些元素进行优化，那么天气模拟和认知模拟的速度都将大幅提高。

六、认知模拟

认知模拟早于高等猿的大部分发展。它源于我早期对琼脂（培养皿）细菌生长的模拟。通过开发这些模拟，我产生了细菌生长可以表征信息传递的想法。当细菌在琼脂中生长时，进入相应细胞的运动类似于将信息传递到周围细胞（Barbalet，2009）。琼脂中细菌生长的数学完全不同于高等猿认知模拟的最终数学，但它们在数学上有相似之处。两者都是通过相互竞争的方程式来表征的：一个与空间活动相关，另一个与时间运动相关。在认知模拟中，这两个相互竞争的方程式被命名为穿越空间的*欲望*和穿越时间的*恐惧*（Barbalet，1997b）。最初的认知模拟是一个在 128×128 的细胞空间中的二维模拟。传感器（将感觉信息推送到认知模拟中）位于一端，执行器（从模拟中获取信息并产生动作）位于另一端。传感器的噪声和兴奋会相应地通过类似琼脂的基底传递到执行器。

在二维模拟中，信息流具有与天气模拟非常相似的特征；然而，它在线性运动方面有很强的偏好，只提供单一维度的信息传递。

我在一个较小的区域（32×32×32 个细胞）中使用了具有相同基础数学的 389
三维模型。这增加了在所有三个维度中传输信息的能力，而不是只扫描两个维度，这最终导致与信息的时间传输相关的单个生产维度。

在当前版本的认知模拟中，莫特拉姆稍微改变了编码，因此传感器与执行器再次等距间隔。第三维的增加提供了固定的处理长度和信息混合的能力。

认知模拟所呈现的是对前语言和前社会状态下的心智描述。这是一种将心智视为生存器官的思想。心智必须引导行为体寻找食物并远离危险。社会，正如它在这样一种心智中所表征的那样，纯粹是一个恐惧的否定者，也可能是通往食物和繁殖区域的向导。认知模拟提供了一个心智的原始生存模式。

认知模拟不仅描述了过程，而且描述了信息容器，其中有传感器和执行器通过容器传递信息。容器的特性解释了信息是如何被延迟和传播的。传感器发出信息，执行器对这些信息做出反应。容器中传感器与执行器之间的空间是由恐惧和欲望所描述的数学空间。从概念上讲，认知模拟的容器描述只有一个缺陷。认知模拟的空间是环绕的。X 轴与模拟空间的 Y 轴和 Z 轴一样环绕自身。这提供了一个附加属性，其中最近的传感器和执行器连接可能通过轴原点。传感器信息认知模拟的共享可以通过对认知模拟空间多次穿越得以维持。这些信息传输的涟漪波通过欲望属性和传感器提供能够稳定返回信息信号的频闪反馈的能力被抵消。

愿望增强了执行器的反应。欲望不是对通过传感器输入的信息做出强烈的反应，而是强化了这些信息，并通过它所使用的空间数学稍微迟滞了这些信息。行为体的反应并没有那么可怕。相反，恐惧放大了传感器信号，当执行器接收到这些信息时，会导致更多的反应性运动。恐惧与愿望共存于认知模拟中以平衡这些相互竞争的属性。

高等猿的认知模拟尺寸在进入三维空间后保持不变。为获得一些有趣的效果，应该扩大这些尺寸限制。通过本章中描述的额外心智模拟，特别是叙事引擎，64×64×64 个细胞甚至 256×256×256 个细胞的认知模拟将大大有利于更广泛的行为体模型。

高等猿的环境中存在着许多其他物种。高等猿扮演着主要角色，因为它们是有知觉类人生物。有猫科动物、鸟类以及较小的哺乳动物。这些物种将受益于类
390 似于高等猿的简单认知模拟。恐惧和欲望之间的权重以及认知模拟的大小可以被改变。假设一只猫科动物的认知模拟是 8×8×8 个细胞。模拟的猫科动物有一个更大的欲望权重的认知模拟，而不是更大的恐惧权重，因为它们是环境中的主要捕食者。它们几乎不需要恐惧，更多的是被它们的一般欲望所支配。

七、社会模拟

只有认知模拟的高等猿并不特别社会化。它们是一群被动而恐惧的模拟行为体。莫特拉姆是带着社交机器人的背景来加入“高等猿模拟”项目的，他对麻省理工学院的辛西娅·布雷泽尔（Cynthia Breazeal）的研究尤其感兴趣。莫特拉姆在审视了模拟后的最初反馈是，需要将一系列社会因素和约束硬编码到模拟中（Breazeal，2002）。

莫特拉姆认为，梳理毛发是一种重要的灵长类社交行为，而高等猿却缺乏这一行为。他开始实施一些类似于梳理的行为，因为他意识到梳理毛发既有实用功能（去除寄生虫），也有心理功能（确定和强化个体之间的地位和联系）。

为了与高等的主题保持一致，莫特拉姆增加了一个荣誉值，表明了个体在群体中的社会地位。他还添加了一个值来表示每个高等猿携带的寄生虫的数量，以及寄生虫繁殖、高等猿的能量消耗以及它们在猿类之间的传播性的简单数学模型。

莫特拉姆的硬编码的相互作用将创造一个基于社会地位的简单经济。当一只高等猿被另一只梳理毛发时，它们会用掉一些荣誉值，而理毛者则会因为清除寄生虫服务而获得相应数量的荣誉（因此减少了能量的消耗）。荣誉值后来可能会被用于影响择偶决定。莫特拉姆还开始调整模拟的一些基因属性，并创造了家族、宗族和氏族的概念。

虽然在最初实施这种以梳理为基础的经济地位时，高等猿并没有明确地意识到自己或其他人的荣誉值;但后来添加的叙事引擎使他们意识到了这一因素。

如果高等猿对自身荣誉具有自我意识，这就会改变它们的互动，模拟就会偏向荣誉优化算法。在高等猿能够接触到的东西里，荣誉被严重压制了。主要的影响是无法解释的，例如，当它们遇到其他高等猿或它们正在争吵时。这种模拟荣誉包含了基于概率结果的运气元素。

莫特拉姆还明确地对社会驱动进行了硬编码（Breazeal，2002）。饥饿驱
动表征了一个生物数量，但也表征了与食物的相互作用。社会驱动表征了与其 391
他实体的互动，并具有与社会互动相关的各种反馈。疲劳驱动与劳累、过度游泳和其他各种因素相关。性驱动也包含着社会互动和基因先决的因素。这些驱动力就像荣誉一样分别被表征为一个单独的变量。

八、社交图谱

除了社会变量之外，我和莫特拉姆合作制作了一个社交图谱。社交图谱描述了一个空间地图,其中每个高等猿在空间中的关系用它们的社会联系来表征，时间用模拟时间来表征。社交图谱可以看做是对自身的另一种模拟。可以预见，在未来的发展中，社交图谱将成为一个完全独立的模拟。

社交图谱互动产生了一个非常丰富的高等猿社会图解视图。高等猿的社会群体在社交图谱中以云状形式出现。每只高等猿只有一个由六只其他高等猿组成的社会群体。虽然六只看起来很小，但较大的家族和遗传群体之间保持着硬编码的联系。高等猿能够隐形地识别同类，但它对这种硬编码同类的记忆可能与它在社会群体记忆中对个体的记忆不同。六只高等猿的社会群体记忆中，每只的社会群体记忆在种群总数上的放大产生了一个丰富的社会环境，这个社会环境被表征为丰富的图形环境。

这种图解视角生动地说明了每个高等猿的朋友和敌人。此外，社会排斥的情况也被用图形表现出来。高等猿争吵的某些情况会使一到两个高等猿从家族或氏族中被驱逐出去。其他高等猿则需要做出选择，决定它们是否想与被社交排斥的一方进行社交互动。

社交图谱可以追踪各种较小的事物，但也可以用于空间图形的设置。理解像高等猿这样的模拟的困难在于它们太丰富多彩了。大量的相互作用发生了。任何能够传达意义的额外抽象都是非常有益的。社交图谱让我们能够看到模拟的某些方面，而这些方面是很难通过长时间观察模拟和插入所呈现的信息来实现的。

社交图谱强调了通过模拟空间互动观察到的社交模拟的两个特征，但直到社交图谱清楚地识别它们，人们才正确理解它们对高等猿社会的深远影响。

社交图谱强调的第一个特征是，社会关系可以是不对称的。这是在高等猿犯错误的社交图谱互动中发现的。某些高等猿遗忘信息的速度更快，而其他猿记住信息的速度更快。有一些高等猿有过负面的互动，但它们没有忘记。其他
392 高等猿忘记了这些互动并继续觅食。家庭群体的描述方式也存在隐性的混乱。一些高等猿认为其他猿属于一个猿家族，而另一些猿则认为自己属于另一个猿家族，这是由于猿类聚会中以及高等猿与其他高等猿的交流中提供的信息的隐性错误。最初真理的概念并不存在。它是相对的、混乱的。在编码中，同样的事件或想法是通过一些东西来表征的，而这些东西并非指示一个单一的物体，但事实上对每一个高等猿都是完全独特地表征的。当高等猿通过内部（在它们自己的思维中）或外部（告诉任何愿意倾听的高等猿）的叙述重现这些事件时，高等猿对自己正在讨论的事物描述可能会在叙述过程中发生变化。

通过社交图谱要强调的第二个特征是争吵在高等猿的互动中所起的作用。有各种各样的极端情况与争吵相关。争吵是一个非常宽泛的描述，从手势和吼叫到非接触式的击打和侵略性的姿态，再到暴力殴打和一些罕见情况下的谋杀。当高等猿越来越接近时，就会发生更多的互动。莫特拉姆对这些互动进行了硬编码，将荣誉作为决定性因素，但同时也利用了高等猿彼此之间的社会仇恨水平。如前所述，高等猿在回忆其社会记忆中隐含着非常小的社会群体。由于这一原因，如果一只高等猿与另一只高等猿发生争执，这种互动可能取代与其他高等猿的定期会面，这种代替可能会使高等猿更容易制造出一个有时是虚构的敌人。

九、叙事引擎

社会模拟提供了一个相对容易理解的潜在社会结构，无论是短期互动还是

长期趋势，主要是因为它在很大程度上是硬编码的。每次互动都有特定的条件和编码响应。

通过与未来主义语言学家赫伦·斯通（Heron Stone）的深入讨论，发现挑战在于高等猿应当能够模拟斯通所倡导的语言现象：现代人存在的每一个方面似乎都是基于一个可执行的语言程式（Barbalet & Stone，2011）。一种类似于外部叙事（言语）的内部叙事（思想）支配着现代存在，并且应该能够通过高等猿来模拟。虽然将思想视为语言的观点并不新鲜，但建构一种内在和外在的叙事引擎，从而真正推动高等猿的互动则是一个挑战。

直到此时，模拟中的高等猿交流非常基础。有尖叫、喊叫和手势，但没有任何东西可以描述丰富的内部叙事，可以捕捉如信仰甚至交际舞这样的东西。

语言可以含蓄地或明确地捕捉到各种各样的东西。我们所面临的挑战是创 393
造一个叙事引擎，使得高等猿能够同时拥有内部对话（语言结构的思想）和外部对话（语言结构的言语）。

莫特拉姆与我同时面对这一挑战。我们对磁芯大战（Corewar）（Shock & Hupp，1982）和 Tierra（Ray，1991）等人造生命模拟有着共同的兴趣。磁芯大战对早期稳定的字节编码语言进行了全面的处理。字节编码字面意思是计算机执行编码的小原子模块。稳定的字节编码语言的好处是，虽然代码可以被修改（而且这些编码更改的影响对于编码的单个改变来说可能是巨大的），但实际的代码仍然保持稳定执行。高等猿的叙事引擎必须稳定执行。相比之下，不稳定执行意味着字节编码可能会使高等猿的语言*崩溃*，从而造成致命的或不可挽回的错误。

叙事引擎要求捕获五种东西：数据、传感器、执行器、运算符和条件。数据维持了未执行但已存储的数据元素。传感器捕捉到了高等猿各种模拟的外部感官。执行器捕捉到了高等猿的抽象动作。运算符包含逻辑和数学运算符。条件涵盖了因果逻辑。

由莫特拉姆提供的原始叙事引擎执行具有单一叙事的局限性。高等猿在内部有这种叙事，并对外传达这种叙事，它作为单一实体存在。我注意到，这种方法并没有捕捉到激进化或在社会中存在并持有独立信仰的能力（Barbalet & Stone，2011）。具有内部与外部叙事是很关键的。这两种叙事必须截然不同。

在目前的叙事引擎中，每一个高等猿都有一个外部叙事和一个内部叙事，即字节编码流。当高等猿相遇并交流时，它们会运行一个共享程序，该程序可以修改它们自身的字节编码。这在它和它的交流同伴中同时发生。外部叙事是平行交换和改变的；这就形成了一个对话。

当高等猿不对话时，同样的过程也在进行，但不是外部叙事与另一个外部叙事一起运行，高等猿的内部叙事与外部叙事进行对话，反之亦然。高等猿实际上是在不发出模拟声音的情况下自我对话。

莫特拉姆高等猿运动或身体动作与内部叙事联系起来。这是发展话语的一个持续点，因为我认为内部叙事应当是完全私人的。同时，我承认，口头的外部叙事并不是收集动作的最佳场所。这种来自内部叙事的动作映射也模拟了说一套做一套的重要性。

莫特拉姆和我关于叙事的初始条件有着截然不同的观点。我的观点是，叙
394 事字节编码在初始内部和外部叙事状态中具有均匀和随机的发生概率。莫特拉姆坚持认为，字节编码应当是遗传加权的，而且还包含明显更高比例的传感器，与所有其他叙事引擎类型类似，就像婴儿的感官奇迹一样。随机案例在内部和外部都产生了更快的富有成效的叙述。在生产性和成熟的叙事创作方面，基因有序和重传感器先决的方法产生了更自然的时间尺度。

十、作为叙事发生器叙事引擎

叙事引擎产生的字节编码与英语相比是陌生的。即使对那些熟悉字节编码语法的人来说，它也相对难以理解。与理解社会模拟的社交图谱一样，我们也需要一种等效的技术把高等猿的叙事字节编码转化为人类可读的形式。

我编写了一个名为 ApeScript[①]的脚本语言来补充高等猿（Barbalet，2005b）。ApeScript 并没有描述一个软件，而是创建了一个编程模型，用于编写高等猿互动的单个时间周期。重要的是，ApeScript 可以涵盖不止一个互动的时间周期，但时间周期（分钟模拟）是模拟的执行单元。创建 ApeScript 是为了涵盖一系列可能的情境，在这些情境中，导致执行 ApeScript 编码的实际情况决定了 ApeScript 编码中的哪些路径被执行。

同样的条件也适用于叙事引擎字节编码。它基于同样的时间单元，并且具有大致相同的编码路径可能性。

在撰写本章时，已经完成了将字节编码翻译成 ApeScript 的初始工作。奇怪的是，ApeScript 与字节编码的组合是这两种语言的子集（或交集）。它产生了一种强大的语法，可以双向翻译。ApeScript 并非英语，而且这个最终翻译超出了本章的时间框架；然而，这是一个需要提供接续的可能性的发展方向。

能够对高等猿的内部和外部叙事进行详细描述，将为其提供一个引人注目的额外元素。就像社会图谱一样，它能够提供即时的反馈，关于从个体到群体

① 这是一种解释过程动态类型的语言，由汤姆·巴博莱特在 2005 年为高等猿模拟设计。——译者注

的高等猿社会的具体情况的即时反馈。如果保持双向翻译的能力（就像ApeScript和字节编码叙述的交集所提供的那样），那么将英语语言编程注入模拟环境的能力是可能的。假设英语编程是由野生英语（Barbalet & Stone，2011）、ApeScript和叙述字节编码组成的交叉集合，它可能看起来不像野生英语那样流畅易读，但它能够为模拟添加各种各样的外部概念，否则这些概念必须通过模拟互动或人工硬编码来有机地发展。

十一、一致性 395

认知模拟、社会模拟和叙事引擎并非独立的模拟。每一种都有来自外部模拟环境的因素，并且每一种都有自身的依赖关系。所有三个模拟都可以关闭，只允许一个或两个剩余的模拟运行和交互，或者都不运行，以测试高等猿模拟环境的其他方面。为明确起见，显式硬编码的互动在这种语境中将被取消。

在这个分析中不应该忽略共享的外部模拟空间。可见，认知模拟与外部模拟环境的关系最为虚无缥缈。事实并非如此。从高等猿的早期起源开始，运动与从外部模拟到导致运动的认知模拟的强制反馈循环之间的联系确保了外部模拟是认知模拟的最重要贡献者（Barbalet，1997b）。

叙事引擎是认知模拟和社会模拟之间的中介。在叙事引擎出现之前，高等猿是作为通过与社会互动带来额外惊喜的反应行为体而存在的。对更多行为进行硬编码的活动形成了对某些行为的强化。

叙事引擎允许这种硬编码未来被取消的可能性。所有硬编码社会模拟的组成元素被移除并将其呈现给叙事引擎应该是可能的。这将使高等猿真正进化出它们自己的社会规范，在这些规范中，荣誉等概念是社会共识，同时也会受到个体和历史的误解。

认知模拟也有可能与叙事引擎混合在一起。考虑一下，如果叙事引擎的字节编码通过认知模拟基质进行交流，在这方面，所讨论的模拟都可以解析为单个系统，并且仍可以通过可能添加的无法显示硬编码的新行为来保持其功能。

十二、高等猿与人类

本章提供一个非技术性的高等猿模拟的调查，从根本上表明软件可以成为一个有用的哲学分析工具。本章不是讨论由不同的心灵哲学模型所带来的特定哲学困境，以确定心智的可能起源，而是提供了一种实用的调查方法，用于模拟心智的各个方面，因为它是外部表征。这样做是为了避免这些哲学模型所呈现的隐含的、常常是人为的悖论。正如通过高等猿应该清楚地证明的那样，三种或更多的心智观点可以在多产的行为体中共存。

396 这里描述的与起源的联系相对简单。从早期社会需要的基本反应化学到语言主导的灵长类动物，心智的起源可以归结为基本的反应化学；然而，这并不是唯一的解决之道。存在多种解决方式。

化学以外的解决办法同样合理。完全可信的是，心智可以像叙事引擎一样源于计算，而且这种心智具有独特但有确实根据的起源。而叙事引擎心智并不必然经历计算。语言的起源可以迫使心智作为外部对话的内部表征。

同样，心智也可能来自武断的社会约束，迫使社会环境中的实体需要心智。心智源自个体，但也源自社会。

为了一致性，我将继续编写共存的模拟软件，而不是去寻找明显的人工悖论。一个人工心智，无论它源于哪里，浪费它都是一件可怕的事。

参 考 文 献

Barbalet, T. S. (1997a). The original manuals of Noble Ape Raleigh: Lulu.

Barbalet, T. S. (1997b). Noble Ape Philosophic. Noble Ape Website. Retrieved February 10, 2012, from http://www.nobleape.com/man/philosophic.html.

Barbalet, T. S. (2004). Noble Ape simulation. IEEE Computer Graphics and Applications, 24(2)(pp. 6-12). Los Alamitos: IEEE Computer Society.

Barbalet, T. S. (2005a). Apple's CHUD tools, Intel and Noble Ape. Noble Ape Website. Retrieved February 10, 2012, from http://www.nobleape.com/docs/on_apple.html.

Barbalet, T. S. (2005b). Ape Script notes. Noble Ape Website. Retrieved February 10, 2012, from http://www.nobleape.com/man/apescript_ notes.html.

Barbalet, T. S. (2009). Noble Ape's cognitive simulation: From agar to dreaming and beyond. In R. Chiong (Ed.), Nature-inspired informatics for intelligent applications and knowledge discovery: Implications in business, science, and engineering. Hershey: IGI Global Information Science Reference.

Barbalet, T. S., & Stone, H. (2011). Stone Ape Podcast. Retrieved February 10, 2012, from http://www.nobleape.com/stone/.

Breazeal, C. L. (2002) Designing sociable robots (Intelligent robotics and autonomous agents). Cambridge, MA: MIT Press.

Dawkins, R. (1987). The blind watchmaker. New York: Norton.

Emmeche, C. (1991). The garden in the machine. Princeton: Princeton University Press.

Kirsh, D. (1991). Today the earwig, tomorrow man? Artificial Intelligence, 47, 161-184.

Hobbes, T. (1651). Leviathan. Retrieved February 10, 2012, from http://archive.org/details/

hobbessleviathan00hobbuoft.

Langton, C. G. (1997). Artificial life: An overview (Complex adaptive systems). Cambridge, MA: MIT Press.

Levy, S. (1992). Artificial life: A report from the frontier where computers meet biology. New York: Pantheon.

Ray, T.S. (1991). Evolution and optimization of digital organisms. In K. R. Billingsley et al. (Eds.), Scientific excellence in super computing: The IBM 1990 contest prize papers (pp. 489-531). Athens: The Baldwin Press.

Shock, J., & Hupp, J. (1982, March). The worms programs-Early experiences with a distributed 397
computation. Communications of the ACM, 25(3), 172-180.

Volterra, V. (1931). Variations and fluctuations of the number of individuals in animal species living together. In R. N. Chapman (Ed.), Animal ecology (pp. 409-448). New York: McGraw-Hill.

Yaeger, L. S. (1994). Computational genetics, physiology, metabolism, neural systems, learning, vision, and behavior or PolyWorld: Life in a new context. In C. Langton (Ed.), Proceedings of the artificial life III conference (pp. 263-298). Reading: Addison-Wesley.

399 # 第二十章　从自然大脑到人造心智

马西莫·内格罗蒂[①]

摘要：在讨论心智时，我们面临着一个明显的不对称性：虽然大脑可以被科学地观察，但心智却不能。然而，为了复制某些东西，我们需要观察它。认为人工复制某些心理活动有助于理解心智的论断在原则上是站不住脚的。比如，任何人工智能学派试图复制的都不是心智，而是来自特定心理学或本体论范式的心智模型，它们假定心智的存在是给定的。因此，从大脑进化和活动中“根除”心智，为不可避免的偏好和变形增加了进一步的任意性，这种偏好和变形是每一次复制自然物体的尝试的特征，即设计*自然物*。

一、引言：“脑移位”

断言某物的存在并不等于观察它。人类的心智当然也是如此，因为没有人能够肯定自己观察过它，然而我们必须接受大脑存在的观点，因为这是经验证明的。我们都倾向于相信我们的心理状态或过程源于大脑，尽管我们中的许多人拒绝相信这个器官足以解释我们的理性、感觉等。长久以来，我们的文化一直深深地被心智存在的确定性所支配，以至于即使在纯粹的语言层面上，我们也会觉得说“疲倦的大脑”而不是“疲倦的心智”很奇怪，或者问别人的大脑在想什么而不是其心智在想什么很奇怪。但是，无论如何，我们都会相互理解，
400 因为大脑和心智这两个概念显然汇聚在一个独特的现实中，尽管这个现实在很大程度上是未知的。

事实上，二元论通过两种历史主流呈现出来。一方面，我们有形而上学传统，根据这一传统，人类拥有双重现实，即身体和灵魂。当然，这一论断并不能建立在任何经验证据的基础上。然而，在人类历史的进程中，甚至直到今天，

① 马西莫·内格罗蒂（Massimo Negrotti），意大利乌尔比诺“卡尔洛·波”大学，电子邮件：massimo.negrotti@libero.it。

很多人，包括许多哲学家都相信并断言灵魂的存在。

另一方面，我们有现代二元论的方法，它始于笛卡儿，经由布伦塔诺到波普尔和查尔默斯等现代思想家，以各种形式取得进步。有趣的是，在当代的争论中，灵魂不再是利害攸关的问题，这可能是由于我们的科学文化机构广泛传播的影响。因此，更微妙或特殊的概念，如*意识*和*意向性*，成为哲学家、神经科学家和心理学家当前争论的焦点。这些概念当然和心智有关，但与此同时，它们也隐含地与传统的灵魂观点有关。然而，灵魂需要一个明确的形而上学基础这一简单事实，促使大多数学者避免明确提及它。

然而，现代二元论将心智视为与大脑的物质结构明显分离的东西，这可以溯源到传统的形而上学，尽管它用广泛的理论观点和模型取代了哲学上的确定性，但最终，关于*心智*的概念究竟是什么，总体上仍然是不确定的。

毫无疑问，上述变化的根本原因是不可避免地“发现”了大脑及其区域在许多认知或情感活动中的核心作用。这就解释了为什么波普尔和埃克尔斯（Popper & Eccles，1984）等认为，主要问题不在于认识到心智的存在——就像大脑的存在一样确定——而在于描述它们之间的界面。比如，福多认为，心理表征具有在心智和身体之间建立符号连接的能力（Fodor，1983）。丹尼特是最明确提出大脑具有引发意识的能力的哲学家之一，从而赋予大脑以原因的角色，而意识则是其结果（Dennett，1992）。约翰·塞尔采用了一种更复杂的策略，他将心智与大脑之间的关系描述为某种连接大脑和心智的“非事件因果关系”，尽管“非事件原因”如何产生除了“非事件效应”之外的任何东西仍然是一个谜，而“非事件效应”似乎根本没有任何效果（Searle，1999）。相反，埃德尔曼（Edelman，2004）和克里克（Crick，1994）认识到，为了理解意识，有必要理解大脑中发生了什么。彭罗斯走的是对大脑过程进行精细结构研究的道路，他坚持认为，即使是神经元的作用也存在疑问，因为它们“太大了”，而最有趣的分析层面——如果我们要发现意识的根源——涉及细胞骨架及其微观层面组成部分的定量工作（Penrose，1989）。

虽然只有少数学者明确地接受一元论的观点（参见 Rorty，1980），但似 401
乎很明显的是，大脑及其神经功能正在发挥越来越大的吸引力。因此，在某种意义上，即使是现在的二元论也似乎是古代形而上学的残余。事实上，它放弃了身体与灵魂之间的根本分离——从起源和物质的角度来看——但同时试图保持某物的“存在”，尽管它来自大脑的物质结构，但不能被理解为常规的物质功能或效果。

在我看来，这种立场源于对我们的文化所基于的广泛共享的形而上学传统的一种“应有的尊重”。这是一种根深蒂固的观点，认为任何物理物质都必须被认为是无理性的东西，与非物质实在的卓越价值相分离。在这一框架下，即使是对世界的科学观察，虽然因其产生实用知识而受到赞赏，但被普遍认为仅仅是一种基于物质的活动，并被许多人文学者明确或含蓄地归类，因此，相对于纯思辨和非物理领域，它属于较低的阶级。这种思想观点源自希腊文化，它的遗产即使在今天也使许多人认为缺乏经验证据一点也不重要，因为事物的基本真理不应该被归结为经验现象学。

值得注意的是，在过去一个世纪的社会学与人类学中，我们能够发现心智概念与文化概念之间有意义的类比。在这里，社会结构扮演着大脑的角色，而且文化被认为是社会的心智，其影响之深正如皮特林 • 索罗金（Pitirim Sorokin）所说的，“在所有明显发展的表现中，超有机体就等于心智”（Sorokin，1947：3）。

文化呈现出某种与人类心智极为相似的特征（physiognomy），也由阿尔弗雷德 • 克虏伯（Alfred Kroeber）给出了定义，

> 超有机体并不意味着非有机，或没有有机的影响和因果关系；也不意味着文化是一个独立于有机生命的实体，就像一些神学家可能断言的那样，灵魂能够独立于有生命的身体之外。超有机体仅仅意味着当我们考虑文化时，我们处理的是有机的东西，但也必须被看作是有机体之外的东西。（Kroeber，1948）

这种观点受到了强烈的批评，因为它或多或少有意识地倾向于形而上学，可能正是出于这一原因，克虏伯在他生命的最后几年修正了自己的立场，强调了*超有机体*概念的方法论而不是实质性的作用，它应当被认为是一个可理解的抽象工具。也就是说，他“逐渐意识到文化*只不过是一种*抽象形式”（Bidney，1996）。换句话说，超有机体与心智可能最多扮演了假设建构的角色，这种假设建构对于设计文化或心理行为研究是有用的，这些研究是由物理结构例示的过程，而不是它们本身的经验和自主现实。

心智作为一种*独特*的“物质”也有可能会逐渐消失，取而代之的是一种更
402 合理的方法论工具的角色，即一种有助于表达大脑行为以及大脑如何通过交流而外化的抽象概念，进而产生文化形式。最后，我们应当强调，一元论几乎总是基于大脑的独特性，而不是心智的独特性。目前除了少数新理想主义者外，没有人希望找到一种认为心智是唯一实在的一元论观点，因为神经科学的进步也有着不可抗拒的吸引力，因此，甚至哲学思辨也越来越多地进入讨论之中。然而，大多数思想家仍然拒绝接受大脑的工作与思维和感觉的实例化之间的重叠。相反，他们正在寻找最终超越了生物学和物理学的某物的生物物理来源。

二、心智的物化

在拒绝相信灵魂的形而上学的同时，许多当代的科学家和心灵哲学家不得不保持传统的信仰，即存在着一个被认为是非物质的实体。这个悖论并非完全基于我们的文明史。当代二元论也来自控制论和应用于生物学的信息论所提出的有趣问题。众所周知，控制论的循环和递归——所谓的自我指称现象是生物自创生的基础——是一些生物学思想学派的核心。

虽然认知通常被概括为一个相关的生物过程，但对人类大脑的自指能力的坚持会导致人们相信心智的非物质本质和意识的属性。实际上，如果一个观察者能够观察自己，那么这种情况就*好像他*被置于自身之外。因此，根据这一观点，既然大脑是唯一利害攸关的物质实体，那么自我观察者就是一个非物质的外部行动者——也就是说，是一个自我意识的*心智*。这方面已经讨论了很多，通过将它与哥德尔（Gödel）的开创性定理联系起来，否认在一个一致的形式系统证明该系统中所有真实命题的真实性的可能性。另一方面，其他作者倾向于认为，人类的心智并不是一个形式系统，它最显著的特征就是它的工作方式*好像并不是*大脑系统的“一部分”。根据这一观点，心智能够评价比如一个句子的真实性，就好像评价的过程出现在形式系统之外，以这种方式从哥德尔定理中逃脱。哥德尔本人说出的句子可以作为人类心智能力的一个好例子（Webb，1980）。总之，正如已经提到的：

> 哥德尔定理并没有阻止心智的形式模型的建构，但支持心智的概念与自身有特殊关系，通过特定的限制来标记。（Bojadziev，1997）

我们古老的思维习惯认为，一个结果必定是由一个外部原因引起的——而
在控制论循环中，反馈来自系统自身的一部分——这使我们无法接受大脑与自 403
身具有这种“特殊关系”。因此，我们就召唤出一个“外部的”行动者，称为心智，就像我们为这个或那个自然现象包括我们的存在，编造了如此多的神话或形而上学实体一样。然而，形而上学的教义或信仰的构建是我们大脑的一种完全真实的活动，似乎是由于一些神秘的内在原因，超出了科学研究的范围。

虽然递归能力是获得意识的策略，但我们还远不清楚为什么需要一个非物质的行动者——我们称之为“心智”，来获得这种表现。事实上，通过引入心智，我们突然面临三个问题，而不是一个问题。除了处理大脑及其高度复杂的性质之外，我们还必须处理赋予自身假定特征的心智。最后，我们必须面对一个不容忽视的问题，即把非物质的心智和物质的大脑联系起来。

在这一点，我们不应该忽视符号人工智能的出现，它有力地影响了心-身

问题的辩论，再次倾向于将心智置于大脑之上。之所以会发生这种情况，是因为从表面上看，心智的特征比大脑的特征更容易建模，尽管所谓的人工神经网络的出现带来了一些希望。人工神经网络在表面上模仿了生物神经元创建智能链接的方式。大脑的深层结构和内部运作在很大程度上是未知的，与之不同的是，人们以多种不同的方式描述了心智及其特征。除了几个世纪以来提出的众多哲学理论外，我们在众多的心理学流派，以及在语言学、认知科学、逻辑学、人类学甚至哲学中都有心智模型。

20 世纪 80 年代，哲学家和工程师们就人工智能最雄心勃勃的目标的可行性展开了经典辩论，在此之后，人工智能研究人员在很大程度上选择了最适合转移到计算机上的模型和理论，这或许证明了人工智能的定义，即一种以复制理论或模型为导向的技术，而不是通过采用基于计算机的技术来发现新事物。事实上，计算机并不是一个实验室，而是一个将模型“翻译”成符号结构和过程的机器。

有趣的是，如今当人工智能研究人员在“理论测试”层面研究时，他们会一直寻找一些使用了阿什比（Ashby）的*功能同构*装置原理的有说服力的类比。其大致观点是，为了更好地理解自然客体——比如人类大脑或心智——建造特定的装置可能是有用的，在一定的限制下，这些装置应该与所研究的自然客体表现出相同的行为（Cordeschi，2002）。然而，这种策略忽视了这样一个事实，即在这样做的过程中，研究人员将遇到的行为不仅来自已经测试的理论或作为自然现象抽象轮廓的模型，而且也来自设备材料组件特征之间未经设计的相互作用。

在其他案例中，模型通常源于一些普遍的哲学或社会学学说。比如，马
文·明斯基（Marvin Minsky）的心智理论是一个由简单而轻率的行为体组成的
404 社会，它来自一个古老的有机论哲学和社会学传统，该传统没有特别重视社会
的个体组成部分，而是认为重要的是个体成员之间共存与互动中“涌现”的东西。因此，不同于彭罗斯——他支持在神经元最深层的结构中存在量子水平的心智轨迹的假设——明斯基说道：

> 我称之为“心智社会”，在这个体系中，每个心智都是由许多更小的过程组成的。我们称之为行为体。每个心理行为体本身只能做一些简单的事情，根本不需要心智或思想。然而，当我们以某种非常特殊的方式联合社会中的这些行为体时，就产生了智能。（Minsky，1988）

然而，应当指出的是，人工智能项目的实际成功或失败与人工智能所促进和提高的关于心智的广泛讨论几乎没有关系。绝大多数人工智能项目实际上并

不是复制人类的*知识*和*思维*，而是进行逻辑或定量计算，再现人类（包括人工智能研究者自己）共有的明确规则。在这个方向上，最近的研究如本体论工程，试图建立在不同形式化层次上定义的语言术语的大型数据库，并通过语义和功能关系将其组合在一起（Denicola et al.，2009）。有了这样的策略，研究人员试图模仿人类的常识，但他们可能建立了一个完全不同的系统，因为没有人知道所谓常识遵循的“规则”是什么。

在研究人类心智时，这种同样的务实态度——倾向于寻找成功的结果，而不是纯粹的知识——似乎也适用于神经网络方法。众所周知，尽管这个雄心勃勃的名字让人想起了人类大脑的神经功能，但它的目标是在“训练”网络（无论是硬件还是软件）识别输入模式之后，让机器识别输入模式。这种技术在很多科学和专业活动中被广泛用于许多任务，特别是不完整的数据集。然而，这种技术在多大程度上能帮助我们理解人的大脑，还是不确定的。就人类的心智而言——被认为是物理大脑的附加实体——有人提出神经网络应该与符号人工智能程序一起工作（Sun & Bookman，1994），以实现人类思维特征的推理和识别的融合。无论如何，在符号人工智能更倾向于模拟人类心智的情况下，在神经网络更倾向于模拟人类大脑的情况下，二元论或一元论的前提显然起着关键作用，尽管每一个前提最终都必须处理一个独特的现实。

三、复制与观察层面

虽然我们对大脑作为一个物理器官的认识不断增长，但我们仍然有许多关于心智是什么和做什么的可互换模型。与对大脑日益可靠的科学研究相比，心智模式的弱点本身并不是一个很大的危险，因为我们所认为心智功能通常可以直接归因于大脑，而不会产生任何实际后果。然而，尽管我们可以自由地赋予 405
心智广泛的属性和功能——因为在这样做的过程中，我们没有经验和时空标准需要满足——但问题是确定哪些属性和功能真正属于自然大脑。

因此，举例来说，虽然我们的思想确实是由大脑产生的——即使有人把它归因于心智——但这并不意味着我们思想的每一个结果都对应于一个给定的预先建立的大脑结构。一方面，我们可以仅仅把心智看作是大脑的表现，但另一方面，我们必须承认，大脑的每一种所谓的心理活动都不一定可以追溯到某种同构的大脑结构。然而，在一定范围内，我们能够定位涉及的大脑结构，比如特定肌肉的收缩。例如，我们可以以非常不同的方式来使用单词和数字，或随意建立和改变观点和理论，利用同样的基本生物结构。变化的可能是每种大脑假设的特定结构。当水朝下流动时，物理作用力保持不变，尽管路径和结果可能会大相径庭，这取决于水所遇到的限制，在大脑的情形中，这取决于在给定时刻在不同层次上激活的网络。

神经学的最新进展包括所谓的神经成像［功能磁共振成像（functional magnetic resonance imaging，fMRI）］，它提供了与各种精神状态、感觉或决定有关的大脑区域的视觉证据，从而证实并扩展了弗朗茨·约瑟夫·加尔（Franz Joseph Gall）和皮埃尔·保罗·布罗卡（Pierre Paul Broca）在 19 世纪提出的假设。简而言之，这些很有希望的新实验发展

> ……可以被定义为一类技术，它提供了横跨大脑和时间的神经活动的体积、空间位置的测量；本质上是一部活跃大脑的三维电影。（Aguirre，2003）

虽然神经成像并不是一部关于心智的“电影”，但它确实让我们很难拒绝这样一种观点，即心智不过是一个物理系统的表现，其活动与我们所谓的意识是*一致的*。在实时观察大脑的激活区域时，正如神经成像所允许的那样，我们还不能（至少到目前为止）就这样识别出真实的想法或文字。尽管如此，我们还是不能把心智想象成某种“包围”这些区域的东西——某种比这些区域“更优越”的东西。事实上，这需要一些经验证据，因为当我们定义一个显示其所有点的测量值的场时，就会发生这种情况。我们知道，由于大脑的电活动，它会产生电磁场，但这当然不能作为心智存在的证据。

正是由于心智模型不能把大脑作为我们的意识、理性、决策的动力而撇开，人工复制行为的尝试，如果被视为一项把心智视为一个独立系统的事业，毫无
406 疑问注定要失败。或者更确切地说，在计算机程序中再现心理过程——比如，通过计算或推理——可能会成功，并不是因为它抓住了人类复杂的推理方式，而是因为它再现了大脑运转的最终结果，也就是说，一些既定的、可表达的知识和逻辑或定量规则，以及它们或多或少复杂的组合。

例如，专家系统是一种能够在特定知识领域（如医学、法律或其他）向用户提供解释和预测方面咨询的软件。这个系统能够以可接受的成功率做到这一点，这要归功于人类专家的“捐赠”，即将他的专业知识输入数据库。然后，软件通过嵌入一套推理和统计规则，能够提供咨询服务，在一定范围内，就好像是人类专家本人一样。

关键点在于，在专家系统中建模的并不是人的大脑，也不是一个假想的心智，而是最终的结果——知识和规则——人类在几个世纪的努力之后，在给定的领域中找到了对事实进行推理的最佳方法。这就是为什么还没有人工智能研究能够提出一些新的问题，尽管很多这样的程序在解决问题的领域无疑是有用的。

在关于人工智能可行性的长期争论中，约翰 • 麦卡锡（John McCarthy）坚持认为，机器——即使是一个简单的恒温器——能够思考并拥有信念。他写道：

> 恒温器只能被适当地认为只有三种可能的想法或信念。它可能会认为房间太热，或太冷，或还可以。它没有其他信念，比如，它不会相信自己是一个恒温器。（McCarthy，1990）

近十年后，约翰 • 塞尔提出，这样的论断将意味着一个糟糕的观点：

> ……墙上那块我们用来调节温度的金属和我们、我们的配偶以及我们的孩子一样具有信念。（Searle，1999：410）

麦卡锡和塞尔都是正确的，因为他们谈到的是不同的事情。麦卡锡指的是设备中体现的操作逻辑，而塞尔指的是*人类*思想。事实上，在恒温器中加入的算法是人类推理的明确结果——设计者的推理——因此，它将展示出让人联想到人工智能推理的行为。相比之下，塞尔所关注的是了解哪些东西可以产生算法的过程。以同样的方式，人类产生知识，然后其他人在学校或大学中被教授这些知识。但这是非常不同的过程。

扩展一下波兰尼（M. Polanyi）在 20 世纪 60 年代提出的著名的“意会知识”（tacit knowledge）概念（Polanyi，1966），与莫特拉姆的理论相反，根据该理论，人脑“用语言思考”（Maturana et al.，1995）。我们可以说，我们大脑中 407
发生的一切都是“无声的”，可能很好地隐藏在大脑内部的微观结构和相互作用网络中。只有经过几个未知的过程的翻译和转换，我们才能说句子的知识内容来自大脑。思想应当被理解为一种真正先于语言的过程；只有很小一部分可以被语言外化，而其中更小的一部分成为我们文化中的共享知识。

这就解释了为什么我们的知识进步，无论是在个体层面还是文化层面，总是花费大量时间，而不像新问题或新策略在我们大脑中出现的速度。

因此，当我们含蓄地将“心智”定义为我们已经实现和交流的思想的名称时，心理过程的模型及其技术实现是成功的，例如推理规则、数学或统计规律和基于常识的标准。我们不太可能利用爱因斯坦、莫扎特或其他任何人的“思维方式”，而只能利用某些学科的人类专家的既定知识。我们可以根据爱因斯坦的物理学或莫扎特的音乐风格建立一个专家系统，但我们无法进入他们与世界联系的方式，也无法进入他们在产生理论或音乐作品时的大脑运作方式。在爱因斯坦和莫扎特的作品中，可以理解和复制的是他们的物理或音乐思维的既定的和语言上可交流的结果，而不是导致这种结果的过程。

我在其他地方（Negrotti，1999，2010a，2010b）已经概述了自然客体或过程的技术复制的可能的一般理论——也就是说，*自然物*（*naturoids*）的设计。我希望在这里利用这一理论来澄清前面讨论的意义。

为了设计一个自然物，我们应该从观察我们希望再现的自然客体或过程开始。事实上，当且仅当我们能够在一些经验观察之后对其描述时，我们才可以开发一个自然范例的模型——作为一个项目的基础。比如，如果我希望利用现有的技术设备和手段复制肾脏，我必须能够以最丰富、最可靠和最客观的方式描述肾脏的自然样本。然而，所有的观察都是一个过程，应该被认为与某些选定的*观察层面*有关，如机械的、化学的、电子的、生物的等。迄今为止，除了化学重构分子的层面之外，还没有一个类自然物质的生产项目能够声称复制了一个自然样本的所有特征，这除了取决于其他限制因素外，还取决于在任何给定时刻选择一个且仅选择一个观察水平的需要，以及“连接”两个或多个这样的层面的几乎不可克服的困难。此外，即使在选定的观察层面上，人们也必须决定他希望复制的自然客体或过程的*本质表现*是什么。

任何观察水平的相对性都不会使对真实物体或过程的客观描述变得不可能。然而，它的确将这种描述限制在与所采用的特定层面兼容的范围内，而在此过程中，将其他所有东西置于背景中。比如，如果我从化学视角描述一个样本，我无法在我的描述中捕捉到它的机械性能。然而，它的化学性质的知识可能是足
408 够客观和有益于设计一个在某些方面能够表现出与自然样本非常相似的自然物，只要它是在我选定的相同观察层面，即化学层面的环境中起作用。

通常情况下，自然样本的技术复制的失败是由于观察层面的错误选择，不幸的是，在生物工程项目中这种情况并不少见（Negrotti，2010a，2010b）。但是，失败也可能是由于根据一个观察层面对自然物的工作的假设与其设计不同。因此，就大脑的可复制性问题而言，设计中的许多困难是由于我们对其可能的观察层面的了解相当贫乏。此外，为了产生大脑的基本表现，也就是我们所说的心理状态或过程，要决定哪个层面是最不可或缺的就更难了。

然而，我们也应当考虑到，并不是所有的人造物体的设计者都忠实于他们希望复制的范例的可观测规则。尽管这一规则在成熟的科学学科中设计的类自然体领域被广泛接受，比如生物工程，但在其他几个领域，人们普遍使用任意模型来描述同样任意的实体。这在艺术中发生过很多次，比如画家经常表现形而上的实体，比如上帝，赋予他们由宗教传统强加的特征，作为一个“模型”来实现。但即使在人工智能领域这种情况也经常发生，因为心智模型或其功能之一建立在这个或那个理论的基础上，尽管这些理论都与所讨论主题的客观观察无关。换句话说，我们不能谈论心理或基于心智的观察层面，原因很简单，我们只能观察大脑而不是心智，只能观察大脑运作的可传递结果，而不是心理

过程的流动。

从方法论的视角看，我们不能说人工智能程序的行为在多大程度上忠实地再现了我们大脑中发生的事情，除了上文提到的专家系统和其他计算机软件，这个项目的目的仅仅是再现我们思维的结果，而不是思维本身的表现。

最后一个问题是：如果我们能够通过技术手段复制一个大脑——并且因此是基于这个自然器官的一些可靠模型的，尽管它只是根据一个观察层面建立起来的——那么会发生什么呢？

如果它的复制方法遵循了过去和现在的设计自然物的方法论——其局限性可能是由我们观察世界的本性所强加的——我的观点是，我们并不能看到“心智”从中涌现，即使我们成功地使机器表现出了如果在人类身上出现将表明某种心理状态并具有自我觉知的行为。在这种情况下，我们肯定制造出了一个人工大脑，而在这样做的过程中，我们会发现心智概念是多么地无用或难以处理。

参 考 文 献 409

Aguirre, G. K. (2003). Functional imaging in behavioral neurology and cognitive neuropsychology. In T. E. Feinberg & M. J. Farah (Eds.), Behavioral neurology and cognitive neuropsychology (p. 85). New York: McGraw Hill.

Bidney, D. (1996). Theoretical anthropology (p. XXXI). New Brunswick: Transaction Publishers.

Bojadziev D. (1997). Mind versus Gödel. In M. Gams M. Paprzycki, & X. Wu (Eds.), Mind versus computer (p. 210). Amsterdam: IOS Press.

Brentano, F. (1874). Psychologie vom empirischen Standpunkt. Leipzig: Duncker & Humblot.

Chalmers, D. (1996). The conscious mind: In search of a fundamental theory. New York: Oxford University Press.

Cordeschi, R. (2002). The discovery of the artificial: Behavior mind and machines before and beyond cybernetics. Dordrecht: Kluwer Academic Publishers.

Crick, F. (1994). The astonishing hypothesis. New York: Simon & Schuster.

Denicola, A., Missikoff, M., & Navigli, R. (2009). A software engineering approach to ontology building. Information Systems, 34, 258.

Dennett, D. (1992). Consciousness explained. New York: Back Bay Books.

Edelman, G. (2004). Wider than the sky: The phenomenal gift of consciousness. New Haven: Yale University Press.

Fodor, J. (1983). The modularity of mind: An essay on faculty psychology. Cambridge, MA: MIT Press.

Kroeber, A. (1948). Anthropology: Race, language, culture, psychology, prehistory (p. 253). New York: Harcourt Brace.

Maturana, H., Mpodozis, J., & Letelier, J. C. (1995). Brain, language and the origin of human mental functions. Biological Research, 28, 15-26.

McCarthy, J. (1990). The little thoughts of thinking machines. In V. Lifschitz (Ed.), Formalizing common sense. Papers by John McCarthy (p. 183). Nordwood: Ablex Publishing Corporation.

Minsky, M. (1988, March 15). The society of mind (p. 17). New York: Simon and Schuster.

Negrotti, M. (1999). The theory of the artificial. Exeter: Intellect Books.

Negrotti, M. (2010a). Designing the artificial: An interdisciplinary study. In R. Buchanan, D. Doordan, & V. Margolin (Eds.), The designed world. Oxford: Berg.

Negrotti, M. (2010b). Naturoids: From a dream to a paradox. Futures, 42(7), 759-768.

Negrotti, M. (2012). From nature to naturoids. And back. Heidelberg: Springer.

Penrose, R. (1989). Shadows of the mind: A search for the missing science of consciousness. Oxford: Oxford University Press.

Polanyi, M. (1966). The tacit dimension. New York: Doubleday & Co.

Popper, K., & Eccles, J. C. (1984). The self and its brain: An argument for interactionisım. New York: Taylor & Francis.

Rorty, R. (1980). Philosophy and the mirror of nature. Princeton: Princeton University Press.

Searle, J. (1992). The rediscovery of the mind. Cambridge, MA: MIT Press.

Searle, J. (1999). Minds, brains, and programs. In N. Warburton (Ed.), Philosophy. Basic readings. New York: Routledge.

Sorokin, P. A. (1947). Society, culture and personality: Their structure and dynamics. New York: Cooper Square Publishers.

Sun, R., & Bookman, L. (Eds.). (1994). Computational architectures integrating neural and symbolic processes. Needham: Kluwer Academic Publishers.

Webb, J. (1980). Mechanism, mentalism and metamathematics: An essay on finitism. Dordrecht/Boston: D. Reidel Publ. Co.

索　　引[①]

A

B

① 索引中的页码为英文版的页码，即本书边码。

C

D

F

G

H

I

K

L

M

N

O

P

Q

R

S

T

V